H.-W. Partenscky

Binnenverkehrs-wasserbau
Schleusenanlagen

Mit 230 Abbildungen

Springer-Verlag
Berlin Heidelberg NewYork Tokyo 1986

Prof. Dr.-Ing. Dr.-phys. H.-W. Partenscky

Universität Hannover
Franzius-Institut für Wasserbau und Küsteningenieurwesen
Nienburger Straße 4, 3000 Hannover

Einband: Sparschleuse Uelzen, Elbe-Seitenkanal/BRD.
Zeichnung von Dipl.-Ing. Breust, Wasser- und Schiffahrtsdirektion Mitte, Hannover

ISBN 978-3-642-52253-6 ISBN 978-3-642-52252-9 (eBook)
DOI 10.1007/978-3-642-52252-9

CIP-Kurztitelaufname der Deutschen Bibliothek

Partenscky, Hans-W.: Binnenverkehrswasserbau: Schleusenanlagen/H.-W. Partenscky. - Berlin; Heidelberg; NewYork; Tokyo: Springer, 1986

2168/3020-543210

Vorwort

Schleusen und Hebewerke dienen als Abstiegsbauwerke zur Überwindung vorhandener Gefällestufen in Schiffahrtskanälen und staugeregelten Flüssen. Für den Verkehrsablauf auf einer Wasserstraße stellen sie stets einen Engpaß dar. Bei der Planung neuer Schiffahrtskanäle und dem Ausbau vorhandener Wasserstraßen kommt deshalb der richtigen Wahl und Bemessung der erforderlichen Abstiegsbauwerke eine besondere Bedeutung zu.

Beim Entwurf der Schleusen und Hebewerke sind im Hinblick auf die geforderte Sicherheit des Schiffsverkehrs bestimmte Kriterien zu beachten, durch deren Einhaltung der Leistungsfähigkeit der Bauwerke im Hinblick auf ihre Tonnagekapazität gewisse Grenzen gesetzt werden.

In der Fachliteratur der zwanziger Jahre wurden die derzeit gültigen Erkenntnisse für den Bau von Schiffahrtskanälen, Schleusen und Hebewerken in dem vom Springer-Verlag im Jahre 1921 herausgegebenen Buch von F. ENGELHARD "Kanal- und Schleusenbau" und dem im gleichen Verlag erschienenen klassischen Werk von O. FRANZIUS "Verkehrswasserbau" dargelegt.

In den folgenden Büchern von H. DEHNERT über "Schleusen und Hebewerke" (Springer-Verlag, 1954) und H. PRESS über "Binnenwasserstraßen und Binnenhäfen" (Verlag von Wilh. Ernst & Sohn, 1956) wurde der weiteren Entwicklung bis Mitte der fünfziger Jahre Rechnung getragen.

Der Ausbau des europäischen Wasserstraßennetzes und zahlreicher überseeischer Wasserstraßen, insbesondere in den USA, Kanada, der UdSSR und in der Volksrepublik China, wurde seitdem jedoch in starkem Maße weiter vorangetrieben. Dabei ergaben sich eine Reihe neuer Erkenntnisse im Hinblick auf die Planung der Schiffahrtskanäle und den Entwurf moderner Abstiegsbauwerke, die eine Neubearbeitung des Fachgebietes "Verkehrswasserbau" sinnvoll und notwendig erscheinen lassen. Damit wird gleichzeitig die von Prof. O. FRANZIUS an der Universität Hannover begründete Tradition fortgeführt.

Die vorgelegte Schriftenreihe "Verkehrswasserbau" ist in die drei Bände "Schiffshebewerke", "Schleusenanlagen" und "Binnenwasserstraßen und Binnenhäfen" unterteilt. Sie soll sowohl dem planenden Ingenieur das erforderliche Rüstzeug für den Entwurf neuer Wasserstraßen an die Hand geben als auch dem Studierenden des Fachgebietes Bauingenieurwesen das Grundlagenwissen aus diesem Teilgebiet des Verkehrswasserbaus vermitteln.

Besonderer Wert wurde auf die Darlegung grundsätzlicher Erkenntnisse, die Ableitung und Begründung von Bemessungskriterien sowie auf die Behandlung der hydrodynamischen Vorgänge bei den verschiedenen Transport- und Schleusungsvorgängen gelegt.

Der hier vorgelegte Band "Schleusenanlagen" trägt insbesondere der Entwicklung moderner Schleusen Rechnung, die in den vergangenen dreißig Jahren geplant und gebaut wurden. Bei der großen Anzahl von in Betrieb befindlichen Schiffsschleusen an Kanälen und Wasserstraßen war es dabei nicht möglich, alle konstruktiven Details der Bauwerke und die ihrer Tore und Verschlußorgane ausführlich zu behandeln. Die anzuwendenden Planungs- und Bemessungskriterien wurden vielmehr am Beispiel einiger moderner Schleusenanlagen aufgezeigt und die verschiedenen Arten der Füll- und Entleerungssysteme auf ihre Anwendbarkeit und Leistungsfähigkeit hin untersucht. Ein besonderes Kapitel wurde der Anlage und dem Betrieb von Sparschleusen gewidmet.

Für die Ausarbeitung des Textes wurden mir von zahlreichen Dienststellen der bundesdeutschen und europäischen Wasserstraßenverwaltungen, von der Rhein-Main-Donau AG München, der Compagnie Nationale du Rhône/Lyon, der St. Lawrence Seaway Authority/Canada, der Tennessee Valley Authority/USA sowie von einigen Firmen, u.a. von der Krupp-Industrietechnik GmbH/Duisburg, Maschinenfabrik Augsburg-Nürnberg AG/Gustavsburg, Fa. Noell GmbH/Nürnberg und der Thyssen-Engineering GmbH/Dortmund, in großzügiger Weise Unterlagen, Veröffentlichungen und Bildmaterial zur Verfügung gestellt, für deren Überlassung ich meinen herzlichen Dank sagen möchte.

Darüber hinaus bin ich zahlreichen Persönlichkeiten und Fachkollegen des In- und Auslandes, unter ihnen insbesondere Herrn Dipl. - Ing. H.P. Seidel, Vorstandsmitglied der Rhein-Main-Donau AG München, Herrn Dr.-Ing. V. Barthel vom National Research Council in Ottawa/Canada sowie Herrn Prof. M. Hager vom Bundesverkehrsministerium/Bonn und Herrn Prof. S. Spierig/Universität Hannover, für ihre Anregungen und fachlichen Diskussionen zu Dank verpflichtet.

Die Zeichenarbeiten wurden von Frau Ingrid Hecht mit großer Sorgfalt ausgeführt. Vom Franzius-Institut der Universität Hannover übernahm Frau Dipl.-Ing. Manuela Osterthun die Durchsicht des Textes, der von Frau Gerlinde Greven mit Fleiß und großer Umsicht in die Reinschrift übertragen wurde. Ihnen allen möchte ich für ihre Mitarbeit auf diesem Wege meinen herzlichen Dank sagen.

Die hier vorliegende Ausstattung wurde gewählt um den Verkaufspreis des Buches in Grenzen zu halten. Dem Springer-Verlag danke ich für die Unterstützung und Beratung bei der Erstellung des vorgelegten Bandes.

Hannover, im Dezember 1985 Hans-Werner Partenscky

Inhaltsverzeichnis

1 Einleitung

1.1 Allgemeines

Nach der Definition ist eine Schiffahrtsschleuse ein Bauwerk, das in einem Fluß oder Kanal zwei Wasserflächen verschiedener Spiegelhöhe durch eine verschließbare Kammer miteinander verbindet. Zur Schleusenanlage gehören neben dem eigentlichen Schleusenbauwerk noch der obere und untere Vorhafen für wartende Schiffe und in Schiffahrtskanälen meistens noch ein Pumpwerk.

Man unterscheidet zwischen *Binnenschiffahrtsschleusen und Seeschleusen*, wobei letztere im allgemeinen die Verbindung von Seewasserstraßen zu tidefreien Hafenbecken herstellen bzw. in Seekanälen (Panama-Kanal, Nord-Ostsee-Kanal usw.) vorhandene Gefällestufen überwinden. Sie zeichnen sich gegenüber Binnenschiffahrtsschleusen durch ihre wesentlich größeren Abmessungen (Kammerlänge und -breite) und im allgemeinen geringeren Hubhöhen aus.

Bei den Binnenschiffahrtsschleusen unterscheidet man zwischen den Fluß- und Kanalschleusen. Die *Flußschleusen* dienen zur Aufrechterhaltung der Schiffahrt in Fließgewässern, deren natürlicher Lauf zum Zweck der Stauregulierung und Wasserkraftnutzung durch die Anlage von Wehren und Kraftwerken unterbrochen wurde. Abbildung 1.1. zeigt den typischen Grundriß einer Flußstaustufe (Donaustaustufe Wallsee/Österreich), bei der die Schleusenanlage vom Krafthaus durch das Wehr getrennt angeordnet ist.

Je nach Lage der Staustufe im Fluß und entsprechend der Bedeutung von Hochwasserableitung und Wasserkraftnutzung sind jedoch auch alternative Grundrißanordnungen möglich. Abbildung 1.2. zeigt als Beispiel die im Jahre 1974 fertiggestellte Rheinstaustufe Iffezheim mit neben der Schleusenanlage angeordnetem Krafthaus. Das Wehr liegt am linken Flußufer und ist über einen Zwischendamm mit dem Krafthaus verbunden.

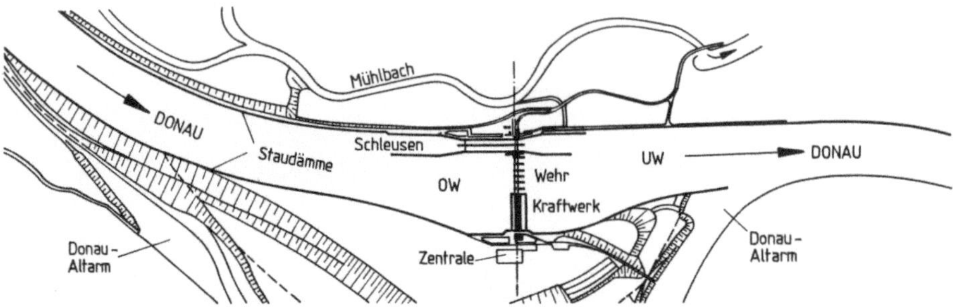

Abbildung 1.1. Donaustaustufe Wallsee/Österreich

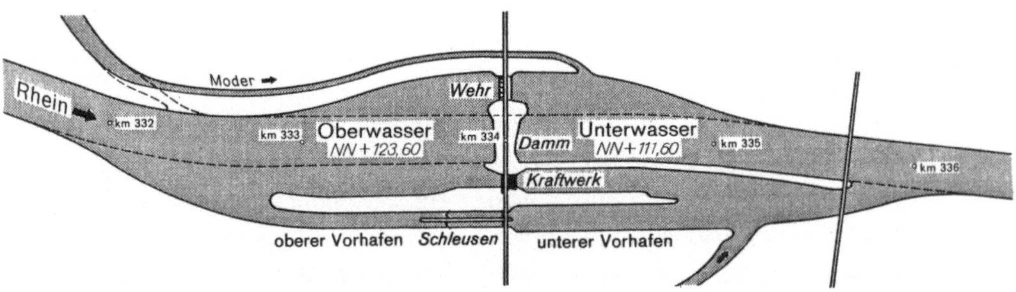

Abbildung 1.2. Rheinstaustufe Iffezheim/BRD

Bei Flußstaustufen wird der Oberwasserspiegel im allgemeinen innerhalb geringer Schwankungsbreiten konstant gehalten (Stauziel), während der Unterwasserspiegel entsprechend der jeweiligen Abflußmenge im Fluß größere Schwankungen aufweist. Die Hubhöhe einer Flußschleuse ist deshalb nicht konstant. Ihr Größtwert ergibt sich beim *niedrigsten Schiffahrts-Wasserstand* (NSW).

Die *Kanalschleusen* dienen als Abstiegsbauwerke zur Überwindung vorhandener Gefällestufen in Schiffahrtskanälen. Ihre Hubhöhe ist im allgemeinen konstant und entspricht der Wasserspiegeldifferenz zwischen der durch die Schleusenanlage verbundenen oberen und unteren Kanalhaltung.

Die Abmessungen der Schleusenkammer werden durch die Größe und Art der auf der Binnenwasserstraße verkehrenden Transporteinheiten (Selbstfahrer, Schubverbände usw.) bestimmt. Für die Festlegung der Kammerlänge ist u.U. auch die Verkehrsintensität auf der Schiffahrtsstraße mit maßgebend. Abbildung 1.3. zeigt den Grundriß einer einfachen Kanalschleuse und einer Doppelschleuse mit den dazugehörigen Schleusenvorhäfen /12/.

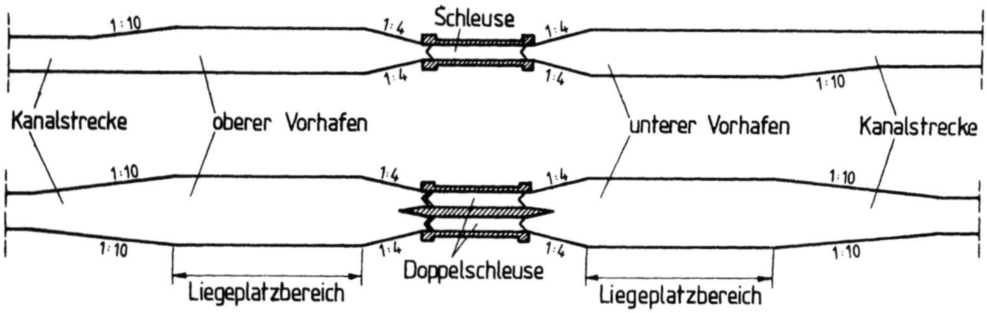

Abbildung 1.3. Grundriß von Kanalschleusen /12/

Neben der Anlage von Fluß- und Kanalschleusen kommen für die Überwindung von Gefällestufen in schiffbaren Wasserstraßen auch *Schiffshebewerke* in Betracht. Gegenüber Schleusenanlagen können mit Schiffshebewerken moderner Bauart im allgemeinen *größere Hubhöhen* (H > 30 m) und wesentlich *größere Hubgeschwindigkeiten* für die über eine Gefällestufe zu transportierenden Schiffseinheiten erreicht werden /1/. Außerdem ist der *Wasserverbrauch* bei Schiffshebewerken gegenüber Schleusenanlagen sehr gering. Er entspricht praktisch nur den Verlusten an Spalt- und Sickerwasser an schadhaften Dichtungen. Dies führt dazu, daß bei den Schleusungen mit Schiffshebewerken in den anschließenden Kanalhaltungen praktisch *keine Schwall- und Sunkerscheinungen* auftreten.

Gegenüber Schleusenanlagen stellen Schiffshebewerke jedoch wegen ihres konstruktiven und maschinentechnischen Aufwandes stets Anlagen mit einer größeren Störanfälligkeit dar, deren Betrieb und Wartung ein höheres Maß an technischer Verantwortung erfordert.

Bei den Fluß- und Kanalschleusen muß das zur Füllung der Kammer erforderliche Wasser aus der oberen Haltung entnommen und bei Entleerung der Kammer in die untere Haltung abgegeben werden. Dies führt bei jedem Schleusungszyklus (Berg- und Talschleusung) zum Verlust des für die Kammerfüllung erforderlichen Wasservolumens an die untere Haltung.

Bei den Flußschleusen ist dieser *Wasserverlust* relativ unproblematisch, während bei den Schiffahrtskanälen das durch die Schleusungen an die unteren Haltungen abgegebene Wasser durch *natürlichen Zufluß* oder *Pumpbetrieb* ständig ersetzt werden muß. Der Wasserverbrauch je Schleusungsvorgang kann dabei durch die Anlage von *Sparschleusen* je nach Anzahl der vorhandenen Sparbecken um 30 % bis etwa 70 % reduziert werden. Auch bei *Zwillingsschleusen* ist eine Verringerung des Wasserverlustes je Schleusung um bis zu 50 % möglich. In jedem Fall aber ist ein Ersatz des an die unteren Haltungen abgegebenen Wasservolumens erforderlich, um ein Absinken des Wasserspiegels in den höher gelegenen Kanalhaltungen und damit eine Verringerung der Fahrwassertiefe zu verhindern.

Bei den Flußschleusen kann das zur Kammerfüllung erforderliche Wasser aus der oberen Stauhaltung entnommen und bei der Kammerentleerung in die untere Stauhaltung abgegeben werden (Abb. 1.1.). Die dabei im Oberwasserbereich des Wehres entstehenden Sunkerscheinungen sind ebenso wie die Schwallerscheinungen im Unterwasser wegen der Größe der Stauhaltungen und deren Trennung von den Schleusenvorhäfen für die Schifffahrt relativ unbedeutend.

In den Schiffahrtskanälen sind die Verhältnisse jedoch grundlegend anders. Hier muß das für die Kammerfüllung erforderliche Wasser aus dem oberen Vorhafen der Schleuse entnommen und bei der Kammerentleerung in den unteren Vorhafen abgegeben werden. Die dabei in der oberen Haltung entstehenden *Sunkwellen* können ebenso wie die in der unteren Haltung verursachten *Schwallwellen* zu einer Gefährdung für die Sicherheit der in den Vorhäfen wartenden und in den Haltungen fahrenden Schiffe werden /2/.

Es müssen deshalb gewisse Grenzwerte im Hinblick auf die maximale Entnahme- und Rückgabewassermenge sowie auch in bezug auf die zeitliche Zu- und Abnahme der Füll- und Entleerungswassermengen bei den Schleusungsvorgängen eingehalten werden /3/. Dadurch werden jedoch die bei Kanalschleusen erzielbaren Füll- und Entleerungszeiten der Kammer entsprechend eingeschränkt (s. Abschnitt 7).

Die *Hubhöhen* der heute in Betrieb befindlichen Schleusen liegen zwischen einigen wenigen Metern und Hubhöhen von bis zu 43,0 m (Schleuse Shunpai / VR China). Eine größere Anzahl moderner Schleusen mit Hubhöhen ≥ 24,0 m findet sich dabei in den USA, Portugal, Brasilien, Argentinien, Frankreich, Nigeria und in der Bundesrepublik Deutschland (BRD). Tabelle 1.1. gibt einen Überblick über die bislang gebauten Schleusen mit Hubhöhen von H ≥ 19,0 m.

Tabelle 1.1. Tabellarische Übersicht über die bislang gebauten Binnenschiffsschleusen mit Hubhöhen ab 19 m

Hubhöhe m	Name der Schleuse	Wasserstrasse bzw. Fluss	In Betrieb seit	Kammerabmessungen Länge m	Breite m	Füllzeit min	Mittl. Steiggeschwindigkeit m/min
43,0	Shunpai/VR China	Xiaobing	1962	56,00	8,00	14,6	2,95
42,0	Ust-Kamenogorsk/UdSSR	Irtisch	1953	105,00	18,00	27,0	1,56
36,5	Tucurui Nr.1/Brasilien	Tocantin	~1988	210,00	33,00	13,5	2,70
35,0	Tucurui Nr.2/Brasilien	Tocantin	~1988	210,00	33,00	12,8	2,73
34,5	Carrapatelo/Portugal	Douro	1971	83,00	12,10	12,0	2,88
34,4	John Day/USA	Columbia	1968	205,74	26,21	11,7	2,95
33,0	Valeira/Portugal	Douro	1976	86,00	12,10	11,0	3,00
32,5	Sobradinho/Brasilien	Rio Sao Francisco	1978	145,30	17,00	13,75	2,36
32,4	Pavlovski/UdSSR		1958	-	-	15,0	2,16
32,0	Lower Granite/USA	Snake	1975	205,74	26,21	9,8	3,27
31,4	Ice Harbour/USA	Snake	1962	205,74	26,21	11,8	2,66
30,8	Wilson/USA	Tennessee	1960	182,88	33,53	12,0	2,57
30,8	Little Goose/USA	Snake	1972	205,74	26,21	11,3	2,73
28,4	Lower Momentual/USA	Snake	1970	205,74	26,21	10,5	2,70
28,0	Mc Nary/USA	Columbia	1953	205,74	26,21	16,1	1,74
28,0	Régua/Portugal	Douro	1972	86,00	12,10	11,0	2,55
28,0	Bay Springs/USA	Tenes./Tombigbee	1980	182,88	33,52	10,5	2,67
27,6	The Dalles/USA	Columbia	1957	205,74	26,21	10,7	2,58
27,0	Geshouba Nr.1/VR China	Yangtze	1986	280,00	34,00	12,5	2,16
27,0	Geshouba Nr.2/VR China	Yangtze	1980	280,00	34,00	12,5	2,16
27,0	Geshouba Nr.3/VR China	Vangtze	1980	130,00	18,00	7,8	3,46
26,9	Kainji/Nigeria	Niger	1970	198,12	12,19	15,0	1,79
26,8	Walter F.George/USA	Chattahoochee	1962	136,80	26,75	13,0	2,06
26,0	Donzère-Mondragon/Frankr.	Rhône-Seitenkanal	1952	195,00	12,00	7,3	3,55
24,7	+Leerstetten/BRD	Main-Donau-Kanal	1985	200,83	12,00	15,2	1,62
24,7	+Eckersmühlen/BRD	Main-Donau-Kanal	1987	200,83	12,00	15,2	1,62
24,7	+Hilpoltstein/BRD	Main-Donau-Kanal	1988	200,83	12,00	15,2	1,62
24,4	Fort Loudoun/USA	Tennessee	1955	109,73	18,29	17,2	1,42
23,4	Yacyreta/Argentinien	Rio Parana	1984	274,90	27,00	16,1	1,45
23,0	+Uelzen/BRD	Elbe-Seitenkanal	1974	190,00	12,00	12,05	1,91
22,9	Kentucky/USA	Tennessee	1955	182,88	33,53	12,0	1,91
21,5	Xijin/VR China	Yujiang	1964	191,00	15,00	17,8	1,21
21,3	Watts Bar/USA	Tennessee	~1956	109,73	18,29	15,0	1,42
20,3	Bonneville/USA	Columbia	1938	152,40	23,16	11,5	1,77
19,5	+Eibach/BRD	Main-Donau-Kanal	1985	199,63	12,00	15,5	1,26
19,2	Montélimar/Frankreich	Rhône-Seitenkanal	1957	195,00	12,00	8,0	2,40
19,2	Pickwick Landing/USA	Tennessee	1940	182,88	33,53	10,0	1,92
19,1	Stechovice/CSSR	Moldau	1945	118,40	12,00	-	-
19,0	Qilicheng/VR China	Fuchunjiang	1970	103,00	14,40	12,7	1,50

+) Kanalschleuse mit Sparbecken

1.2 Historische Entwicklung

Nach einem Bericht von ARISTOTELES (384 - 322 v.Chr.) soll bereits im Altertum um 1400 v.Chr. in Ägypten ein erster, mit Schleusen ausgestatteter Schiffahrtskanal vom Nil zum Roten Meer vorhanden gewesen sein, der über nahezu 600 Jahre in Betrieb war /4, 5/.

In Deutschland wurden erste Versuche zur Überwindung künstlicher Gefällestufen (Mühlenstau) und zur Schiffbarmachung kleinerer Flüsse etwa ab Mitte des 13. Jahrhunderts unternommen. Durch Anordnung hölzerner Rammwände, in denen jeweils eine verschließbare Öffnung angeordnet war, wurde das Flußwasser angestaut und erste sogenannte "Staustufen" mit entsprechend größerer Wassertiefe gebildet. In den Staubecken sammelten sich die Lastkähne zur Talfahrt und fuhren bei Freigabe der Öffnungen mit dem austretenden Wasserschwall flußabwärts in den nächsten Staubereich /6/.

Diese "Schwellenfahrt" für den Transport von Lastkähnen und Flößen wurde in Deutschland erstmals zu Beginn des 14. Jahrhunderts auf der Alster angewendet. Um 1398 wurde das gleiche Prinzip für den Salztransport auf Lastkähnen zwischen dem Möllner See und Lübeck über Lauenburg/Elbe bei der sogenannten *Stecknitzfahrt* benutzt /7/.

Für den Mühlenbetrieb an Flüssen wurde durch die Anlage von Stauwehren ein entsprechendes Fließgefälle erzeugt. In den Wehranlagen wurden dabei *Schiffsgassen* angeordnet, durch welche das angestaute Wasser abgelassen und Schiffe auf geneigten Ebenen (*Laufschleusen*) talwärts befördert bzw. mittels Winden bergwärts hochgezogen werden konnten.

Wegen der starken Strömungen im Bereich der Schiffsgassen war diese Art der "Schleusung" bei der Talfahrt für die Schiffe und Flöße nicht ungefährlich und bei der Bergfahrt beschwerlich. Außerdem wurde den am Wehr liegenden Mühlen während des Schleusungsvorganges das für den Betrieb erforderliche Fließgefälle teilweise entzogen.

Aus dieser Sicht muß die *Entwicklung der Kammerschleuse* als eine bahnbrechende Erfindung des Bauwesens angesehen werden.

Ein genauer Zeitpunkt für die Erfindung der Kammerschleuse läßt sich anhand der Quellen nicht angeben. Ihr Prinzip wurde vielmehr annähernd gleichzeitig Ende des 14. Jahrhunderts in Deutschland aus den Schiffsdurchlässen an Mühlenwehren, in Holland aus verdoppelten Sielen in Seedeichen und in Italien aus den sogenannten "Stauschleusen" (mit nur einem Verschluß am Unterhaupt) entwickelt.

Die ersten urkundlich erwähnten Kammerschleusen sind die zur Stecknitzfahrt (1391 - 1398) gehörenden *Hahnenburger Schleusen* am Delvenau-Scheitelkanal (Abstieg zum Möllner See) /17/.

Die bereits 1388 in Oberitalien am Brentafluß gebaute, im Grundriß nahezu kreisförmige *Muschelschleuse* besitzt nur einen Verschluß am Unterhaupt. Sie ist demnach im Prinzip eine Art "Stauschleuse" und kann noch nicht als eine echte Kammerschleuse gewertet werden /7/. Die erste Schleuse in Italien mit je einem Verschlußorgan am Ober- und Unterhaupt wurde dagegen rd. 50 Jahre später im Jahre 1439 in Mailand gebaut /8/.

Die Entwicklung der Kammerschleuse war eng verknüpft mit der Entwicklung geeigneter Verschlußorgane, mit deren Hilfe die Schleuse gefüllt bzw. entleert werden konnte. Hier waren es insbesondere die Entwürfe LEONARDO DA VINCI's (1452 - 1519), dessen grundlegende Ideen für die verschiedenen Torarten die Entwicklung des Schleusenbaues in starkem Maße befruchtet haben. Seine Entwürfe für die geplante Wasserstraße von Florenz zum Meer (Arno-Kanal) zeigen bereits 1497 Kammerschleusen, die mit zweiflügeligen Stemmtoren ausgerüstet sind /9/. In den Toren waren Öffnungen zum Füllen und Entleeren der Kammer vorgesehen (Abb. 1.4.a).

Abbildung 1.4. Entwürfe LEONARDO DA VINCI's für verschiedene Schleusentore /4, 7, 9/

Weitere Entwürfe LEONARDO DA VINCI's zeigen erstmals das Prinzip eines Drehtores und das eines Segmenttores (Abb. 1.4.b).

Abbildung 1.5. zeigt die Darstellung einer italienischen Kammerschleuse um 1590 von V. ZONCA (1568 - 1602), die mit einem Stemmtor am Oberhaupt und einem einflügeligen Drehtor nach LEONARDO DA VINCI's Entwurf am Unterhaupt ausgerüstet ist /10/.

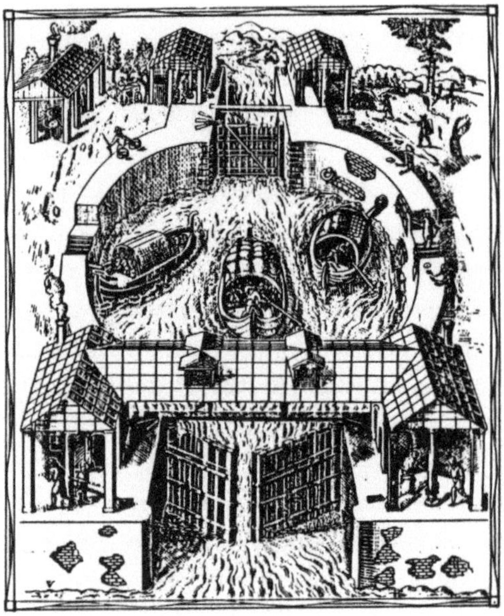

Abbildung 1.5. Entwurf einer italienischen Kammerschleuse aus dem Jahre 1590 /10/

In *Frankreich* wurde die Kammerschleuse von LEONARDO DA VINCI um 1515 eingeführt. Seitdem wurde hier bis etwa 1700 ein Kanalnetz von rd. 700 km Länge mit über 150 Schleusen (Hubhöhen bis 2,50 m) gebaut. Insbesondere waren es der im Jahre 1642 fertiggestellte *Canal de Briare*, durch den mit 43 Schleusen auf einer Länge von 59 km die Verbindung zwischen Seine und Loire hergestellt wurde, sowie der 1684 gebaute *Canal du Midi* von der Garonne zum Mittelmeer mit insgesamt 99 Schleusen auf 240 km Länge, welche die Bewunderung der damaligen Fachwelt errangen.

In *Belgien* wurde im Jahre 1561 der Anschluß der Stadt Brüssel an das Meer mit vier Kammerschleusen verwirklicht.

In *Deutschland* wurden weitere Kammerschleusen nach 1550 meist zur Umgehung von Mühlenwehren an der Saale bei Bernburg und Calbe (1560), in Berlin (1578) und an der Ems bei Rheine (1580) gebaut /7/. Ihnen folgten weitere Schleusenanlagen im 17. und 18. Jahrhundert an der Havel,

Oder, Ruhr, Main, Neckar, Werra, Fulda, Lahn usw., deren nutzbare Kammerlängen zwischen 25 m und 40 m, bei Torbreiten von 4,0 bis 5,50 m lagen /7/.

Auch zur Überbrückung vorhandener Geländestufen in neu angelegten Schiffahrtskanälen wurden Schleusen erforderlich. So wurde im Jahre 1620 ein Kanal zwischen Havel und Finow mit insgesamt 11 Kammerschleusen gebaut, im Jahre 1746 der Plauer Kanal mit 3 Schleusen zwischen Havel und Elbe und 1767 der Finow-Kanal mit 16 Schleusen auf 45 km Länge. Ihnen folgten 1774 der Bromberger Kanal (Verbindung zwischen Brahe und Weichsel) mit 9 Schleusen und 1812 der Klodnitz-Kanal von Gleiwitz nach Cosel mit 18 Schleusen auf 46 km Länge. Schließlich wurde im Jahre 1845 der Ludwig-Kanal (Verbindung zwischen Main und Donau) mit insgesamt 100 Schleusen auf 172 km Länge erstellt /6/.

In *Rußland* wurde der erste Schiffahrtskanal zwischen Newa und Wolga im Jahre 1704 gebaut, dem 1810 die Marienwasserstraße mit 18 Schleusen von Leningrad nach Rybinsk folgte.

In *Finnland* wurde 1856 der Kanal von Saima mit 28 Schleusen auf 60 km Länge fertiggestellt.

Auch in den *USA* wurde 1825 ein erster Schiffahrtskanal von Buffalo nach Abbany, der sogenannte *Erie-Canal* mit insgesamt 36 Schleusen auf 567 km Länge gebaut /6/.

Bis etwa 1700 hatte sich in Europa eine ziemlich einheitliche, klassisch zu nennende Form für die Kammerschleuse entwickelt, die erst etwa Mitte des 19. Jahrhunderts durch die Einführung der Großschiffahrt und den Ausbau des Wasserstraßennetzes von moderneren Bauformen abgelöst wurde. Mit der Zunahme der Schiffsgrößen war eine sprunghafte Vergrößerung der Schleusenabmessungen und ihrer Hubhöhen verbunden. Die erhöhten Ansprüche der Schiffahrt forderten darüber hinaus *kürzere Füllzeiten* und *größere Sicherheiten* während des Schleusungsvorganges.

Dies führte zur Entwicklung neuer Füll- und Entleerungseinrichtungen. Kurze und lange Torumläufe wurden erprobt und neuartige Torformen entwickelt. Auch die Füllung der Schleuse ohne Umläufe durch das Obertor wurde 1917 erstmals angewendet, wobei das Füllwasser in eine am Oberhaupt angeordnete Toskammer eingeleitet und seine kinetische Energie vor Eintritt in die Schleusenkammer weitgehend in Turbulenz und Wärme umgesetzt wurde /11/.

Bis zum Ende des 1. Weltkrieges ist der Ausbau des europäischen Wasserstraßennetzes vornehmlich durch die Anlage von Schiffahrtskanälen als Verbindung vorhandener Flußsysteme gekennzeichnet. Damit wurde die Anlage und Weiterentwicklung von *Kanalschleusen* erforderlich. Der durch sie bei den Schleusungsvorgängen verursachte Wasserverbrauch führte zur Entwicklung von Schleusen mit Sparbecken, Zwillingsschleusen und zur Anlage von *Schiffshebewerken*. Diese wurden insbesondere zur Überwindung größerer Gefällestufen in Erwägung gezogen, ihre Anwendung blieb jedoch auf einige europäische und überseeische Länder beschränkt. Eine Zusammenstellung der bislang ausgeführten Schiffshebewerke der verschiedenen Bauarten findet sich im Band "Schiffshebewerke" der Schriftenreihe "Binnenverkehrswasserbau" des Verfassers /1/.

Mit dem Ausbau der Flußsysteme zur Wasserkraftnutzung gewann in den vergangenen fünf Jahrzehnten auch die Anlage von *Flußschleusen* in zunehmendem Maße an Bedeutung. Diese unterscheiden sich von den Kanalschleusen oft durch ihre Füll- und Entleerungssysteme, insbesondere durch die Art der Entnahme und Rückgabe des Schleusungswassers.

Besonders hilfreich erwiesen sich die seit etwa 1900 in zunehmendem Maße angewendeten *hydraulischen Modellversuche* für die Beurteilung neu entwickelter Füll- und Entleerungssysteme. Trotz aller inzwischen vorliegenden Erfahrungen an ausgeführten und im Betrieb erprobten Schleusenanlagen bieten die Untersuchungen am hydraulischen Modell auch heute noch die beste Gewähr für einen sicheren Ablauf des Füll- und Entleerungsvorganges in einer geplanten Schleusenanlage. Mit ihrer Hilfe wurden die heute üblichen modernen Füll- und Entleerungssysteme für Schleusen großer Hubhöhen mit Längskanälen, Grundläufen und Füllbatterien entwickelt und optimiert.

Ein Überblick über die historische Entwicklung des Schleusenbaues bis etwa 1950 findet sich bei H. DEHNERT /6/. Eine Zusammenstellung der wichtigsten, nach 1950 ausgebauten europäischen und überseeischen Wasserstraßen mit den zugehörigen Schleusen und deren Abmessungen wird in Tabelle 1.2 vorgenommen, wobei die Liste nicht den Anspruch auf Vollständigkeit erhebt.

Tabelle 1.2. Zusammenstellung der wichtigsten Ausbaumaßnahmen an Binnenwasserstraßen ab 1950

BELGIEN

1960 - 1970	Ausbau der Kanalstrecke zwischen Charleroi und Brüssel. 10 Schleusen (81,6 m x 10,5 m). Inbetriebnahme (1967) des Schiffshebewerkes Ronquières (H = 67,5 m, 2 Tröge mit je 91 m x 12 m) /1, 211/.
1963 - 1987	Ausbau des Canal du Centre. 2 Schleusen (96 m x 12 m). Inbetriebnahme (ca. 1988) des Schiffshebewerkes Strêpy-Thieu (H = 73,15 m, 2 Tröge mit je 112 m x 12 m) /74/.
1983 - 1987	Ausbau des Albert-Kanals. Schleuse Wijnegem (200 m x 24 m) /187/.
1985 - 1988	Ausbau der Leie- und Beikanäle für Schiffe bis 1350 tdw /200/.
1985 - 1996	Ausbau der Limburger Kanäle für Schiffe bis 1350 tdw /199/.

BRASILIEN

seit 1950	Ausbau des São Francisco. Staustufe Sobradinho (1979) mit einer Schleuse (145,3 m x 17,0 m) /71/.
seit 1977	Planung und Bau des Itaipu-Staudammes am Rio Parana. Schleusentreppe mit 3 Schleusen vorgesehen.
1984	Inbetriebnahme der Staustufe Tucurui am Tocantin River. Schleusentreppe mit 2 Schleusen (21o m x 33 m) und Zwischenhaltung /215/.

BUNDESREPUBLIK DEUTSCHLAND

1923 - 1968	Ausbau des Neckars. 27 Staustufen mit Schleusen (110 m x 12 m), davon 12 Stufen mit Doppelschleusen /175/.
1951 - 1983	Weiterer Ausbau des Mains. 5 Staustufen zwischen Offenbach und Schweinfurt mit Schleusen (300 m x 12 m) /175/.
1954 - 1965	Ausbau des Dortmund-Ems-Kanals. Bau der Schleuse Altenrheine, Ausrüstung von 6 vorhandenen Schleusen mit 2. Schleusen (165 m bzw. 105 m x 12 m). Inbetriebnahme (1962) des Schiffshebewerkes Henrichenburg-Waltrop (H = 13,7 m, ein Trog mit 90 m x 12 m) /1, 175/.
1955 - 1986	Ausbau der Donau. 4 Staustufen mit Schleusen (230 m x 12 m), 2 Staustufen mit Schleusen (190 m x 12 m) /175/.
1956 - 1969	Neubau von fünf 2. Schleusen (110 m x 12 m) am Wesel-Datteln-Kanal /175/.
1960 - 1964	Ausbau der Mosel. 13 Staustufen mit Schleusen (170 m x 12 m) /175/.
1968 - 1976	Bau des Elbe-Seitenkanals mit Schiffshebewerk Lüneburg (1975) (H = 38 m, 2 Tröge mit je 100 m x 12 m) und Sparschleuse Uelzen (190 m x 12 m) /120, 124/.
1970 - 1977	Bau der Rheinstaustufen Gamsheim und Iffezheim mit je zwei Schleusen (270 m x 24 m) /175/.
1980 - 1986	Ausbau des Rhein-Herne-Kanals mit fünf neuen Schleusen (190 m x 12 m) /175/.

Tabelle 1.2. Zusammenstellung der wichtigsten Ausbaumaßnahmen an Binnenwasserstraßen ab 1950

1960 - 1992	Bau des Main-Donau-Kanals mit insgesamt 16 Schleusen, davon 13 Sparschleusen (190 m x 12 m); 1972 Inbetriebnahme des 1. Bauabschnittes Bamberg-Nürnberg /127, 137/.
1985 - 1989	Bau der neuen Sparschleuse Henrichenburg am Dortmund-Emskanal (200 m x 12 m) /175/.
DEUTSCHE DEMOKRATISCHE REPUBLIK	
1951 - 1952	Ausbau des Havel-Kanals /177/.
FRANKREICH	
1948 - 1980	Ausbau der unteren Rhône ab Lyon. 12 Staustufen mit Schleusen (195 m x 12 m) /60, 194/.
1959 - 1970	Ausbau der Oberrhein-Strecke zwischen Vogelgrün und Straßburg (ab Markolsheim in Schlingenlösung). 5 Staustufen mit je 2 Schleusen (185 m bzw. 190 m x 12 m und 185 m bzw. 190 m x 24 m).
seit 1961	Bau des Kanals Dunkerque-Denain mit 9 Schleusen (144,6 m x 12 m) mit Abzweigung nach Lille/Roubaix /217/.
1966	Ausbau des Canal du Nord für Schiffe bis 1350 tdw /198/.
1966 - 1970	Ausbau des Rhein-Marne-Kanals. Eine Schleuse und Schiffshebewerk Arzviller (H = 44,5 m, 2 Tröge mit je 44,5 m x 5,5 m) /1, 198/.
1960 - 1971	Ausbau der Seine oberhalb Paris bis Montereau mit 3 Schleusen (185 m x 18 m) /217/. Ab 1975 weiterer Ausbau der Seine zwischen Montereau und La Grande Bosse /218/.
1973 u. 1983	Inbetriebnahme der Wasserkeil-Hebewerke bei Montech (H = 14,3 m) am Garonne-Seitenkanal und Fonserannes (H = 13,6 m) am Canal du Midi /1/.
1963 - 1982	Saône-Ausbau zwischen Lyon und Saint-Symphorien. Schleusen (185 m x 12 m) /217, 218/.
1965 - 1979	Ausbau der Mosel. 14 Staustufen mit Schleusen (176 m x 12 m).
ab 1978	Bau des Rhein-Rhône-Kanals mit 24 Schleusen (185 m x 12 m) /194, 195/.
ITALIEN	
1978	Inbetriebnahme der Po-Schleuse Volta-Grimana (224,5 m x 24 m) /178/.
ab 1983	Ausbau der Wasserstraße Fissero-Tartaro-Canalbianco mit 4 weiteren Schleusen /178/.
KANADA	
bis 1932	4. Ausbau des Welland-Kanals. 8 Schleusen (262 m x 24,4 m). 1967 Planung der 5. Ausbaustufe, 5 Schleusen (405,4 m x 33,5 m) /214/.
1954 - 1959	Ausbau des St.Lorenz-Seeweges zwischen Montreal und Lake Ontario. 7 Schleusen (262 m x 24,4 m) /187, 190, 201/.

Tabelle 1.2. Zusammenstellung der wichtigsten Ausbaumaßnahmen an Binnenwasserstraßen ab 1950

NIEDERLANDE	
1952	Inbetriebnahme des Amsterdam-Rhein-Kanals mit Schleuse Zeeburg (110 m x 14 m) /188, 206/.
1959	Inbetriebnahme der Schleusen Delfzijl am Emskanal (125 m x 7 m und 125 m x 16 m) /202/.
1955	Ausbau des Kanals Gent-Terneuzen. 2 Schleusen (290 m x 40 m, 200 m x 24 m) /208, 216/.
bis 1970	Kanalisierung des Niederrheins und des Leks. 3 Staustufen mit Schleusen (260 m x 18 m) /216/.
um 1970	Ausbau des Maas-Kanals zwischen Maas-Waal-Kanal und Maastricht /216/
nach 1970	Ausbau des Maas-Waal-Kanals und der Schleuse Nimwegen /216/.
1981	Inbetriebnahme der Schleuse Hartel (280 m x 24 m) am Hartel-Kanal /187/.
ÖSTERREICH	
1957 - 1986	Ausbau der Donau. 8 Staustufen mit Doppelschleusen (230 m x 24 m) /168, 181, 182, 185/.
POLEN	
1977 - 1979	Ausbau der Weichsel. 3 Schleusen (85 m x 12 m) am Oberlauf, eine Schleuse (115 m x 12 m) am Unterlauf /189/.
PORTUGAL	
1971 - 1976	Ausbau des Douro. 3 Staustufen mit Schleusen (83 m bzw. 86 m x 12,1 m) /75, 76/.
RUMÄNIEN UND UNGARN	
ab 1971	Ausbau der unteren Donau. 9 Staustufen mit Doppelschleusen (260 m bzw. 310 m x 34 m) /168, 180, 181, 183, 185/.
1974 - 1984	Bau des Donau-Schwarzmeer-Kanals (in Rumänien) zwischen Cernavoda und Konstanza /192/.
UdSSR	
1952	Eröffnung des Wolga-Don-Kanals mit 13 Schleusen /186/.
1953	Inbetriebnahme der Schleuse Ust-Kamenogorsk am Irtysch.
1963	Inbetriebnahme des Schiffshebewerkes Krasnojarsk am Jenissej (H = 101 m, Trog mit 90 m x 12 m) /212, 213/.
1964	Eröffnung des Lenin-Kanals /186/.

Tabelle 1.2. Zusammenstellung der wichtigsten Ausbaumaßnahmen an Binnenwasserstraßen ab 1950

1946 - 1972	Ausbau des Ostsee-Weißmeer-Kanals mit insgesamt 19 Schleusen /186/.
bis 1972	Ausbau des Dnjepr. 6 Staustufen mit Schleusen /204/.

U S A

1938 - 1981	Ausbau des Columbia- und Snake. Insgesamt 8 Staustufen mit Schleusen (205,7 m x 26,2 m) /179/.
1945 - 1971	Ausbau des Arkansas. 17 Staustufen mit Schleusen (182,9 m x 33,5m) /184/.
bis 1953	Weiterer Ausbau des Mississippi. Insgesamt 27 Staustufen mit Schleusen (182,9 m x 33,5 m) /184, 190, 193/.
1950 - 1982	Ausbau des Ohio. Umkanalisierung auf 19 Doppelschleusen (365,8 m x 33,5 m und 182,9 m x 33,5 m) /184/.
bis 1955	Ausbau des Illinois Wasserweges. 16 Schleusen (182,9 m x 33,5 m) /184/.
bis 1964	Ausbau des Cumberland. 2 Schleusen (243,8 m x 33,5 m) /184/.
1968	Inbetriebnahme der Poe-Schleuse bei Sault Ste. Marie/Michigan (366 m x 33,5 m) /13, 14/.
1964 - 1980	Ausbau des Black/Onachita. Umkanalisierung auf 4 Schleusen (182,9 m x 25,6 m) /184/.
1973 - 1983	Ausbau des Red River/Texas. 5 Schleusen (208,8 m x 25,6 m) /184/.
1972 - 1987	Bau des Tennessee-Tombigbee-Wasserweges. 9 Schleusen (182,9 m x 33,5 m) /184/.

VOLKSREPUBLIK CHINA

1958 - 1961	Ausbau des Grand Canal für Schiffe bis 1000 tdw und Erweiterung der Schleusen (230 m x 20 m) /203/.
1959 - 1975	Ausbau des Liangjiang. 11 Staustufen mit Schleusen (180 m bzw. 75 m x 12 m) /210/.
1973	Inbetriebnahme des Schiffshebewerkes am Danchiangkou-Staudamm (H = 33,5 m) /1, 74/.
1979 - 1985	Ausbau des Changjiang. 3 Schleusen für Schiffe bis zu 10000 tdw /205/.
1986	Inbetriebnahme der Geshouba-Staustufe am Yangtze. 2 Schleusen (230 m x 34 m) und eine Schleuse (130 m x 18 m) /15, 74, 209/.

2 Schleusenarten und Abmessungen

2.1 Grundrißformen

2.1.1 Kammerschleusen

Die am häufigsten verwendete Binnenschiff-Schleuse ist die *Kammerschleuse* (Abb. 2.1.). Sie besitzt eine nutzbare Kammerlänge L_N und Kammerbreite B, die von der Größe und Art der die Kanalstrecke befahrenden Schiffseinheiten abhängen. Die Hubhöhe H wird durch die örtlich zu überwindende Gefällestufe bestimmt.

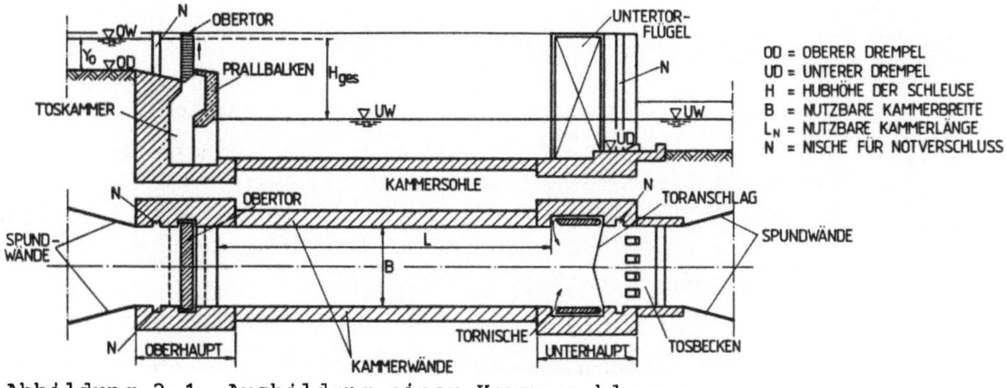

Abbildung 2.1. Ausbildung einer Kammerschleuse

Am oberwasserseitigen Ende der Schleusenkammer befindet sich ein massives Betonbauteil, das sogenannte *Oberhaupt* (OH), in dem das Obertor und die Notverschlüsse sowie die Entnahmeöffnungen für die Füllkanäle (bzw. Torumläufe) und die für die Energieumwandlung am oberen Kammerende erforderliche Toskammer (bei Füllung vom Oberhaupt her) untergebracht sind.

Am unterwasserseitigen Ende der Schleusenkammer befindet sich ein ähnliches, massives Betonbauteil, das sogenannte *Unterhaupt* (UH) (Abb. 2.1.). In ihm sind das Untertor und die Notverschlüsse sowie die Auslaßöffnungen für die Entleerungskanäle und, soweit erforderlich, ein

Tosbecken mit Strahlaufreißern und Sohlschwellen zur Energieumwandlung der in die untere Kanalhaltung abgeführten Entleerungswassermengen untergebracht.

2.1.2 Schachtschleusen

Bei größeren Hubhöhen (H ≧ 15 m) wird am Unterhaupt der Schleuse aus konstruktiven Gründen oft eine beide Kammerwände verbindende Betonschürze (Maske) angeordnet. Diese Sonderform der Kammerschleuse wird als *Schachtschleuse* bezeichnet (Abb. 2.2.).

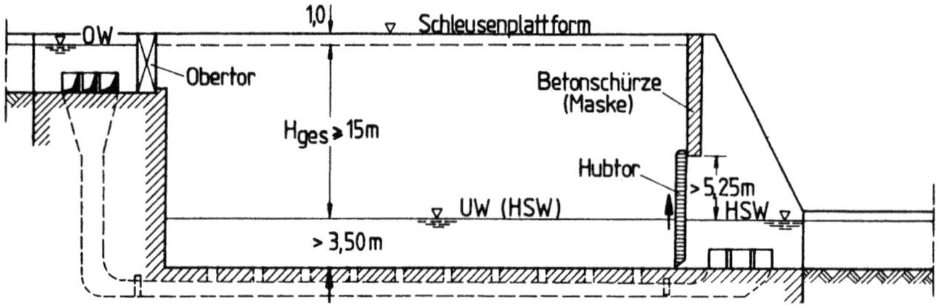

Abbildung 2.2. Prinzip einer Schachtschleuse

Neben statischen Vorteilen bietet diese Lösung die Möglichkeit, an Konstruktionshöhe für das als *Hubtor* ausgebildete Untertor zu sparen. Beim Öffnungsvorgang wird dieses kammerseitig hinter der Betonschürze aufgefahren, wobei die Durchfahrtshöhe unter der Maske ausreichend für die Durchfahrt der Schiffe bemessen sein muß. Auf den europäischen Binnenwasserstraßen der Klasse IV ist eine lichte Durchfahrtshöhe von mindestens 5,25 m über dem höchsten Schiffahrtswasserstand (HSW) erforderlich. Dieses Maß vergrößert sich, wenn Wasserspiegelschwankungen infolge von Windstau, Schleusungswellen oder infolge von wasserwirtschaftlichen Maßnahmen zu berücksichtigen sind /12/.

Abbildung 2.3. zeigt das Unterhaupt der Rhône-Schleuse Donzère-Mondragon/Frankreich mit einer bogenförmig ausgebildeten Betonmaske.

Bei stärkerem Verkehrsaufkommen auf einer Binnenwasserstraße werden zur Überwindung einer Geländestufe oft *zwei* Schleusenkammern parallel zueinander angeordnet. Sind dabei die Füll- und Entleerungssysteme beider Schleusen so konzipiert, daß die Kammern unabhängig voneinander gefüllt und entleert werden können, so spricht man von *Doppelschleusen* oder *Parallelschleusen*.

Abbildung 2.3. Schachtschleuse Donzère-Mondragon/Frankreich mit bogenförmiger Ausbildung der Betonmaske am Unterhaupt

Zur besseren Anpassung an unterschiedliche Schiffsgrößen und Transporteinheiten (Schubverbände) können die Kammerlängen der beiden, parallel zueinander angelegten Schleusen auch verschieden groß gewählt werden (Abb. 2.4.).

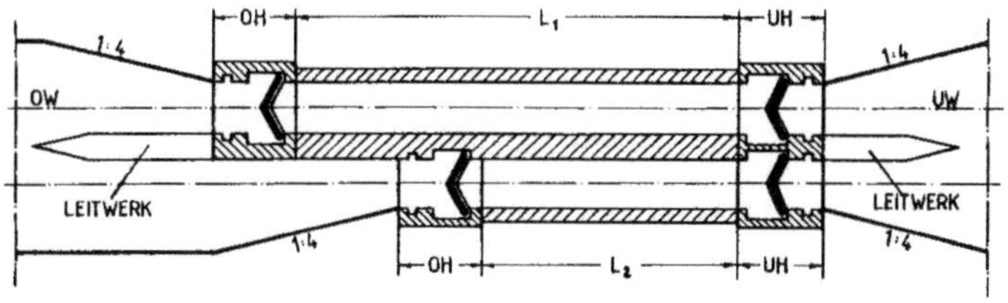

Abbildung 2.4. Doppelschleuse mit verschieden langen Kammern

In Ausnahmefällen können bei sehr großem Verkehrsaufkommen auch *mehr als zwei Schleusenkammern* nebeneinander angeordnet werden. Diese Fälle sind jedoch relativ selten. Zur Überwindung des Wasserspiegelunterschiedes zwischen dem Lake Huron und dem Lake Superior in den USA wurden beispielsweise *vier Parallelschleusen* (SOO-Schleusen) bei Sault Ste. Marie (Hubhöhe rd. 6,4 m) mit Kammerlängen zwischen 244 m und 412 m und Kammerbreiten zwischen 24,4 m und 33,6 m angeordnet, zu denen auf kanadischer Seite noch eine *fünfte* Schleuse hinzukommt (Abb. 2.5.).

Die mittlere Transportleistung dieser fünf Schleusen beträgt rd. 80 Mio Gütertonnen pro Jahr /13/.

Abbildung 2.5. Luftaufnahme der vier US-amerikanischen Parallelschleusen bei Sault Ste. Marie /14/

Eine Möglichkeit, bei gemischtem Verkehr den Wasserverbrauch bei den Schleusungen in wirtschaftlicheren Grenzen zu halten, ergibt sich bei Einzel- und Doppelschleusen durch die Anordnung eines *Mittelhauptes* (Abb. 2.6.).

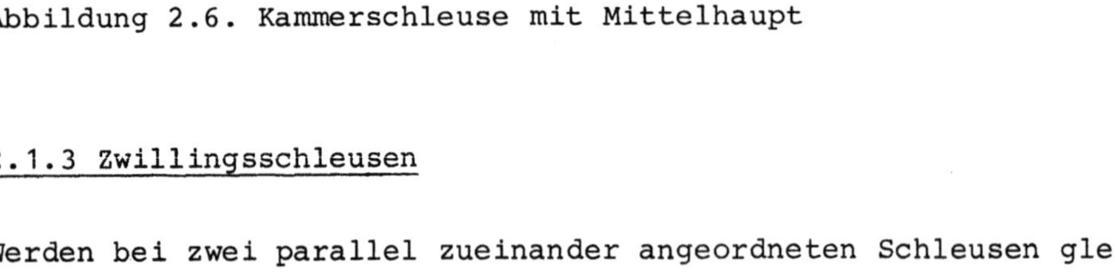

Abbildung 2.6. Kammerschleuse mit Mittelhaupt

2.1.3 Zwillingsschleusen

Werden bei zwei parallel zueinander angeordneten Schleusen gleicher Kammerabmessungen die Füll- und Entleerungssysteme beider Kammern so miteinander gekoppelt, daß beide Schleusen im gegenläufigen Takt fahren müssen, so spricht man von einer *Zwillingsschleuse* (Abb. 2.7.). In diesem Falle wird ein Teil des zum Füllen der einen Kammer benötigten Wassers aus der voll gefüllten zweiten Kammer über Verbindungskanäle zugeleitet und nur der Rest, nach Ausspiegelung beider Kammerwasserspiegel, aus der oberen Haltung entnommen. Die dabei erreichbare Wasserersparnis beträgt bei gleicher Schiffsbelegung beider Kammern bis zu 50 % der Kammerwasserfüllung.

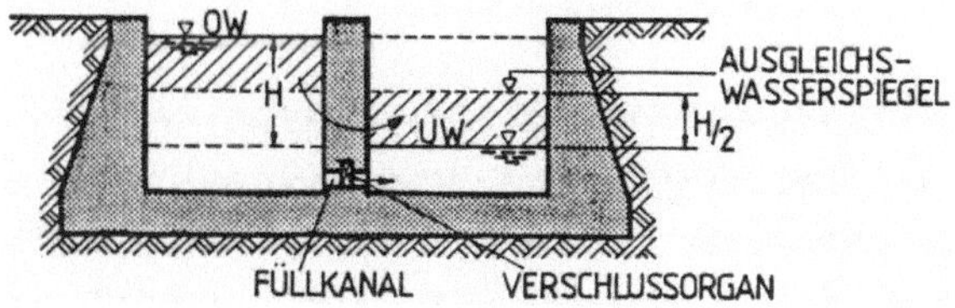

Abbildung 2.7. Prinzip einer Zwillingsschleuse

Der Nachteil einer Zwillingsschleuse ist darin zu sehen, daß eine Bergschleusung der einen Kammer stets mit einer Talschleusung der anderen Kammer gekoppelt ist. Eine derartige Abhängigkeit beider Schleusungsvorgänge voneinander ist jedoch im allgemeinen nur bei einem sehr ausgeglichenen Verkehrsfluß in beiden Richtungen auf einer Wasserstraße vertretbar.

2.1.4 Kuppelschleusen

An älteren Wasserstraßen wurden zur Überwindung größerer Gefällestufen in einigen Fällen (1840 bei Weilburg/Lahn und im Emskanal bei Meppen/BRD sowie 1931 im Shannon-Kanal/Irland) zwei Schleusenkammern mit geringeren Hubhöhen direkt hintereinander angeordnet. In diesem Fall ist das Unterhaupt der oberen Schleuse zugleich Oberhaupt der unteren Schleuse (Abb. 2.8.). Diese Art des Abstiegsbauwerkes wird dabei als *Kuppelschleuse* bezeichnet.

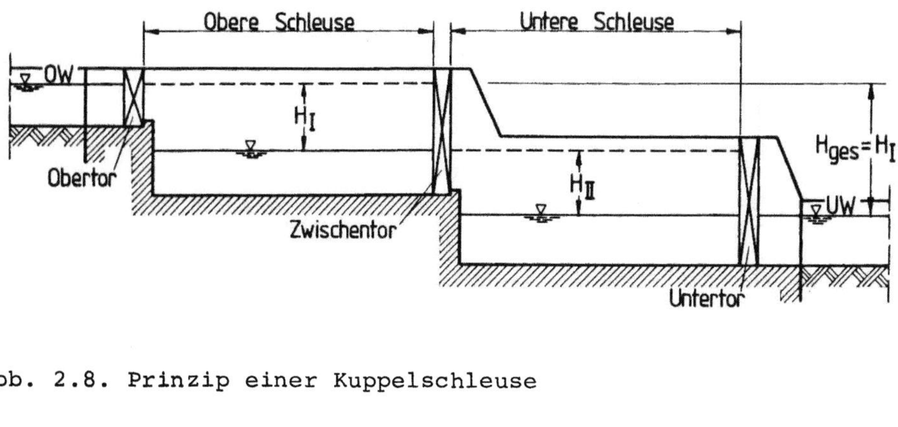

Abb. 2.8. Prinzip einer Kuppelschleuse

Abgesehen vom baulichen Aufwand ist bei einer derartigen Anlage ein betrieblicher Nachteil darin zu sehen, daß ein talwärts fahrendes Schiff in der oberen Haltung warten muß bis ein bergwärts fahrendes Schiff die Schleusungsvorgänge *beider* Kammern durchlaufen hat und umgekehrt.

Um den dabei auftretenden Zeitverlust (zweimaliges Füllen einer Kammer, Verholen der Schiffe von einer Kammer zur anderen) zu verringern, würde man bei den heutigen Erfahrungen mit Schleusen größerer Hubhöhe ($H \leqq 35$ m) wohl in den meisten Fällen von dem Bau einer Kuppelschleuse Abstand nehmen und die vorhandene Gefällestufe mit Hilfe einer Schachtschleuse bzw. eines Schiffshebewerkes überwinden.

2.1.5 Schleusentreppen

Eine *Schleusentreppe* wird durch mehrere, dicht hintereinander liegende Schleusenkammern mit kurzen Zwischenhaltungen gebildet. Derartige Anlagen findet man an älteren europäischen Wasserstraßen in Deutschland, Frankreich und England. Abbildung 2.9. zeigt die im Jahre 1914 in Betrieb genommene Schleusentreppe am Abstieg der Havel-Oder-Wasserstraße bei Niederfinow/DDR. Die Anlage besteht aus 4 Sparschleusen von je rd. 9,0 m Hubhöhe mit drei, je 260 m langen Zwischenhaltungen /6/.

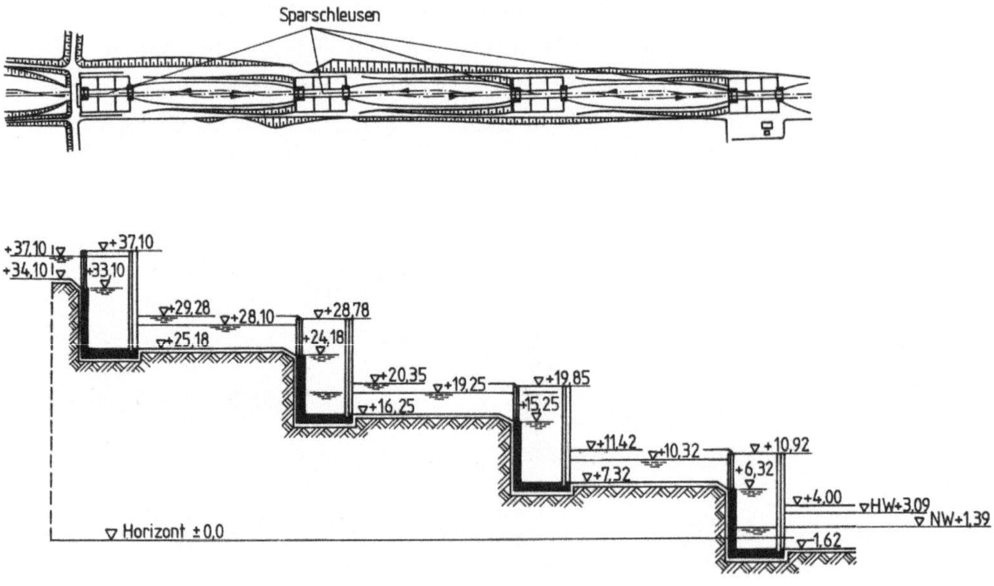

Abbildung 2.9. Schleusentreppe bei Niederfinow/DDR /6/ (Angaben in m)

Um größere Zeitverluste bei den Berg- und Talschleusungen der Schiffe zu vermeiden, arbeiten die vier Schleusen *im Verbundbetrieb*, d.h. die Schiffe werden gleichzeitig berg- und talwärts geschleust. Sind z.B. die erste und dritte Schleuse gefüllt und schleusen die Schiffe talwärts, so sind die zweite und vierte Schleuse gerade entleert und schleusen die Schiffe bergwärts. Die Begegnung der talwärts und bergwärts fahrenden Schiffe findet dabei in den Zwischenhaltungen statt /6/.

Die Nachteile einer derartigen Schleusentreppe liegen, abgesehen von ihrem baulichen Aufwand, auch darin, daß bei der Entnahme und Rückgabe der Schleusungswassermengen in den Zwischenhaltungen starke, unkontrollierbare Schwall- und Sunkerscheinungen auftreten. In den relativ kurzen Zwischenhaltungen kommt es aufgrund der geringen Wellendämpfung zu einer mehrfachen Reflexion der Schwall- und Sunkwellen an den Schleusenhäuptern. Sind die Schleusenkammern gerade für das Ein- und Ausfahren der Schiffe geöffnet, so dringen die Wellen auch in diese ein und können hier unzulässige Kraftwirkungen in den Haltetrossen der Schiffe bzw. Havarien in der Kammer verursachen.

Eine weitere Bauart für eine Schleusentreppe ergibt sich, wenn nach dem Prinzip der Kuppelschleuse mehr als zwei Schleusenkammern *ohne Zwischenhaltungen* miteinander verbunden werden. Dabei bildet dann jeweils das Unterhaupt der höher gelegenen Schleuse gleichzeitig das Oberhaupt der tiefer gelegenen Schleuse.

Einige Beispiele dieser Art wurden 1856 am Saima-Kanal in Finnland, 1915 am Panama-Kanal (Gatun-Schleusen), am Ottawa-River in Kanada sowie in Schweden zur Überwindung der Trollhättan-Fälle ($H \sim 34$ m) gebaut (Abb. 2.10.).

Bei dieser Art von Schleusentreppe ist eine Gefährdung der Schiffe durch Schwall- und Sunkerscheinungen zwar nicht wie bei der Bauart mit Zwischenhaltungen gegeben, es gelten aber in verstärktem Maße die für die Kuppelschleuse bereits aufgezeigten baulichen und betrieblichen Nachteile (s. Abschnitt 2.1.4).

Eine moderne Anlage dieser Art befindet sich z.Zt. in der Volksrepublik China in der Planung als Abstiegsbauwerk für den am Yangtze-River vorgesehenen Three-Gorges-Dam bei Sandouping. Diese Flußstaustufe wird im Hinblick auf ihre installierte Leistung mit 25.000 MW die größte Wasserkraftanlage der Welt darstellen (Abb. 2.11.) /15/.

Abbildung 2.10. Schleusentreppe am Trollhättan-Kanal/Schweden

Abbildung 2.11. Gesamtansicht der geplanten Stauanlage Three-Gorges am Yangtze-River, VR China

Die maximale Wasserspiegeldifferenz zwischen dem Oberwasser und Unterwasser der Stauanlage beträgt H_{ges} = 88,0 m. Sie soll durch *zwei Schleusentreppen* mit je vier Schleusen (Kammerlängen = 280 m, Kammerbreiten = 34 m) überwunden werden. Gleichzeitig ist für den schnelleren Schiffsverkehr und während der Bauzeit ein zusätzliches senkrechtes *Gegengewichtshebewerk* (Trogabmessungen = 120 m × 18 m × 3,5 m) vorgesehen, das bei einer Hubhöhe von bis zu 88,0 m die höchste Anlage dieser Art darstellen wird. Abbildung 2.12. zeigt eine Modellaufnahme der geplanten Schiffahrtsanlagen.

Abbildung 2.12. Vorgesehene Schleusentreppen und Schiffshebewerk am Three-Gorges-Dam, VR China

Die Schleusentreppe wird je nach Wasserspiegeldifferenz zwischen Oberwasser und Unterwasser am Staudamm mit drei bzw. vier Schleusen betrieben (Abb. 2.13.) Die mittlere Hubhöhe jeder Kammer beträgt im Extremfall H = 22,0 m.

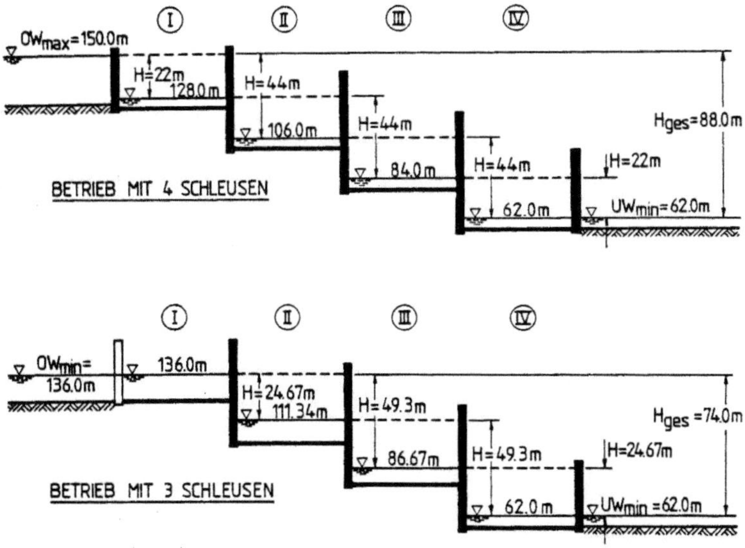

Abbildung 2.13. Hubhöhen und Anfangsdruckhöhen beim Betrieb der Schleusentreppen am Three-Gorges-Dam, VR China

Vor Beginn jeder Bergfahrt müssen die Wasserspiegel in den Kammern III, II und I jedoch auf den für jede Kammer maßgebenden Oberwasserspiegel gebracht werden, um ein Füllen der jeweils tiefer gelegenen Kammer aus der nächst höheren Kammer zu ermöglichen. Damit ergibt sich zu Beginn des Füllvorganges bei den Schleusen II, III IV die sehr große Anfangsdruckhöhe von $H_o = 2 \times 22$ m = 44,0 m (Abb. 2.13.). Das Analoge gilt für die Entleerungsvorgänge der Schleusen bei der Talfahrt.

Bei Absinken des Oberwasserspiegels auf +136,0 m bleibt die Schleuse I geöffnet, und es werden für die Berg- und Talschleusungen nur die restlichen 3 Kammern benutzt. Die Gesamthubhöhe beträgt dann H_{ges} = 74,0 m und die mittlere Hubhöhe für jede der drei Schleusen H = 24,67 m (Abb. 2.13.). Damit ergibt sich für die Schleusen III und IV eine extrem hohe Anfangsdruckhöhe von $H_o = 2 \times 24{,}67$ m = 49,3 m.

Das vorstehend beschriebene Beispiel einer Schleusentreppe zur Überwindung einer hohen Gefällestufe zeigt die mit dem Betrieb einer derartigen Anlage verbundenen Schwierigkeiten deutlich auf. Die zu Beginn der Füll- und Entleerungsvorgänge vorhandenen großen Anfangsdruckhöhen können nur mit einem *optimal ausgelegten Füll- und Entleerungssystem* der Schleusen bewältigt werden, ohne daß es zu unzulässigen Kraftwirkungen auf die schleusenden Schiffe kommt. Darüber hinaus ist ein entsprechend langsames Öffnen der Füll- und Entleerungsschütze erforderlich.

In jedem Falle sollten hier sehr eingehende Voruntersuchungen am hydraulischen Modell ausgeführt werden, um einen sicheren Schleusungsvorgang im späteren Betrieb der Anlage zu gewährleisten. Wegen der großen Strömungsgeschwindigkeiten an den Verschlußorganen und in den Zubringerkanälen besteht außerdem u.U. die Gefahr von Kavitation. Auch hierfür sind entsprechende Modelluntersuchungen unbedingt zu empfehlen.

2.1.6 Kesselschleusen und Kopfschleusen

Zu den älteren Grundrißformen der Schiffsschleusen gehören Schleusen mit doppeltbreiten Kammern und versetzten Häuptern (Abb. 2.14.) sowie solche mit einseitiger und beidseitiger Kammerverbreiterung (Abb. 2.15.). Die letztere Grundrißform wird als *Kesselschleuse* bezeichnet.

Bei der Saale-Kanalisierung kam auch ein *rhombenförmiger* Kammergrundriß zur Anwendung /6/, der gegenüber der Grundrißform mit versetzten Häuptern (Abb. 2.14.) ein leichteres Ein- und Ausfahren der Schiffe gestattet.

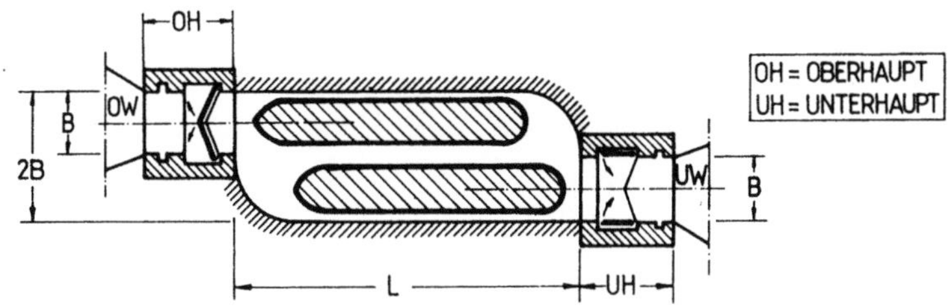

Abbildung 2.14. Schleuse mit doppeltbreiter Kammer und versetzten Häuptern

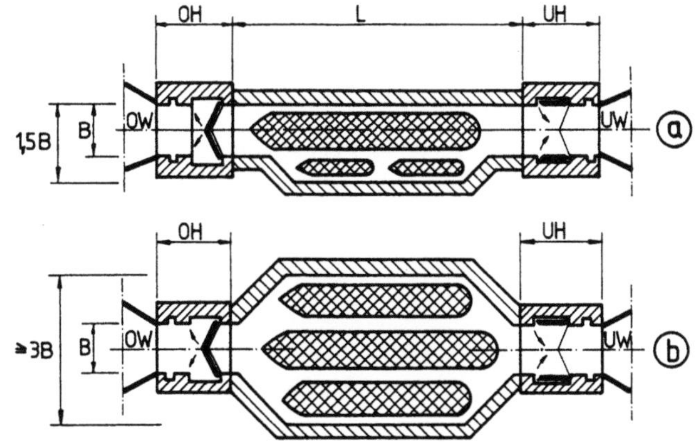

Abbildung 2.15. Einseitig verbreiterte Kammer (a) und Kesselschleuse (b)

Die Verbreiterung der Kammer hatte den Zweck, gleichzeitig mehreren Schiffen unterschiedlicher Größe (gemischter Verkehr, Schleppzüge) bei der Schleusung neben- und hintereinander Platz zu bieten. Bei den heute üblichen, mehr oder weniger genormten Transporteinheiten (Selbstfahrer und Schubverbände) ist diese Notwendigkeit nicht mehr in dem Maße wie früher gegeben, so daß die vorgenannten Grundrißformen bei der Planung moderner Schiffahrtsstraßen heute praktisch nicht mehr in Betracht kommen. Durch das erforderliche *Querverholen* der Schiffe in der Schleusenkammer geht außerdem zu viel Zeit verloren, wodurch die Leistungsfähigkeit der Anlage entsprechend herabgesetzt wird.

Eine Sonderform stellt die *Kopf- oder Sackschleuse* dar. Sie dient als Verbindungsglied zweier Wasserstraßen, deren Trassen unter einem spitzen Winkel aufeinander zulaufen. Ober- und Unterhaupt dieser Schleuse liegen praktisch nebeneinander (Abb. 2.16.).

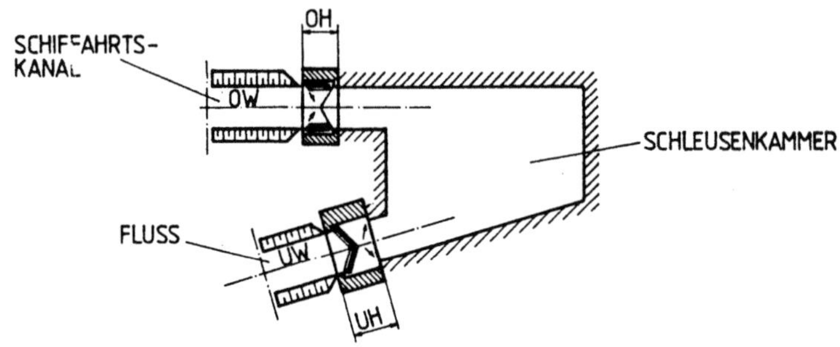

Abbildung 2.16. Grundrißform einer Kopf- bzw. Sackschleuse

Die betrieblichen Nachteile (Verholen und Festmachen der Schiffe) einer derartigen Schleusenanlage sind offensichtlich, so daß, wenn möglich, auf die Anwendung dieser Grundrißform verzichtet werden sollte. Sie wurde hier nur der Vollständigkeit halber mit aufgeführt.

2.1.7 Sparschleusen

Unter Sparschleusen versteht man Schleusen mit seitlich neben der Kammer angeordneten *Sparbecken*, die zur Aufnahme eines Teiles des für den Schleusungsvorgang benötigten Wassers dienen. Die Becken können dabei einseitig oder beidseitig neben der Schleuse als *offene Becken* (Abb. 2.17. a, b und c) oder auch übereinander in *geschlossenen Bauwerken* angeordnet werden (Abb. 2.17.d).

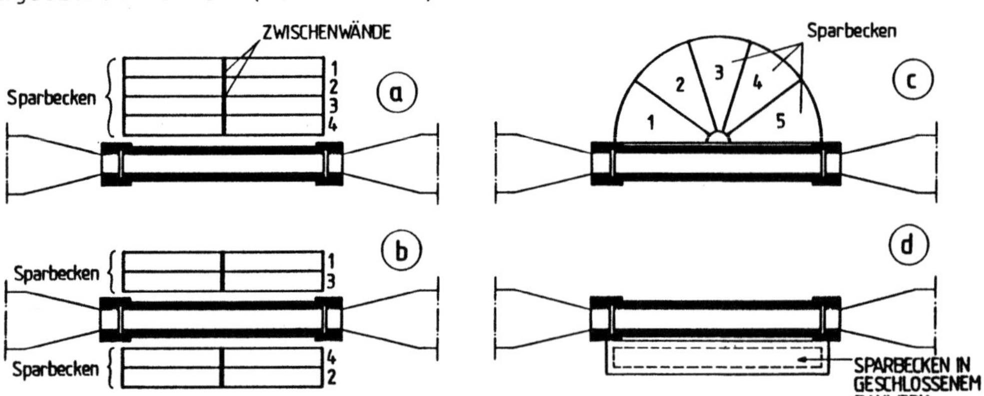

Abbildung 2.17. Mögliche Sparbeckenanordnungen

Eine *beidseitige* Anordnung von offenen Sparbecken neben der Schleuse hat den Nachteil, daß bei steigendem Verkehrsaufkommen die Anlage einer Parallelschleuse durch die bereits vorhandenen Sparbecken erschwert wird. Dieselben werden deshalb im allgemeinen *einseitig* neben der Schleuse angeordnet. Abbildung 2.18. zeigt eine Luftaufnahme der Sparschleuse Uelzen (H = 23,0 m) am Elbe-Seitenkanal (Fertigstellung 1974) mit drei offenen, einseitig neben der Schleuse angeordneten Sparbecken. Die Vorhäfen wurden dabei so angelegt, daß sie bereits für eine später vorgesehene Erweiterung der Anlage durch eine Parallelschleuse ausreichen.

Abbildung 2.18. Luftaufnahme der Sparschleuse Uelzen (H = 23,0 m) am Elbe-Seitenkanal/BRD

Abbildung 2.19. zeigt die Sparschleuse Kriegenbrunn (H = 18,3 m) am Main-Donau-Kanal mit drei seitlich angeordneten, offenen Sparbecken (Fertigstellung 1972).

Eine ältere Sparschleuse (H ≦ 13,5 m) mit insgesamt 10 fächerförmig beidseitig angeordneten, offenen Sparbecken stellt die Schleuse Henrichenburg (Inbetriebnahme 1917) am Abstieg des Dortmunder Hafens zum Dortmund-Ems-Kanal (Abb. 2.20.) dar. Nach Fertigstellung des neuen Schiffshebewerkes Henrichenburg-Waltrop (Abb. 2.20., links im Bild) im Jahre 1962 wird die Sparschleuse heute jedoch nur noch bei stärkerem Verkehr

Abbildung 2.19. Sparschleuse Kriegenbrunn (H = 18,3 m) am Main-Donau-Kanal/BRD

Abbildung 2.20. Blick vom UW auf die Sparschleuse Henrichenburg (Bildmitte) und das Schiffshebewerk Henrichenburg-Waltrop (links im Bild)

herangezogen /1/. Sie wird z.Zt. durch eine moderne Sparschleuse mit zwei einseitig angeordneten Becken ersetzt.

Ein Beispiel für eine Doppelsparschleuse mit *übereinander*, in geschlossenen Bauwerken neben den Kammern angeordneten Sparbecken stellt die Schleuse Anderten (H = 14,7 m) am Mittellandkanal bei Hannover (Fertigstellung 1928) dar (Abb. 2.21.). Bei ihr wurden insgesamt 5 Sparbekken beidseitig neben jeder der beiden Schleusen angeordnet.

Abbildung 2.21. Sparschleuse Anderten am Mittellandkanal bei Hannover

Abbildung 2.22. zeigt die konstruktiven Details der Sparschleuse Anderten, die zur Zeit ihrer Planung und Inbetriebnahme eine bemerkenswerte Ingenieurleistung darstellte /16/.

Bei den Sparschleusen wird ein Teil des für die *Kammerfüllung* benötigten Wassers aus den Sparbecken über Zulaufkanäle und ein entsprechendes Verteilersystem unter Ausnutzung des natürlichen Druckgefälles zwischen Becken- und Kammerwasserspiegel in die Schleusenkammer geleitet. Bei der *Kammerentleerung* wird die gleiche Wassermenge dann wieder in die Sparbecken zurückgeführt.

Abbildung 2.23.a zeigt den Wasseraustausch zwischen Kammer und den Sparbecken während des Füll- und Entleerungsvorganges bei gleich gro-

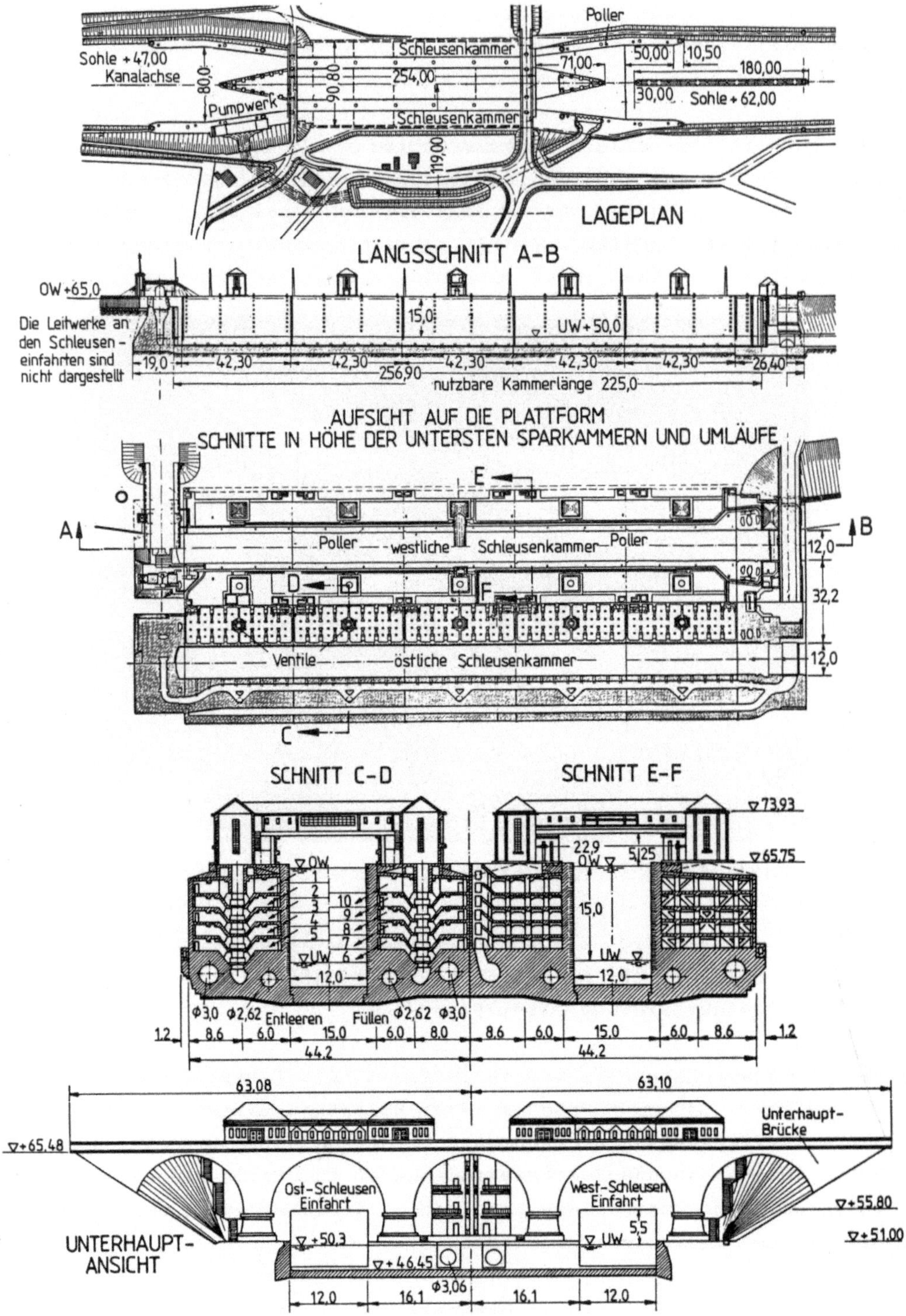

Abbildung 2.22. Ausbildung der Sparschleuse Anderten am Mittellandkanal mit 5 Sparbecken /16/

ßer Becken- und Kammergrundfläche ($A_B = A$). Bei beidseitiger Anordnung der Sparbecken kann die Beckenoberfläche halbiert werden, wobei die Schichtdicke z der Wasservolumen in der Kammer und in den Becken jedoch die gleiche bleibt wie bei einseitiger Anordnung der Sparbecken (Abb. 2.23.b). Das Wasservolumen ($A\,H_R$) geht bei jedem Schleusungsvorgang (Berg- *und* Talschleusung) in die untere Kanalhaltung verloren.

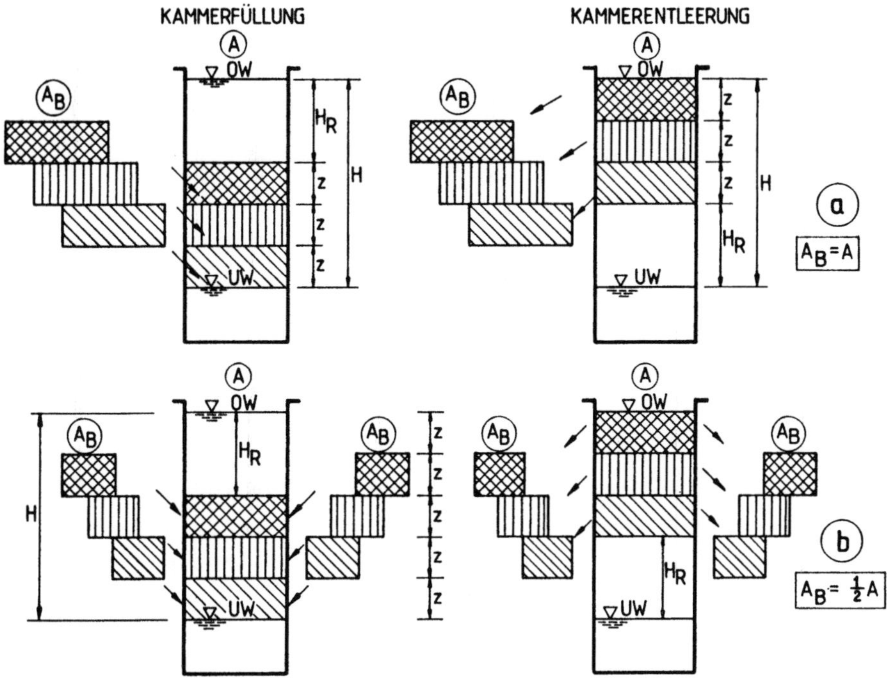

Abbildung 2.23. Prinzip der Kammerfüllung und -entleerung bei einseitig und beidseitig der Schleuse angeordneten Sparbecken

Die je Schleusungsvorgang erzielbare Wasserersparnis hängt von der Anzahl und Größe der vorhandenen Sparbecken ab. Bei gleich großer Becken- und Kammergrundfläche ($A_B = A$) ergibt sich die prozentuale Wasserersparnis bei einem Becken zu 33,3 %, bei zwei Becken zu 50 %, bei drei Becken zu 60 % usw. Abbildung 2.24. zeigt die bei vollständiger Ausspiegelung zwischen Becken- und Kammerwasserstand bei jedem Schleusungsvorgang erreichbare Wasserersparnis in Abhängigkeit von der Sparbeckenanzahl (siehe hierzu auch Abschnitt 6).

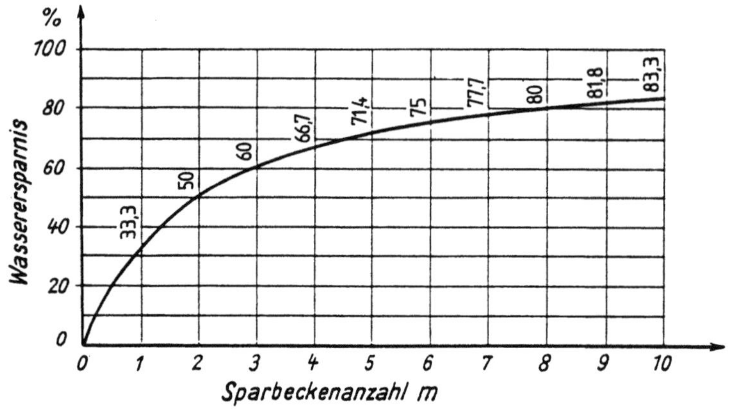

Abbildung 2.24. Prozentuale Wasserersparnis bei verschieden großer Beckenanzahl (A_B = A)

2.1.8 Dockschleusen

Dockschleusen stellen die einfachste Art der Verbindung zwischen einem Tidegewässer und einem binnendeichs gelegenen *Seehafenbecken* (Dockhafen) dar. Sie entwickelten sich aus den *Sielschleusen* der Deiche (Abb. 2.25.) /17/, die bereits in der Frühzeit des Deichbaues bekannt waren und im wesentlichen zur Entwässerung des Hinterlandes dienten.

Dockschleusen sind, der Definition nach, keine eigentlichen Schleusen, da ihnen die zur Überwindung unterschiedlicher Wasserstände erforderliche Schleusenkammer fehlt. Sie besitzen vielmehr im allgemeinen nur

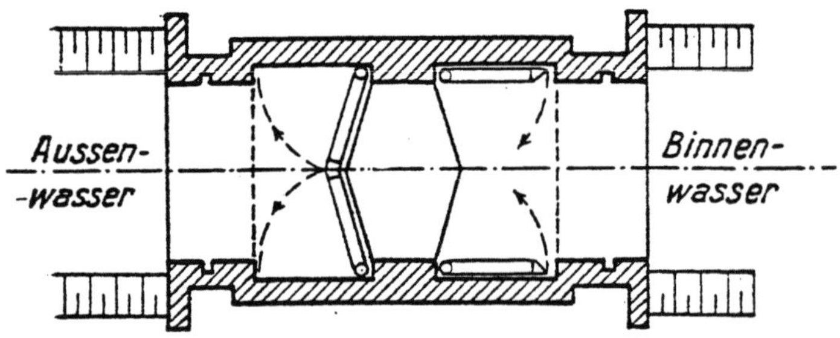

Abbildung 2.25. Prinzip einer Siel- und Dockschleuse /17/

ein nach beiden Richtungen kehrendes Torpaar (Ebbe- und Fluttor), das bei Wassergleichstand im Dock- und Außenhafen für die Durchfahrt der Schiffe geöffnet wird (Abb. 2.25.). Der Wasserstand im Dockhafen wird dabei im allgemeinen auf Höhe des mittleren Tidehochwassers (MThw) gehalten.

Als Verschlußorgane kommen *Stemmtore* in Betracht, die während der Ebbephase den Binnenwasserdruck und bei Außenwasserständen über MThw (bis zu Sturmflutwasserständen) den Wasserüberdruck des Tidegewässers kehren.

Der *Nachteil* einer Dockschleuse gegenüber einer Seeschleuse beruht darin, daß die Durchfahrt der Schiffe nur während der relativ kurzen Zeit um MThw möglich ist. Die Wartezeit der Schiffe kann demnach bei halbtägiger Tide bis zu 12 Stunden betragen.

Eine etwas längere Durchfahrtzeit für die Schiffe je Tide kann durch ein teilweises Absenken des Hafenwasserstandes nach Tidehochwasser erreicht werden (Abb. 2.26.). Das Wasser wird dabei über Torumläufe im Massivbauteil oder über Schütze in den Stemmtoren in den Außenbereich abgeführt.

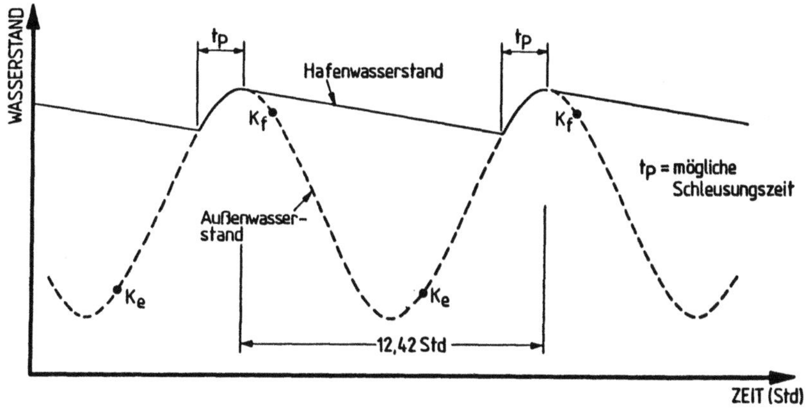

Abbildung 2.26. Durchfahrtzeit für die Schiffe bei teilweise abgesenktem Wasserstand im Dockhafen

Bei dieser Art des Hafenbetriebes findet jedoch ein nicht unerheblicher Wasseraustausch zwischen Außen- und Dockhafen statt, der in Tidegewässern mit starkem Schlickfall u.U. erhebliche Unterhaltsbaggerungen im Dockhafen erforderlichen machen kann /17/.

Der *Vorteil* einer Dockschleuse gegenüber einer Seeschleuse ist in ihren wesentlich geringeren Bau- und Unterhaltungskosten zu sehen. Bei Seehäfen mit geringem Schiffsverkehr kann demnach die Anlage einer Dockschleuse durchaus in Erwägung gezogen werden.

2.1.9 Seeschleusen

Seeschleusen stellen die Verbindung zwischen Tidegewässern (Seewasserstraßen) und tiedefreien Hafenbecken dar, wobei die *tideunabhängige* Ein- und Ausfahrt der Schiffe durch eine zwischen *Binnen- und Außenhaupt* angeordnete Schleusenkammer ermöglicht wird (Abb. 2.27.).

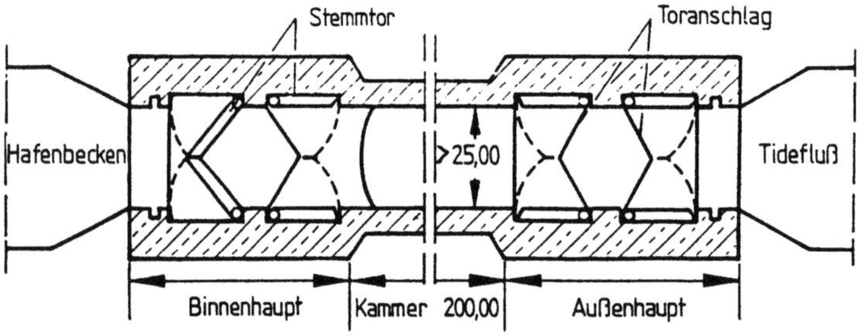

Abbildung 2.27. Grundriß einer Seeschleuse

Die Abmessungen der Schleusenkammer (lichte Weite und nutzbare Kammerlänge) werden durch die Größe und Abladetiefe der den Hafen anlaufenden Seeschiffe bestimmt. Sie können demnach von Hafen zu Hafen sehr unterschiedlich sein.

Seeschleusen weisen gegenüber Binnenschiffsschleusen stets größere Abmessungen auf (Kammerlängen ≦ 500 m, Kammerbreiten ≦ 70 m), besitzen aber entsprechend dem örtlichen Tidehub im allgemeinen nur eine relativ geringe Hubhöhe.

Wegen der auf die Kammersohle wirkenden geringen Auftriebskräfte kann im allgemeinen auf eine durchgehende Sohlenbefestigung in der Kammer verzichtet werden. Außerdem ist ein vollständig wasserdichter Abschluß bei den Seitenwänden und an der Sohle nicht erforderlich /18/. Durchlässige Kammerböden müssen aber aufbruchsicher gegen einen Wasserüberdruck zwischen NNTnw und mittlerem Hafenwasserstand ausgeführt werden /17/.

In den beiden, meist identisch ausgebildeten massiven Häuptern der Seeschleuse sind die Verschlußorgane untergebracht (Abb. 2.27.). Wegen der Forderung nach einer *doppelten Deichsicherheit* werden im *Außenhaupt* der Schleuse stets *zwei* Verschlußorgane (Tore) benötigt, wobei das kammerseitige Tor wegen der wechselnden Richtung des aus Binnen- und Außenwasserstand resultierenden Wasserdruckes *doppeltkehrend* ausgebildet werden muß. Im Binnenhaupt der Schleuse genügt *ein* doppeltkehrendes Verschlußorgan.

Bei Kammerbreiten ≧ 30 m kommen als Schleusentore praktisch nur *Schiebetore* in Betracht, während bei kleineren Kammerbreiten (B < 30 m) auch *Stemmtore* oder *Sektortore* verwendet werden können /15/. Hier müssen jedoch bei Forderung nach einem doppeltkehrenden Verschlußorgan stets *zwei* Stemmtorpaare anstelle *eines* entsprechend bemessenen Schiebetores vorgesehen werden.

Das Füllen und Entleeren der Schleusenkammer erfolgt über Torumläufe in den Häuptern, über Grundläufe oder über bewegliche Schütze in den Schleusentoren.

2.2 Kammerabmessungen

Die Abmessungen der Schleusenkammern (Kammerlänge, -breite und Wassertiefe) müssen so gewählt werden, daß sie die Schleusung der auf der jeweiligen Wasserstraße verkehrenden größten Schiffe und Schiffsverbände im vollabgeladenen Zustand ermöglichen.

Dabei ist eine Anpassung bereits bestehender Schleusenanlagen an neue Entwicklungen in der Binnenschiffahrt (Vergrößerung der Transporteinheiten, Einführung von Schubverbänden, Zunahme der Verkehrsintensität) meist mit großen Schwierigkeiten und Kosten verbunden, so daß sich hier im allgemeinen der Bau einer Parallelschleuse mit geeigneten Abmessungen empfiehlt.

Bei der Planung neuer Schiffahrtskanäle ist es deshalb wichtig, die Abmessungen der Schleusenanlagen so zu wählen, daß sie möglichen Entwicklungstendenzen in der Binnenschiffahrtsflotte Rechnung tragen.

2.2.1 Klassifizierung der europäischen Binnenwasserstraßen und Abmessungen der Transporteinheiten

Im Oktober 1954 wurde auf der 2. Europäischen Verkehrsminister-Konferenz in Paris erstmals eine Bestandsaufnahme der vorhandenen westeuropäischen Wasserstraßen und der auf ihnen verkehrenden Binnenschiffstypen angeregt.

Dies führte zu einer *Klassifizierung* der westeuropäischen Wasserstraßen, wobei die Abmessungen der z.T. genormten, die Wasserstraße befahrenden Schiffseinheiten für die jeweilige Klasseneinteilung maßgebend waren. Dieser Klassifizierung der Binnenwasserstraßen schlossen sich nach 1961 auch die osteuropäischen Länder an /19/.

Durch den in den vergangenen 30 Jahren eingetretenen Strukturwandel in der Binnenschiffahrt, der insbesondere durch das Verdrängen der Schleppschiffahrt durch die Motor- und Schubschiffahrt gekennzeichnet ist, mußten die ursprünglichen fünf Wasserstraßenklassen noch um eine weitere Klasse für die von Großmotorschiffen und mehrgliedrigen Schubverbänden befahrenen Flußsysteme (Klasse VI) ergänzt werden. Abbildung 2.28. zeigt die heute gültige Zuordnung zwischen den Schiffsgrößen und den Wasserstraßen-Klassen I bis VI.

Binnenwasserstraßen von internationaler Bedeutung wurden der *Klasse IV* zugeordnet. Für sie gilt als maßgebendes Regelschiff das *Europa-Schiff* vom Typ "Johann Welker" mit L_S = 80,0 m (bzw. neuerdings auch 85,0 m), B_S = 9,50 m und einer maximalen Abladetiefe von T_S = 2,50 m. Die Tragfähigkeit eines vollabgeladenen Europa-Schiffes beträgt 1.350 tdW (Abb. 2.28.).

Daneben sind auf den Binnenwasserstraßen der Klasse IV auch Schubverbände mit bis zu zwei Schubleichtern und einem Schubboot zugelassen. Die Regellänge eines Leichters vom Typ "Europa-Leichter II" beträgt dabei 76,5 m bei einer Breite von 11,4 m und einer maximal zugelassenen Abladetiefe von 2,50 (Tabelle 2.1.).

Bei voller Abladung beträgt die Gesamttragfähigkeit eines Schubverbandes mit zwei Schubleichtern vom Typ "Europa I" 2 × 1240 tdw = 2480 tdw, bei Verwendung von Schubleichtern vom Typ "Europa II" 2 × 1660 = 3320 tdw (Tabelle 2.1.).

Tabelle 2.1. Abmessungen der Schubleichter /20/

Wasser-strassen-Klasse	Bezeichnung	L_S (m)	B_S (m)	T_S (m)	Maximale Tragfähigkeit (tdw)
IV	Europa I	70,0	9,5	2,5	1.240
	Europa II	76,5	11,4	2,5	1.660
	Europa IIa	76,5	11,4	2,5	1.520
V	Europa I	70,0	9,5	2,5	1.240
	Europa II	76,5	11,4	2,5	1.660
	Europa IIa	76,5	11,4	2,5	1.520
VI	Europa II	76,5	11,4	bis 3,5	bis 2.520
	Europa IIa	76,5	11,4	bis 4,0	bis 2.940

Wasser-straßen-klasse	Motorschiff					Schubverband	
	Bezeichnung	Länge m	Breite m	Ablade-tiefe m	Tragfähigkeit bei der angegebenen Abladetiefe t	Formation	Gesamt-länge m
I	Penische	38,50	5,00	2,20	300		
II	Kempenaar	50,00	6,60	2,50	600		
III	Gustav Königs	67,00	8,20	2,50	1 000		
IV	Johann Welker sog. Europaschiff	80,00	9,50	2,50	1 350	 (IV a)	90 - 105
						 (IV b)	172 - 185
V						wie Wasserstraßenklasse IV	
VI	Großmotorschiff	bis 110,00	bis 11,40	bis 4,50	bis 4 500	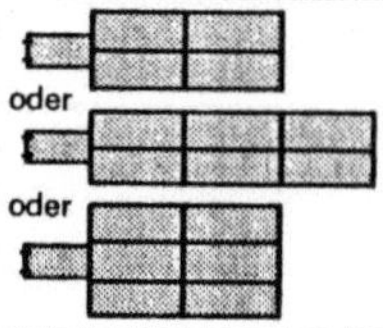	bis 190
						oder	bis 270
						oder	bis 190

Abbildung 2.28. Europäische Wasserstraßen-Klassen und zugehörige Transporteinheiten /20/

Die Länge und die erforderliche Antriebsleistung der Schubboote ist abhängig von der Anzahl der Leichter im Verband. Als Richtwerte gelten die in Tabelle 2.2. angegebenen Schubbootlängen und Antriebsleistungen.

Tabelle 2.2 Schubbootlängen und Antriebsleistungen /21, 22/

Anzahl der Leichter	Länge des Schubbootes	Antriebsleistung
1	12 m	2 x 300 kW
2	19 m	2 x 700 kW
4	32 m	2 x 900 kW
6	36 m	2 x 1200 kW
6 bis 12	42 m	3 x 1800 kW

Der für die Wasserstraßen der Klasse IV zugelassene Einzelverband bestehend aus zwei Europa-Leichtern und einem Schubboot hat demnach, je nach Schubboot, eine Gesamtlänge von $L_S = 2 \times 76{,}5$ m + 19 m = 172,0 m bzw. 185,0 m (Abb. 2.28.).

Abbildung 2.29. zeigt einige Typschiffe und ihre Abmessungen, die nach Angaben des "Zentralvereins für deutsche Binnenschiffahrt" auf westeuropäischen Binnenwasserstraßen verkehren.

Bei den neuerdings auch verwendeten Europa-Schiffen mit L_S = 85 m beträgt die Gesamtverdrängung 1.766 t (= Bruttoschiffsgewicht) bei einer Tragfähigkeit von 1.350 tdw.

BEZEICHNUNGEN	L_S (m)	B_S (m)	H_S (m)	T_S (m)	G_S (m³)	G_N (m³)	N_S (kW)
Motorgüterschiffstypen des Zentral-Vereins für deutsche Binnenschiffahrt							
JOHANN WELKER 	80	9,5	2,7	2,5	1620	1290	550
GUSTAV KOENIGS 	67	8.2	2.6	2.5	1190	940	400
KARL VORTISCH 	57	7,0	2,6	2,5	830	650	250
OSKAR TEUBERT 	53	6,2	2,6	2,5	730	560	200
THEODOR BAYER 	48	5,0	2,3	2,0	420	310	150
Neue Großmotorschiffe der Binnenflotte							
RUNDSPANTFORM 	108,5	11,4	4,0	3,7	4030	3250	1000
KNICKSPANTFORM 	108,5	11,4	4,0	3,7	4060	3100	1200
Vorläufige Einteilung der Schubboote							
3 - SCHRAUBEN - GROSSCHUBBOOT 	40	15	3,2	2,00	870	-	3 × 1800
3 - SCHRAUBEN - SCHUBBOOT 	35	13	2,8	1,85	620	-	3 × 1200
2 - SCHRAUBEN - STANDARD - SCHUBBOOT 	32	11,4	2,5	1,70	440	-	2 × 900
2 - SCHRAUBEN - FLUSS - KANAL - SCHUBBOOT 	bis 26	11	2,3	1,70	340	-	2 × 700
2 - SCHRAUBEN - KLEIN - SCHUBBOOT 	15	9,5	2,1	1,60	150	-	2 × 300

Abbildung 2.29. Typschiffe auf westeuropäischen Binnenwasserstraßen /22/

2.2.2 Länge und Breite der Kanalschleusen

Die Regelabmessungen der Schleusen für europäische Binnenwasserstraßen der Klasse IV ergeben sich aus den Abmessungen der für diese Wasserstraßenklasse zugelassenen größten Schiffe und Schiffsverbände.

Für die *lichte Weite* der Schleusen an ihren engsten Stellen zwischen den Scheuerleisten an den Schleusenhäuptern wird bei Kanalschleusen in der Regel ein Maß von 12,0 m gefordert /23/. Dies entspricht im allgemeinen auch der nutzbaren Kammerbreite B.

Abweichungen von dieser Kammerbreite sind zulässig bei Wasserstraßen der Klassen I, II und III sowie bei internationalen Wasserstraßen der Klassen V und VI, auf denen Schiffe und Schubverbände verkehren, die größere Kammerbreiten benötigen (Rhein, Donau usw).

Bei den *Kammerlängen* der Schleusen ist zwischen der Gesamtlänge L und der nutzbaren Kammerlänge L_N zu unterscheiden. Die *Gesamtlänge* L der Schleusenkammer ergibt sich aus der *Nutzlänge* zuzüglich der erforderlichen *Sicherheitsabstände* am Ober- und Unterhaupt, die in der Regel je 3,0 m nicht überschreiten sollten.

Der Sicherheitsabstand am Oberhaupt wird dabei, je nach Füllsystem, von der unterwasserseitigen Kante des Drempels bzw. von der Abfallmauer oder vom Prallbalken aus gemessen, während der Sicherheitsabstand am Unterhaupt von der nach Oberwasser gerichteten Vorderkante der Stoßschutzeinrichtung oder vom Untertor (bei Stemmtoren gilt die Vorderkante der Tornische) aus gemessen wird /23/.

Die *erforderliche Nutzlänge* von Schleusen auf Wasserstraßen der Klasse IV sollte bei *Neuanlagen* für lange Schleusen L_N = 190,0 m und für kurze Schleusen L_N = 100,0 m betragen /23/. Auf Wasserstraßen der Klasse V und VI sind wegen der Länge der zugelassenen Schubverbände (Abb. 2.28.) entsprechend größere Kammerlängen vorzusehen.

Die *Drempeltiefe* am Ober- und Unterhaupt der Schleuse muß so gewählt werden, daß der Einfahrwiderstand der Schiffe nicht zu groß wird. Dabei sollte das Verhältnis zwischen der Querschnittsfläche der Schleuseneinfahrt und dem eingetauchten Schiffsquerschnitt möglichst nicht geringer als 2,0 sein /24/.

Bei einer 12,0 m breiten Kammereinfahrt ergibt sich damit für ein Europa-Schiff mit 2,50 m Abladetiefe eine erforderliche Wassertiefe über dem Drempel von rd. 4,0 m, für Schubverbände mit B_S = 11,4 m eine solche von 4,75 m.

Die *Flottwassertiefe* der Schiffe sollte beim Unterwasserstand in der Schleuse mindestens 1,0 m betragen. Damit ergibt sich die erforderliche Mindestwassertiefe über der Kammersohle zu 3,50 m.

Die Oberkante der *Schleusenplattform* sollte in der Regel 1,50 m über dem mittleren Oberwasserstand bzw. Normalstau liegen. Bei Flußschleusen wird die Schleusenplattform im allgemeinen 1,0 m über dem höchsten schiffbaren Wasserstand (HSW) angeordnet /23/.

2.3 Konstruktive Ausbildung der Kammerquerschnitte

Binnenschiffsschleusen moderner Bauart besitzen am ober- und unterwasserseitigen Ende jeweils ein massives Betonbauteil, das sogenannte *Ober- bzw. Unterhaupt* (Abb. 2.1.), in dem die Schleusentore, die Torumläufe bzw. die Zuleitungskanäle für das Füll- und Entleerungssystem der Schleuse sowie die dazugehörigen Verschlußorgane untergebracht sind.

Zwischen den Häuptern befindet sich die eigentliche Schleusenkammer, deren Querschnittsausbildung weitgehend von den vorhandenen Untergrundverhältnissen, dem Grundwasserstand und der Hubhöhe der Schleuse abhängt.

Die *Kammerwände* können dabei als Spundwandkonstruktion, als Schwergewichtsmauern oder in aufgelöster Bauweise in Beton oder Stahlbeton ausgebildet werden, wobei die *Kammersohle* als durchlässige Packlage mit Filterschicht, als von den Kammerwänden durch Fugen getrenntes Bauteil in Beton oder Stahlbeton bzw. als auftriebssicheres Rahmenelement in biegesteifer Verbindung mit den Kammerwänden ausgebildet werden kann.

Welche Bauweise für eine geplante Schleuse mit vorgegebener Hubhöhe im Hinblick auf die vorhandenen Untergrundverhältnisse die zweckmäßigste ist, kann im Einzelfall nur durch *Vergleichsentwürfe* mit Kostenermittlungen entschieden werden.

Schleusen mit *geböschten* Kammerwänden werden heute praktisch nicht mehr gebaut. Bei älteren Schleusen mit geringen Hubhöhen waren sie jedoch früher durchaus übliche Bauformen (Abb. 2.30.a) /6/.

Die Ausbildung senkrechter Kammerwände aus stählernen *Spundbohlen* (meist Kastenprofile) kommt bei Schleusen kleinerer Hubhöhen (H < 5 m) dann in Betracht, wenn der Untergrund rammfähig ist und keine hohen Auflasten verträgt. Die Kammerwände müssen dabei seitlich verankert werden, um bei niedrigen Kammerwasserständen bzw. bei leergepumpter Kammer die aus Erd- und Grundwasserdruck auftretenden Belastungen aufnehmen zu können (Abb. 2.30.b).

Die Kammersohle ist bei Spundwandschleusen, ähnlich wie bei den Seeschleusen, im allgemeinen *nicht auftriebssicher* ausgebildet. Ein Leerpumpen der Kammer ist demnach nicht ohne gleichzeitige Grundwasserabsenkung möglich. Um der Gefahr eines Ausspülens der Hinterfüllung der Spundwandbohlen zu begegnen, müssen die Schlösser der Spundwände möglichst gut gedichtet sein.

Bei felsigem und tragfähigem Untergrund kommt, insbesondere bei größeren Hubhöhen (H > 8 m), die Ausbildung der Kammerwände als *Schwergewichtsmauer* in Betracht. Dabei bilden die Kammerwände im allgemeinen mit der massiven Kammersohle einen *geschlossenen Halbrahmen*, in den auch die seitlich neben der Kammer erforderlichen Längskanäle bzw. das unter der Kammersohle angeordnete System der Zubringer- und Verteilungskanäle mit einbezogen wird (Abb. 2.30.d).

Die Ausbildung der Schleusenkammer als biegesteifer Stahlbetonhalbrahmen ist oft die *wirtschaftlichste* Lösung und stellt im Hinblick auf die Lastannahmen meist auch die *sicherste* Bauweise dar /6/.

Abbildung 2.30.c zeigt den Querschnitt der Donauschleuse Regensburg (H = 5,2 m). Hier wurde für die Kammerwände wegen des Untergrundes und der nahen Bebauung eine Lösung mit 0,8 m starken Schlitzwänden gewählt, auf die die eigentliche Schleusenkammer als biegesteifer Rahmen in Stahlbeton aufgesetzt wurde. Die Schlitzwände dienten dabei gleichzeitig als Baugrubenumschließung /25/.

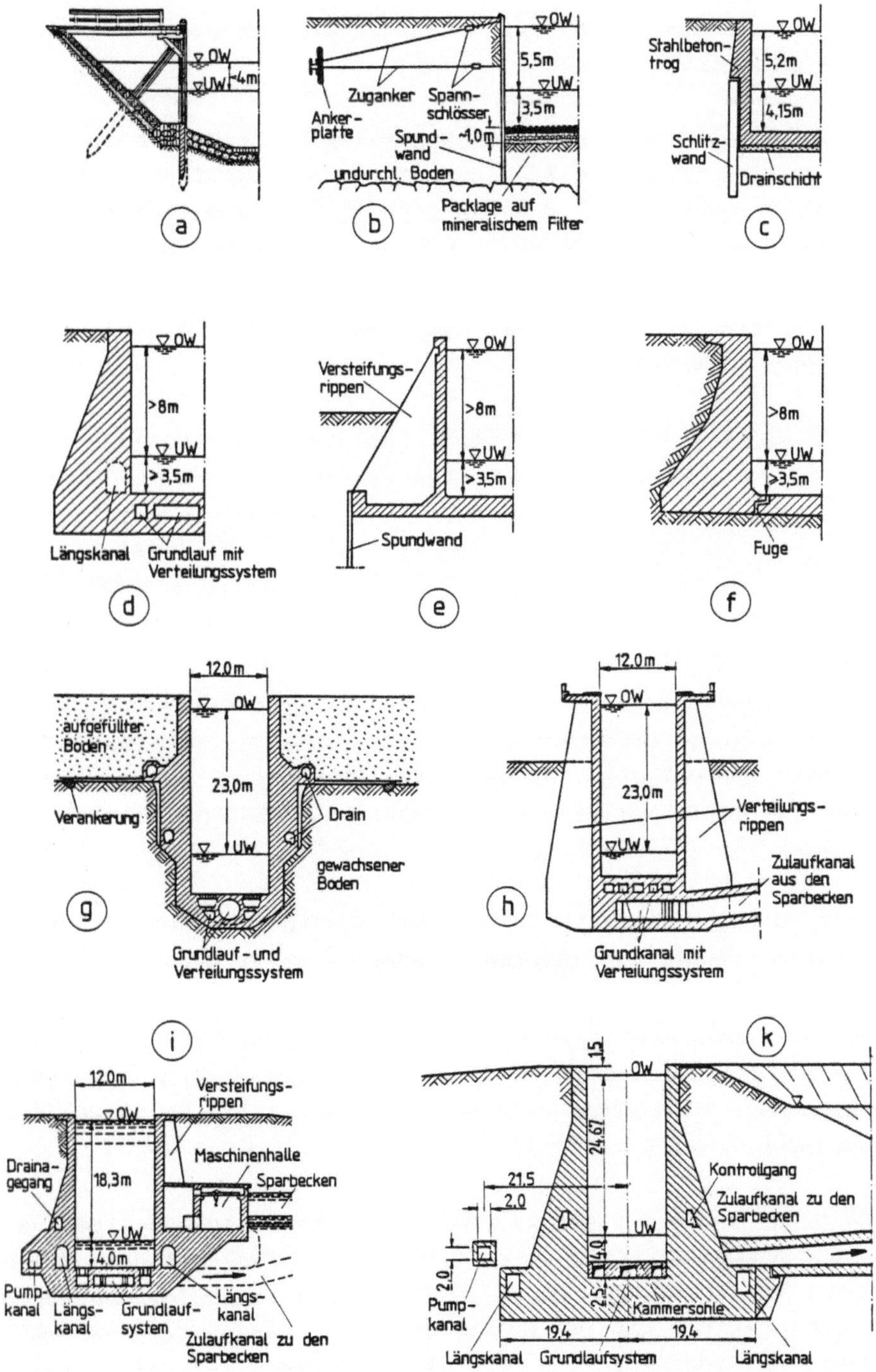

Abbildung 2.30. Querschnittsausbildungen von Schleusenkammern /6,25,26/

Die Kammerwände können auch in *aufgelöster Konstruktion* als Winkelstützmauern in Stahlbeton mit Versteifungsrippen (Abb. 2.30.e) bzw. als Schwergewichtsmauern mit einem aufgesetzten Bauteil in aufgelöster Bauweise ausgebildet werden.

Die Ausbildung des Schleusenquerschnittes mit schrägen oder *abgetreppten Fugen* zwischen Kammerwand und Sohle (Abb. 2.30.f) bietet einige statische Vorteile, da die Sohlenplatte in diesem Falle durch den Auftrieb als Balken auf zwei Stützen beansprucht wird und die Kammerwände bei entleerter Kammer entlastet. Aus Sicherheitsgründen wird beim Nachweis für die Standfestigkeit der Kammerwände jedoch hiervon meist kein Gebrauch gemacht /6/.

Einen besonderen Kammerquerschnitt weist die Schachtschleuse der Rhône-Staustufe Donzère-Mondragon/Frankreich auf (Abb. 2.30.g). Hier wurde der Kammerquerschnitt als U-förmiger Rahmen mit seitlichen Verankerungen ausgebildet, in den die unter der Kammersohle angeordneten Grundläufe und Verteilerkanäle des Füll- und Entleerungssystems mit einbezogen wurden.

Abbildung 2.30.h zeigt den Querschnitt der Sparschleuse Uelzen (H = 23 m) am Elbe-Seitenkanal/BRD. Hier wird der Kammerquerschnitt durch einen symmetrischen, biegesteifen Rahmen von nur 0,75 m Stärke gebildet, der durch Tragrippen (Achsabstand = 5,0 m) seitlich versteift ist /19/ (s. Abschnitt 6.11.1).

Die Sparschleusen des Main-Donau-Kanals weisen unterschiedliche Querschnittsausbildungen auf. Bei der Sparschleuse Erlangen (H = 18,3 m), die wie fast alle anderen Schleusen dieser Kanalstrecke einen biegesteifen Halbrahmen als Querschnittsform aufweist, wurden die Maschinenhalle und die Sparbecken statisch noch in den Kammerquerschnitt mit einbezogen. Dies führt zu einer *unsymmetrischen* Belastung der Kammerwände (Abb. 2.30.i).

Bei den hohen Schleusen des 2. Kanalabschnittes (Leerstetten, Eckersmühlen und Hilpoltstein mit H = 24,67 m) wurde deshalb die Schleusenkammer von den Sparbecken konstruktiv getrennt und diese entsprechend weiter entfernt von der Schleuse angeordnet. Dadurch konnte ein *symmetrischer* Kammerquerschnitt mit einer entsprechend symmetrischen Belastung aus Erd- und Wasserdruck erreicht werden (Abb. 2.30.k) /25/.

2.4 Ausbildung der Schleusenhäupter

Die Häupter der Schleuse werden bei größeren Hubhöhen im allgemeinen als von der Kammer getrennte, massive Betonblöcke erstellt und gegründet. In Einzelfällen kann das *Oberhaupt* auch biegesteif mit dem anschließenden Block-Element der Kammer verbunden werden (Beispiel: Sparschleuse Uelzen) /119/.

Eine Ausbildung der Häupter aus Stahlspundwänden kommt nur bei Schleusen kleinerer Hubhöhe dann in Betracht, wenn auch die Schleusenkammern in Spundwandbauweise ausgeführt sind /24/. In diesem Falle muß die Füllung der Kammer durch das Obertor und ihre Entleerung durch das Untertor erfolgen, da die Anlage von Torumläufen praktisch ausscheidet.

Beide Häupter sind, da sie bei gefüllter bzw. entleerter Kammer die Belastungen einer Stauanlage aufnehmen müssen, gegen *Unter- und Umläufigkeit* sowie gegen *Auftrieb* zu sichern.

In den Häuptern sind die *Schleusentore* und ihre Antriebe, soweit erforderlich auch die Tornischen und Gegengewichtsschächte, sowie die *Notverschlüsse* untergebracht. Je nach Art des Füll- und Entleerungssystems befinden sich in den Bauwerksblöcken am Ober- und Unterhaupt der Schleuse auch die *Torumläufe* bzw. die *Zu- und Ablaufkanäle* für das Füll- und Entleerungssystem der Schleuse mit ihren Schützen.

Im *Oberhaupt* (OH) der Schleuse ist der obere Drempel untergebracht, dessen kammerseitige lotrechte Drempelwand die Verbindung zwischen der oberwasserseitigen Kanalsohle und der Kammersohle herstellt. Bei *hochliegendem* Drempel liegt die Drempeloberkante etwa auf Höhe der Einfahrtsohle (≙ Kanalsohle) bzw. um rd. 0,5 m tiefer als diese.

Bei Flußschleusen, die auch zur Hochwasserableitung mit herangezogen werden sollen, kommt auch eine Oberhauptausbildung mit *tiefliegendem* Drempel in Betracht. In diesem Falle wird die Drempeloberkante möglichst tief (rd. 1,0 bis 2,0 m über der Kammersohle) angeordnet, um die Abflußleistung der Schleuse zu erhöhen.

Bei Füllung der Kammer durch das Obertor mit hoch- oder tiefliegendem Drempel hängt die konstruktive Ausbildung des Oberhauptes im wesentlichen von der *Art des gewählten Obertores* ab. Um ein ruhiges und über den Kammerquerschnitt gleichmäßig verteiltes Einströmen des Füllwassers in die Kammer zu erreichen, ist hier in jedem Falle die Anordnung eines *Tosbeckens* zwischen der kammerseitigen Drempelwand und der eigentlichen Schleusenkammer erforderlich. Die Umleitung des in die Kammer einströmenden Wassers erfolgt im allgemeinen über eine zwischen den Seitenwänden des Oberhauptes eingespannte *Prallwand*.

Für die Ausbildung der Energieumwandlungsanlage am Oberhaupt mit Strahlaufreißern, Leitwänden und Zahnschwellen gibt es keine generellen Entwurfskriterien, da sie in starkem Maße von der gewählten Torart und von der Hubhöhe der Schleuse abhängt. Die optimale Tosbeckenausbildung muß deshalb von Fall zu Fall durch Versuche an einem hydraulischen Modell bestimmt werden.

Auch am *Unterhaupt* (UH) der Schleuse wird, unabhängig vom gewählten Entleerungssystem der Schleuse, für die Energieumwandlung und Verteilung des ausströmenden Wassers eine Art *Tosbecken* unmittelbar hinter dem Untertor erforderlich. Die Energieumwandlungsanlage und bei Entleerung der Kammer über Torumläufe oder Längskanäle bzw. Grundläufe auch die dazugehörigen Auslaufbauwerke werden meist in den Massivblock des Unterhauptes mit einbezogen.

Auch hier empfiehlt es sich, die optimale Ausbildung des Tosbeckens durch Modellversuche zu bestimmen.

2.4.1 Ausbildungsformen für das Oberhaupt

Bei *hoch*liegendem Drempel kann die Füllung der Kammer mit Hilfe eines Hubsenktores, Senktores, Drehsegmenttores, Hakentores oder Klapptores erfolgen (Abb. 2.31.).

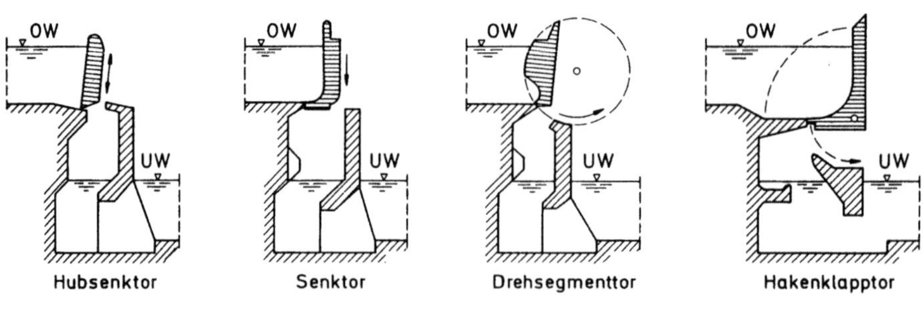

Abbildung 2.31. Gebräuchliche Schleusentore für die Füllung mit hochliegendem Drempel

Bei Schleusen mit kleineren Hubhöhen (H < 6 m) und *Stemmtoren* als Obertor besteht auch die Möglichkeit, die Kammer durch bewegliche Füllschütze in den Stemmtorflügeln zu füllen. *Hubtore* kommen wegen der erforderlichen hohen Hubgerüste bzw. -türme als Schleusen*ober*tore weniger in Betracht. *Schiebetore* werden nur bei Schleusen kleiner Hubhöhen mit großen Kammerbreiten (Seeschleusen) als Schleusentore in Erwägung gezogen.

Bei der Kammerfüllung durch das Obertor wird der Füllquerschnitt durch Heben, Senken oder Drehen des Tores langsam freigegeben, wobei das einströmende Füllwasser zunächst zur Energieumwandlung in die zwischen Drempelwand und Kammer angeordnete Toskammer eingeleitet wird, bevor es in die Schleuse gelangt. Die Wirkungsweise der Energieumwandlungsanlage am Oberhaupt kann dabei nur an einem hydraulischen Modell bestimmt werden, wobei die Größe der an den schleusenden Schiffen während des Schleusungsvorganges gemessenen Längs- und Querkräfte als Maßstab für die Güte der jeweiligen Tosbeckenform gilt.

2.4.1.1 Oberhaupt mit Hubsenktor

Die Füllung der Schleuse mit Hilfe eines als *Hubsenktor* ausgebildeten Obertores erfolgt durch langsames Heben des Tores um 0,6 bis 1,0 m mit einer Geschwindigkeit von bis zu 3 mm/s. Nach erfolgter Kammerfüllung wird das Tor dann zwischen Drempel und Prallbalken abgesenkt, um die Schleuseneinfahrt für das Passieren der Schiffe freizugeben.

Die Dichtung des Tores im geschlossenen Zustand erfolgt entweder an der Drempel*vorder*kante oder, falls sich das Tor auf die Drempel*ober*kante abstützt, über eine Sohlendichtung auf dieser (Bauart Seibert). In diesem Falle ist das Tor im geschlossenen Zustand um rd. 8° gegen die Lotrechte geneigt und wird in dieser Stellung aufgefahren. Sobald die Wasserspiegeldifferenz zwischen Oberwasser- und Kammerwasserspiegel am Ende des Füllvorganges <0,20 m beträgt, wird das Tor durch seitlich in den Oberhauptwänden angeordnete Pufferfedern in die senkrechte Stellung gedreht und dann zwischen Drempelwand und Prallbalken abgefahren.

Abbildung 2.32. zeigt die anhand von Modellversuchen entwickelten Oberhaupt-Ausbildungen für die Schleuse Birsfelden ($H \leq 9{,}10$ m, B = 12 m, L = 180 m) am Hochrhein und die Donauschleuse Jochenstein (H = 11,72 m,

B = 24 m, L = 230 m). Das Oberhaupt der Nordschleuse Jochenstein wurde jedoch nicht in der hier dargestellten Form ausgeführt (s. hierzu Abb. 2.33.).

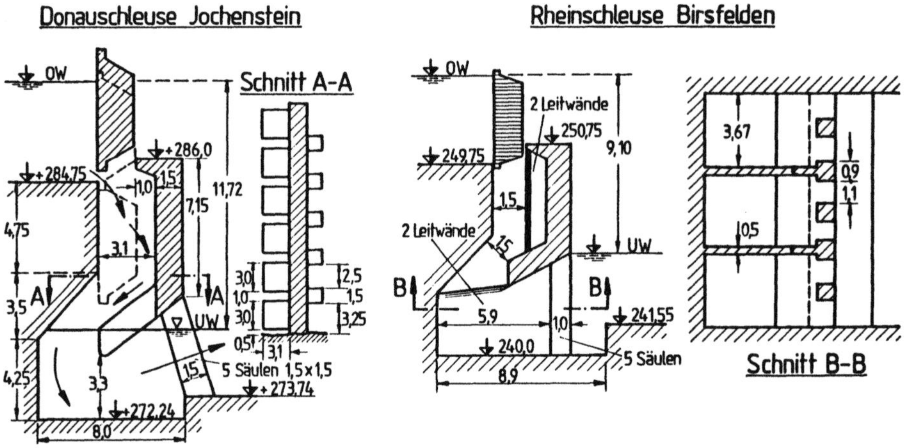

Abbildung 2.32. Beispiele für die Ausbildung des Oberhauptes mit Hubsenktor /27/ (Maße in m)

2.4.1.2 Oberhaupt mit Senktor

Bei Verwendung eines *Senktores* als Obertor erfolgt die Kammerfüllung durch langsames Absenken des Tores (Senkgeschwindigkeit < 3 mm/s) um 0,8 bis 1,0 m. Das einströmende Füllwasser wird durch eine Prallwand in die Kammer umgelenkt. Nach erfolgter Kammerfüllung wird das Tor zwischen Drempel und Prallwand weiter abgesenkt, um die Durchfahrt für die Schiffe freizugeben. Die Dichtung des Senktores im geschlossenen Zustand erfolgt an der vorspringenden Drempelnase.

Abbildung 2.33. zeigt die am Modell entwickelte Ausbildung der Energieumwandlungsanlage am Oberhaupt für eine Flußschleuse mit H = 11,72 m Hubhöhe (Donauschleuse Jochenstein).

Für eine symmetrische Verteilung des Füllwassers über den Kammerquerschnitt sorgen bei dieser Toskammerausbildung eine Reihe von Strahlaufreißern an der Drempelwand, zwei Leitwände unter der Prallwand sowie eine Zahnschwelle am Übergang zur Kammersohle (Abb. 2.33.).

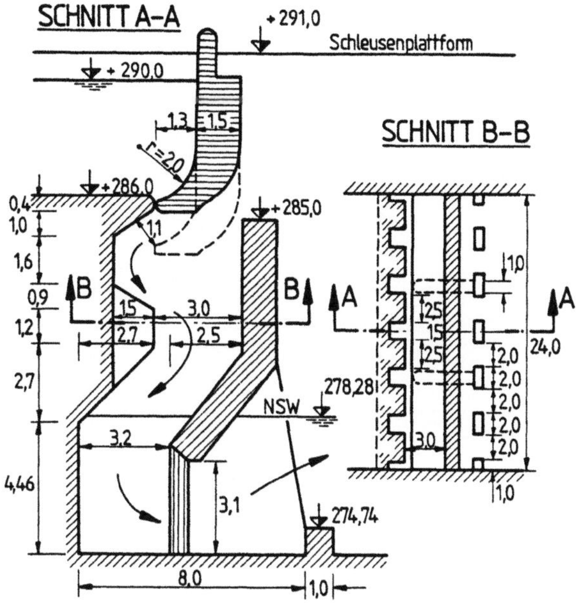

Abbildung 2.33. Oberhauptausbildung mit Senktor (Nordschleuse Jochenstein/BRD /27/ (Maße in m)

2.4.1.3 Oberhaupt mit Haken- oder Drehtor

Bei Füllung der Schleuse durch ein *Haken-* oder *Drehtor* wird der Füllquerschnitt durch Drehung des Tores um eine etwas unter der Sohlenhöhe der Schleusenzufahrt liegende, horizontale Achse freigegeben. Nach erfolgter Kammerfüllung wird die Drehung des Tores fortgesetzt, bis dieses in einer im Drempel vorgesehenen Sohlennische bündig zur Kanalsohle liegt.

Abbildung 2.34. zeigt die Oberhauptausbildung für eine Schleuse von 7,0 m Hubhöhe mit einem *Hakentor* als Obertor (Beispiel: Moselschleuse Koblenz mit B = 12 m und L = 122,5 m). Die Verteilung des Füllwassers wird hier durch eine kammerseitig am Tosbeckenende angeordnete, mit vier Durchbrüchen versehene Prallwand erreicht. Die Dichtung des Tores in der Schließstellung erfolgt an der Drempelvorderkante.

In Abbildung 2.35. wurde die am Modell entwickelte Oberhauptausbildung mit einem *Drehtor* dargestellt (Oderschleuse Kopytor bzw. Elbeschleuse Semin). Die Schleusen besitzen eine Hubhöhe von 8,0 m bei einer Kammerlänge von 190 m und Kammerbreite von 12,0 m bzw. 22,0 m /28/.

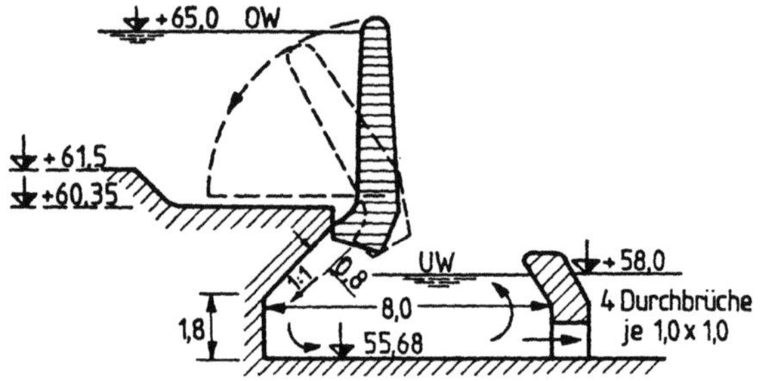

Abbildung 2.34. Oberhauptausbildung mit einem Hakentor /27/

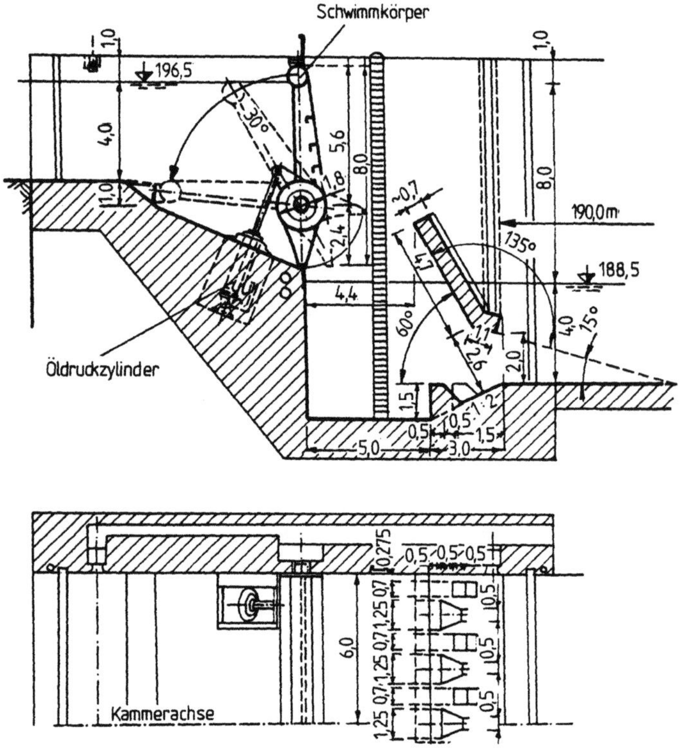

Abbildung 2.35. Oberhauptausbildung mit Drehtor (Bauart Čabelka) /28/ (Maße in m)

Das über zwei seitlich im Drempelboden angeordnete Öldruckzylinder bewegte Tor (Bauart Prof. Čabelka) besitzt an seinem oberen Ende einen Schwimmkörper zum Gewichtsausgleich. Im geöffneten Zustand legt es sich in eine im Drempel vorgesehene Nische, im geschlossenen Zustand sitzt es mit seiner Dichtung auf der Drempeloberkante auf (Abb.2.35.).

Die Umleitung des Füllwassers in die Kammer erfolgt über eine um 60° geneigte Prallwand, die Verteilung über eine Doppelreihe von Strahlaufreißern auf der 1:2 geneigten Rampe am Übergang zwischen der Tosbecken- und Kammersohle (Abb. 2.35.).

2.4.1.4 Oberhaupt mit Klapptor

Bei Schleusen kleinerer Hubhöhen, deren Obertor auch zur *Hochwasser-* und *Eisabfuhr* herangezogen werden muß, eignet sich als Verschlußorgan im Oberhaupt u.a. auch ein *Klapptor*.

Dieses wird während des Füllvorganges um eine horizontale Achse zur Schleuse hin gedreht, wobei ein Füllquerschnitt zwischen Drempelwand und Tor freigegeben wird. Das Füllwasser wird dabei über Leitwände und eine am Ende des Tosbeckens angeordnete durchbrochene Prallwand in die Kammer umgeleitet (Abb. 2.36.). Nach erfolgter Kammerfüllung wird die Tordrehung fortgesetzt bis das Klapptor in horizontaler Lage bündig mit der Drempeloberkante liegt.

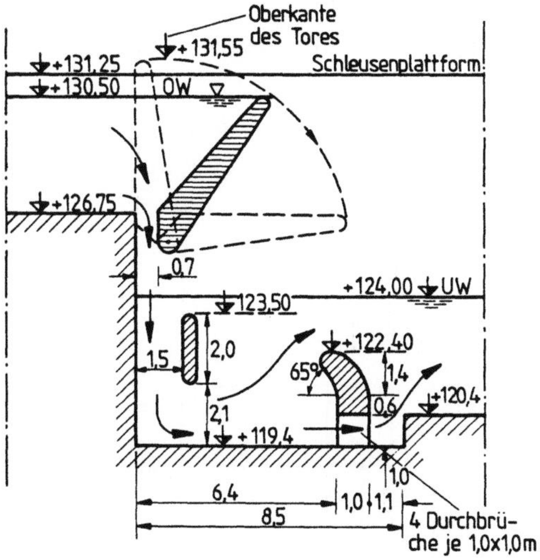

Abbildung 2.36. Oberhauptausbildung mit einem Klapptor /27/

Abbildung 2.36. zeigt als Beispiel die am Modell entwickelte Oberhauptausbildung mit Klapptor für eine Schleuse mit 6,50 m Hubhöhe (Moselschleuse Trier mit B = 12,0 m und L = 122,5 m).

2.4.1.5 Oberhaupt mit Drehsegmenttor

Für die Mainschleusen Würzburg (H = 2,8 m) und Ottendorf/BRD (H = 7,6 m) wurde jeweils ein *Drehsegmenttor* als Obertor vorgesehen. Beide rd. 314 m langen Schleusen werden im Normalfall über Längskanäle mit seitlichen Stichkanälen gefüllt. Zur Restfüllung der Kammer und bei Ausfall der Längskanalschütze wird jedoch auch das Obertor der Schleuse herangezogen /27/.

Dieses Tor ist mit Stahlscheiben, die bündig in den Seitenwänden des Oberhauptes liegen, biegesteif verbunden. Zur Freigabe des Füllquerschnittes drehen sich die Antriebsscheiben in den Seitenwänden zusammen mit dem Tor im gegenläufigen Uhrzeigersinn, wobei das Füllwasser in ein Tosbecken eingeleitet und von diesem nach entsprechender Umleitung und Verteilung der Kammer zugeführt wird.

Nach erfolgter Kammerfüllung wird das Tor in seine Endlage über dem Tosbecken gedreht und damit die Durchfahrt für die Schiffe freigegeben. In geschlossenem Zustand liegt das Tor mit seiner Dichtung an der Drempelvorderkante an.

Abbildung 2.37. zeigt die anhand von Modellversuchen im Theodor-Rehbock-Flußbaulaboratorium der TH Karlsruhe entwickelten Oberhauptausbildungen mit Drehsegmenttor für die Mainschleusen Würzburg (H = 2,8 m)

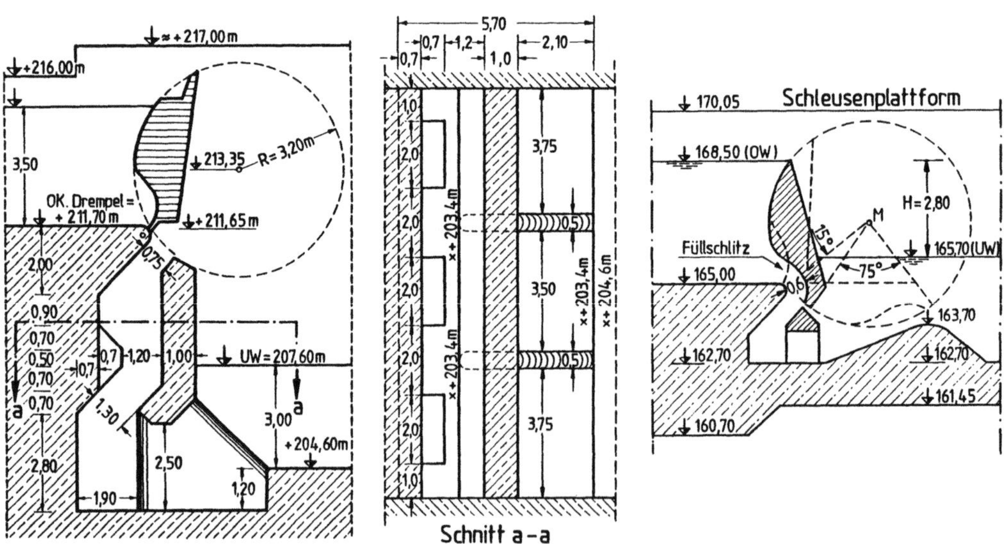

Abbildung 2.37. Beispiele für die Oberhauptausbildung mit Drehsegmenttor /27/ (Maße in m)

und Ottendorf (H = 7,6 m). Die Kammerlängen (mit Zwischenhaupt) beider Schleusen beträg 313,8 m bei einer Kammerbreite von 12,0 m.

2.4.1.6 Oberhaupt mit tiefliegendem Drempel

Die Füllung durch das Obertor mit *tiefliegendem* Drempel kommt bei Flußschleusen in Betracht, wenn die Schleuse bei extremen Hochwassern auch zu deren teilweisen Ableitung mit herangezogenen werden soll.

In diesem Falle wird die Kanalsohle vor dem Obertor entsprechend vertieft, um die Hochwasserabfuhrleistung der Schleuse zu erhöhen.

Als Torarten kommen zweiteilige *Hubsenktore* u.U. auch *Stemmtore* mit eingebauten Füllschützen in Betracht.

Die Füllung der Kammer erfolgt durch langsames Auffahren des Unterschützes um 0,6 bis 0,8 m bzw. durch Öffnen der Füllschütze in den Stemmtorflügeln, wobei das Füllwasser in ein tiefliegendes Tosbecken eingeleitet und von diesem in die Kammer abgegeben wird.

Nach erfolgter Füllung der Kammer legen sich die Stemmtorflügel in die in den Seitenwänden des Oberhauptes vorhandenen Tornischen. Im Falle eines zweiteiligen Hubsenktores wird das gesamte Schützpaket, bestehend aus Ober- und Unterschütz, nach oben soweit aufgefahren, daß die gefahrlose Durchfahrt der Schiffe (Mindestdurchfahrtshöhe = 5,25 m) gewährleistet ist. Abbildung 2.38. zeigt die am hydraulischen Modell untersuchte Ausbildung des Oberhauptes mit einem zweiteiligen Hubsenktor für die Südschleuse der Donau-Staustufe Jochenstein (H = 11,72m, B = 24,0 m, L = 230 m) /27/.

Bei der Hochwasserableitung durch die Schleuse wird das Unterschütz gehoben bzw. das Oberschütz abgesenkt. Ein *gleichzeitiges* Heben und Senken beider Schütze ist unbedingt zu vermeiden, weil dabei starke Pulsationserscheinungen hinter dem umströmten Schützpaket auftreten können /29/.

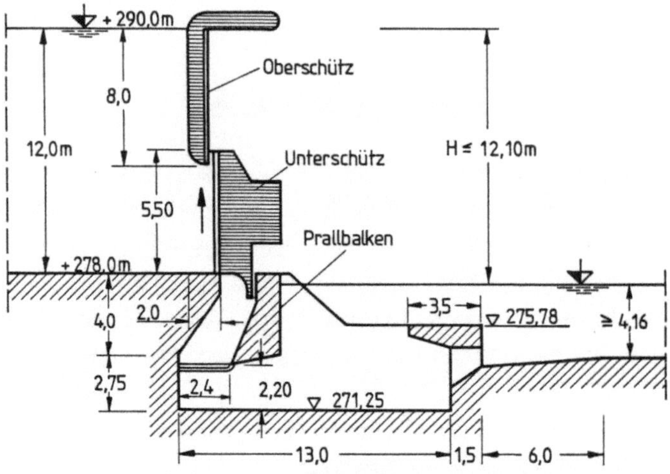

Abbildung 2.38. Oberhauptausbildung der Südschleuse Jochenstein/BRD (Maße in m)

2.4.1.7 Oberhaupt mit Torumläufen

Wird das Obertor *nicht* zur Füllung der Schleuse herangezogen, so kann diese bei Hubhöhen bis zu etwa 8,0 m auch über seitlich neben dem Obertor angeordnete *Torumläufe* gefüllt werden. Als Verschlußorgane in den Umläufen kommen dabei *Rollkeil-*, *Segment- oder Zylinderschütze* in Betracht.

Die Entnahme des Füllwassers erfolgt dabei aus dem oberen Vorhafen über seitlich vor dem Obertor in den Wänden des Oberhauptes angeordnete Einläufe, an die sich die Umlaufkanäle anschließen. Diese münden in ein kammerseitig hinter der Drempelwand angelegtes Tosbecken, in dem die kinetische Energie der einströmenden, von beiden Seiten aufeinandertreffenden Füllwassermengen weitgehend in Druckenergie (potentielle Energie) umgesetzt wird. Die Umlenkung des Füllwassers in die Schleusenkammer erfolgt dabei über Sohlschwellen, die Verteilung über den Kammerquerschnitt durch eine am Ende des Tosbeckens angeordnete Zahnschwelle in Verbindung mit einer Prallwand.

Abbildung 2.39. zeigt die am hydraulischen Modell entwickelte Tosbekkenausbildung für eine Schleuse mit Torumläufen am Oberhaupt (Beispiel: Mainschleuse Gossmannsdorf, H = 3,4 m).

Um ein Mitreißen von Luft während der Kammerfüllung zu vermeiden, muß die Oberkante der Einlauföffnungen für die Umlaufkanäle entsprechend tief (≧ 1,5 m) unter den Oberwasserspiegel gelegt werden. Außerdem ist darauf zu achten, daß die Schütze in den Torumläufen unterhalb des niedrigsten Unterwasserspiegels liegen, da andernfalls die Gefahr eines Abreißens der Wassersäule bei der Kammerentleerung besteht und damit Luft in die Umlaufkanäle gelangt.

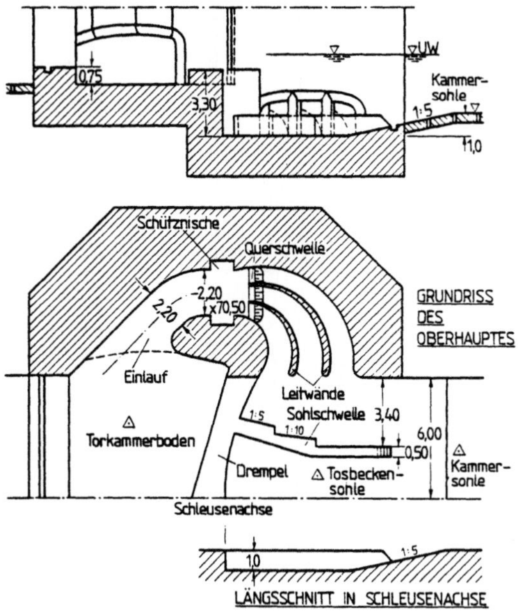

Abbildung 2.39. Oberhauptausbildung mit Torumläufen /27/

2.4.1.8 Oberhaupt für andere Arten von Füllsystemen

Bei Schleusen mit größeren Hubhöhen (H > 10 m), deren Füllung über Längskanäle, Grundläufe oder Zubringerkanäle mit Füllbatterien erfolgt, sind im allgemeinen in den Seitenwänden der Schleusenzufahrt vor dem Obertor beidseitig *Entnahmebauwerke* angeordnet, an die Fallschächte anschließen. Diese münden dann in das neben der Schleusenkammer (Längskanäle) bzw. unter der Kammersohle (Grundläufe bzw. Zubringerkanäle) vorgesehene Füllsystem.

Abbildung 2.40. zeigt das Prinzip der Wasserentnahme am Oberhaupt bei Kammerfüllung mit Längskanälen und Grundläufen.

Als Verschlußorgane in den Füllkanälen kommen *Rollkeilschütze*, *Segment- oder Gleitschütze* in Betracht. Sie werden einschließlich der Antriebe und Notverschlüsse im allgemeinen im Oberhauptblock mit untergebracht.

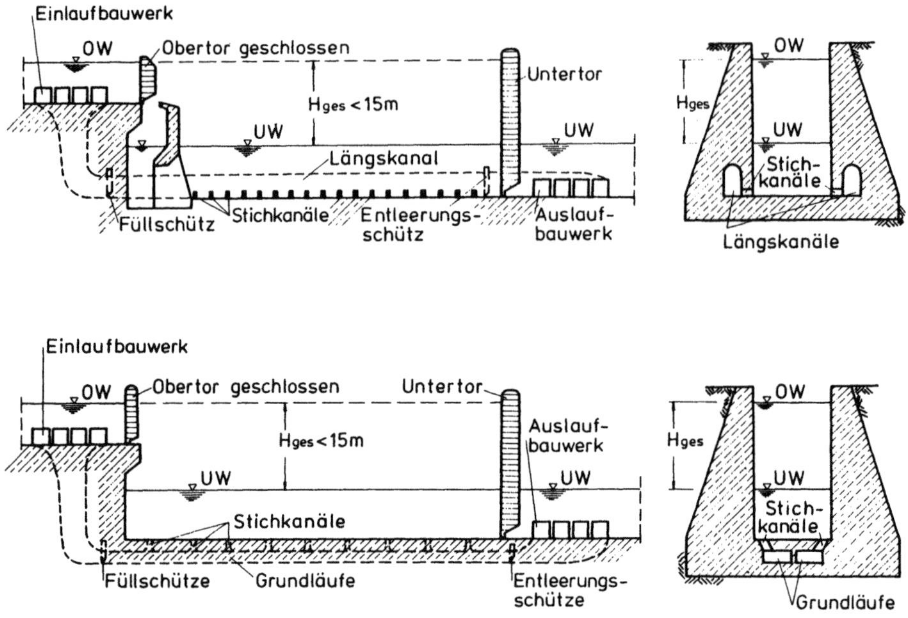

Abbildung 2.40. Prinzip der Wasserentnahme am Oberhaupt bei Füllung der Schleuse über Längskanäle bzw. Grundläufe /3/

Bei den Schützen ist darauf zu achten, daß sie *unterhalb* des niedrigsten Unterwasserspiegels angeordnet werden. Dies ist erforderlich, um ein Abreißen der Wassersäule hinter den Verschlüssen bei der Kammerentleerung zu vermeiden und damit ein Eindringen von Luftblasen in die Kammer beim anschließenden Füllvorgang auszuschließen.

Dient das Obertor der Schleuse als reines Verschlußorgan, so wird in den meisten Fällen ein *Stemmtor* als Obertor gewählt. In diesem Falle ist die Anlage eines Tosbeckens hinter der Drempelwand nicht erforderlich. Grundsätzlich sind aber auch alle anderen vorgenannten Torarten denkbar.

Bei Schleusen, in denen bei Ausfall der Schütze in den Füllkanälen auch eine Kammerfüllung durch das Obertor vorgesehen ist bzw. dieses zur Restfüllung der Kammer mit herangezogen werden soll (kombinierte Füllung), muß kammerseitig hinter der Drempelwand noch ein Tosbecken vorgesehen werden, dessen Ausbildung sich nach der Art des als Obertor gewählten Schleusentores richtet (vgl. Abschnitt 2.4.1).

Die oberwasserseitigen Einlaufbauwerke mit den anschließenden lotrechten Fallschächten, die Verschlüsse und Notverschlüsse der Füllkanäle, das Obertor der Schleuse mit seinen Tornischen, Antriebsorganen und dem Notverschluß sowie auch das Tosbecken (soweit erforderlich) im Anschluß an die Drempelwand werden im allgemeinen alle in den Massivblock des Oberhauptes mit einbezogen.

Bei *Flußschleusen* kann die Entnahme des Füllwassers aus dem Staubereich vor dem Wehr bzw. Krafthaus erfolgen. In diesem Falle liegen die Entnahmebauwerke für die Füllkanäle außerhalb des Oberhauptblockes.

2.4.2 Ausbildungsformen für das Unterhaupt

Das als Massivblock ausgebildete *Unterhaupt* der Schleuse dient zur Aufnahme des Untertores und seiner Antriebe, des Notverschlusses sowie bei Schachtschleusen auch zur seitlichen Einbindung der quer zu den Kammerwänden gespannten Betonmaske (Abb. 2.2.).

Bei Entleerung der Schleuse über Längskanäle oder Grundläufe sind im Bereich des Unterhauptblockes auch noch die Entleerungsschütze und Notverschlüsse sowie auch die Auslaßbauwerke der Entleerungskanäle untergebracht.

Als Torarten kommen, je nach Hubhöhe der Schleuse, *Stemmtore* oder *Hubtore*, in Einzelfällen bei sehr breiten Schleusen (Seeschleusen) auch *Schiebetore* in Betracht.

Da das Unterhaupt die Belastungen aus Erd- und Wasserdruck wie eine Stauanlage aufzunehmen hat, ist es in gleicher Weise wie das Oberhaupt gegen Unter- und Umläufigkeit sowie auch gegen Auftrieb zu sichern.

Im Unterwasserbereich des Untertores ist ein *Tosbecken* zur Energieumwandlung des bei der Kammerentleerung austretenden Wassers erforderlich. Die Ausbildung dieses Tosbeckens hängt dabei von der Art des gewählten Entleerungssystems der Schleusenkammer ab. Im allgemeinen wird die Verteilung des ausströmenden Schleusenwassers durch eine oder mehrere Reihen von Betonblöcken mit anschließender Zahnschwelle am Übergang zur Auslaufsohle erreicht.

Abbildung 2.41. zeigt als Beispiel das unterwasserseitige Tosbecken einer Schleuse von 4 bis 6 m Hubhöhe, bei der die Entleerung der Kammer durch das als Stemmtor ausgebildete Untertor erfolgt. Dabei werden in jedem Torflügel zwei Rollschütze (2,50 × 1,10 m) langsam aufgefahren und die austretende Schleusenwassermenge in das anschließende Tosbecken geleitet.

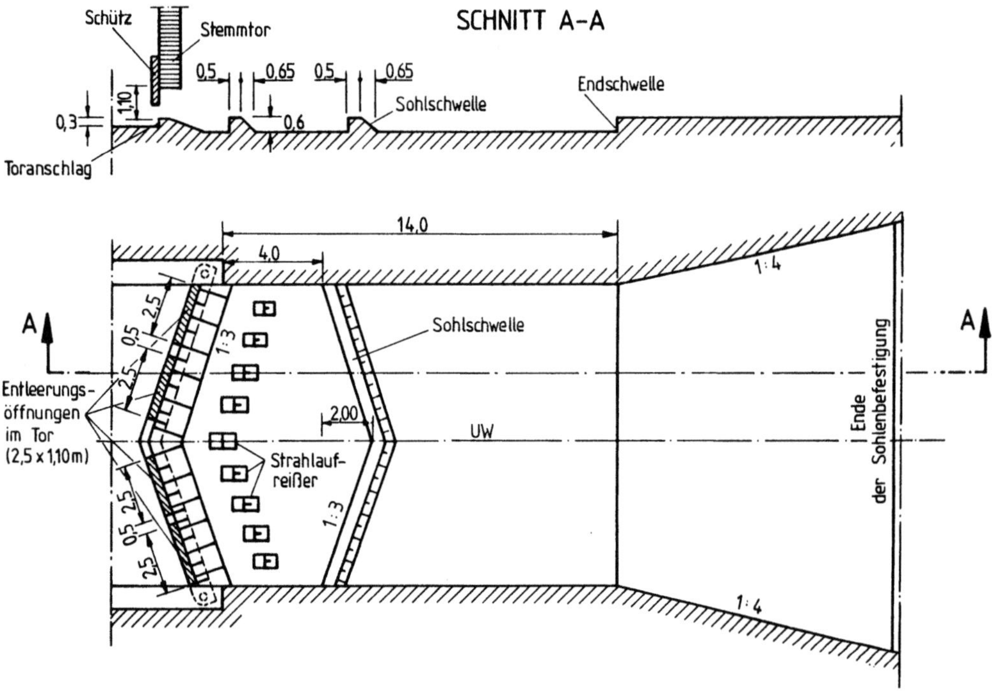

Abbildung 2.41. Tosbeckenausbildung bei Entleerung der Schleuse durch das Untertor /27/ (Maße in m)

Erfolgt die Entleerung der Schleuse über Längskanäle oder Grundläufe, so müssen in den Seitenwänden des Unterhauptes im Bereich des Tosbeckens noch die Auslaufbauwerke der Entleerungskanäle untergebracht werden.

Abbildung 2.42. zeigt die Tosbeckenausbildung für eine Schleuse, deren Entleerung über ein Längskanalsystem erfolgt. In diesem Falle wird die kinetische Energie der beidseitig austretenden Entleerungswassermengen im UW-Bereich des Untertores infolge turbulenter Durchmischung weitgehend in Wärme umgesetzt, wobei die Umlenkung und Verteilung des Schleusenwassers über den Auslaufquerschnitt noch durch die Anordnung von Sohlblöcken und Zahnschwellen unterstützt werden kann.

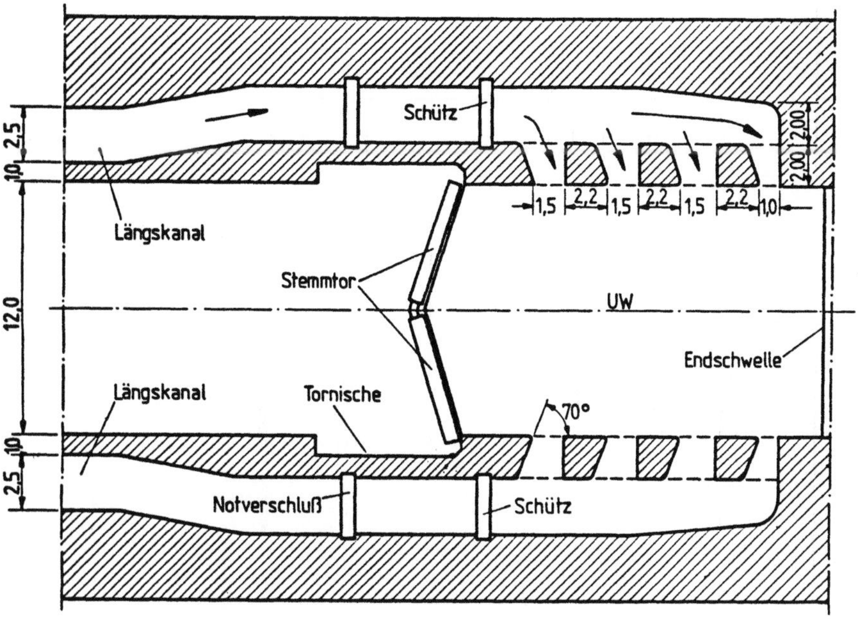

Abbildung 2.42. Tosbeckenausbildung bei Kammerentleerung über Längskanäle (Maße in m)

2.5 Blockunterteilung der Schleusenkammer

Die zwischen den Schleusenhäuptern verbleibende Kammerlänge wird aus betontechnologischen Gründen in Einzelblöcke unterteilt, die über Fugen mit den entsprechenden Dichtungen wasserdicht miteinander verbunden sind. Als Richtwert für die *Regelblocklänge* wird im allgemeinen 15,0 m angenommen, jedoch kann auch wegen der je nach Füll- und Entleerungssystem oft unterschiedlichen Länge der Häupter von diesem Maß abgewichen werden /23/. Um eine einheitliche Schalung beim Bau der Schleuse verwenden zu können, sollten möglichst viele Blöcke der Schleuse die gleiche Blocklänge aufweisen.

Das *Fugenmaß* zwischen den einzelnen Blöcken sowie auch zwischen den Kammerendblöcken und den anschließenden Schleusenhäuptern beträgt im allgemeinen 2 bis 3 cm. Die *Dichtung* wird über eingelegte Kupferbleche bzw. neuartige Dichtungsbänder erreicht. Abbildung 2.43. zeigt einige Beispiele ausgeführter Fugendichtungen bei modernen Schleusenanlagen (s. hierzu auch Abb. 6.34.).

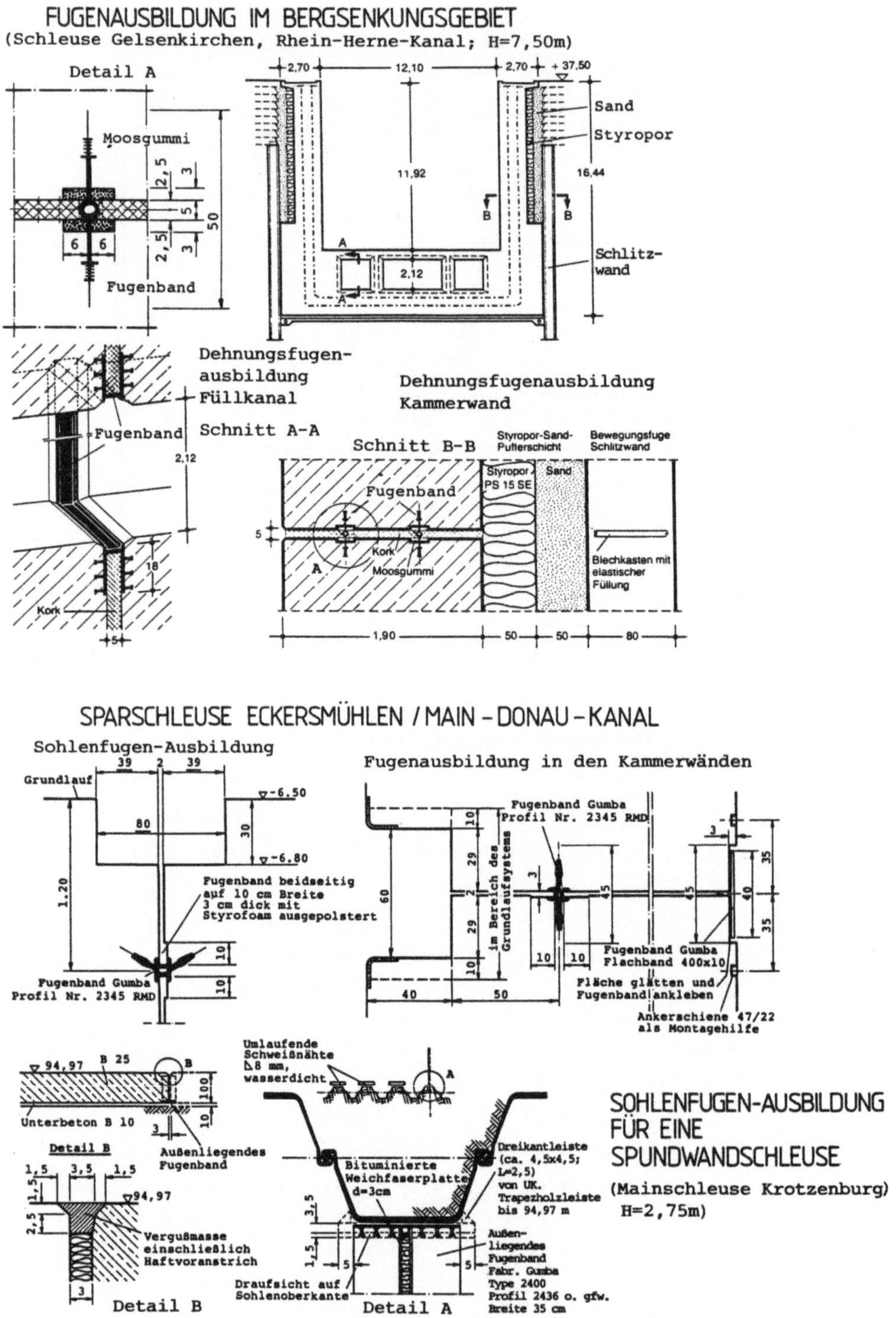

Abb. 2.43. Fugenausbildungen bei einigen modernen Schleusen

2.6 Lastannahmen für die Bemessung der Schleusenkammer und der Häupter

Für die Schleusenkammer und ihre Häupter ist der Nachweis der Stand- und Gleitsicherheit unter Berücksichtigung der vorhandenen Untergrund- und Grundwasserverhältnisse zu führen. Neben den Kräften aus Eigengewicht, Erd- und Wasserdruck sowie Auftrieb sind dabei noch Kraftwirkungen aus Schiffsstoß und Trossenzug, infolge des Winddruckes auf Aufbauten, Temperaturkräfte sowie bei auftretendem Eisgang auch Eisdruckkräfte zu berücksichtigen. Die Schleusenhäupter sind gegen Unter- und Umläufigkeit zu sichern.

Richtwerte und Empfehlungen für die Belastungsannahmen finden sich in den "Empfehlungen des Arbeitsausschusses Ufereinfassungen (EAU)" /30/ sowie in den DIN 19702 und 19703 /31, 32/.

Der Nachweis über die Standfestigkeit der Schleusenanlage hat sich auf den Bau, Betrieb und die Reparaturzustände zu erstrecken. Dabei sind die nachstehend angeführten Belastungsfälle zugrunde zu legen:

Lastfall 1: Schleusenkammer in gefülltem Zustand bei *normalen* Betriebswasserständen und niedrigstem Grundwasserstand

Lastfall 2: Schleusenkammer in gefülltem Zustand bei *extremen* OW- und UW-Ständen (Berücksichtigung von Windstau und Schleusungswellen)

Lastfall 3: Leere Schleusenkammer (Reparaturzustand) bei höchstmöglichem Grundwasserstand. Bei einem unter der Kammersohle angeordneten Grundlaufsystem wird zusätzlich ein auf der Kammersohle aufsitzendes, voll abgeladenes Schiff als Belastung angenommen.

Als Richtwerte für die Belastungsannahmen werden empfohlen:

Kräfte aus Schiffsstoß:	100 kN auf 0,25 m²
Kräfte aus Trossenzug:	200 kN /23/
Kräfte aus Eisdruck:	10 kN/m
Flächenbelastung durch ein auf der Sohle aufsitzendes Schiff:	20 kN/m²

2.7 Ausrüstungen der Kammerwände

Über die Ausrüstung von Schleusen an Binnenschiffahrtsstraßen wurden vom Bundesminister für Verkehr in Bonn im Jahre 1976 Richtlinien herausgegeben /23/, die sich auf langjährige Erfahrungen und Bedürfnisse an bundesdeutschen und europäischen Wasserstraßen stützen. Sie können auch als Empfehlungen für die Ausrüstung von Schleusen an anderen Wasserstraßensystemen dienen und werden deshalb im folgenden näher erläutert.

Um ein gefahrloses Schleusen der Schiffe zu gewährleisten, sind in den Kammerwänden zum Festlegen der Haltetrossen *Nischen- bzw. Schwimmpoller* (Regelabstand = 15 m) vorzusehen. Auf der Schleusenplattform werden darüber hinaus *Kantenpoller* angeordnet. Diese werden von den vom Oberwasser her in die Kammer einfahrenden Schiffen benutzt.

2.7.1 Steigleitern

Die an den Kammerwänden angebrachten *Steigleitern* dienen als Ausstiegsleitern für die Schiffsbesatzung sowie als Zugang zur Kammersohle bei trockengelegter Schleuse.

In der Regel sind in jedem zweiten Kammerblock (Regellänge = 15 m) parallel zur Kammerwand wechselseitig Steigleitern vorzusehen, die bis 1,0 m unter den niedrigsten UW-Stand reichen. In den den Häuptern benachbarten Endblöcken, bei Kammerlängen über 110 m auch noch zusätzlich in Schleusenmitte, sollten darüber hinaus rechtwinklig zur Kammerachse in Nischen (0,80 m × 0,80 m) zusätzliche Steigleitern angeordnet werden, die bis zur Kammersohle hinunterführen /23/.

Die Leiternischen sind dabei mit einer hochklappbaren Abdeckung (Gitterrost) mit selbsttätiger Feststellvorrichtung in der Öffnungsstellung zu versehen. Der Abstand der lotrechten Leiterholme sollte mindestens 0,45 m, der lichte Sprossenabstand 0,30 m betragen (Abb.2.45.). Um ein rasches Ablaufen des Wassers von den Sprossen zu gewährleisten und diese auch bei Frosteinwirkung möglichst trittsicher zu machen, sollten die Sprossen ein quadratisches Profil (Kantenlänge = 25 mm) aufweisen und hochkant gestellt angeordnet werden (Abb. 2.45., Schnitt A-B).

Seitlich neben den Steigleitern ist ein vertikaler Kantenschutz vorzusehen. Am Kopfende der Leitern sind Haltebügel als Ausstiegshilfen anzubringen, deren bogenförmige Ausbildung ein Darübergleiten von Schiffstrossen ermöglichen soll (Abb. 2.44. und 2.45.).

Die Nischentiefe bei parallel zu den Kammerwänden angeordneten Leitern beträgt 0,30 m (Abb. 2.45., Schnitt A-B). Die Leitern werden in der Regel feuerverzinkt.

Bei Schleusen mit größeren Hubhöhen sind die Steigleitern ab 12 m über dem UW-Spiegel aus Sicherheitsgründen in seitlichen Nischen (0,8 m × 0,8 m) unterzubringen, die zur Schleusenkammer hin mit einem Schutzgitter versehen sind. Dies erfordert ein Umsteigen von der parallel zur Kammerwand angeordneten unteren Steigleiter auf die Nischenleiter im oberen Hubbereich der Schleuse, wobei ein Nischenpodest den Leiterwechsel erleichtert.

Abbildung 2.44. zeigt die empfohlene Ausrüstung der Regelblöcke mit Nischen- und Kantenpollern, Steigleiter und Kantenschutz /23/.

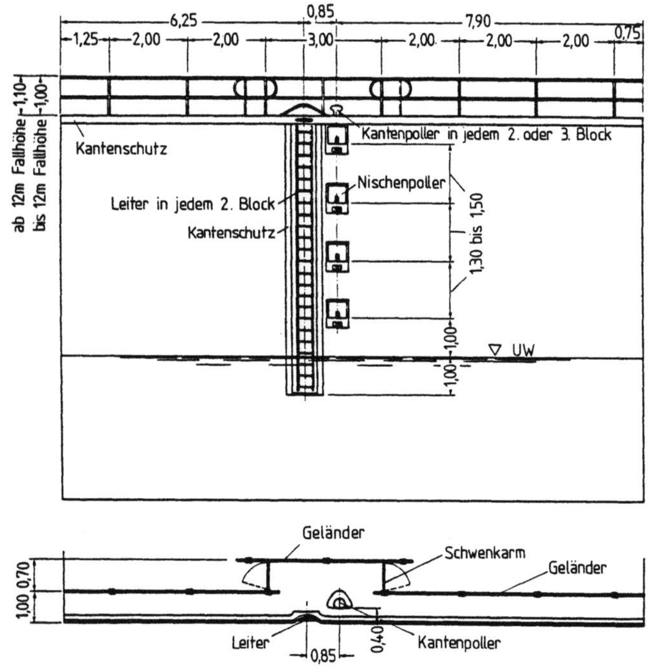

Abbildung 2.44. Empfohlene Ausrüstung der Regelblöcke /23/

Die Anordnung der parallel zur Schleusenkammer vorzusehenden Steigleitern (mit Kantenschutz) ist aus Abbildung 2.45. ersichtlich.

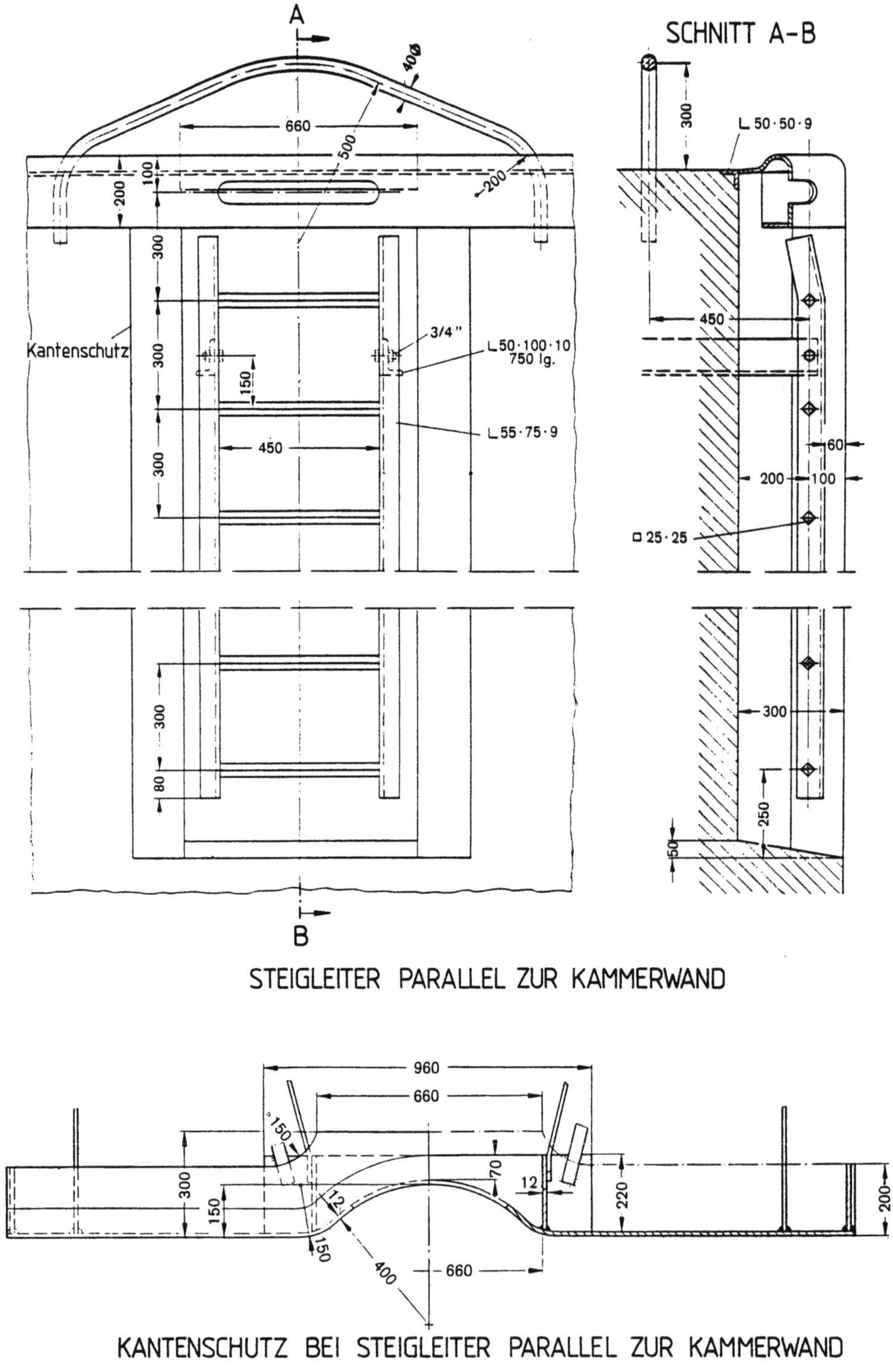

Abbildung 2.45. Anordnung von Steigleitern (Maße in mm)

2.7.2 Nischenpoller

Die *Nischenpoller* werden in der Regel in 15,0 m Abstand voneinander, 0,85 m rechts neben der jeweiligen Steigleiter angeordnet, wobei der oberste Nischenpoller unmittelbar unter dem waagerechten Kantenschutz der Kammerwände, der unterste rd. 1,0 m über dem niedrigsten UW-Stand liegt (Abb. 2.44.). Als lotrechter Pollerabstand ist ein Maß von 1,30 m bis 1,50 m zu wählen.

Die Poller sind auf eine Zugkraft von maximal 200 kN zu bemessen. Abbildung 2.46. zeigt eine vom Bundesverkehrsministerium/BRD empfohlene Nischenpoller-Ausführung /23/.

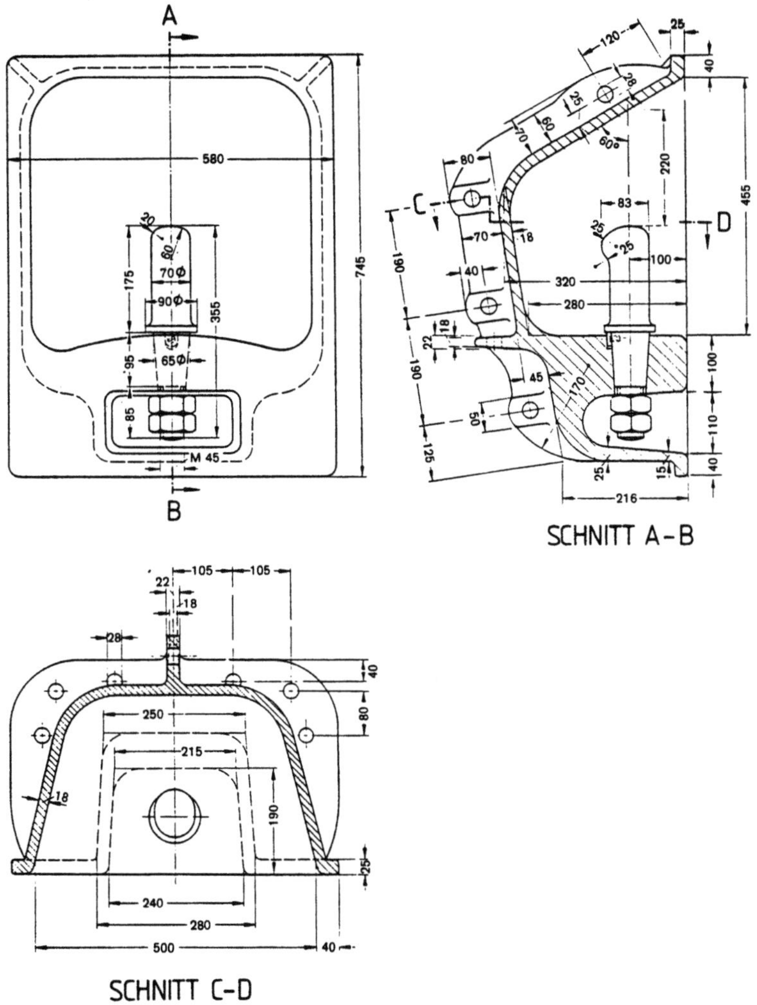

Abbildung 2.46. Ausbildung eines Nischenpollers /23/ (Maße in mm)

Das Gehäuse der Nischenpoller ist aus hochwertigem Grauguß (GG-22) herzustellen. Für den Haltebolzen wird Stahl (St 50) verwendet. Die Verankerung der Gehäuse mit Flach- und Rundstählen ist auf Zugkräfte von mindestens 300 kN zu bemessen /23/.

2.7.3 Kantenpoller

Die *Kantenpoller* werden jeweils in der Achse der Nischenpollerreihe auf der Schleusenplattform in Abständen von 15,0 m angeordnet, wobei am Oberhaupt kammerseitig des Obertores noch ein zusätzlicher Kantenpoller auf beiden Kammerseiten vorzusehen ist. Der lichte Abstand von der Kammerwand zum Poller sollte 0,40 m betragen (Abb. 2.47.). Die Poller sind auf eine maximale Zugkraft von 200 kN zu bemessen /23/.

Kantenpoller, wie sie in Abbildung 2.47. dargestellt sind, haben sich in den letzten 20 Jahren als Ausrüstungselement der Schleusen gegenüber dem früher verwendeten Plattformpoller mehr und mehr durchgesetzt /17/. Ihre Aufgabe besteht darin, den von Oberwasser in die Schleuse einfahrenden Schiffen als *Bremspoller* zu dienen. Die kantennahe Anordnung der Poller wirkt sich dabei günstig aus, da sie direkt vom einfahrenden Schiff aus mit der Trosse belegt werden können. Für die Belegung der früheren Plattformpoller war dagegen stets Personal auf der Schleusenplattform erforderlich.

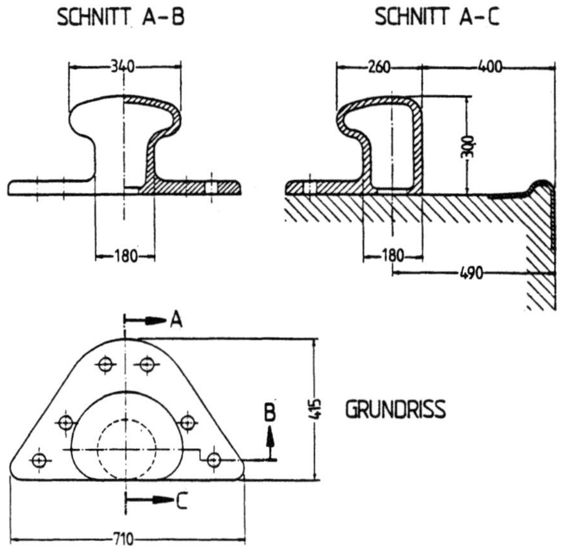

Abbildung 2.47. Ausbildung eines Kantenpollers /23/ (Maße in mm)

2.7.4 Schwimmpoller

Die Anordnung von *Schwimmpollern* in den Kammerwänden kommt insbesondere bei hohen Schleusen mit großen Hub- und Senkgeschwindigkeiten während des Schleusungsvorganges (v_m > 3,0 m/min) in Betracht. Bei Schleusen mit Kammerbreiten ≤ 12,0 m werden die Schwimmpoller aus Kostengründen oft nur einseitig angeordnet, bei größeren Kammerbreiten dagegen stets auf beiden Seiten.

Der Schwimmpoller besteht im allgemeinen aus einem zylindrischen Schwimmkörper mit aufgesetztem Haltebolzen (Poller). Ausführungen mit zwei, in unterschiedlichen Höhenlagen am Schwimmkörper angebrachten Haltebolzen sind ebenfalls möglich.

Bei Schleusen, deren Plattform 1,50 m über Normalstau (oder einem mittleren OW-Stand) liegt, wird auf dem Schwimmkörper nur ein Haltebolzen zum Festmachen der Schiffe angeordnet, wobei die Oberkante Haltebolzen bei freier Schwimmlage 2,30 m über dem Wasserspiegel liegt /23/.

Der Schwimmkörper bewegt sich in einer schachtartigen, in der Kammerwand angeordneten Nische und folgt den Veränderungen des Kammerwasserspiegels bei den Füll- und Entleerungsvorgängen aufgrund seines Auftriebes. Der Haltebolzen behält dabei seine Höhenlage zum Wasserspiegel bei.

In der oberen Endlage wird der Schwimmpoller durch einen Anschlag 0,50m ins Wasser gedrückt. Der Anschlagträger an der Schleusenplattform ist dabei für eine nach oben gerichtete Vertikalkraft von 200 kN zu bemessen.

Während des Bewegungsvorganges wird der Schwimmkörper auf Schienen über seitliche Rollen so geführt, daß ein Verklemmen unter Zugbeanspruchung der Haltebolzen vermieden wird. Die Trossenzugkräfte werden dabei auf die Kammerwand übertragen. Die Haltebolzen der Schwimmpoller sind dabei auf eine Zugkraft von 200 kN zu bemessen /23/. Abbildung 2.48. zeigt die Ausbildung eines Schwimmpollers und der dazugehörigen Kammernische (s. hierzu auch Abb. 6.39.).

Die lichte Weite zwischen dem vertikalen Kantenschutz der Nische sollte 0,40 m nicht unterschreiten (Abb. 2.48.). Gegen Eintreiben von Geschwemmsel in die Pollernische ist am Schwimmkörper ein Schutzschild vorzusehen, dessen Vorderseite 5,0 cm hinter der Kammerwand liegt.

Auf der Schleusenplattform ist die Schwimmpollernische mit einer Abdeckung zu versehen.

Bei Frostgefahr empfiehlt es sich, durch entsprechende Schutzmaßnahmen (Nischenheizung oder Luftsprudelanlage) ein Festfrieren der Schwimmkörper zu verhindern.

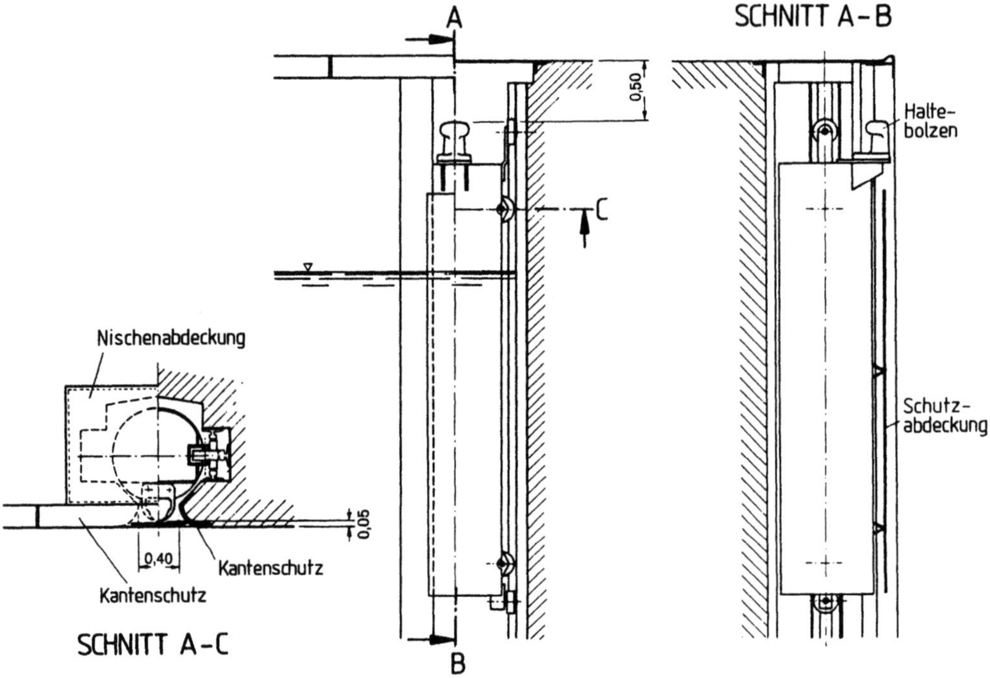

Abbildung 2.48. Ausbildung eines Schwimmpollers /23/ (Maße in m)

2.7.5 Bremspoller

Neben den Schwimmpollern sind in 1,0 m Höhe über dem UW-Stand *zusätzliche Nischenpoller* zum Abbremsen der vom Unterwasser her einfahrenden Schiffe vorzusehen (Abb. 2.49.). Die Anzahl dieser Bremspoller übereinander richtet sich dabei nach den möglichen Wasserspiegelschwankungen im Unterwasser der Schleuse. Sie sind auf einen Trossenzug von 200 kN (≈ 20 t) zu bemessen.

Die Erfahrung zeigt jedoch, daß die Schiffsbesatzungen die Bremspoller häufig nicht benutzen, sondern aus Bequemlichkeit sofort am Schwimmpoller festmachen und diesen auch zum Abbremsen des Schiffes verwenden. Daraus resultierten dann immer wieder Schäden an den zunächst nur auf einen Trossenzug von 100 kN (≈ 10 t) bemessenen Schwimmpollern, so daß diese ab 1984 an den bundesdeutschen Wasserstraßen ebenfalls auf einen Bemessungstrossenzug von 200 kN (≈ 20 t) ausgelegt wurden /23/.

Überschlägige Berechnungen ergaben, daß durch ein mit einer Geschwindigkeit von nur 0,10 m/s in die Schleuse einfahrendes, vollbeladenes Europa-Schiff *ohne ein entsprechendes Nachfieren der Trosse* (= Verlängerung des Bremsweges) bereits ein Trossenzug von rd. 260 kN (≈ 26 t) auf den Bremspoller ausgeübt wird /174/. Der der Bemessung der Poller zugrunde gelegte Trossenzug von 200 kN (≈ 20 t) ist demnach keineswegs zu hoch angesetzt.

Abbildung 2.49. zeigt die empfohlene Ausrüstung der Endblöcke bei Verwendung von Schwimmpollern.

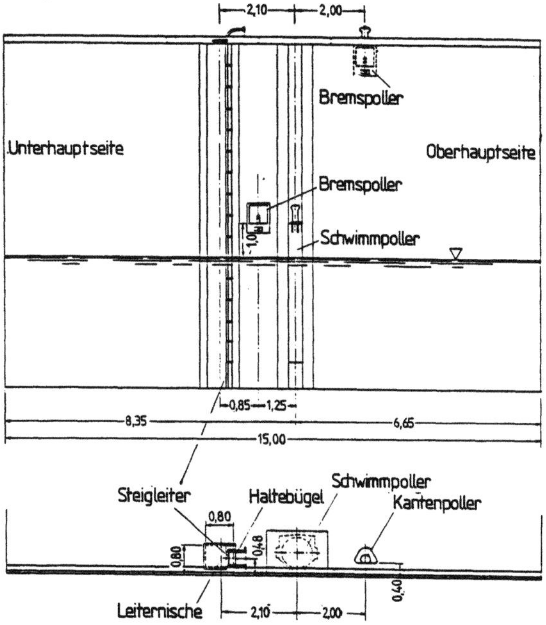

Abbildung 2.49. Ausrüstung der Endblöcke bei Verwendung von Schwimmpollern /23/ (Maße in m)

Die empfohlene Gesamtanordnung der Ausrüstungsteile einer Schleuse von 185 m Nutzlänge ist aus Abbildung 2.50.a für die Anordnung von Schwimmpollern, aus Abbildung 2.50.b für die Anordnung von Nischenpollern ersichtlich.

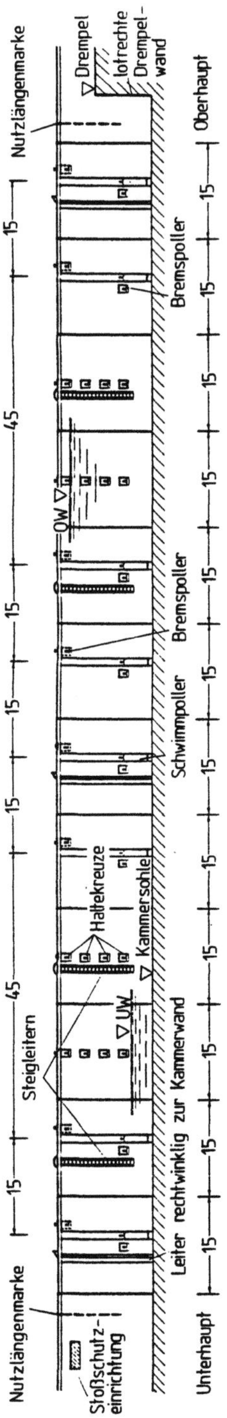

Abbildung 2.50.a Gesamtanordnung der Ausrüstungsteile bei der Ausführung mit Schwimmpollern

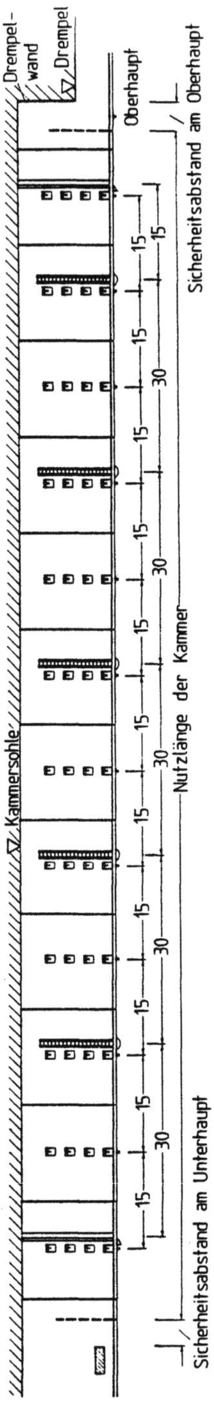

Abbildung 2.50.b Gesamtanordnung der Ausrüstungsteile bei der Ausführung ohne Schwimmpoller (Ansicht der Kammerwand im umgeklappten Zustand)

Abbildung 2.50. /23/

2.7.6 Kantenschutz

Die waagerechten oberen Kanten der Kammerwände sowie die senkrechten Kanten der Leiter- und Schwimmpollernischen sind mit einem *Kantenschutz* aus eingelassenen Stahlleisten zu versehen /23/. Abbildung 2.51. zeigt die empfohlene Ausbildung des waagerechten Kantenschutzes an den Kammerwänden, Abbildung 2.45. den Kantenschutz im Bereich der Leiternischen.

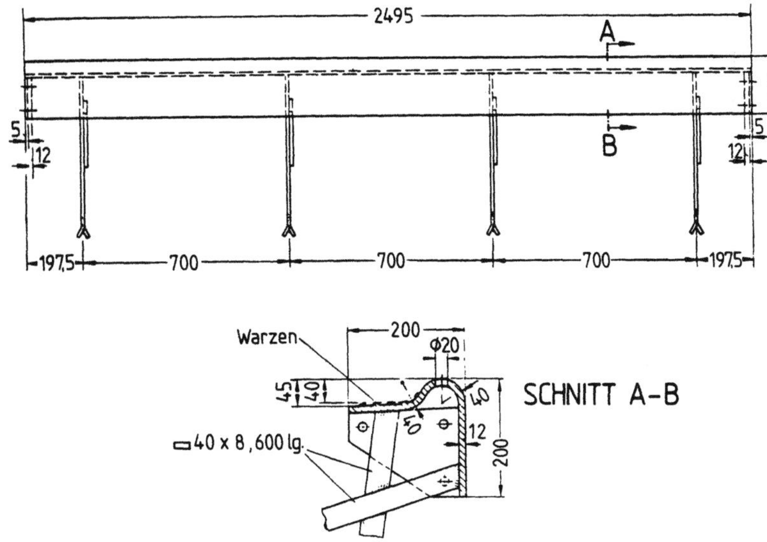

Abbildung 2.51. Ausbildung des waagerechten Kantenschutzes an den Kammerwänden /23/ (Maße in mm)

Der lotrechte Kantenschutz an den Leiter- und Schwimmpollernischen wird aus verankertem Stahlblech hergestellt.

2.7.7 Scheuerleisten

Die Betonflächen der Häupter und die massiven Teile der Einfahrtleitwerke können mit waagerecht angeordneten *Scheuerleisten* (Achsabstand etwa 1,0 m) ausgerüstet werden. Der zu schützende Bereich erstreckt sich dabei am Oberhaupt von 0,50 m über dem höchsten Schiffahrtswasserstand (HSW) bis 1,0 m unter den niedrigsten OW-Stand, am Unterhaupt von 1,0 m unter dem niedrigsten Schiffahrtswasserstand (NSW) bis zu 1,0 m über HSW.

Die geforderte lichte Weite der Schleusenkammer darf durch die Scheuerleisten nicht eingeschränkt werden. Das Auskragen der Scheuerleisten über die Kammerwände sollte dabei ein Maß von 20 mm nicht überschreiten (Abb. 2.52.).

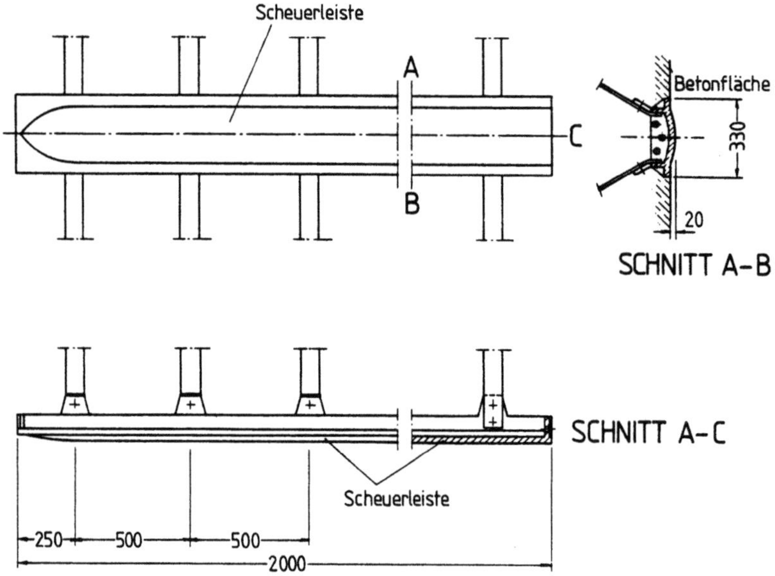

Abbildung 2.52. Ausbildung der waagerechten Scheuerleisten (Endstück) /23/ (Maße in mm)

2.7.8 Geländer

Die Schleusenplattformen sind grundsätzlich durch *Geländer* gegen Absturz zu sichern, wenn der Höhenunterschied zwischen Oberkante Schleusenplattform und niedrigstem Schiffahrtswasserstand (NSW) 10,0 m überschreitet. Geländer sind auch vorzusehen, wenn der Höhenunterschied gleich oder größer als die lichte Breite der Schleusenkammer oder die Schleusenplattform weniger als 5,0 m breit ist /23/.

Geländer entlang der Schleusenwände sind in 1,0 m Abstand von der Vorderkante der Schleusenplattform, im Bereich der Kanten- und Schwimmpoller in einem Abstand von 1,70 m anzuordnen (Abb. 2.44.). Die Geländer sind auf eine Horizontalkraft von 0,8 kN/m in Höhe des Holmes zu bemessen /23/.

2.8 Stoßschutzeinrichtungen

2.8.1 Allgemeines

Beim Einfahren der Schiffe in die Schleusenkammer kann es, wenn ein Abstoppen der Schiffsbewegung durch Umschalten der Schrauben bzw. durch Festlegen und Nachfieren der Haltetrossen nicht gelingt, bei der *Berg*schleusung zum Auffahren des Schiffes auf den Prallbalken bzw. den lotrechten Abfallboden am Oberhaupt, bei der *Tal*schleusung zu einer Kollision mit dem geschlossenen Untertor bzw. bei Schachtschleusen mit der Betonmaske am Unterhaupt kommen. Ähnliche Unfälle sind während der Schleusungsvorgänge möglich, wenn die Schiffe an den Haltekreuzen oder Schwimmpollern nicht ausreichend festgemacht werden.

Die Folgen derartiger Havarien können dabei außerordentlich nachteilig und zeitraubend für den Verkehrsablauf auf der Kanalstrecke sein, da insbesondere bei Beschädigung eines Schleusentores die betroffene Kammer bis zur Reparatur desselben stillgelegt werden muß. Ist eine Parallelschleuse nicht vorhanden, kommt dadurch der Durchgangsverkehr auf der gesamten Wasserstraße zum Erliegen.

Eine Untersuchung des Bundesverkehrsministeriums an 200 Schleusen des bundesdeutschen Binnenwasserstraßennetzes ergab für die Jahre 1967 bis 1971, daß in diesem Zeitraum allein etwa 120 Auffahrunfälle an Schleusentoren registriert wurden, die je nach Schwere der Kollision Betriebsunterbrechungen von einigen Tagen bis zu mehreren Wochen zur Folge hatten /33/.

Ein Schutz der Schleusentore gegen Auffahrunfälle erscheint deshalb unbedingt erforderlich. Die *Stoßschutzeinrichtungen* sind dabei kammerseitig vor dem Ober- und Untertor, oberwasserseitig vor dem Obertor und bei Schachtschleusen kammerseitig vor der Betonmaske am Unterhaupt anzuordnen. Ein unterwasserseitiger Schutz des Untertores ist in der Regel nicht erforderlich.

Bei *Hebewerken* ist eine Schutzanlage kammerseitig vor beiden Trogtoren und jeweils am OW- und UW-Bereich vor der Trogeinfahrt erforderlich.

Die Wahrscheinlichkeit, daß die Schleusenobertore durch Schiffe, die vom oberen Vorhafen her anlaufen, angefahren werden, ist relativ gering. Ein oberwasserseitiger Stoßschutz wird deshalb im allgemeinen nur bei Schleusen mit größerer Hubhöhe vorgesehen /34, 35/.

Am gefährdetsten sind zweifellos die Schleusenunterhäupter durch Schiffe, die vom Oberwasser her einfahren und nicht rechtzeitig festmachen. Bei Schleusen mit geringer bis mittlerer Hubhöhe ist dabei das Untertor unmittelbar gefährdet, da es bis zur Schleusenplattform reicht.

Bei Schachtschleusen ist es besonders wichtig, die Stirnwand (Betonmaske) mit den dahinter oder darüber befindlichen Betriebseinrichtungen zu schützen. Hier haben sich *Stoßschutzschwingen* bewährt (s. Abb. 2.70.) Bei geringeren Hubhöhen kommen Seil- oder Netzfanganlagen (Abb. 2.58. und 2.64.) oder *Stoßschutzbalken* in Betracht.

Die *Höhenlage* der Stoßschutzeinrichtung über dem Oberwasserspiegel richtet sich nach der Größe der auf der Wasserstraße verkehrenden Schiffe. Die Anlage soll dabei so ausgebildet sein, daß ein voll abgeladenes Schiff nicht unter die Konstruktion gleitet und das leere Schiff mit flachem, unterschnittenen Bug sich nicht auf die Stoßschutzeinrichtung aufsetzt. Als Richtwert für die Arbeitshöhe der Anlage kann ein Abstand von 0,70 m über dem normalen OW-Stand (Normalstau) angesehen werden. Bei stark schwankenden Wasserständen ist eine Höhenanpassung (lotrechtes Verfahren der Anlage) vorzusehen. Als *lichte Durchfahrtshöhe* muß auf den Wasserstraßen der Klasse IV ein Mindestmaß von 5,25 m bei höchstem schiffbaren OW- und UW-Stand gewährleistet sein /23/.

2.8.2 Arten der Stoßschutzeinrichtungen

Als Schutzeinrichtungen wurden zunächst Konstruktionen an den Schleusentoren angebracht (feste Holzbalken oder Stahlkonstruktionen am Tor), durch deren elastische und plastische Verformung der Schiffsstoß aufgenommen werden sollte. Später ging man dazu über, *elastisch gelagerte* Holzbalken oder Stahlkonstruktionen am Tor vorzusehen, die aufgrund ihrer größeren Federwirkung über ein entsprechendes Arbeitsvermögen verfügen.

Der Nachteil derartiger Anlagen liegt in der großen Belastung der Tragkonstruktion des Tores und seiner Lager. Deshalb verwendet man heute in verstärktem Maße Schutzeinrichtungen, die *vom Tor getrennt* angeordnet sind.

Die am häufigsten gebauten Stoßschutzanlagen sind solche, bei denen die kinetische Energie des Schiffes über Hydraulikzylinder oder Jarret-Puffer in Bremsarbeit umgesetzt wird. Als Schutzeinrichtungen kommen dabei *Anlagen mit einem Fangseil bzw. Fangnetz und Dämpfungszylindern* sowie über Puffer abgefederte *Stoßschutzschwingen* in Betracht. Das *Arbeitsvermögen* der Stoßschutzanlage sollte bei Schleusen mit 12,0 m Kammerbreite 1000 kNm (≙ 100 tm), bei 24,0 m breiten Schleusen 1500 kNm (≙ 140 tm) betragen /23/. Es wurden aber auch bereits Anlagen mit einem Arbeitsvermögen von bis zu 3000 kNm ausgeführt.

2.8.2.1 Elastisch gelagerte Konstruktionen am Tor

Die als Stoßschutzkörper am Tor angebrachten Konstruktionen bestehen im allgemeinen aus einem elastisch gelagerten Fachwerk, das sich auf die Torkonstruktion abstützt /36/. Je nach Torart kann dabei die Stoßschutzeinrichtung aus einem oder mehreren beweglichen Elementen bestehen /37/ (Abb. 2.53.).

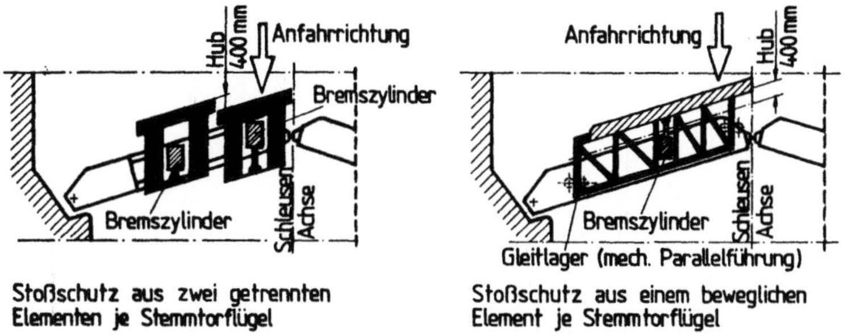

Abbildung 2.53. Alternativlösungen für die Stoßschutzeinrichtung an einem Stemmtorflügel

Die Stoßenergie des Schiffes wird über Stahlfedern oder ölhydraulische Zylinder in Bremsarbeit umgesetzt. Als Bremsweg (= Kolbenhub) stehen dabei meist nur 300 mm bis 400 mm zur Verfügung.

Da bei Schutzkonstruktionen, die unmittelbar am Tor bzw. an den Torflügeln befestigt sind, der Verschlußkörper und seine Lagerung die Bremskraft des Schiffes zu übertragen haben, ist die Größe der *maximal auftretenden Bremskraft* von Bedeutung.

Diese läßt sich für den Fall einer elastischen Lagerung der Stoßschutzkonstruktion (Anordnung von Federn, Gummipuffern oder hydraulischen Bremszylindern) aus dem Ansatz:

$$-F\,dx = m_S\, v\, dv \tag{2-1}$$

mit $F = F(x)$ = von der Stoßschutzkonstruktion auf das Schiff ausgeübte Bremskraft

$m_S = G_S/g$ = Masse des Schiffes

G_S = Bruttoschiffsgewicht (Eigengewicht + Ladung)

$v = v(x)$ = Geschwindigkeit des Schiffes

x = Weg des Schiffes während des Bremsvorganges (zugleich Auslenkung der Schutzvorrichtung)

berechnen. Bei linear-elastischer Federung der Stoßschutzkonstruktion (c = Federkonstante) gilt für die Bremskraft:

$$F = c\,x\,. \tag{2-2}$$

Mit $x = x_E$ = Bremsweg des Schiffes und v_o = Anfangsgeschwindigkeit des Schiffes beim Auftreffen auf die Schutzkonstruktion folgt aus Gleichung (2-1) nach Trennung der Veränderlichen und bei Verwendung von Gleichung (2-2):

$$-\int_0^{x_E} c\,x\,dx = \int_{v_o}^{0} m_S\, v\, dv \tag{2-3}$$

und nach erfolgter Integration für den Bremsweg x_E:

$$x_E = \sqrt{\frac{m_S\, v_o^2}{c}}\,. \tag{2-4}$$

Am Ende des Bremsweges ($x = x_E$) erreicht die Bremskraft ihren Größtwert, d.h.:

$$F_{max} = c\,x_E = \frac{m_S\, v_o^2}{x_E}\,. \tag{2-5}$$

Bei vorgegebenem Bruttoschiffsgewicht G_S und bekannter Auftreffgeschwindigkeit v_o des Schiffes kann demnach die auf die Tragkonstruktion des Tores wirkende Maximalkraft F_{max} in Abhängigkeit vom Bremsweg x_E berechnet werden. Gleichung (2-5) zeigt, daß bei kleiner werdendem Bremsweg (≙ Kolbenhub) die vom Tor und seinen Lagern aufzunehmende Kraft stark zunimmt.

Für die Umsetzung der Stoßenergie des Schiffes in Bremsarbeit ist das *Arbeitsvermögen* N_A der Stoßschutzanlage maßgebend. Für dieses gilt:

$$N_A = \int_0^{x_E} F(x)\, dx \tag{2-6}$$

Bei *linearer* Zunahme der Bremskraft mit dem Bremsweg (Gleichung (2-2) mit c = konstant) ergibt sich das Arbeitsvermögen der Anlage zu:

$$N_A = \frac{1}{2} F_{max}\, x_E = \frac{1}{2} m_S\, v_o^2 \,. \tag{2-7}$$

Bei der Bemessung von Stoßschutzanlagen wird im allgemeinen eine Auftreffgeschwindigkeit des Schiffes von $v_o \leq 1{,}0$ m/s zugrunde gelegt, obwohl auch höhere Schiffsgeschwindigkeiten bei Auffahrunfällen beobachtet wurden.

Bei einem maximalen Kolbenhub von 400 mm, wie er bei den Bremszylindern dieser Art von Stoßschutzeinrichtungen am Tor üblich ist, ergibt sich die am Ende des Bremsvorganges von der Torkonstruktion aufzunehmende Stoßkraft eines voll beladenen Europaschiffes (G_S = 1766 t) nach Gleichung (2-5) zu F_{max} = 4500 kN (= 450 t). Das Arbeitsvermögen der Stoßschutzanlage beträgt dabei N_A = 900 kNm (Gleichung (2-7)).

Das gleiche Arbeitsvermögen ließe sich mit ölhydraulischen Bremszylindern erreichen, deren Kraftaufnahme über *Drosselventile* so gesteuert wird, daß sich zu Beginn des Bremsvorganges eine größere Kraftaufnahme ergibt. Dadurch gelingt es, den Größtwert der Bremskraft am Ende entsprechend niedriger zu halten (Abminderung um bis zu 40 %, Abb. 2.54.). Mit Rücksicht auf die von der Torkonstruktion aufzunehmende Stoßkraft ist demnach dem hydraulischen System mit Drosselventilen der Vorzug zu geben.

Die vorstehenden Berechnungen zeigen deutlich, daß die Übertragung des überwiegenden Anteiles der Schiffsstoßkraft auf die Torkonstruktion wegen des kurzen Bremsweges zu unzulässig großen Kraftwirkungen führt. Die zulässige Energieaufnahme von Stoßschutzanlagen am Tor muß deshalb auf etwa 100 bis 200 kNm begrenzt werden /37/. Da dieses Arbeitsvermögen aber weit unter der heute geforderten Energieaufnahme von 1000 kNm liegt, bleibt die Anwendung von derartigen Schutzeinrichtungen auf Schleusen an Wasserstraßen mit kleineren Schiffsgrößen beschränkt.

Man ist deshalb heute dazu übergegangen, *die Stoßschutzanlagen vom Tor zu trennen* und als unabhängige Konstruktionen *vor* dem jeweiligen Schleusen- bzw. Trogtor anzuordnen.

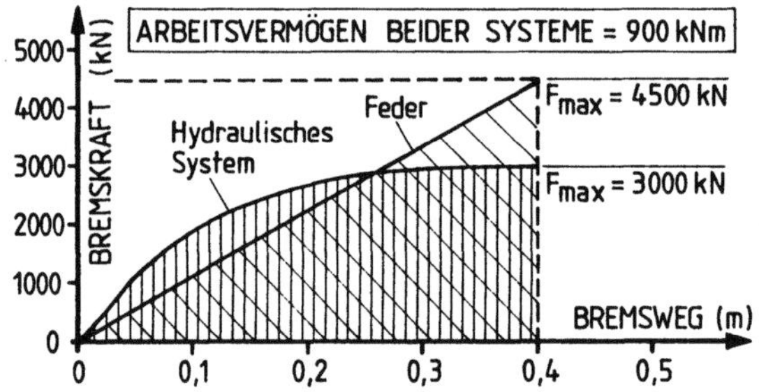

Abbildung 2.54. Bremscharakteristiken für ein Federsystem und hydraulische Zylinder mit Drosselventilen

2.8.2.2 Feste und elastisch gelagerte Konstruktionen vor dem Tor

Grundsätzlich bieten Stoßschutzanlagen, die in einem gewissen Abstand *vor* dem jeweiligen Tor angeordnet werden, für dieses eine größere Sicherheit als Systeme, die mit dem Tor verbunden sind. Ein gewisser Nachteil ist dabei in dem größeren Platzbedarf zu sehen.

Als Stoßschutzsysteme vor dem Tor kommen elastisch gelagerte Stahlkonstruktionen (Fachwerkträger) oder sogenannte "Knitterbalken" in Betracht. Letztere wurden insbesondere in der Tschechoslowakei für die Schleusen des Elbe-Moldau-Wasserweges entwickelt /38/.

Eine derartige Stoßschutzanlage besteht aus einem 14,90 m langen Stahlrohr (Ø = 308 mm, Wandstärke 3 mm), in dessen Kopfenden sieben Bewehrungsstäbe von 18 mm Durchmesser mit leichter Vorspannung gegen das Mantelrohr verankert sind. Im Betriebsfall wird der "Knitterbalken" an Verankerungsböcken unter der Schleusenplattform eingeklinkt und zur Schiffsdurchfahrt über einen Hubmechanismus auf eine Durchfahrtshöhe von 5,50 m angehoben (Abb. 2.55.).

Für die Bemessung des Stoßbalkens wurde eine kinetische Energie des anfahrenden Schiffes von 750 kNm zugrunde gelegt. Dies entspricht etwa dem Schiffsstoß eines Binnenschiffes mit 1500 t Wasserverdrängung, das mit v_o = 1,0 m/s auf den Stoßbalken auffährt.

Abbildung 2.55. Anfahrversuch mit "Knitterbalken" an einer tschechoslowakischen Schleuse

Die Anlage hat den Nachteil, daß der Stoßbalken nach jedem größeren Schiffsstoß ausgewechselt werden muß.

Dieser Nachteil des "Knitterbalken-Systems" kann durch die Anordnung eines *elastisch gelagerten* Stoßbalkens ausgeglichen werden. Hierbei wird die auf einen fachwerkartigen Stoßbalkenträger abgegebene Schiffsenergie über zwei, in den beidseitigen Kammerwänden angeordnete hydraulische Bremszylinder (Stoßdämpfer) in Bremsarbeit umgesetzt. Der Bremsweg (≈ Kolbenhub) kann dabei, je nach Art der Zylinder, bis zu 2,50 m betragen /37/.

Für die Schiffsdurchfahrt muß der Stoßbalken seitlich hochgeschwenkt werden, wobei das Gewicht der Fachwerkkonstruktion entsprechend große Drehkräfte erfordert. Dieser Nachteil ist bei der ebenfalls vor dem Tor angeordneten *Seilfanganlage* nicht vorhanden.

2.8.2.3 Seilfanganlagen

Bei den Seilfanganlagen wird das Fangelement durch ein quer zur Schleusenkammer gespanntes Seil gebildet, das beidseitig über Rollen (oder Seilumlenkplatten) umgelenkt wird und an horizontal in den Kammerwänden liegende Bremszylinder (Stoßdämpfer) angeschlossen ist. In der

Ruhelage wird auf das Seil im allgemeinen eine Vorspannkraft von 50 bis 100 kN (5 bis 10 t) aufgebracht /36/.

Der Seilabstand zum Tor beträgt in der Regel 4,0 bis 5,0 m, die Seilhöhe über dem maßgebenden Wasserstand rd. 0,70 m. Bei Belastung werden die Bremszylinder ausgezogen, wobei der Bremsweg je nach Art der Stoßdämpfer zwischen 2,50 m und 4,0 m betragen kann (Abb. 2.56.).

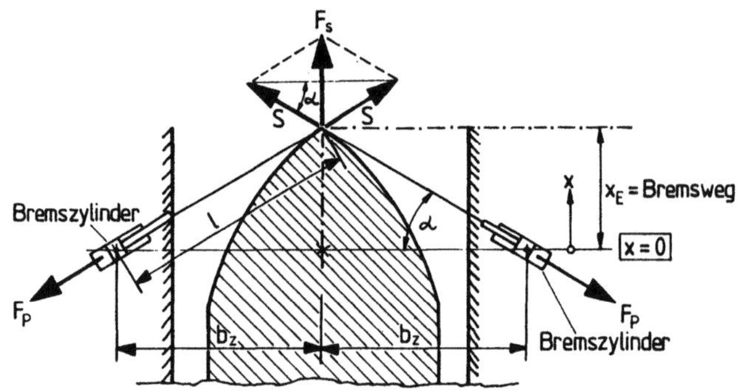

Abbildung 2.56. Prinzip einer Seilfanganlage mit zwei Bremszylindern

Zur Freigabe der Schiffsdurchfahrt wird das Fangseil entweder über Winden nach unten abgesenkt (Abb. 2.58. und 2.59.) bzw. durch eine um ein seitliches Drehgelenk bewegliche Übergabeschranke erfaßt und in lotrechte Stellung gebracht (Abb. 2.61.).

2.8.2.3.1 Seilfanganlagen mit beidseitiger Anordnung von Bremszylindern

Für die Bemessung der Seilfanganlage und den zu wählenden *Seilabstand vom Tor* ist es erforderlich, den *Bremsweg des Schiffes* in Abhängigkeit von der Bremskraft der Zylinder zu bestimmen.

Bei Vernachlässigung des Seildurchhanges sowie der Seilreibung in den Umlenkrollen und der elastischen Dehnung des Fangseiles während des Bremsvorganges kann mit den Bezeichnungen der Abbildung 2.56. der folgende vereinfachte Ansatz geschrieben werden:

$$m_S \ddot{x} + 2\ S \sin\alpha = 0\ , \qquad (2\text{-}8)$$

wobei $m_S = G_S/g$ = Masse des Schiffes
G_S = Bruttoschiffsgewicht (Eigengewicht + Ladung)
S = Seilkraft = Bremskraft F_P eines Zylinders (konstant angenommen).

Setzt man für $\sin\alpha = \frac{x}{\ell} = \frac{x}{\sqrt{x^2 + b_z^2}}$, so geht Gleichung (2-8) über in:

$$m_S\ddot{x} + 2S \frac{x}{\sqrt{x^2 + b_z^2}} = 0. \tag{2-9}$$

Die Lösung der Differentialgleichung ergibt sich nach Einführung von $\ddot{x} = v\, dv/dx$ und Trennung der Veränderlichen zu:

$$v^2 = C_1 - \frac{4S}{m_S}\sqrt{x^2 + b_z^2}\,. \tag{2-10}$$

Die Konstante C_1 kann aus der Anfangsbedingung $\dot{x} = v_o$ für $x = 0$ zu

$$C_1 = v_o^2 + \frac{4S\, b_z}{m_S}$$

bestimmt werden, wobei v_o die Auffahrgeschwindigkeit des Schiffes ist. Damit geht Gleichung (2-10) über in:

$$v = \sqrt{v_o^2 + \frac{4S}{m_S}\left(b_z - \sqrt{x^2 + b_z^2}\right)}\,. \tag{2-11}$$

Am Ende des Bremsweges ist $x = x_E$ und $v = 0$. Bei Einsetzen dieser Werte in Gleichung (2-11) ergibt sich die Länge des Bremsweges zu:

$$x_E = v_o \sqrt{\frac{m_S\, b_z}{2S}\left(1 + \frac{m_S\, v_o^2}{8S\, b_z}\right)}, \tag{2-12}$$

wobei die Seilkraft S gleich der Bremskraft F_P eines Zylinders ist (Abb. 2.56.).

Der Bremszylinderhub x_P ergibt sich bei Vernachlässigung der Seildehnung mit den Bezeichnungen der Abbildung 2.57. zu $x_P = \sqrt{x_E^2 + b_z^2} - b_z$, woraus bei Verwendung von Gleichung (2-12) folgt:

$$x_P = \frac{m_S\, v_o^2}{4S}\,. \tag{2-13}$$

Wenn der Bremszylinderhub x_P gegenüber dem Bremszylinderabstand $2b_z$ (Abb. 2.57.) klein ist ($x_P \ll 2b_z$), kann der letzte Term in Gleichung (2-12) vernachlässigt werden, und es gilt dann angenähert:

$$x_E \approx v_o \sqrt{\frac{m_S\, b_z}{2S}}\,. \tag{2-12a}$$

In Abbildung 2.57. wurde die Abhängigkeit des Bremsweges von der Auffahrgeschwindigkeit v_o eines voll beladenen Europa-Schiffes (Bruttoschiffsgewicht = 1766 t) und der Bremskraft F_P je Zylinder dargestellt. Darüber hinaus wurde der erforderliche Kolbenhub für jeden der beiden

Zylinder in Abhängigkeit von v_o und der Bremskraft je Zylinder bestimmt. Bei einer angenommenen Auffahrgeschwindigkeit des Europa-Schiffes von v_o = 1,0 m/s und einer installierten Bremskraft von F_P = 500 kN = konstant je Zylinder würde demnach der Bremsweg x_E = 3,78 m und der erforderliche Kolbenhub je Zylinder 0,90 m betragen (Abb. 2.57.). Das *theoretische* Arbeitsvermögen der Seilfanganlage ergäbe sich damit zu $N_A = 2\ F_P\ 0{,}90 = 900$ kNm.

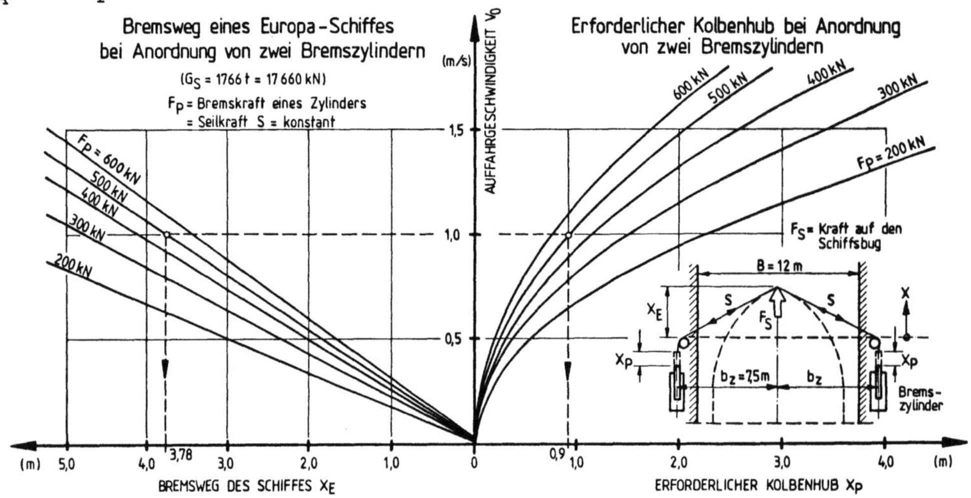

Abbildung 2.57. Bremsweg des Schiffes und erforderlicher Kolbenhub der Bremzylinder in Abhängigkeit von der installierten Bremskraft je Zylinder

In Wirklichkeit wird die kinetische Energie des anfahrenden Schiffes jedoch nicht nur in Bremsarbeit in den hydraulischen Zylindern umgewandelt. Ein Teil der Schiffsenergie wird vielmehr während des Bremsvorganges auch an den Umlenkrollen des Fangseiles in Wärme und ein weiterer Teil durch die elastische Dehnung des Seiles in Formänderungsarbeit umgesetzt. Dadurch erhöht sich das *tatsächliche* Arbeitsvermögen gegenüber dem oben unter vereinfachenden Annahmen berechneten Wert noch entsprechend. Messungen und Untersuchungen an den Seilfanganlagen der Moselschleusen ergaben, daß je nach Art der Seilumlenkung 15 bis 20 % der Energieaufnahme des Gesamtsystems auf die Seilreibung und die elastische Seildehnung entfällt /39/.

Die auf den *Schiffsbug* während des Bremsvorganges wirkende Kraft F_S ergibt sich mit den Bezeichnungen der Abbildung 2.56. zu:

$$F_S = \frac{2\,S\,x}{\sqrt{x^2 + b_z^2}} \; . \qquad (2\text{-}14)$$

Sie erreicht am Ende des Bremsvorganges ($x = x_E$) ihren Größtwert $(F_S)_{max}$. Bei Verwendung von Gleichung (2-12) bzw. (2-12a) ergibt sich mit $S = F_P$:

$$(F_S)_{max} = \frac{2\,S\,x_E}{\sqrt{x_E^2 + b_z^2}} = \frac{2\,F_P}{\sqrt{1 + \left(\frac{b_z}{x_E}\right)^2}} \approx \frac{2\,F_P}{\sqrt{1 + \frac{2\,F_P\,b_z}{v_0^2\,m_S}}} < 2\,F_P\,. \tag{2-15}$$

Ist aufgrund schwankender Wasserstände eine *Höhenverstellung des Fangseiles* für den jeweiligen Betriebsfall erforderlich, so muß dieses über Winden in lotrechter Richtung verfahren werden. Eine derartige Seilfanganlage wurde von der Maschinenfabrik Augsburg-Nürnberg (MAN)/ Gustavsburg für die Hafenschleuse Mannheim entwickelt /41/.

In diesem Falle ist das Fangseil (∅ = 52 mm) als endloses Seil ausgebildet und wird zur Freigabe der Schleusenein- und -ausfahrt nach *unten* abgesenkt. Der Abstand des Seiles zum jeweiligen OW-Spiegel kann je nach Art und Größe des anfahrenden Schiffes zwischen 0,90 m und 2,0 m eingestellt werden.

Auf beiden Schleusenseiten sind Winden angeordnet, mit deren Hilfe die daran angehängten Stellwagen mit Umlenkrollen entsprechend den Erfordernissen gehoben oder gesenkt werden können. Das Fangseil läuft beidseitig vom Stellwagen aus über eine obere Seilumlenkung und eine am jeweiligen Bremszylinder angebrachte Rolle zu einer unteren Seilumlenkung (Abb. 2.58.). Dadurch ergibt sich bei horizontalem Seilauszug durch Schiffsauffahrt ein vollkommener Ausgleich der Vertikalkräfte /41/.

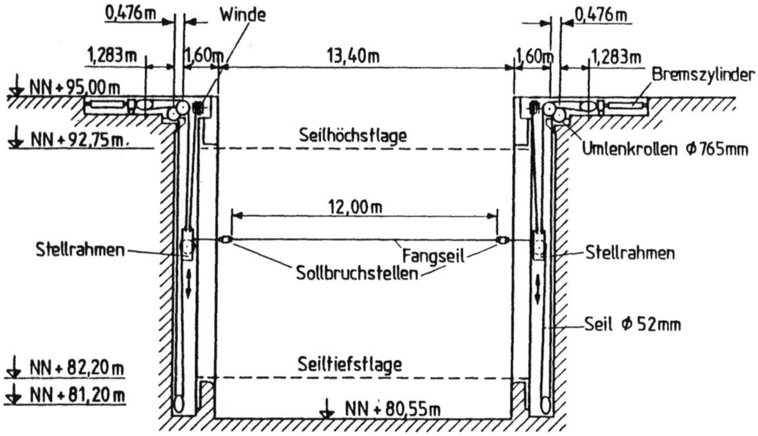

Abbildung 2.58. Höhenverstellbare Seilfanganlage der Hafenschleuse Mannheim/BRD

Die aus der Auffahrt von Schubschiffen oder Schiffen mit geneigtem Bug entstehenden Vertikalkomponenten am Fangseil werden durch die am Stellrahmen befestigten Hubseile bzw. die Winden aufgenommen.

Die Stellrahmen laufen auf jeweils zwei an der kammerseitigen Wand der seitlichen Schächte angebrachten vertikalen Schienen. Die Energieumwandlung erfolgt durch die zwei seitlich im Bereich der Schleusenplattform untergebrachten Bremszylinder (Abb. 2.58.). Das Arbeitsvermögen der Stoßschutzanlage beträgt 1000 kNm /41/.

Bei Beschädigung des Fangseiles ist ein Seilwechsel leicht ausführbar, da nur das zwischen den Sollbruchstellen liegende Seilstück ausgetauscht werden muß.

Ein weiteres Beispiel für eine der Höhe nach verstellbare Seilfanganlage stellt die Stoßschutzeinrichtung für das Obertor der *Mainschleuse Würzburg/BRD* (H = 2,80 m) dar. Das Obertor der Schleuse wurde hier als Drehsegmenttor ausgebildet (Abb. 2.37.) und war wegen seiner besonderen Bauart gegen von Unterwasser einfahrende, schleusende und vorzeitig nach Oberwasser ausfahrende Schiffe im gesamten Höhenbereich zwischen Oberwasser und Unterwasser zu schützen /35/.

Dies wurde dadurch erreicht, daß das Fangseil und die beidseitig angeordneten Bremszylinder in seitlichen Nischen auf Schwimmkörpern mit dem sich ändernden Kammerwasserstand während des Schleusungsvorganges mitgeführt werden. Die Schwimmkörper werden dabei in den Nischen über Rollen auf Schienen geführt (Abb. 2.59.).

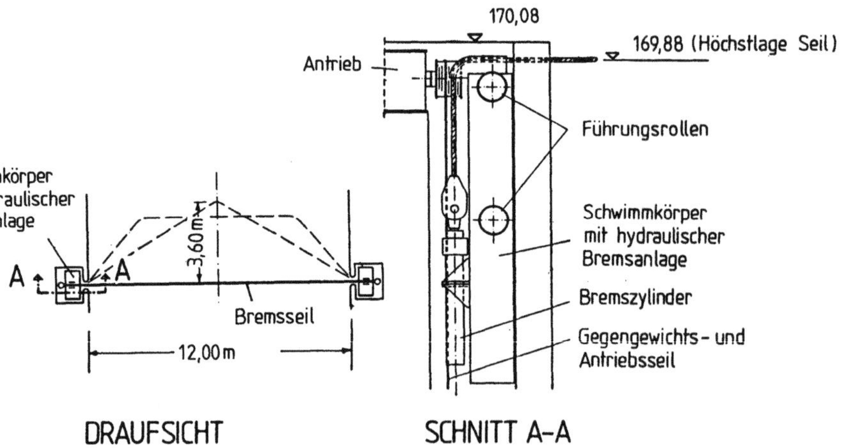

Abbildung 2.59. Kammerseitige Seilfanganlage am Obertor der Mainschleuse Würzburg /35/

Das Fangseil (Ø = 52 mm) wird am Kopfende des jeweiligen Schwimmers nach unten umgelenkt und ist mit den Kolben der mit den Schwimmkörpern fest verbundenen vertikalen Bremszylinder (maximaler Kolbenhub = 1,0 m) verbunden.

Während des Schleusungsvorganges bewegen sich die Schwimmkörper nicht in freier Schwimmlage, sondern werden über einen Seilantrieb entsprechend dem Kammerwasserstand bewegt. Das mit dem Schwimmkörper verbundene Antriebsseil wird über eine Umlenkrolle am tiefsten Punkt der jeweiligen Nische geführt und über eine Seiltrommel unmittelbar unter der Schleusenplattform angetrieben (Abb. 2.59.).

Zur Freigabe der Schiffsdurchfahrt wird das Fangseil mit den Schwimmkörpern und Bremszylindern nach unten abgesenkt.

2.8.2.3.2 Seilfanganlagen mit einseitiger Anordnung eines Bremszylinders

Wird anstelle der beiden seitlich angeordneten Stoßdämpfer (Abb. 2.56.) nur *ein* Bremszylinder verwendet (Bauart MAN, Abb. 2.60.), so muß, um das gleiche Arbeitsvermögen der Anlage zu erreichen, bei gleicher Widerstandskraft des Bremszylinders der Kolbenhub verdoppelt werden (Abb. 2.57.).

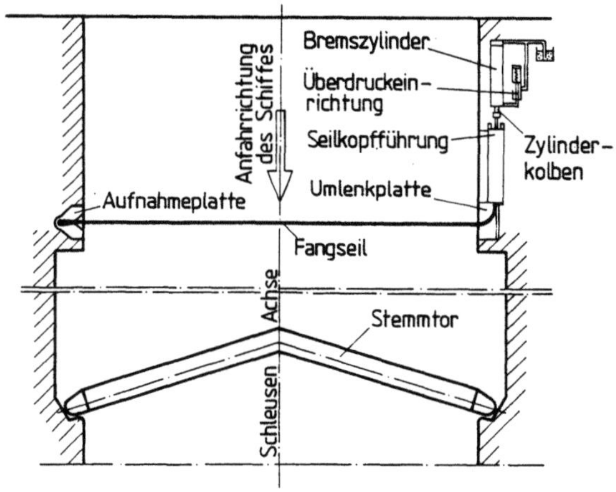

Abbildung 2.60. Seilfanganlage (Bauart MAN) mit einseitiger Anordnung eines Bremszylinders /37/

Die von der Maschinenfabrik Augsburg-Nürnberg (MAN)/Gustavsburg zunächst für die Schleusen der Moselstaustufen entwickelte Fangseilanlage sieht eine derartige einseitige Anordnung nur *eines* Bremszylinders vor (Abb. 2.60.).

Das 52 mm starke Stahlseil (Bruchlast = 2130 kN) wird durch eine schrankenartige Übergabevorrichtung, die seitlich auf einer Kammerseite um ein Drehgelenk beweglich angeordnet ist, quer zur 12,0 m breiten Schleusenkammer verlegt (Abb. 2.61.), wobei das in einem Seilkopf gefaßte freie Seilende auf der gegenüberliegenden Kammerseite in einer Aufnahmekonstruktion abgelegt und verriegelt wird (Abb. 2.62.). Nach Rückdrehen der Übergabeschranke in die lotrechte Stellung wird auf das Fangseil eine Vorspannkraft von 30 kN (= 3,0 t) aufgebracht /39/. Der Abstand des Fangseiles zum Stemmtor am Schleusenunterhaupt beträgt dabei 5,0 m.

Abbildung 2.61. Übergabeschranke mit Fangseil /37/

Das andere Seilende wird an die Kolbenpumpe des einseitig angeordneten Bremszylinders angeschlossen (Abb. 2.63).

Zur Freigabe der Schiffsdurchfahrt wird das Fangseil zunächst entspannt, von der Übergabeschranke wieder übernommen und von ihr in die senkrechte Durchfahrtsstellung gebracht.

Dabei greift nach dem Absenken der Schranke ein am Schrankenende befindlicher Dorn in den Seilkopf ein, wodurch die Verriegelung mit der Aufnahmeplatte gelöst und gleichzeitig eine feste Verbindung zwischen Seilkopf und Aufnahmedorn hergestellt wird. Beim Hochnehmen des Seiles wird der mit dem Aufnahmedorn verriegelte Seilkopf durch zwei mechanische Riegel gehalten, die erst beim Einlegen des Seilkopfes in die Aufnahmeplatte wieder ausrasten /34, 40/.

Beim Auffahren eines Schiffes auf das Fangseil wird der Kolben im Bremszylinder bewegt, wodurch das im Druckteil des Zylinders befindliche Öl verdrängt und über Umlaufleitungen mit Überdruckventilen zurückgeführt wird. Die Ventile sind dabei so eingestellt, daß sie dem umströmenden Öl einen Widerstand von F_p = 400 kN entgegensetzen.

Abbildung 2.62. Aufnahmekonstruktion auf den Seilkopf /40/

Abbildung 2.63. Bremszylinder der Seilfanganlage /40/

Die Größe der Bremskraft ist dabei von der vorgegebenen Drosselung und den Reibungswiderständen in den Ölleitungen abhängig. Bei einem Kolbenhub von 2,50 m beträgt das Arbeitsvermögen des hydraulischen Teiles der Anlage N_A = 1000 kNm (≙ 100 tm). Der maximale Bremsweg des Schiffes ergibt sich bei voller Auslastung der Anlage ohne Berücksichtigung der Reibung und Formänderungsarbeit infolge Seildehnung zu rd. 4,60 m (Abb. 2.57.).

2.8.2.4 Fangnetz-Anlagen

Eine weitere Art von Stoßschutzeinrichtungen wurde von der Fa. Thyssen-Klönne, Dortmund, entwickelt /42/. Bei dieser Anlage wird anstelle des

Fangseiles ein *Fangnetz* verwendet. Dieses besteht aus zwei im Abstand von 3,20 m voneinander, quer zur Schleusenkammer gespannten Stahlseilen (Ø 62 mm), die durch sieben lotrechte Verbindungsseile (Ø 40 mm) miteinander zu einem Netz verknüpft sind (Abb. 2.64).

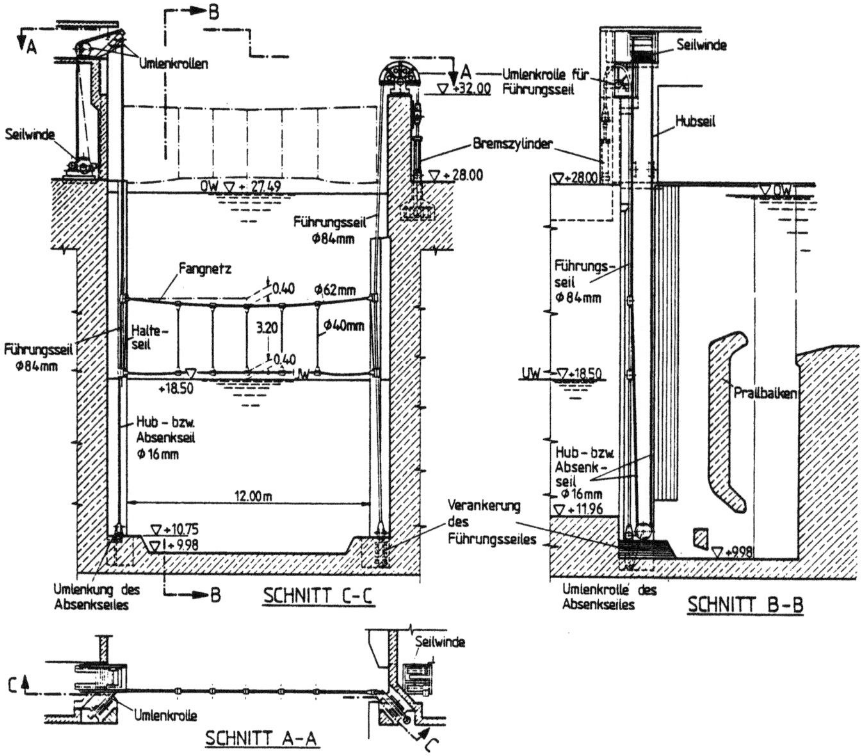

Abbildung 2.64. Fangnetz-Anlage der Schleuse Duisburg-Meiderich (H ≤ 9 m) am Rhein-Herne-Kanal/BRD (Bauart Thyssen-Klönne)

Das Fangnetz wird über zwei seitlich auf der Schleusenplattform befindliche Seilwinden mit Hilfe umlaufender Seile (Hub- bzw. Absenkseile, Ø 16 mm) in die jeweilige Betriebsstellung (Abstand der Netzunterkante zum Wasserspiegel rd. 0,40 m) gefahren. Dabei werden die beidseitigen Führungsseile entspannt. Das untere Ende jedes Führungsseiles ist an der Kammersohle verankert, während das obere Ende über Umlenkrollen geführt und mit einem Bremszylinder auf der Schleusenplattform verbunden ist. In der Arbeitsstellung werden die Führungsseile vorgespannt.

Zur Freigabe der Durchfahrt für die Schiffe wird das Fangnetz nach vorheriger Entspannung der Führungsseile mit Hilfe der Seilwinden und Absenkseile nach unten gefahren.

Das Arbeitsvermögen der Fangnetz-Anlage beträgt 1000 kNm. Bei der gewählten Höhe des Fangnetzes von 3,20 m ist sichergestellt, daß alle vorkommenden Schiffstypen im beladenen oder geleichterten Zustand abgefangen und gebremst werden können.

Fangnetz-Anlagen dieser Art wurden bislang mit Erfolg am Oberhaupt der Schleuse Duisburg-Meiderich (Abb. 2.64.) und bei der Schleuse Oberhausen eingebaut /42/.

2.8.2.5 Druckbegrenzungs- und Drosselsysteme

Bei den hydraulischen Bremsanlagen unterscheidet man grundsätzlich Systeme mit Druckbegrenzungs-, Sperr- und Drosselventilen (Abb.2.65.).

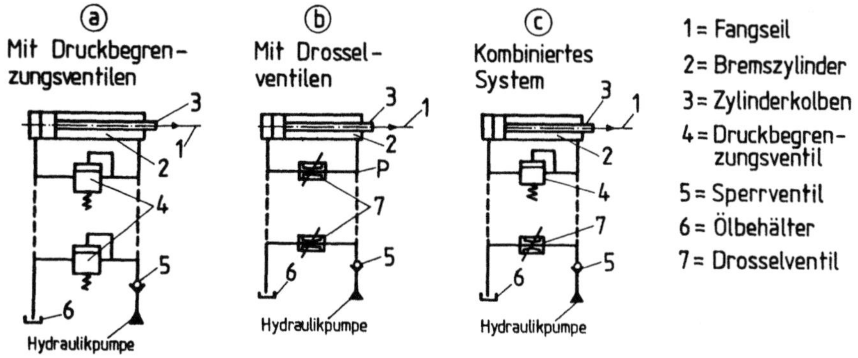

Abbildung 2.65. Schematische Darstellung der verschiedenen hydraulischen Steuerungssysteme /43/

Bei einem System mit *Druckbegrenzungsventilen* (Abb. 2.65.a) kann der Bremsweg auf die zu erwartende Auffahrenergie des Schiffes genau abgestimmt werden. Der Nachteil dieses Systems ist in dem relativ plötzlichen Anwachsen der Kraft im Fangseil zu sehen (Abb. 2.66., Kurve 1). Dafür bleibt die Bremskraft des Zylinders während des Bremsvorganges annähernd konstant und der Kolbenhub und damit auch der Bremsweg des Schiffes relativ gering.

Bei Verwendung von *Drosselventilen* (Abb. 2.65.b) wird das schlagartige Ansteigen der Seilkraft vermieden. Eine Anpassung der Bremskraft des hydraulischen Zylinders an die für das Fangseil zulässige Seilkraft S_{max} ist bei entsprechender Drosselung des Ölumlaufes möglich. Als nachteilig wirkt sich jedoch bei diesem System der verhältnismäßig große Kolbenhub und der damit verbundene lange Bremsweg des Schiffes aus (Abb. 2.66., Kurve 2).

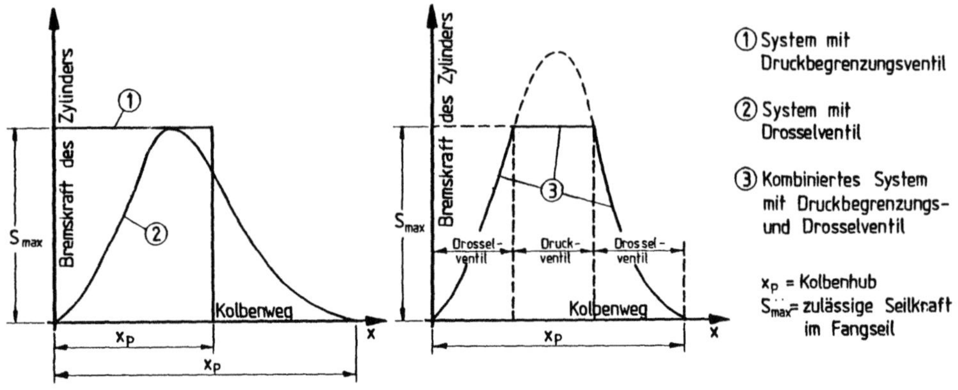

Abbildung 2.66. Kraft-Weg-Diagramme für den Zylinderkolben bei verschiedenen Drosselsystemen /43/

Das System mit parallel oder hintereinander angeordnetem *Druckbegrenzungs- und Drosselventil* (Abb. 2.65.c) stellt eine Kombination der beiden vorstehend beschriebenen Systeme dar. Hier verhindert das Drosselventil ein sprunghaftes Anwachsen der Seilkraft in der Anfangsphase des Bremsvorganges, bevor das Druckbegrenzungsventil in Aktion tritt. Dadurch kann der Kolbenhub ohne Überschreiten einer zulässigen Seilkraft S_{max} entsprechend gering gehalten und damit auch der Bremsweg des Schiffes begrenzt werden (Abb. 2.66., Kurve 3).

Die *zulässige Seilkraft* S_{max} im Fangseil hängt von der erforderlichen Sicherheit gegenüber der Bruchlast ab. Diese ist von der Art des Seiles (Stahlseil mit Hanf- oder Stahlseele), der Zugfestigkeit der Einzeldrähte und dem Seildurchmesser (metallischer Querschnitt) abhängig.

Bei den an den bundesdeutschen Wasserstraßen an Schleusen und Hebewerken verwendeten Seilfanganlagen werden im allgemeinen sechslitzige Stahlseile (mit Stahlseele) mit 52 mm Druchmesser verwendet, deren Bruchlast bei 2130 kN (= 213 t) liegt /39/.

Bei Zugrundelegen einer etwa 5- bis 6-fachen Bruchsicherheit des Fangseiles dürfte die *maximale Bremslast* je Zylinder F_p = 350 bis 430 kN (= 35 bis 43 t) betragen. Dies entspricht den in der Praxis üblichen Werten /39, 40/.

2.8.2.6 Stoßschutzschwingen

Die von der Firma Louis Eilers, Hannover, entwickelte Stoßschutzanlage besteht aus einer biege- und torsionssteifen, rahmenförmigen *Schwinge*, deren Schwenkachse sowohl hochliegend auf der Schleusenplattform (Abb. 2.67.) oder tiefliegend (bei Schachtschleusen vor der Betonmaske, Abb. 2.70.) angeordnet werden kann.

Der im Querschnitt trapezförmige stählerne Kopfteil der Schwinge ist durch Längs- und Querrippen ausgesteift und über zwei Jarret-Puffer (Abb. 2.68.) abgefedert /44/. Zum Schutz des Kopfteiles der Schwinge und zur Stoßminderung ist an der Ober- und Vorderseite des Kopfteiles eine Holzfenderung vorgesehen (Abb. 2.67.).

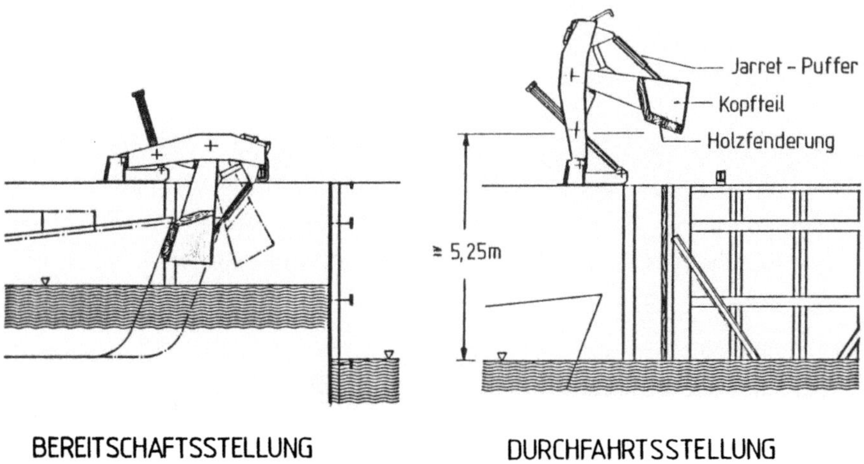

Abbildung 2.67. Stoßschutzanlage der Weserschleuse Dörverden (H = 4,60 m) /44, 45/

Beim Anfahrvorgang führt die Schwinge eine Schwenkbewegung um das Drehlager aus, wobei die Bremskräfte über die Puffer je nach Konstruktion der Anlage entweder an die Schleusenplattform, an die Betonschürze am Unterhaupt oder an die Kammerwände abgegeben werden.

Bei Schleusen mit kleineren Hubhöhen muß die Stoßschutzanlage für die Durchfahrt der Schiffe mit Hilfe einer Antriebsanlage aus der Bereitschafts- in die Durchfahrtsstellung geschwenkt werden (Abb. 2.67.).

Der Jarret-Puffer besteht aus einem Führungszylinder mit Kolben, der beim Einfedern in einen zweiten, mit einem nicht vulkanisierten Elastomer gefüllten beweglichen Zylinder gedrückt wird (Abb. 2.68.).

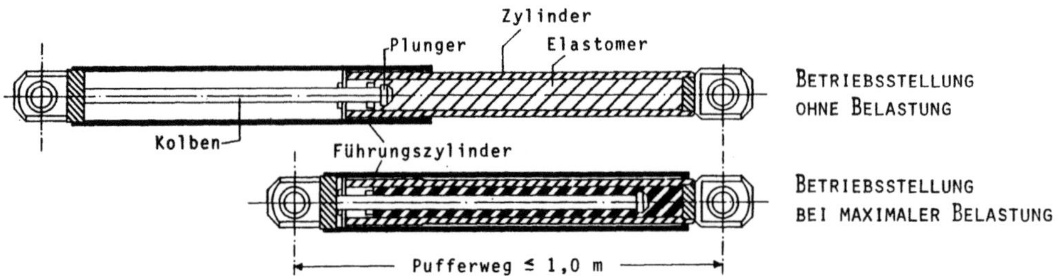

Abbildung 2.68. Prinzip eines Jarret-Puffers /44/

Das unter hohem hydrostatischen Druck kompressible Medium muß beim Eindrücken einen Ringspalt zwischen der verdickten Kolbenspitze (Plunger) und der Zylinderwandung durchströmen, wobei etwa 85 % der aufgenommenen Energie in Reibung umgesetzt werden. Die gespeicherte Restenergie wird zur Rückstellung der Schwinge in ihre Ausgangslage verwendet.

Abbildung 2.69. zeigt das Arbeitsdiagramm eines Jarret-Puffers. Der maximale Pufferweg beträgt demnach 1,0 m, wobei die Kraftaufnahme der Puffer praktisch erst bei einer Stoßbelastung von 100 kN beginnt, dann aber rasch bis auf über 800 kN (80 t) je Puffer ansteigt.

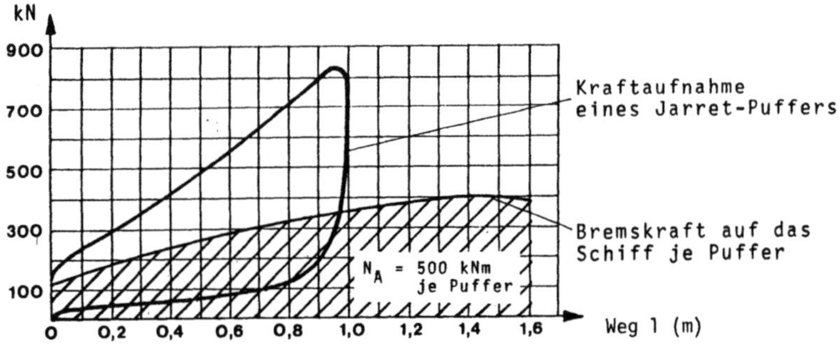

Abbildung 2.69. Arbeitsdiagramm eines Jarret-Puffers /44, 45/

Infolge der nichtlinearen Kraftaufnahme der Puffer und durch die besondere geometrische Anordnung derselben wird eine Abflachung im Kraft-Weg-Diagramm für das Schiff erreicht, wobei die auf das Schiff wirkende Kraft im letzten Drittel des Bremsweges nur noch geringfügig bis auf 400 kN (40 t) je Puffer ansteigt. Bei einem Bremsweg des Schiffes von 1,60 m beträgt das Arbeitsvermögen der Gesamtanlage N_A = 2 × 500 = 1000 kNm (= 100 tm) (Abb. 2.69.).

Stoßschutzschwingen wurden u.a. als Stoßschutzanlagen bei der Schleuse Uelzen (H = 23,0 m) am Elbe-Seitenkanal/BRD (Abb. 2.70.) /35/ sowie auch bei Schleusen des Main-Donau-Kanals/BRD eingebaut. Auch bei einigen bereits in Betrieb befindlichen Schleusen (Schleuse Anderten/ Mittelland-Kanal und Schleuse Dörverden/Weser) wurden Stoßschutzanlagen dieser Art *nachträglich* installiert /45, 46/. Alle diese Anlagen haben sich im Betrieb bislang gut bewährt.

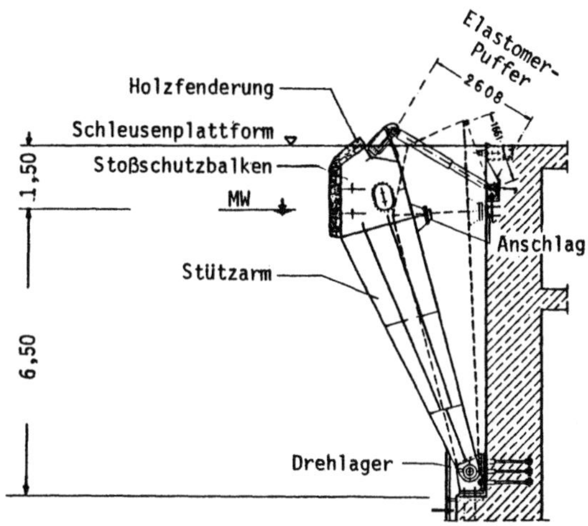

Abbildung 2.70. Stoßschutzschwinge am Unterhaupt der Sparschleuse Uelzen/BRD (H = 23,0 m) (Maße in m)

2.9 Ausbildung der Vorhäfen

Die Schleusenvorhäfen sind Bestandteil einer Schleusenanlage. Sie dienen den auf der Wasserstraße verkehrenden Schiffen und Transportverbänden als Warte-, Start- und Liegeplatz. Darüber hinaus sollen sie die Sicherheit und Zügigkeit des Verkehrsablaufes im Bereich der Schleusenanlage fördern.

Da je nach Hubhöhe und Füllsystem der Schleuse bis zu 70 % der Schleusungszeit auf die Ein- und Ausfahrmanöver der Schiffe entfallen, ist die richtige Bemessung und Anlage der Vorhäfen mitbestimmend für die Leistungsfähigkeit der Gesamtanlage.

Die erforderliche Vorhafenlänge und -breite richtet sich dabei nach der Verkehrsintensität auf der Wasserstraße und der Art und Größe der auf ihr verkehrenden Transporteinheiten. Für die technische Planung der Vorhäfen sind der zu bewältigende Quell-, Ziel- und Durchgangsverkehr, die Anzahl und Größe der Schleusenkammern sowie auch die Funktion der Schleusenanlage als Eingangs-, Zwischen- oder Endschleuse in der Wasserstraße zu berücksichtigen. Bei Flußschleusen sind auch die Strömungsverhältnisse an den Einfahrten zum oberen und unteren Vorhafen von Bedeutung.

In den vom Bundesminister für Verkehr, Bonn, herausgegebenen "Richtlinien für die Gestaltung der Schleusenvorhäfen der Binnenschiffahrtsstraßen" vom Oktober 1976 sind Bemessungskriterien für die Regelausführung von Schleusenvorhäfen an bundesdeutschen Wasserstraßen angegeben /47/, deren grundsätzliche Empfehlungen auch auf andere europäische und außereuropäische Wasserstraßensysteme übertragen werden können.

Die Vorhäfen sind demnach so anzulegen, daß aus der Schleuse ausfahrende Schiffe möglichst ohne Kurswechsel sicher an den auf die Schleusung wartenden Schiffen vorbeifahren können. Für ankommende Schiffe sind Liegeplätze außerhalb der Fahrstraßen vorzuhalten /47/.

Dabei sollten die Vorhäfen möglichst geradlinig und symmetrisch zu den Schleuseneinfahrten angelegt werden. Die Vorhafenachse sollte im allgemeinen mit der Kanalachse zusammenfallen. Bei Einzelschleusen kann eine Parallelverschiebung der Achsen zweckmäßig sein, wenn eine spätere Erweiterung der Anlage zur Doppelschleuse nicht vorgesehen ist (Abb. 2.71.a).

Grundsätzlich gliedert sich ein Schleusenvorhafen in drei Bereiche auf: den *Einfahrtsbereich*, den *Liegeplatzbereich* mit Start- und Warteplätzen und den *Übergangsbereich* zur freien Kanal- oder Flußstrecke (Abb. 2.71.b).

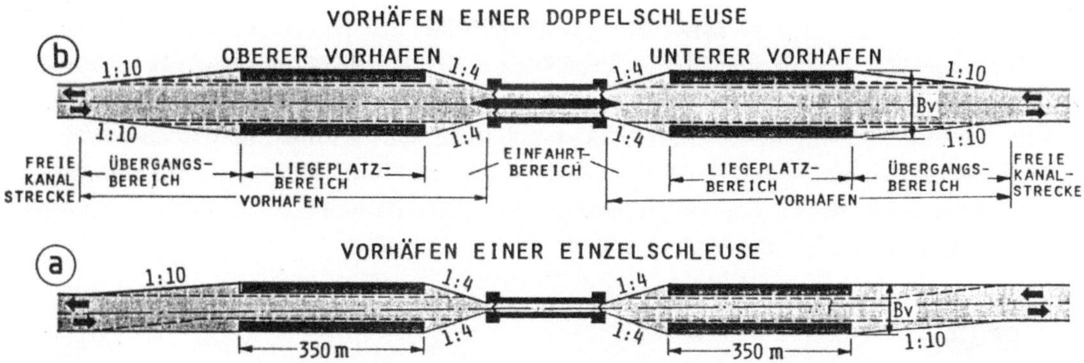

Abbildung 2.71. Vorhafenausbildung für eine Einzel- und Doppelschleuse in einem Schiffahrtskanal /47/

2.9.1 Einfahrtbereiche

Im *Einfahrtbereich* zur Schleuse wird der Vorhafenquerschnitt trichterförmig durch Leitwerke in das Rechteckprofil der Schleusenkammer überführt. Das *Leitwerk* kann dabei als massive Mauer (mit Kantenschutz und Scheuerleisten), als verankerte Spundwand oder als aufgelöste Konstruktion (Stahlbetonsteg) ausgeführt werden.

Aufgabe der Leitwerke ist es, den in die Schleusenkammer ein- und ausfahrenden Schiffen eine gewisse Führung und Manövrierhilfe zu geben. Die Leitwerke können dabei entweder symmetrisch oder unsymmetrisch zur Schleuseneinfahrt angeordnet werden (Abb. 2.72.). Die als "Schubmole" bezeichnete gerade Verlängerung einer Schleusenkammerwand ist insbesondere für die Führung von Schubverbänden geeignet /48/. Sie sollte jedoch, um die Steuerfähigkeit der Schiffe wegen der sonst unsymmetrischen Rückströmung nicht zu behindern, möglichst als durchbrochene Leitwand (aufgelöste Konstruktion) ausgebildet werden.

Um ein zügiges Ein- und Ausfahren der Schiffe zu ermöglichen, sollte die Neigung der Leitwände zur Schleusenachse im Grundriß mindestens 1:4 bis 1:5 betragen /49/, wobei die Übergänge zur Kammerwand auszurunden sind (Abb. 2.72.). Die Leitwerkoberkante sollte mindestens 1,0 m über dem höchsten Schiffahrtswasserstand (HSW) liegen.

Bei *Doppelschleusen* erfolgt die Trennung der beiden Vorhäfen durch die als Mole ausgebildete Mittelplattform beider Schleusen, in deren Verlängerung zur Führung der ein- und ausfahrenden Schiffe bzw. als Liegeplatz jeweils ein Leitwerk von bis zu 100 m Länge angeschlossen werden kann. Dieses Leitwerk sollte in *aufgelöster Konstruktion* ausgeführt werden, um einen Wasseraustausch in den Einfahrtbereichen der Schleuse bei der Wasserentnahme und -rückgabe während der Schleusenvorgänge zu ermöglichen und damit unzulässige Querströmungen (v_q>0,30 m/s) zu vermeiden (s. Abb. 8.3.).

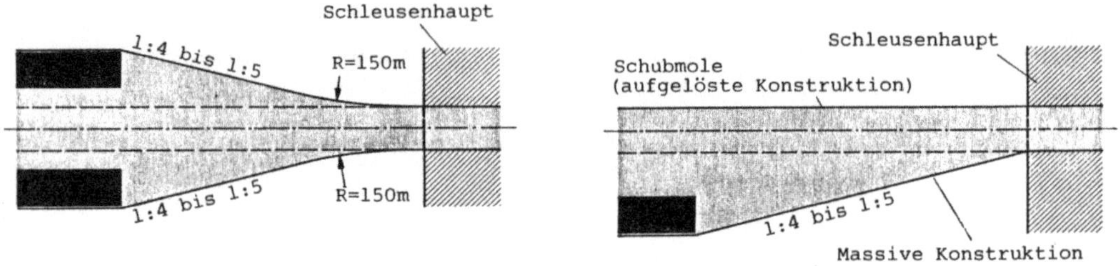

SYMMETRISCHES EINFAHRTLEITWERK UNSYMMETRISCHES EINFAHRTLEITWERK

Abbildung 2.72. Anordnung der Einfahrtleitwerke /47/

2.9.2 Liegeplätze

Der *Liegeplatzbereich* des Vorhafens dient sowohl als *Startplatz* für die in die Schleusenkammer einfahrenden Schiffe als auch als *Warteplatz* für die noch auf die Schleusung wartenden Transporteinheiten.

Die Liegeplätze können einseitig oder auf beiden Seiten der Fahrstreifen angeordnet werden, wobei die erforderliche *Liegeplatzbreite* (einschließlich Fenderabstand) bei Schleusen mit 12,0 m Breite gleich der lichten Weite des Schleusenhauptes ist /47/. Bei Rechtsverkehr auf der Wasserstraße sind in der Regel die Start- und Warteplätze für die ankommenden Schiffe auf der in Fahrtrichtung rechten Seite des Vorhafens vorzusehen, während die Liegeplätze der linken Vorhafenseite für Fahrgast- und Spezialtankschiffe sowie für Kopplungsvorgänge von Schubverbänden verfügbar sein sollten.

Die erforderliche *Länge des Liegeplatzbereiches* richtet sich nach Art und Intensität des Schiffsverkehrs auf der Wasserstraße. In der Regel genügt es bei kürzeren Schleusen (L $\leq$ 100 m) den Platz für zwei hintereinander liegende Regelschiffe (plus Sicherheitsabstände), bei längeren Schleusen (L ≧ 180 m) den Platz für vier Regelschiffe bzw. zwei Schubverbände vorzusehen /45/. Damit ergeben sich für den Liegeplatzbereich erforderliche Längen von rd. 200 m bzw. 350 m (Abb. 2.71.).

Die *Ufer* der Liegeplatzbereiche können durch senkrechte Einfassungen (Spundwände) begrenzt oder als Böschung mit vorgesetzter Dalbenreihe ausgebildet werden. Die Dalben dienen dabei zum Festmachen der wartenden Schiffe. Der erforderliche Dalbenabstand hängt von der Größe der Schiffseinheiten ab. Als Richtwert kann 30 m angesehen werden. Die Dalbenoberkante sollte in der Regel 1,0 m über HSW liegen.

Im Bereich der Schiffsliegeplätze sind Steigleitern und bei Dalben entsprechende Laufstege als Verbindung zum Land vorzusehen. Außerdem muß eine ausreichende Beleuchtung im Vorhafen- und Schleusenbereich vorhanden sein. Die Sohle des Liegeplatzbereiches ist gegen die Schraubenstrahlwirkung der an- und ablegenden Schiffe zu schützen.

2.9.3 Übergang zur Kanalstrecke

Der *Übergangsbereich* des Vorhafens stellt die Verbindung zwischen dem Liegeplatzbereich und der freien Kanalstrecke her (Abb. 2.71.). Dabei werden die Ufer des Kanals an die Ufer oder Begrenzungen des Vorhafens unter einer Neigung von 1:10 mit entsprechenden Ausrundungen herangeführt (Abb. 2.73.). Die Böschungsneigung der freien Kanalstrecke (im allgemeinen 1:3) wird in der Regel bis zum Einbinden in die Liegeplatzbegrenzungen beibehalten.

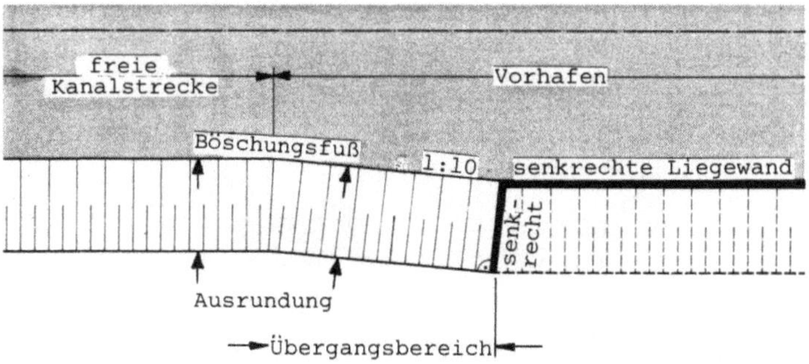

Abbildung 2.73. Übergangsbereich zwischen Vorhafen und Kanalstrecke /45/

Bei senkrechten Liegeplatzbegrenzungen wird die Spundwand am Schnittpunkt mit dem Übergangsbereich in das geböschte Ufer eingebunden (Abb. 2.73.).

2.9.4 Länge, Breite und Tiefe der Vorhäfen

Die erforderliche *Länge des Vorhafens* ergibt sich aus der Summe der für den Übergangs-, Liegeplatz- und Einfahrtsbereich erforderlichen Einzellängen (Abb. 2.71.).

Die nutzbare *Vorhafenbreite* B_V zwischen den senkrechten Ufereinfassungen bzw. bei geböschten Ufern zwischen den Festmachedalben der Liegeplätze ergibt sich aus der Breite b_F der Fahrstreifen, den Liegeplatzbreiten b_L und den Sicherheitsabständen a_S. Diese betragen in der Regel an beiden Seiten des jeweiligen Fahrstreifens $a_S = 5{,}0$ m.

Für *Einzelschleusen* mit Liegeplätzen *beiderseits* des Fahrstreifens (Abb. 2.74.a) ergibt sich eine erforderliche Vorhafenbreite von:

$$B_V = 2\ b_L + b_F + 2\ a_S\ , \qquad (2\text{-}16)$$

bei *einseitig* angeordneten Liegeplätzen von:

$$B_V = b_L + b_F + a_S\ . \qquad (2\text{-}17)$$

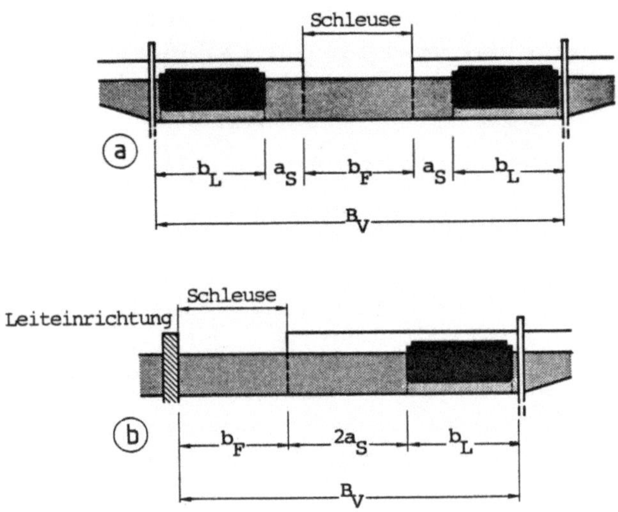

Abbildung 2.74. Vorhafenquerschnitte für eine Einzelschleuse /47/

Bei Vorhäfen mit Leiteinrichtung (Schubmole) in gerader Verlängerung einer Schleusenwand sollte der Sicherheitsabstand zwischen Fahrstreifen und Liegeplatz wegen des nur einseitig möglichen Manövrierens der Schiffe zu 2 a_S = 10 m gewählt werden (Abb. 2.74.b). Damit ergibt sich für die Vorhafenbreite:

$$B_V = b_L + b_F + 2\ a_S\ . \tag{2-18}$$

Bei *Doppelschleusen* ist die Breite b_M der Mittelplattform zwischen beiden Schleusen mitbestimmend für die Breite B_V des gemeinsamen Vorhafens. Bei schmaler Mittelplattform können die Liegeplätze nur *einseitig* an den beiden Schleuseneinfahrten angeordnet werden (Abb.2.75.a). Die Vorhafenbreite ergibt sich dann mit $b_M \geqq a_S$ zu:

$$B_V = 2\ b_L + 2\ b_F + 2\ a_S + b_M\ . \tag{2-19}$$

Ist eine genügend breite Mittelplattform zwischen den beiden Schleusen vorhanden, so können *beidseitig* von jeder Schleuseneinfahrt Liegeplätze vorgesehen werden (Abb. 2.75.b). Mit b_T = Breite der Leitwand in Verlängerung des Molenkopfes ergibt sich die Vorhafenbreite in diesem Falle zu:

$$B_V = 4\ b_L + 2\ b_F + 4\ a_S + b_T\ . \tag{2-20}$$

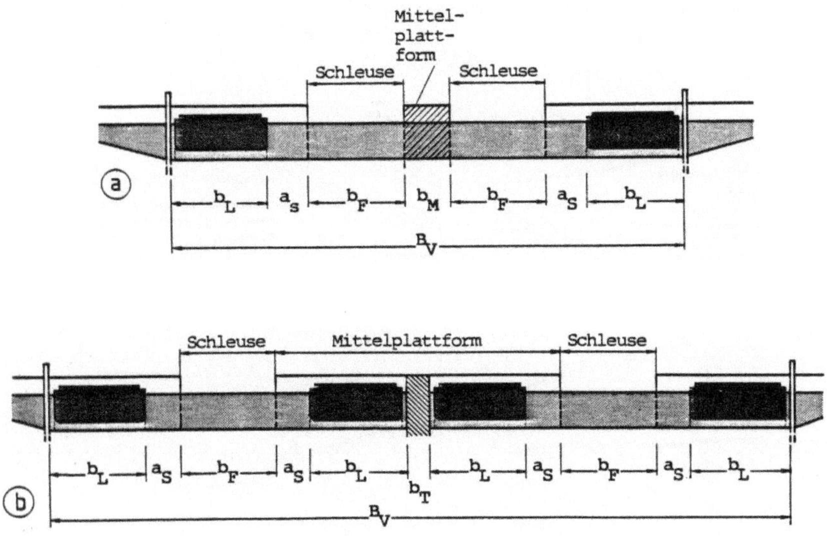

Abbildung 2.75. Vorhafenquerschnitte für eine Doppelschleuse /47/

Gleichung (2-20) gilt auch im Falle von in Längsrichtung gegeneinander versetzten Schleusen oder wenn durch die Anlage von Sparbecken ein entsprechend großer Achsabstand zwischen den Schleusenkammern erforderlich wird.

Die *Wassertiefe* in den Vorhäfen sollte in der Regel der Drempeltiefe der Schleusen entsprechen, in Schiffahrtskanälen gleich der Wassertiefe in der freien Kanalstrecke sein.

2.9.5 Verhältnisse bei Flußschleusen

In staugeregelten Flüssen wird die Schleusenanlage im allgemeinen vom Krafthaus durch das Wehr getrennt angeordnet (Abb. 2.76.a). Das Krafthaus liegt dabei im erweiterten Flußquerschnitt (Buchtenkraftwerk). Bei dieser Lösung ergeben sich für die in die Vorhäfen ein- und ausfahrenden Schiffe in der Regel die geringsten Querströmungen /49/. Die Vorhäfen sind dabei vom eigentlichen Fluß durch Trennmolen abgeschirmt, wobei am Übergang in die parallel zur Flußrichtung angeordneten Vorhäfen die Neigung der Uferlinie gegenüber der Vorhafenachse nicht mehr als 1:10 betragen sollte.

Bei Staustufen zwischen einer Flußkrümmung und einer anschließenden Gegenkrümmung kann wegen der Anströmung von Wehr und Krafthaus auch die in Abbildung 2.76.b dargestellte Lösung in Betracht kommen (Donau-Staustufen).

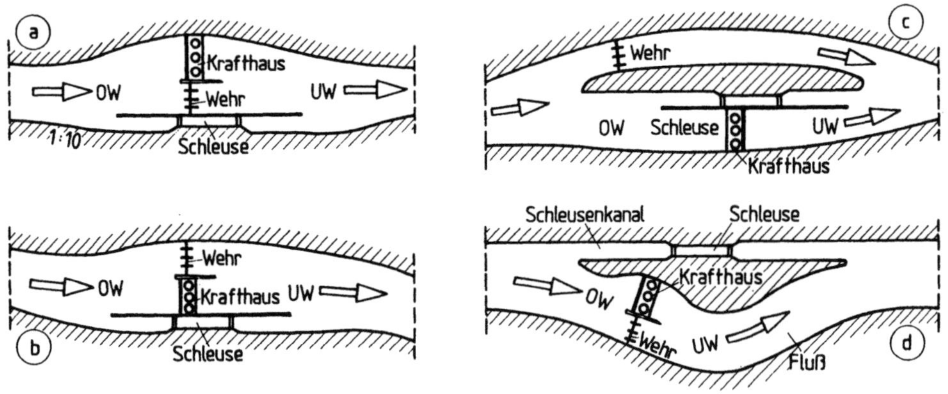

Abbildung 2.76. Möglichkeiten für die Anordnung der Schleusen bei Flußstauhaltungen

Wenn die örtlichen Verhältnisse es gestatten, kann eine grundsätzliche Trennung der Hochwasserabfuhr von der Wasserkraftnutzung in Erwägung gezogen werden (Rhône-Staustufen, Abb. 2.76.c).

Schließlich gibt es noch die Möglichkeit, die Schiffahrtsanlagen (Schleusen und Vorhäfen) in einem vom Fluß abzweigenden *Seitenkanal* (Durchstich) anzuordnen (Abb. 2.76.d).

In der Regel werden die Schleusen jedoch aus Kostengründen in die Staustufe mit einbezogen. Problematisch ist in diesem Falle das Einfahren der Schiffe aus dem durchströmten Fließbereich der oberen Haltung in den Staubereich des oberen Vorhafens. Bei längeren Schiffsverbänden kann es hier leicht zu einer Querversetzung der hinteren Schiffseinheiten kommen.

Um einen gewissen Wasseraustausch zwischen dem Fluß- und Vorhafenbereich zu ermöglichen und damit die Einfahrt der Schiffe in den Staubereich des Vorhafens zu erleichtern, werden die Enden der Trennmolen oft als durchbrochene Leitwerke ausgeführt. Eine Beurteilung der Einfahrtverhältnisse in den oberen Vorhafen kann dabei am besten anhand von Modellversuchen (Strömungsmessungen und Einfahrversuche) erfolgen.

Das Einfahren der Schiffe in den unteren Vorhafen ist weniger schwierig, da die Schiffe wegen der Gegenströmung besser steuerfähig sind. Bei der Ausfahrt aus den Schleusenvorhäfen besitzen die Schiffe bereits eine entsprechende Fahrtgeschwindigkeit, so daß auftretende Querströmungen weniger Einfluß haben.

Bei Stauanlagen in *Flußkrümmungen* sollte die Schleusenanlage wenn möglich am *ein*buchtenden (konkaven) Ufer angeordnet werden, weil hier die Sicht- und Einfahrtbedingungen für die Schiffe günstiger sind und außerdem eine geringere Verlandegefahr für die Vorhäfen besteht (Abb. 2.77.).

Die Vorhäfen sollten dabei im Grundriß so weit geradlinig angelegt werden, daß ausfahrende Schiffsverbände so lange geradeaus fahren können, bis die letzte Schiffseinheit die Schleusenkammer verlassen hat. Dies bedeutet, daß jeder Vorhafen im Anschluß an die Schleusenkammer über eine Strecke, die der 1,5-fachen Regelschiffslänge bzw. der einfachen Länge eines Schubverbandes entspricht, im Grundriß geradlinig anzulegen ist.

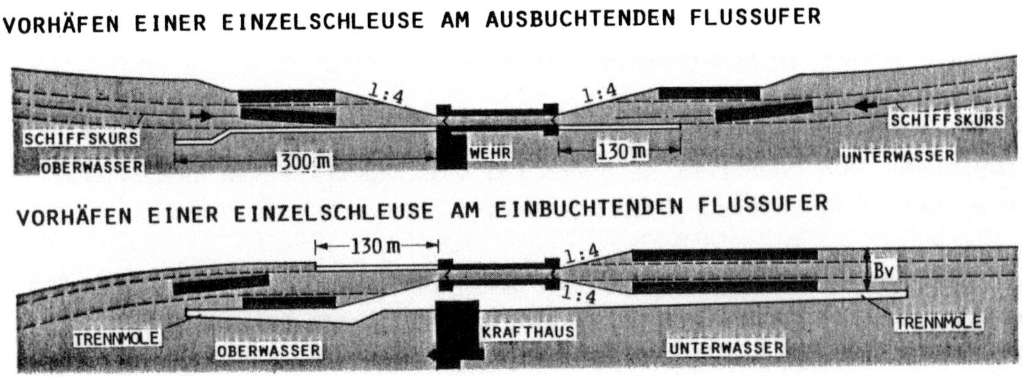

Abbildung 2.77. Vorhafenausbildung für eine Einzelschleuse an einem staugeregelten Fluß/47/

Ist die Anlage ausreichend langer Vorhäfen bei Flußschleusen aus örtlichen Gründen nicht möglich, so müssen am offenen Strom zusätzliche Liegeplätze angeordnet werden.

Durch den *Eintrieb von Geschiebe* und Schwebstoffen kommt es im oberen Vorhafen von Flußschleusen oft zu beträchtlichen Ablagerungen, die jährliche Baggerarbeiten erforderlich machen. Zur Vermeidung des Eintreibens von Geschiebe oder Fremdkörpern in die Schleusenkammern hat sich die Anlage einer rd. 1,5 m tiefen Fanggrube unmittelbar vor der Schleuse als zweckmäßig erwiesen.

Bei breiten Vorhäfen kann durch eine entsprechende Bepflanzung der Landseiten ein gewisser Schutz der Schiffe gegen Windeinwirkungen erreicht werden.

2.10 Füll- und Entleerungssysteme

Beim Entwurf einer Binnenschiffahrtsschleuse werden deren Abmessungen (Kammerbreite B und -länge L) durch die Größe der vorhandenen bzw. zu erwartenden Transporteinheiten (Selbstfahrer, Schleppzüge und Schubverbände) bestimmt. Die Hubhöhe H ist nach Festlegung der Kanaltrasse bzw. durch den Wasserspiegelunterschied bei einer Flußstaustufe vorgegeben. Für den planenden Ingenieur verbleibt die Frage nach Wahl eines geeigneten *Füll- und Entleerungssystems* für die Schleuse, wobei wegen der Sicherheit der zu schleusenden und in den Schleusenvorhäfen wartenden Schiffe gewisse Grenzwerte einzuhalten sind.

Aus verkehrstechnischer Sicht wird man bestrebt sein, eine *möglichst kurze Füll- und Entleerungszeit* für die Schleuse zu erreichen. Für die Kraftwirkungen auf die Schiffe während des Schleusungsvorganges, die durch die Haltetrossen derselben aufgenommen werden müssen, ist die Art der Kammerfüllung bzw. -entleerung von entscheidender Bedeutung, wobei konstruktiv aufwendigere Systeme mit Grundläufen und Füllbatterien im allgemeinen ein rascheres Füllen und Entleeren der Kammer ermöglichen, ohne daß die als zulässig angesehenen Kraftwirkungen auf die schleusenden Schiffe erreicht oder überschritten werden.

Bei der direkten Füllung der Kammer durch das Obertor und der Entleerung derselben durch das Untertor sowie auch bei Verwendung von kurzen Torumläufen, lassen sich zwar wegen der geringeren Gründungstiefe der Schleusenkammer und sonstiger baulicher Einsparungen (Wegfall der zusätzlichen Verschlußorgane in den Zulaufkanälen usw.) zum Teil wirtschaftlichere Lösungen erreichen, jedoch auf Kosten der Sicherheit der Schiffe während des Schleusungsvorganges (größere Trossenkräfte) und einer verlängerten Schleusungszeit /3/.

Grundsätzlich unterscheidet man für die *Füllung* der Schleusenkammer die folgenden Füllsysteme:

- Füllung durch das Obertor oder durch im Tor eingebaute Schütze,
- Füllung über Torumläufe mit eingebauten Füllschützen,
- Füllung über Längskanäle oder Grundläufe mit Stichkanälen und eingebauten Füllschützen am Oberhaupt,
- Füllung über Zubringerkanäle und Füllbatterien mit Füllschützen am Oberhaupt.

Für die *Kammerentleerung* kommen in Betracht:

- Entleerung durch das Untertor oder durch im Tor eingebaute Schütze,
- Entleerung über Torumläufe mit eingebauten Entleerungschützen,
- Entleerung über Längskanäle oder Grundläufe mit eingebauten Entleerungsschützen am Unterhaupt,
- Entleerung über Ableitungskanäle mit Entleerungsschützen am Unterhaupt.

Die Wahl des Füll- und Entleerungssystems für eine Schleuse mit vorgegebenen Kammerabmessungen und Hubhöhe hängt von der geforderten Leistungsfähigkeit der Anlage, den örtlichen Verhältnissen und Kostenerwägungen ab. Darüber hinaus ist die Anwendung der verschiedenen Füll- und Entleerungssysteme noch an gewisse Randbedingungen (Hubhöhe, Untergrundverhältnisse, geforderte Sicherheit für die schleusenden Schiffe) gebunden (s. hierzu Abschnitt 4 und 7).

2.10.1 Füllung durch das Obertor

Bei der Füllung durch das Obertor unterscheidet man grundsätzlich zwischen der Füllung mit *hochliegendem* und *tiefliegendem* Drempel, wobei das Tieferlegen des Drempels und die damit verbundene Vertiefung des oberen Vorhafens praktisch nur dann in Betracht kommt, wenn die Schleuse wie bei Stauanlagen in engen Flußtälern auch zur Hochwasser-Ableitung mit herangezogen werden soll (s. Abb. 2.38. und Abschnitt 9.).

Bei der Füllung durch das Obertor mit *hoch*liegendem Drempel wird das Füllwasser bei Öffnung des Tores über eine Energieumwandlungsanlage, deren Ausbildung von der Art des verwendeten Tores abhängt, in die Kammer eingeleitet. Dabei wird das Schleusentor selbst als Füllorgan verwendet bzw. die in ihm vorhandenen Füllschütze (Abb. 2.78.).

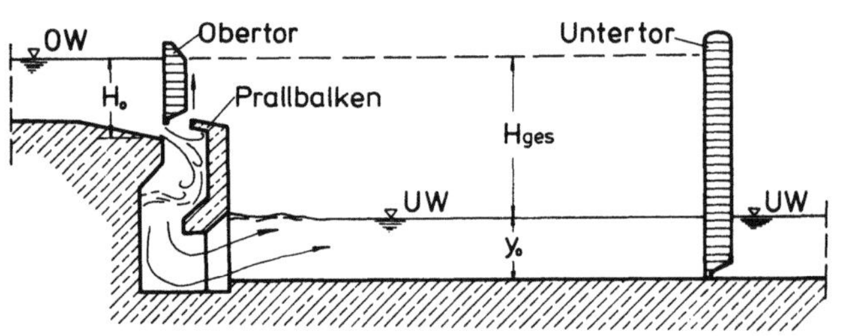

Abbildung 2.78. Prinzip der Füllung durch das Obertor mit hochliegendem Drempel /3/

Als Schleusentore kommen dabei Stemmtore mit geraden oder segmentartigen Torflügeln, Hubsenktore (Abb. 2.32.), Senktore (Abb. 2.33.), Hakentore (Abb. 2.34.), Drehtore (Abb. 2.35.), Klapptore (Abb. 2.36.), Schiebetore oder Drehsegmenttore (Abb. 2.37.) in Betracht.

Zur Freigabe der Durchfahrt für die Schiffe wird das Obertor entweder nach unten abgefahren (Hub- und Senktor) bzw. zum Obertor hin umgelegt (Haken-, Dreh- und Drehsegmenttor) oder in Richtung der Kammer gedreht (Klapptor). Bei Stemmtoren werden die beiden Stemmtorflügel nach Beendigung des Füllvorganges geöffnet und in die in den Seitenwänden angeordneten Tornischen geschwenkt.

Die Anwendung dieses Füllsystems ist wegen des in der Kammer auftretenden Füllschwalles und der damit verbundenen Kraftwirkungen auf die schleusenden Schiffe auf Schleusen mit kleineren Hubhöhen ($H \leq 6$ bis 8 m) begrenzt /2, 3/.

Bei der Füllung durch das Obertor mit *tief*liegendem Drempel wird das Obertor im allgemeinen als zweiteiliges Hubsenktor (Abb. 2.79.) oder als Stemmtor mit eingebauten Füllschützen ausgebildet.

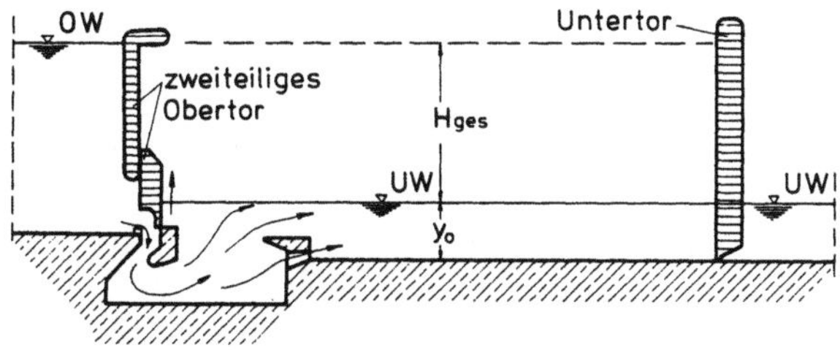

Abbildung 2.79. Füllung durch das Obertor (zweiteiliges Hubsenktor) mit tiefliegendem Drempel /3/

Zur Freigabe der Schiffsdurchfahrt wird das Schützpaket des zweiteiligen Hubsenktores nach oben aufgefahren. Beim Stemmtor legen sich die beiden Torflügel in die seitlichen Tornischen.

2.10.2 Füllung über Torumläufe

Bei der Verwendung von Torumläufen wird das Füllwasser in der Regel über seitlich in den Kammerwänden des Oberhauptes angeordnete Einläufe den Umlaufkanälen zugeführt. In diesen sind die Füllschütze (Roll-, Zylinder- oder Segmentschütze) untergebracht. Dabei ist darauf zu achten, daß dieselben möglichst tief (unterhalb des UW-Spiegels) angeordnet werden, um ein Abreißen der Wassersäule hinter den Schützen beim Entleeren der Kammer zu vermeiden.

Das Füllwasser wird über die Umlaufkanäle in ein hinter der kammerseitigen Drempelwand angelegtes *Tosbecken* geleitet, in dem die Energieumsetzung und Umlenkung der Füllwassermengen in Richtung auf die Schleusenkammer erfolgt (Abb. 2.80.).

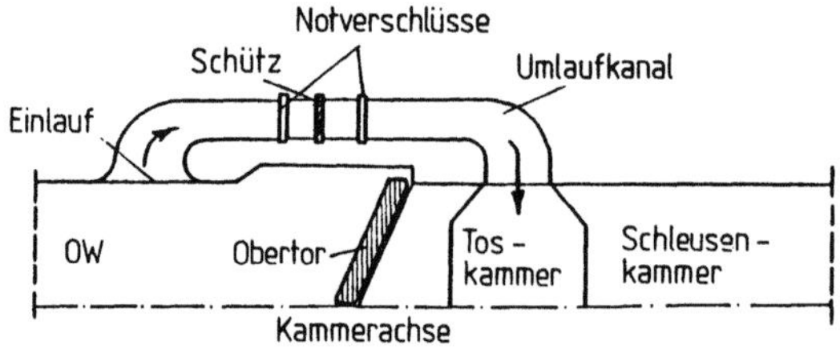

Abbildung 2.80. Prinzip der Kammerfüllung über Torumläufe

Die Umlenkung des Füllwassers und seine Verteilung über die Kammerbreite kann dabei mit Hilfe von Sohl- und Zahnschwellen in Verbindung mit prallwandartigen Einbauten erfolgen (Abb. 2.39.) bzw. durch eine gitterartige Abdeckung der Toskammer, wie sie für Schleusen der Tennessee-Valley-Authority/USA entwickelt wurde, erreicht werden /50/. Abbildung 2.81. zeigt ein ähnliches, für die Donauschleuse Geisling (H = 7,30 m, B = 24 m) im Theodor-Rehbock-Flußbaulaboratorium der Universität Karlsruhe entwickeltes Füllsystem.

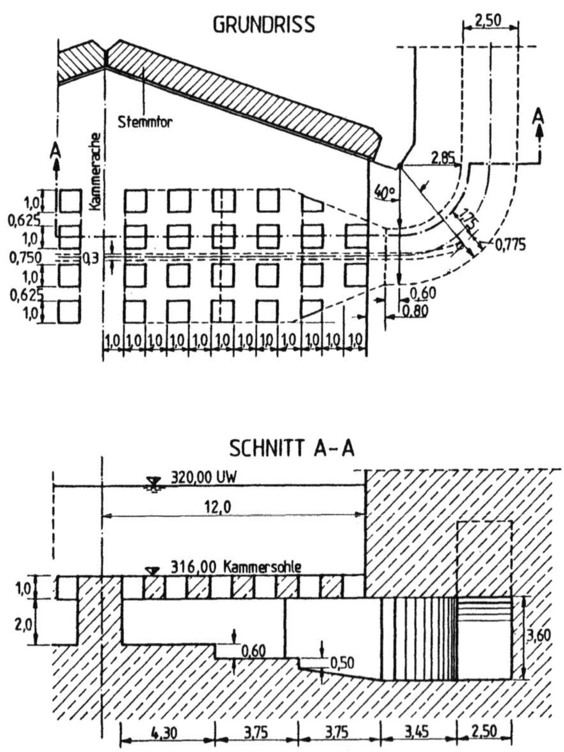

Abbildung 2.81. Füllsystem mit Torumläufen und Gitterrost als Tosbeckenabdeckung /51/ (Maße in m)

Das Obertor wird bei Füllung der Schleuse über Torumläufe im allgemeinen nicht zur Kammerfüllung mit herangezogen. Als Torarten kommen deshalb hier insbesondere Stemmtore in Betracht. Soll im Falle eines Ausfalles der Schütze in den Umlaufkanälen das Obertor zur Kammerfüllung (Ersatzfüllung) herangezogen werden bzw. ist dieses zur Restausspiegelung am Ende des Füllvorganges (kombinierte Füllung) mit vorgesehen, so muß eine entsprechend andere Torart (Hubsenk- oder Senktor) als Obertor gewählt werden.

Auch dieses Füllsystem eignet sich wegen der Zufuhr des Schleusungswassers vom Oberhaupt her und der damit verbundenen Schwallbildung in der Kammer nur für Schleusen mit geringeren Hubhöhen (H < 8 m).

2.10.3 Füllung über Längskanäle mit Stichkanälen

Bei der Kammerfüllung über Längskanäle mit Stichkanälen wird das Füllwasser bei Kanalschleusen seitlich vor dem Obertor oder direkt vor diesem aus dem oberen Vorhafen entnommen und über senkrechte Füllschächte und die in den Kammerwandungen angeordneten Längskanäle der Schleuse zugeführt (Abb. 2.40.). Bei *Flußschleusen* erfolgt die Wasserentnahme im allgemeinen seitlich vor dem Wehr, die Wasserrückgabe im Unterwasserbereich desselben.

Die Längskanäle sind im Bereich des Ober- und Unterhauptes durch jeweils ein Verschlußorgan (Rollkeil- oder Segmentschütze) abgesperrt, wobei darauf zu achten ist, daß die Schütze unterhalb des niedrigsten UW-Spiegels angeordnet werden. Das Füllwasser wird über eine bestimmte Anzahl von Stichkanälen an der Kammersohle seitlich von beiden Seiten in die Kammer eingeleitet (Abb. 2.82.)

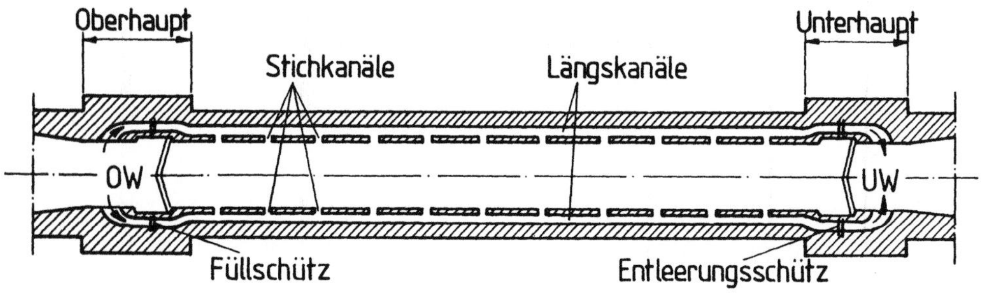

Abbildung 2.82. Prinzip der Kammerfüllung über Längskanäle mit Stichkanälen /3/

Über die optimale *Verteilung* und *Größe* der Stichkanäle wurden umfangreiche Untersuchungen in verschiedenen Wasserbaulaboratorien ausgeführt /52, 53, 54/. Demnach ist es nicht zweckmäßig, die Stichkanäle unmittelbar hinter dem jeweiligen Füllschütz anzuordnen, da bei der Kammerfüllung durch den Druckabfall hinter dem Schütz die Gefahr besteht, daß Wasser aus der Kammer in den Längskanal *ein*gespeist wird und somit die Stichkanäle zumindest während des Öffnungsvorganges der Schütze nicht zur Kammerfüllung beitragen.

Bei Schleusen bis zu 200 m Länge sollten aus diesem Grunde die Stichkanäle erst etwa am oberhauptseitigen Drittelpunkt der Kammerlänge beginnen und über den Rest der Kammerlänge gleichmäßig verteilt werden /51/. Die Wirkungsweise der Stichkanäle hängt aber auch von der jeweiligen Hubhöhe der Schleuse ab und sollte durch Modellversuche überprüft werden.

Bei längeren Schleusen mit großer Hubhöhe empfiehlt sich u.U. eine auf den mittleren Kammerbereich konzentrierte Anordnung der Stichkanäle. Die Austrittsöffnungen der Stichkanäle sollten dabei möglichst gegeneinander versetzt angeordnet werden, um eine gute Energieumwandlung der in die Kammer austretenden Füllwassermengen zu erreichen (Abb. 2.83.). Nach US-amerikanischen Untersuchungen ist der optimale Abstand der Austrittsöffnungen von der Kammerbreite abhängig und sollte etwa B/4 betragen /53, 55/.

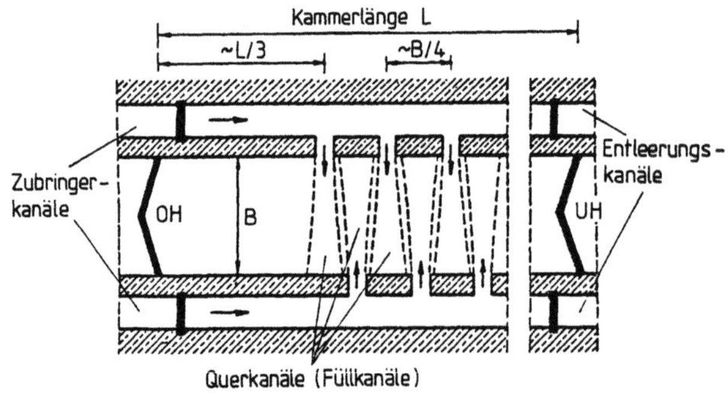

Abbildung 2.83. Anordnung der Stichkanäle mit versetzten Austrittsöffnungen /51/

Der *Querschnitt* der horizontal über der Kammersohle angeordneten Stichkanäle kann sowohl rechteckig, quadratisch als auch kreisförmig gewählt werden. Um die Energieverluste zu vermindern, empfiehlt sich eine strömungsgünstige Ausrundung der Öffnungen und u.U. auch eine düsenförmige Erweiterung des Stichkanalquerschnittes zur Kammer hin

(Abb. 2.84.a). Um die verbleibenden Umlenkverluste entsprechend auszugleichen, sollte die Summe der Querschnitte aller auf einen Längskanal entfallenden Stichkanäle etwa das 1,3- bis 1,5-fache des maßgebenden Schützquerschnittes betragen /3, 56/.

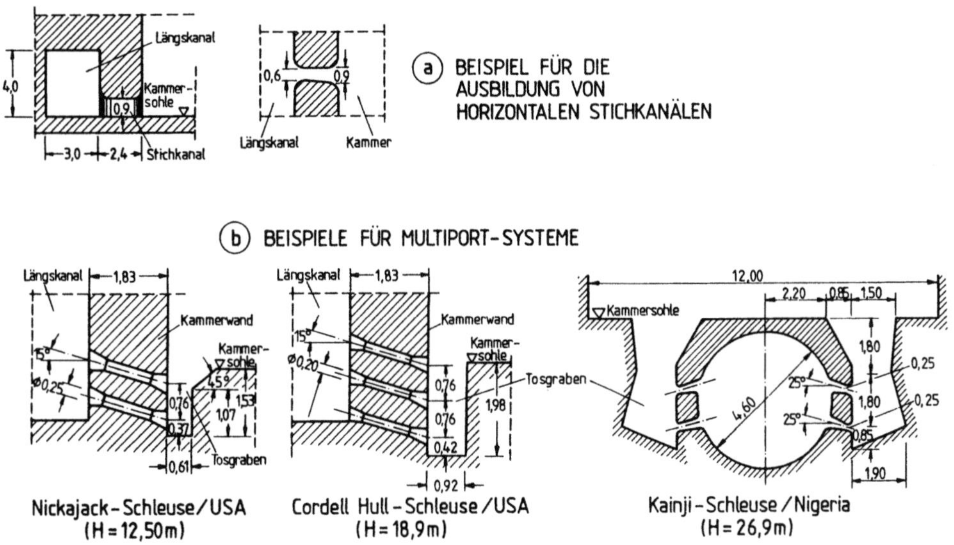

Abbildung 2.84. Querschnittsausbildung und Anordnung der Stichkanäle /51/ (Maße in m)

Eine gleichmäßigere Verteilung der Füllwassermenge kann durch Anwendung des sogenannten *Multiport-Systems* erreicht werden. Dabei erfolgt die Zufuhr des Füllwassers über eine wesentlich größere Anzahl kleinerer, meist kreisförmiger Stichkanäle (Durchmesser rd. 0,2 bis 0,3 m), die um etwa 15° gegenüber der Horizontalen geneigt und kammerseitig in einen parallel zum Längskanal verlaufenden Graben münden /54/. Die Stichkanäle werden dabei in zwei Reihen, bei größeren Schleusenhubhöhen (H > 15 m) in drei Reihen übereinander angeordnet (Abb. 2.84.b)

Das Obertor kann bei diesem Füllsystem zur Beschleunigung der Restausspiegelung am Ende des Füllvorganges mit herangezogen werden (kombinierte Füllung). Auch bei Ausfall der Längskanalschütze ist eine Ersatzfüllung der Kammer durch das Obertor möglich. In diesem Falle müßte das Tor zweckmäßigerweise als Hubsenk- oder Senktor ausgebildet werden. Wird das Obertor dagegen nicht als Füllorgan mit herangezogen, so sind Stemmtore üblich.

Bei dem Füllsystem mit Längskanälen und Stichkanälen kommt es zu Beginn des Füllvorganges zu einem Nacheinander-Anspringen der Stichkanäle, als dessen Folge gewisse Schwallbewegungen in der Kammer auftreten. Der Anwendungsbereich für diese Art der Kammerfüllung bleibt deshalb auf Schleusen mit Hubhöhen von bis zu rd. 15,0 m begrenzt (siehe Abschnitt 4.2).

2.10.4 Füllung über Grundläufe mit Stichkanälen

Bei der Füllung der Schleuse über Grundläufe mit Stichkanälen wird das Füllwasser durch unter der Kammersohle liegende Füllkanäle mit senkrechten oder geneigten Stichkanälen von *unten* her in die Kammer eingeleitet (Abb. 2.40.). Die Wasserentnahme erfolgt dabei in gleicher Weise wie beim Füllsystem mit Längskanälen beidseitig oder unmittelbar vor dem Obertor über Entnahmeschächte, bei Flußschleusen in der Regel seitlich vor dem Wehr. Am Unterhaupt wird das Schleusungswasser bei der Kammerentleerung über seitlich in den Wänden angeordnete Auslaufbauwerke in ein Tosbecken eingeleitet (Abb. 2.85.).

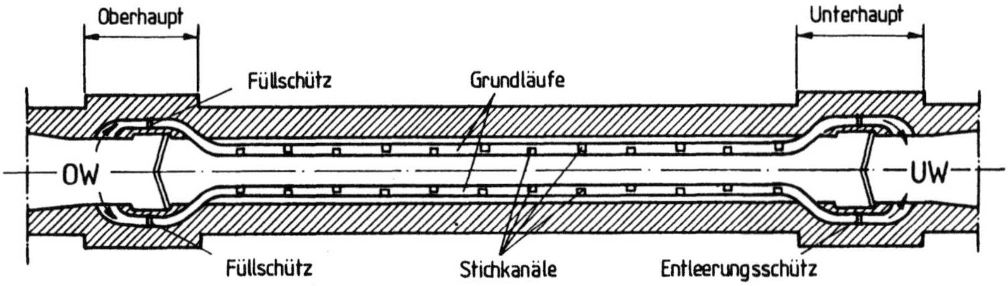

Abbildung 2.85. Prinzip der Kammerfüllung über Grundläufe mit Stichkanälen /3/

In den Grundläufen sind im Bereich des Ober- und Unterhauptes jeweils Verschlußorgane (Rollkeil-, Roll- oder Segmentschütze) sowie die Notverschlüsse untergebracht.

Für die Verteilung der Stichkanäle über die Kammerlänge und ihre Gesamtquerschnittsfläche gelten die gleichen Grundsätze wie bei der Füllung mit Längskanälen. Die Stichkanäle können dabei gleichmäßig über die Kammerbreite verteilt bzw. nur entlang der Kammerwände angeordnet werden. Die letztere Anordnung hat den Vorteil, daß sich zu Beginn der Kammerfüllung an den Kammerwänden durch die austretenden Füllstrahle kleine Schwallköpfe bilden, durch welche die schleusenden

Schiffe von der Kammerwand abgedrängt und in Kammermitte zentriert werden (Abb. 2.86.).

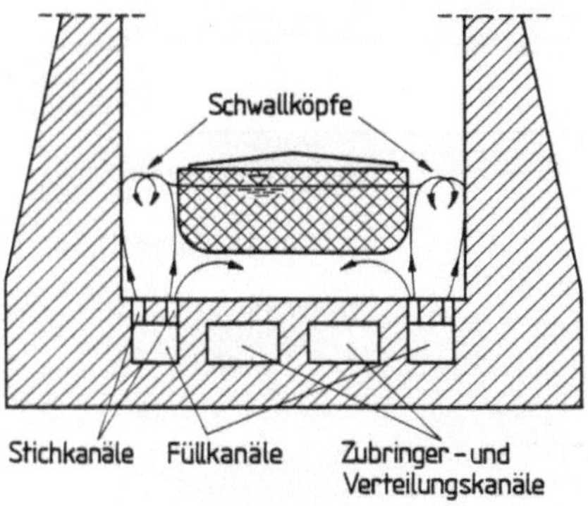

Wirkung der Füllstrahle auf ein schleusendes Schiff

Bildung von Schwallköpfen an den Kammerwänden (Modellaufnahme)

Abbildung 2.86. Zentrierung der schleusenden Schiffe zu Beginn des Füllvorganges

Für die Ausbildung und Wahl des Obertores gelten die gleichen Prinzipien wie beim Füllsystem mit Längskanälen (Abschnitt 2.10.3.)

Trotz des erheblich größeren baulichen Aufwandes für das Grundlaufsystem gegenüber der Füllung mit Längskanälen kann eine Leistungssteigerung (Verbesserung der Füll- und Entleerungszeiten für die Schleuse) mit dieser Art von Grundlaufsystem nicht erreicht werden. Auch hier springen die Stichkanäle zu Beginn des Füllvorganges nacheinander an, so daß Schwallbewegungen in der Schleusenkammer nicht zu vermeiden sind. Die Anwendung eines Füllsystems, bei dem die Grundläufe *direkt* als Füllkanäle dienen, bleibt deshalb ähnlich wie das Füllsystem mit Längskanälen auf Schleusen mit Hubhöhen von bis zu rd. 15,0 m beschränkt.

Ein entscheidender Vorteil bei der Verwendung von Grundläufen ergibt sich erst, wenn diese durch *Zubringerkanäle* als *Füllkanäle* gespeist werden. Die Füllkanäle sind dabei mit einer Anzahl von Austrittsöffnungen (Stichkanäle) versehen. Sie können sowohl als *Querkanäle* (Abb. 2.87.a) als auch *parallel zu den Kammerwänden* angeordnet werden (Abb. 2.87. b und c). Dabei ist dem System mit Anordnung der Stichkanäle in Kammerwandnähe (Abb. 2.87.c) aus den oben angeführten Gründen der Vorzug zu geben (s. Abb. 2.86.).

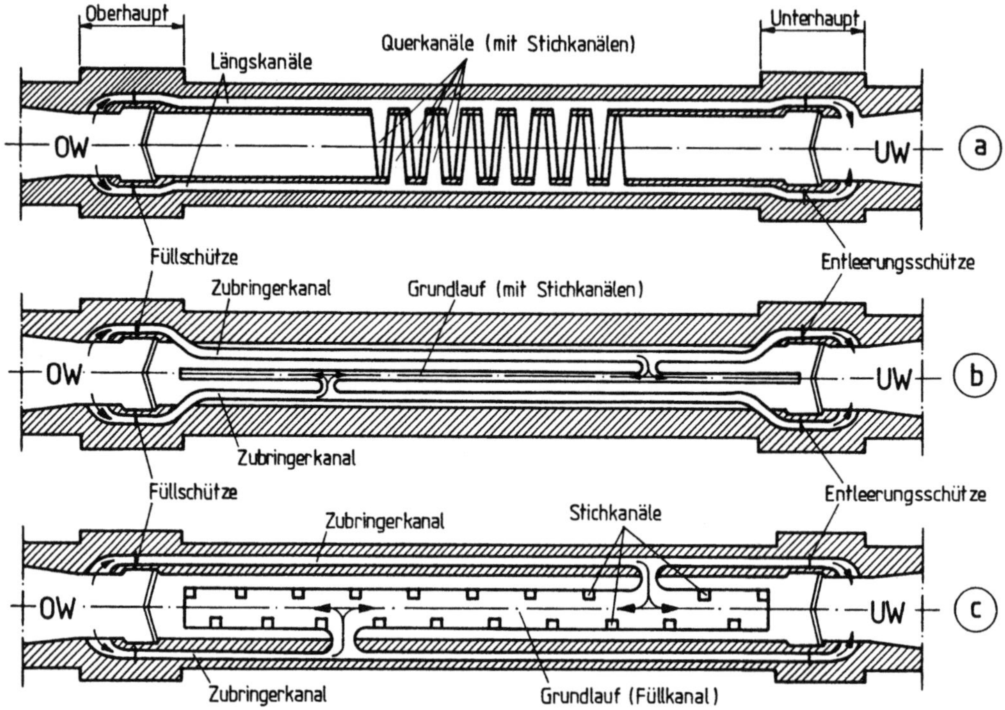

Abbildung 2.87. Füllsysteme mit Zubringer- und Füllkanälen /3/

Die Zubringerkanäle können unter der Kammersohle als Grundläufe (Abb. 2.87.b) oder als Längskanäle in den Kammerwänden untergebracht werden (Abb. 2.87.c).

Ziel dieser baulich aufwendigen Lösung ist es, das Füllwasser insbesondere bei Beginn der Schleusenfüllung möglichst *gleichzeitig* in mehreren Bereichen der Schleuse zuzuführen. Dies läßt sich durch eine entsprechende Verteilung und Zuordnung der Zubringer- und Füllkanäle erreichen. Bei den üblichen Kammerlängen genügt es dabei im allgemeinen, das Füllwasser in Drittel- bzw. Viertelpunkten der Kammerlänge in die Füllkanäle einzuspeisen (s. Abschnitt 4.3).

Das vorstehend beschriebene Füllsystem mit Zubringer- und Füllkanälen kann jedoch im Sinne der hier vorgenommenen Definition nicht mehr als reines Grundlaufsystem angesehen werden, sondern stellt bereits eine Übergangslösung zu dem im folgenden Abschnitt behandelten Füllsystem mit Zubringerkanälen und Füllbatterien dar.

2.10.5 Füllung über Zubringerkanäle und Füllbatterien

Bei diesem Füllsystem wird das Füllwasser der Schleusenkammer über ein System von sich zum Teil verzweigenden, unter der Kammersohle liegenden *Zubringer- und Verteilungskanälen* den je nach Kammerlänge in ihren Drittel- oder Viertelpunkten angeordneten *Füllbatterien* zugeführt. Diese können sowohl in Längsrichtung der Kammer als auch quer zu ihr angeordnet werden (Abb. 2.88., 2.89., 2.90. und 2.92.).

Das Füllsystem gilt als *hydraulisch ausgewogen*, wenn die Wasserzufuhr zur Kammer symmetrisch ist und die Fließwege des in sie austretenden Wassers in etwa *gleich groß* sind (s. Abschnitt 4.3).

Wegen des großen baulichen Aufwandes kommt diese Art des Füllsystems in der Regel nur für Schleusen mit größeren Hubhöhen (H ≧ 15 bis 20 m) in Betracht. Es bietet bei richtiger Auslegung des Verteiler- und Füllsystems den Vorteil eines nahezu schwallfreien Füllens und Entleerens der Schleuse (geringe Trossenkräfte) sowie einer großen Leistungsfähigkeit der Anlage (erreichbare mittlere Hub- und Senkgeschwindigkeit des Kammerwasserspiegels bis zu 3,50 m/min, s. Tabelle 2.3.).

Bei den in Zubringer-, Verteiler- und Füllkanäle unterteilten Füllsystemen sollte in der Regel für jeden Teilabschnitt der Querschnitt der Einzelkanäle so gewählt werden, daß die Fließgeschwindigkeit zu jedem Zeitpunkt des Füllvorganges möglichst etwa gleich groß ist. Um die Reibungs- und Umlenkverluste des Füllwassers auszugleichen, muß der maßgebende Querschnitt jedes Teilabschnittes des Füllsystems jedoch in Fließrichtung etwas *zu*nehmen.

In den Füllkanälen sollte die Querschnittsfläche dagegen entsprechend der durch den Wasseraustritt aus den Stichkanälen abnehmenden Durchflußmenge in Fließrichtung *ab*nehmen, um eine möglichst gleichmäßige Beaufschlagung der einzelnen Austrittsöffnungen zu erreichen.

Querschnittsfläche und Anzahl der Stichkanäle sollten in der Regel so gewählt werden, daß die Summe aller Stichkanalquerschnitte Σa_s den für den Füllvorgang maßgebenden Kontrollquerschnitt a_1 (im allgemeinen der Schützquerschnitt) um 20 % bis 30 % übersteigt (Tabelle 2.3.)

Wird die Summe der Stichkanalquerschnitte gleich oder kleiner als der Kontrollquerschnitt gewählt, so kann zwar durch diese Maßnahme infolge des Druckanstieges im Füllsystem eine bessere Verteilung des austretenden Füllwassers auf die einzelnen Stichkanäle erreicht werden, jedoch ist dies nur auf Kosten einer längeren Füllzeit möglich.

Ein gewisser *örtlicher* Druckanstieg in den Füllkanälen läßt sich dadurch erreichen, daß der maßgebende Anfangsquerschnitt a_f eines Füllkanals kleiner als die Summe der von ihm versorgten Stichkanalquerschnitte a_{sf} gewählt wird. Dies wurde bei einigen US-amerikanischen Schleusen (Lower Granite u.a.) und bei der brasilianischen Sobradinho-Schleuse angewandt. Als Verhältniswert wurde dabei $a_{sf}/a_f = 0{,}82$ bis 0,87 gewählt /70, 71/.

In der Tabelle 2.3. wurden die Kennwerte für einige moderne Schleusen zusammengestellt.

Die Zusammenstellung zeigt, daß bei der Mehrzahl der Schleusen die vorstehend genannten Prinzipien ($\Sigma a_s/a_1 \geq 1{,}20$ und $a_{sf}/a_f < 1{,}0$) eingehalten wurden.

Die richtige Wahl des Schützquerschnittes (Kontrollquerschnitt) hängt von den Abmessungen und der Hubhöhe der Schleuse sowie auch von der geforderten Füllzeit ab. Es lassen sich jedoch hierfür allgemeingültige Bemessungskriterien angeben (s. Abschnitt 7.2.5).

Die Entnahme des Füllwassers erfolgt bei Kanalschleusen wie beim Grundlauf- oder Längskanalsystem in den Kammerwänden vor dem Obertor (bzw. über Fallschächte direkt vor diesem), bei Flußschleusen seitlich aus der oberen Stauhaltung. Als Verschlußorgane in den Zubringerkanälen dienen Roll-, Rollkeil- oder Zug-Segmentschütze. Als Obertor werden in der Regel Stemmtore verwendet.

Das Prinzip der Kammerfüllung über Zubringerkanäle und Füllbatterien wurde seit Mitte der fünfziger Jahre mit Erfolg bei einigen Schleusen großer Hubhöhen u.a. an der Rhône in Frankreich, am Tennessee-, Columbia- und Snake River in den USA sowie auch bei einigen neueren Schleusen in Portugal, Brasilien, Argentinien und in der Volksrepublik China angewendet /3, 51/. Ebenso beruht das Füllsystem aller Sparschleusen des Main-Donau-Kanals/BRD sowie auch das der Sparschleuse Uelzen/BRD auf dem gleichen Prinzip, wobei sich hier noch die zusätzliche Schwierigkeit der seitlichen Zuleitung des Füllwassers aus den Sparbecken ergibt /57/ (s. Abschnitt 6 und Abb. 6.2.).

Tabelle 2.3. Kennwerte einiger moderner Schleusen mit großen Hubhöhen

Name der Schleuse	In Betrieb seit	Hubhöhe	Füll-zeit	Mittl. Steig-ge-schwin-dig-keit	Schütz-öff-nungs-zeit t_1	Schütz-quer-schnitt a_1	Gesamt-zahl d. Stich-kanäle	Quer-schnitt eines Stich-kanals a_s	Summe Stich-kanal-quer-schnitt Σa_s	$\frac{\Sigma a_s}{a_1}$	Füll-kanal-quer-schnitt a_f	$\frac{a_{sf}}{a_f}$ *)	Mittl. μ-Wert
		m	min	m/min	min	m^2	-	m^2	m^2	-	m^2	-	-
Ice Harbor/USA	1962	31,4	11,8	2,66	4,0	31,2	120	0,29	34,65	1,11	2,97	1,17	0,744
John Day/USA	1968	34,4	11,7	2,95	4,0	31,2	120	0,29	34,65	1,11	2,97	1,17	0,786
Lower Monumental/USA	1970	28,4	10,5	2,70	4,0	31,2	96	0,36	34,65	1,11	-	-	0,815
Carrapatelo/Portugal	1971	35,0	12,5	2,80	8,2	9,0	212	0,36	76,32	8,48	-	-	0,590
Little Goose/USA	1972	30,8	11,3	2,73	4,0	31,2	96	0,40	38,3	1,23	-	-	0,776
Régua/Portugal	1972	28,5	11,0	2,59	8,2	9,0	96	0,48	46,08	5,12	-	-	0,673
Lower Granite/USA	1975	32,0	9,8	3,27	1,1	31,2	96	0,40	38,3	1,23	5,56	0,86	0,795
Valeira/Portugal	1976	33,0	11,0	3,00	9,5	12,96	96	0,48	46,08	3,55	-	-	0,555
Sobradinho/Brasilien	1978	32,5	13,75	2,36	4,0	12,3	328	0,05	16,4	1,33	2,50	0,82	0,730
Bay Springs/USA	1980	28,0	10,5	2,67	1,0	36,4	96	0,48	47,0	1,29	11,74	0,98	0,705
Geshouba 2/VR China	1980	27,0	12,5	2,16	5,0	55,0	228	0,30	68,4	1,24	11,0	0,98	0,676
Geshouba 3/VR China	1980	27,0	7,8	3,46	2,0	18,0	48	0,60	28,8	1,60	8,0	0,90	0,748
Yacyreta/Argentinien	1984	23,4	16,1	1,45	6,67	32,0	240	0,24	57,6	1,80	1,92	1,50	0,661
Geshouba 1/VR China	1986	27,0	12,5	2,16	5,0	55,0	228	0,30	68,4	1,24	11,0	0,98	0,676

*) a_{sf} = Summe der Stichkanalquerschnitte pro Füllkanal

Im folgenden wird am Beispiel einiger moderner Schleusen mit großen Hubhöhen das Prinzip und die unterschiedliche Ausbildung des Füllsystems mit Zubringerkanälen und Füllbatterien erläutert.

2.10.5.1 Die Rhône-Schleuse Donzère-Mondragon/Frankreich

Im Zuge des Rhône-Ausbaues wurde Anfang der fünfziger Jahre in der untersten Ausbaustrecke (nördlich von Avignon) die Staustufe Donzère-Mondragon mit Krafthaus, Wehr und Schleuse gebaut. Der mittlere Zufluß aus der Rhône in den 28 km langen Seitenkanal beträgt 1200 m^3/s (Maximalwert = 1530 m^3/s), wobei die Fallhöhe an Krafthaus und Schleuse je nach Wasserführung zwischen 20,70 m und 26,0 m schwankt /58, 59, 60/.

Bei der 195 m langen und 12,0 m breiten Schachtschleuse wurde erstmals das Prinzip eines hydraulisch ausgewogenen Füllsystems mit symmetrischer Wasserzufuhr und etwa gleichen Fließwegen angewendet /61, 62, 63/. Das Füllwasser wird dabei seitlich dem Kraftwerkskanal entnommen und symmetrisch in Kammermitte über ein System von Verteilungskanälen den parallel zu den Kammerwänden angeordneten Füllbatterien zugeführt (Abb. 2.88.). Die Entleerung der Kammer erfolgt in analoger Weise, wobei die von den Füllkanälen getrennten Ableitungskanäle das Schleusenwasser in den UW-Bereich des Krafthauses abgeben.

Der in Kammermitte liegende zentrale Zubringerkanal (Ø = 4,0 m) verteilt die Füllwassermengen gleichmäßig auf die parallel zu den Kammerwänden angeordneten Füllkanäle, in deren Decke sich die kreisförmigen Stichkanäle (Ø = 0,5 m) befinden. Durch den Austritt des Füllwassers längs der Kammerwände wird eine Zentrierung der Schiffe während des Füllvorganges erreicht (Abb. 2.88.).

Als Obertor der Schleuse wird bei hochliegendem Drempel ein halbkreisförmiges Senktor (Öffnungswinkel ∿ 136°) verwendet. Das als halbkreisförmiges Hubtor ausgebildete Untertor (Öffnungswinkel = 189°) wird zur Freigabe der Schiffsdurchfahrt hinter eine in gleicher Weise ausgebildete Betonmaske hochgefahren /64/ (s. Abb. 2.3.).

Wegen der Ausgewogenheit des Füllsystems der Schleuse konnte bei der maximalen Hubhöhe von 26,0 m am Modell der Schleuse eine mittlere Steiggeschwindigkeit des Kammerwasserspiegels von rd. 3,50 m/min er-

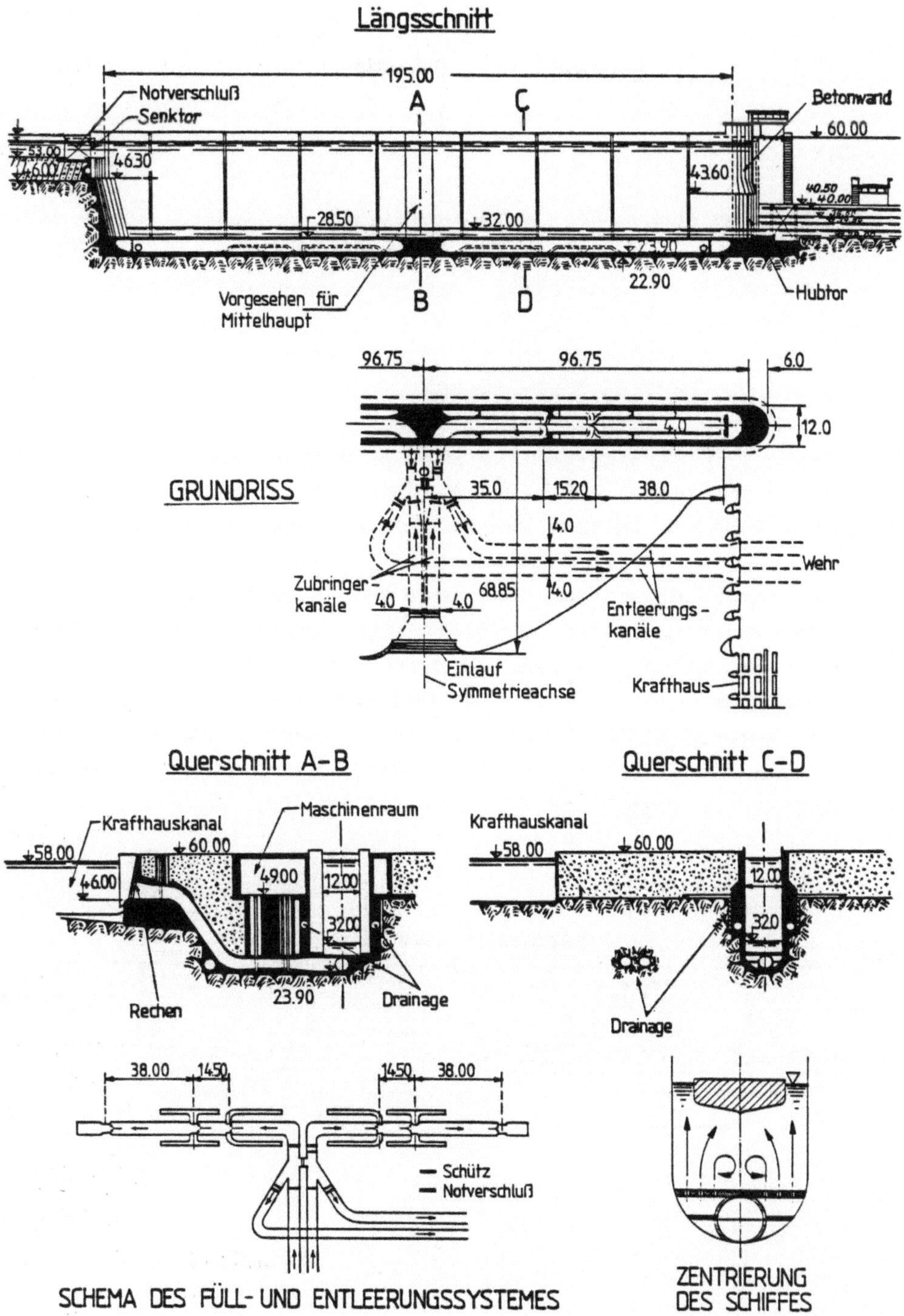

Abbildung 2.88. Füll- und Entleerungssystem der Rhône-Schleuse Donzère-Mondragon/Frankreich (H_{max} = 26,0 m) (Maße und Höhen in m)

reicht werden, ohne daß die Trossenkräfte der schleusenden Schiffe die zulässigen Grenzwerte erreichten /58/. Mit Rücksicht auf die maximale Entnahmewassermenge und die Sicherheit der schleusenden Schiffe wurde jedoch im späteren Betrieb auf ein derartig rasches Füllen der Kammer verzichtet.

Alle im weiteren Ausbau der Rhône angelegten Schleusen weisen geringere Hubhöhen als die Schleuse Donzère-Mondragon auf, wurden aber z.T. mit analogen Füll- und Entleerungssystemen ausgestattet /60/.

2.10.5.2 Die Bay Springs Schleuse/USA

Die im Jahre 1980 fertiggestellte Bay Springs Schleuse (H = 28,04 m) liegt an der Tennessee-Tombigbee Wasserstraße in den USA. Sie besitzt eine Kammerlänge von 182,9 m bei einer Kammerbreite von 33,5 m /64/.

Die Schleusenfüllung erfolgt über zwei in den Kammerwänden untergebrachte Zubringerkanäle von je 18,2 m² Querschnittsfläche, die in ein unter der Kammersohle angeordnetes System von Verteilungs- und Füllkanälen einmünden (Abb. 2.89.). Die Wasserzufuhr zur Schleuse erfolgt über vier kammerparallel angeordnete Füllbatterien (Füllkanalquerschnitt = 4,27 m × 2,75 m) mit insgesamt 96 Austrittsöffnungen (24 je Füllkanal) von je 0,48 m² Querschnittsfläche (a_{sf}/a_f = 0,98).

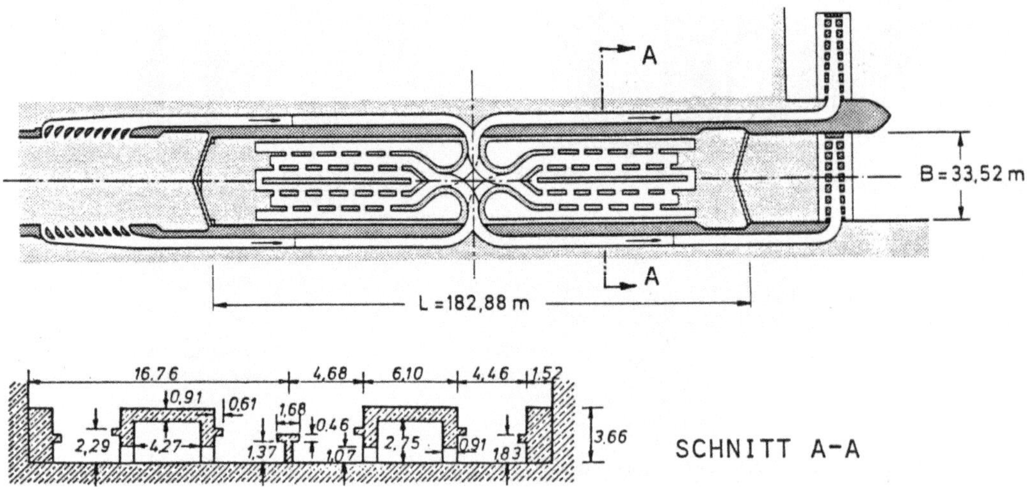

Abbildung 2.89. Füll- und Entleerungssystem der Bay Springs Schleuse am Tennessee-Tombigbee Waterway/USA (H = 28,04 m) (Maße in m)

Die Wasserentnahme erfolgt seitlich vor dem als Stemmtor ausgebildeten Obertor aus dem oberen Vorhafen, die Wasserrückgabe jeweils zur Hälfte über ein Verteilersystem in den unteren Vorhafen bzw. in einen durch einen Trenndamm abgeschirmten Seitenbereich.

Obwohl das hier angewandte Füll- und Entleerungssystem nicht als hydraulisch *voll* ausgewogen angesehen werden kann (ungleiche Fließwege), konnte doch beim Füllvorgang eine mittlere Steiggeschwindigkeit des Kammerwasserspiegels von 2,67 m/min erreicht werden, wobei die Trossenkräfte nur rd. 30 % der als zulässig erachteten Werte erreichten /64/.

2.10.5.3 Die Ice Harbour und Lower Granite Schleuse/USA

Die Ice Harbour Schleuse (H = 31,4 m) und Lower Granite Schleuse (H = 32,0 m) sind zwei am Snake River im Staate Washington/USA gelegene Schleusen des Columbia-Valley Projektes, die wegen ihrer unterschiedlichen Füll- und Entleerungssysteme hier beispielhaft für die anderen, am Columbia und Snake River gebauten Schleusen behandelt werden sollen.

Die neueren Schleusen der Staustufen des Columbia-Valley Projektes besitzen eine einheitliche Kammerlänge von 205,74 m und eine Kammerbreite von 26,71 m (s. Tabelle 1.1.), wobei die Hubhöhen jedoch etwas unterschiedlich sind (Mc Nary mit H = 28,04 m, The Dalles mit H = 27,58 m, John Day mit H = 34,44 m, Lower Monumental mit H = 28,35 m und Little Goose mit H = 30,78 m) /65, 66, 67, 68/.

Die im Jahre 1962 in Betrieb genommene *Ice Harbour Schleuse* besitzt ein Füllsystem, bei dem die Füllwassermenge über zwei in den Kammerwänden untergebrachte Zubringerkanäle (Längskanäle) in zwei Füllbatterien, bestehend aus jeweils fünf Querkanälen mit seitlichen Austrittsöffnungen, geleitet wird. Die Füllbereiche liegen dabei etwa in den mittleren Dritteln der beiden Schleusenhälften (Abb. 2.90.).

Der Querschnitt der *Zubringerkanäle* (Längskanäle) beträgt im Bereich der Füll- und Entleerungsschütze (Zugsegmentschütze) $3{,}66\,m \times 4{,}27\,m = 15{,}63\,m^2$ und erweitert sich zwischen den Verschlußorganen auf $3{,}66\,m \times 6{,}10\,m = 22{,}3\,m^2$ /69/.

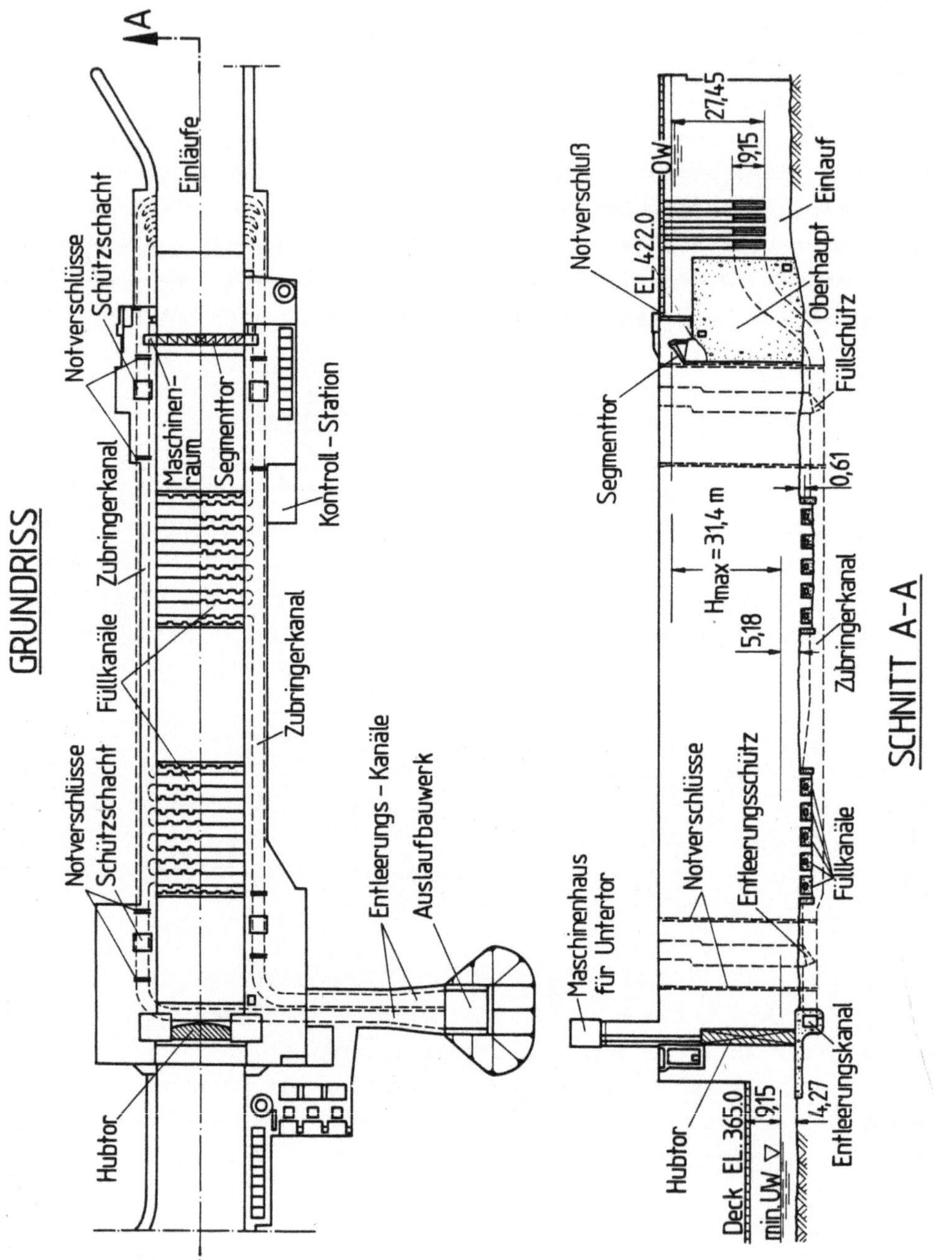

Abbildung 2.90. Füll- und Entleerungssystem der Ice Harbour Schleuse am Snake River/USA (H = 31,4 m) (Maße in m)

Die *Querkanäle* (Füllkanäle) besitzen an ihrer Abzweigung vom Zubringerkanal einen Anfangsquerschnitt von a_f = 1,22 m × 2,44 m = 2,98 m² und verjüngen sich in Fließrichtung (Abb. 2.91.). Jeder Querkanal hat 12 Austrittsöffnungen von je 0,29 m² Querschnittsfläche (0,38 m × 0,76 m), wobei die Öffnungen der Querkanäle im Grundriß gegeneinander versetzt angeordnet sind (a_{sf}/a_f = 1,16).

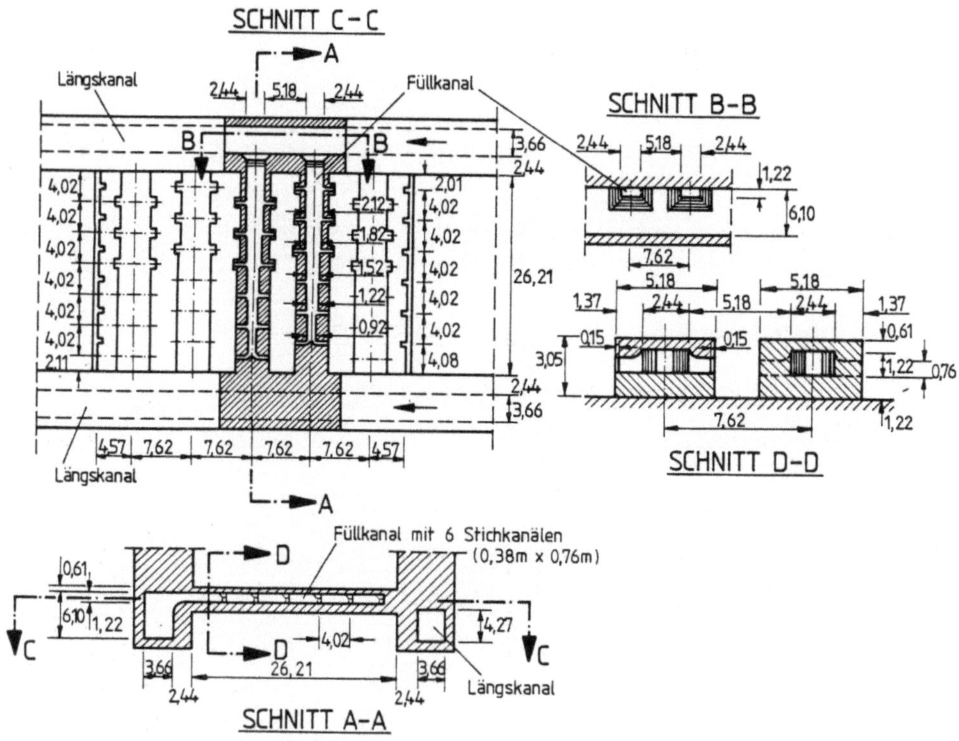

Abbildung 2.91. Anordnung der Querkanäle bei der Ice Harbour Schleuse/USA (H = 31,4 m) /69/ (Maße in m)

Die Wasserentnahme bei der Kammerfüllung erfolgt aus dem oberen Vorhafen über seitlich in den Oberhauptwänden angeordnete Einläufe, die Wasserrückgabe bei der Kammerentleerung in den UW-Bereich der Stauanlage (Abb. 2.90.). Als Obertor wird ein 6,10 m hohes, segmentförmiges Hubtor, als Untertor ebenfalls ein Hubtor, mit einer Gesamthöhe von 27,7 m verwendet /64/.

Die Füllzeit für die 31,4 m hohe Schleuse beträgt 11,8 min. Damit ergibt sich eine mittlere Steiggeschwindigkeit des Kammerwasserspiegels von 2,66 m/min. Die an einem Schubverband mit 8 Leichtern (Bruttoschiffsgewicht G_S = 11.040 t) am Modell gemessenen Trossenkräfte erreichten dabei mit 55 kN (= 5,5 t) nur rd. 30 % des zulässigen Wertes /69/.

Die etwa 10 Jahre später in Betrieb genommene *Lower Granite Schleuse* (H = 32,0 m) am Snake River im Staate Washington/USA besitzt ein Füll- und Entleerungssystem, das im Prinzip dem der Bay Springs Schleuse (Abb. 2.89.) ähnelt. Das Füllwasser wird dabei über zwei seitliche Zubringerkanäle (Querschnittsfläche je Kanal = 3,66 m × 3,05 m = 11,16 m²) in Kammermitte in ein relativ kompliziertes System von Verteilungskanälen eingeleitet und über insgesamt acht kammerparallele *Füllbatterien* (Füllkanalquerschnitt = 5,56 m²) mit jeweils 12 Austrittsöffnungen (0,38 m × 1,05 m) an die Kammer abgegeben (a_{sf}/a_f = 0,87). Dabei wird das aus den horizontalen Öffnungen austretende Wasser über lotrechte Prallwände in die Kammer umgelenkt (Abb. 2.92.).

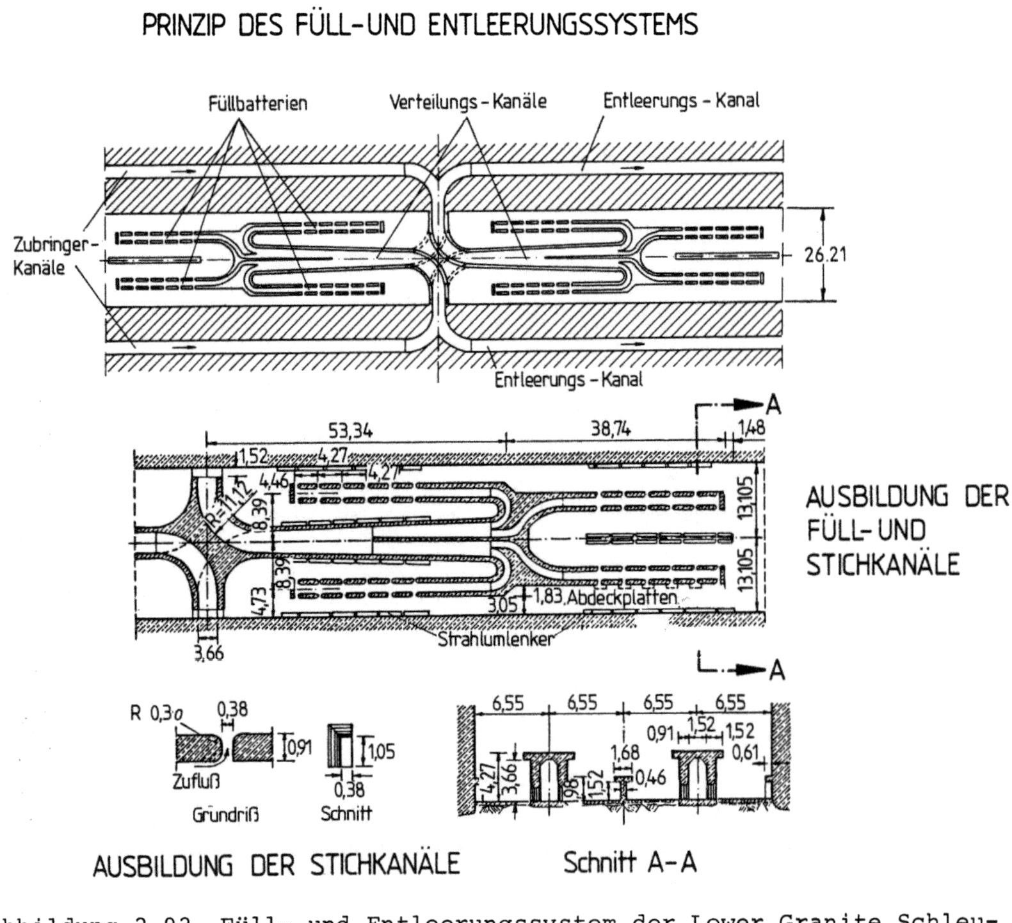

Abbildung 2.92. Füll- und Entleerungssystem der Lower Granite Schleuse am Snake River/USA (H = 32,0 m) /3, 51, 70/ (Maße in m)

Das Füllsystem der Lower Granite Schleuse ist besonders gut ausgewogen und besitzt in allen Details des Entwurfes hydraulisch günstige Formgebungen (allmähliche Querschnittsänderungen, ausgerundete Füllöffnungen usw.). Die Fließwege sind so berechnet, daß das Füllwasser gleichzeitig in vier über die Kammerlänge verteilte Füllbereiche in die Kammer eingespeist wird. Dadurch werden Schwallbewegungen in der Schleuse auf ein Minimum begrenzt.

Durch ein entsprechend schnelles Öffnen der Segmentverschlüsse in den Zubringerkanälen (t_1 = 1,1 min) konnte für die 32,0 m hohe Schleuse eine Füllzeit von 9,8 min erreicht werden, ohne daß die auftretenden Trossenkräfte mehr als 20 % ihrer zulässigen Werte erreichten /70/. Die mittlere Steiggeschwindigkeit des Kammerwasserspiegels beträgt demnach 3,27 m/min.

2.10.5.4 Die Sobradinho Schleuse/Brasilien

Die im Jahre 1978 in Betrieb genommene Sobradinho Schleuse gehört zur gleichnamigen Staustufe am São Francisco River im Nordosten Brasiliens. Die Schleuse besitzt eine maximale Hubhöhe von 32,5 m, bei einer Kammerlänge von 145,3 m und einer Kammerbreite von 17,0 m.

Das Füllsystem der Schleuse stellt ein hydraulisch und dynamisch ausgewogenes System dar, das in Anlehnung an die in den USA erprobten Füllsysteme der Bay Springs und Lower Granite Schleuse (Abb. 2.89. und 2.92.) entworfen wurde /71, 72/. Das Füllwasser wird dabei über einen Zubringerkanal (Querschnittsfläche = 4,0 m × 5,1 m = 20,4 m²) in Kammermitte von *unten* her in zwei Verteilungskanäle (Querschnittsfläche je 10,2 m²) eingespeist. Jeder dieser Kanäle versorgt eine Kammerhälfte und leitet das Füllwasser in ein im Grundriß H-förmiges System von acht Füllkanälen (Füllbatterien) (Abb. 2.93.). Der Querschnitt dieser Füllkanäle (Anfangsquerschnitt = 2,50 m²) nimmt dabei in Fließrichtung ab.

Jeder der acht Füllkanäle besitzt 41 Austrittsöffnungen (Stichkanäle), durch die das Füllwasser zur Energieumwandlung in grabenartige Vertiefungen (Tosgräben) geleitet und von hier in die Kammer abgegeben wird (Abb. 2.93., Schnitt B-B). Dabei ist a_{sf}/a_f = 0,82 /71/.

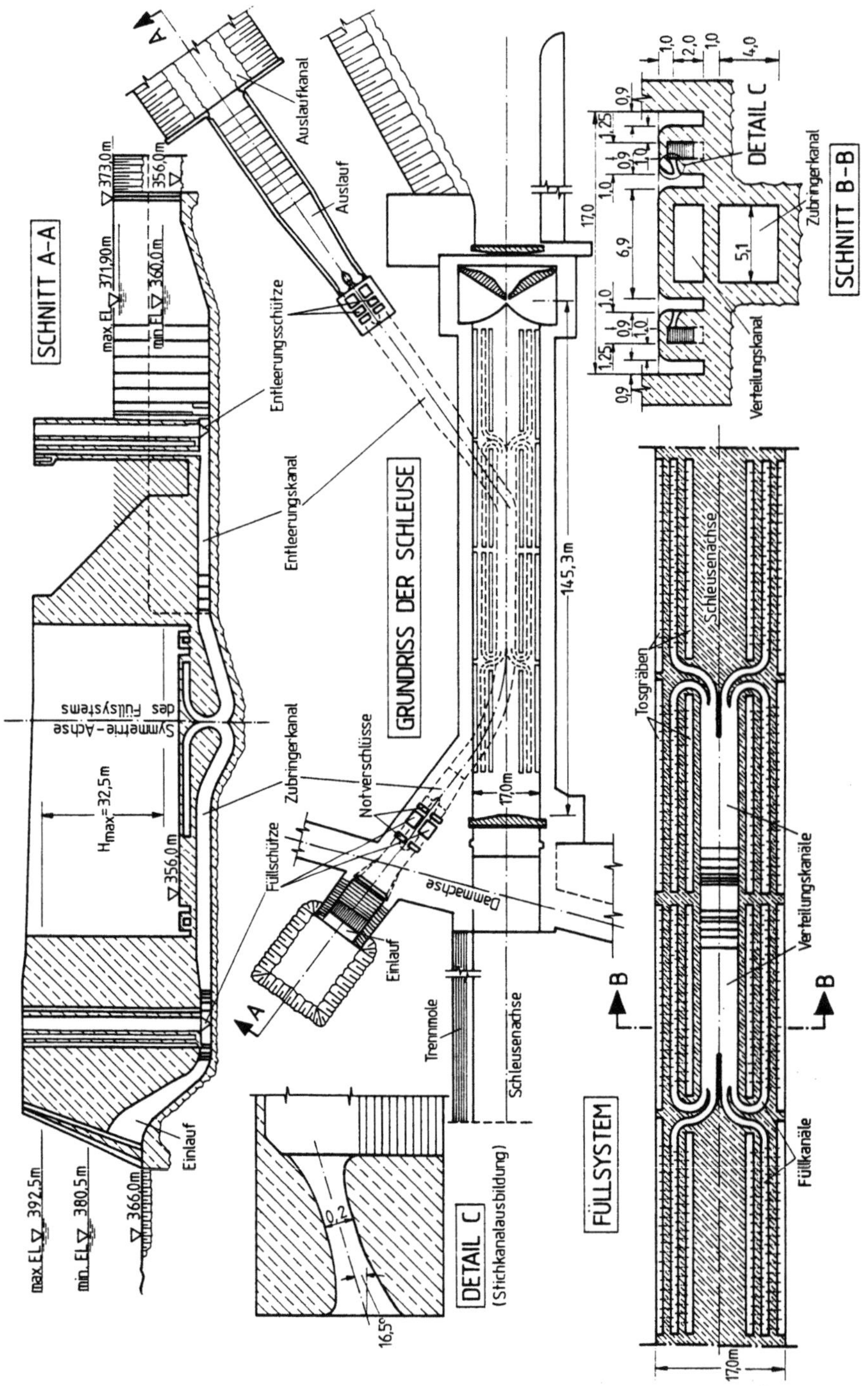

Abbildung 2.93. Füll- und Entleerungssystem der Sobradinho Schleuse am São Francisco River/Brasilien (H = 32,5 m) /71/ (Maße in m)

Der Querschnitt der Zubringerkanäle im Bereich der Füllschütze beträgt 2 × 6,16 m² = 12,32 m². Die Wasserentnahme bei der Kammerfüllung erfolgt seitlich neben einer den oberen Vorhafenbereich schützenden Trennmole aus der oberen Stauhaltung (Abb. 2.93.).

Bei der Kammerentleerung wird das Schleusenwasser über einen Entleerungskanal (mit zwei Entleerungsschützen) an einen vom unteren Vorhafen und anschließenden Schiffahrtskanal vollständig getrennten Ableitungskanal abgegeben und von diesem dem UW-Bereich der Staustufe zugeführt.

Als Verschlußorgane im Zubringer- und Entleerungskanal werden Zugsegmentschütze verwendet. Das Obertor der Schleuse ist als Senktor, das Untertor als Stemmtor ausgebildet.

Für eine Hubhöhe der Schleuse von 32,5 m wurde mit einer Öffnungszeit der Füllschütze von t_1 = 4,0 min eine Füllzeit von 13,75 min erreicht. Die Trossenkräfte der schleusenden Schiffe betrugen dabei nur 20 % ihrer zulässigen Werte /71/. Die mittlere Steiggeschwindigkeit des Kammerwasserspiegels beträgt mit den vorgenannten Werten 2,36 m/min.

2.10.5.5 Die Schleusen der Staustufe Geshouba/VR China

Zum Zwecke der Hochwasser-Regulierung, Wasserkraftnutzung und Verbesserung der Schiffahrtsverhältnisse wurde in der VR China im Jahre 1970 mit dem Bau einer ersten Staustufe, dem *Geshouba-Damm*, am Yangtze River (3 km oberhalb von Yichang) begonnen. Die Fertigstellung der Gesamtanlage ist für 1986 vorgesehen /73/.

Die Stauanlage umfaßt zwei Krafthäuser mit einer installierten Gesamtleistung von 2,715 MW (21 Turbinen), zwei Wehranlagen und zwei Geschiebeabfuhrpässe (zusammen mit einer maximalen Abfuhrleistung von rd. 110.000 m³/s) sowie drei Schleusen mit unterschiedlichen Abmessungen und Füllsystemen (Abb. 2.94.).

Der Geshouba-Damm dient im späteren Gesamtkonzept der rd. 40 km oberhalb am Yangtze River geplanten, gigantischen *Three-Gorges Stauanlage* (s. Abschnitt 2.1.5 und Abb. 2.11.) als Regulierstufe für den kritischen Flußabschnitt zwischen den beiden Staustufen /15, 74/.

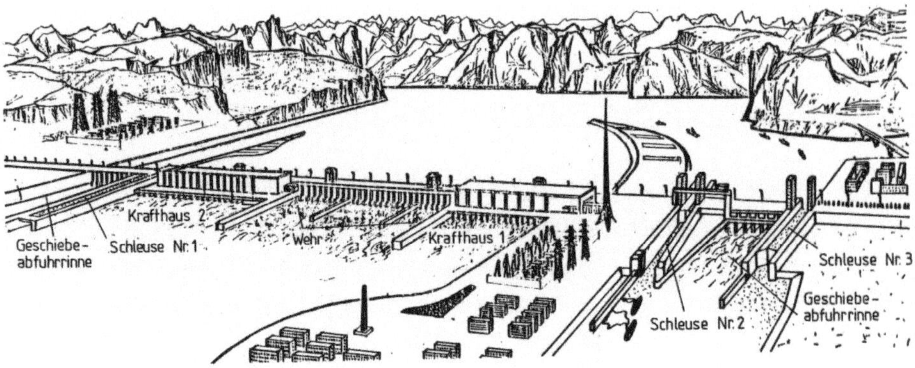

Abbildung 2.94. Geshouba-Staustufe am Yangtze River/VR China

Die maximale Hubhöhe der Schleusen am Geshouba-Damm beträgt 27,0 m. Bei den Schleusen Nr. 1 und 2 (Kammerlänge = 280 m, Kammerbreite = 34 m) erfolgt die Füllung über zwei Zubringerkanäle (5,0 m × 7,0 m), die etwa bei 3/8 und 5/8 der Kammerlänge beidseitig in jeweils einen kammerparallelen Füllkanal einmünden (Abb. 2.95.). Jeder der insgesamt vier Füllkanäle ist auf jeder Seite mit 18 Stichkanälen (0,4 m × 0,75 m) ausgestattet, durch die das Füllwasser in beidseitig neben den Füllkanälen in der Kammersohle angeordnete Tosgräben geleitet wird.

Im mittleren Kammerabschnitt sind auf jeder Seite drei Querkanäle (mit jeweils 14 Austrittsöffnungen) vorhanden, die ebenfalls von den Zubringerkanälen gespeist werden (Abb. 2.95.).

Als Füll- und Entleerungsschütze in den Zubringer- und Entleerungskanälen werden Zugsegmentschütze verwendet (Schützquerschnitt = 5,0 m × 5,5 m). Am Oberhaupt und Unterhaupt der Schleusen sind Stemmtore eingebaut.

Die Wasserentnahme erfolgt über Entnahmebauwerke, die in den verlängerten Seitenwänden des Oberhauptes untergebracht sind. Für die Rückgabe des Schleusenwassers bei der Kammerentleerung ist ein gesondertes Auslaufbauwerk im UW-Bereich der Staustufe vorgesehen (Abb. 2.95.).

Das Füll- und Entleerungssystem der Geshouba-Schleusen Nr. 1 und 2 ist trotz des großen baulichen Aufwandes im hydraulischen Sinne nicht ganz ausgewogen (symmetrische Anordnung der Füllbatterien, aber ungleiche Fließwege). Bei einer Hubhöhe von 27,0 m und einer Öffnungszeit von 5,0 min für die Füllschütze beträgt die erreichte Füllzeit 12,5 min.

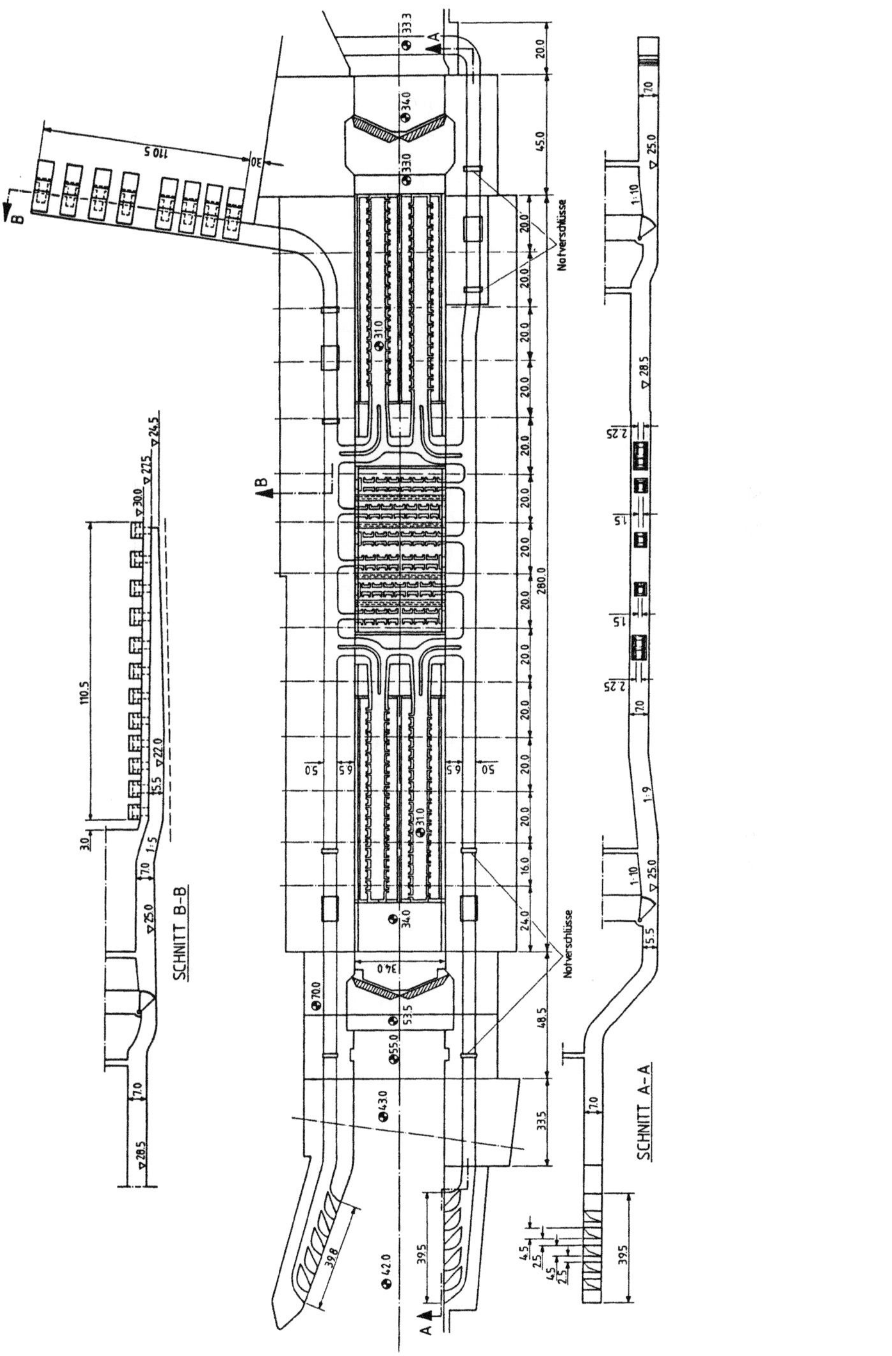

Abbildung 2.95. Füll- und Entleerungssystem der Geshouba-Schleusen Nr. 1 und 2/VR China (H = 27,0 m) (Maße in m)

Dies entspricht einer mittleren Steiggeschwindigkeit des Kammerwasserspiegels von 2,16 m/min.

Die dritte Schleuse des Geshouba-Dammes (Schleuse Nr. 3) besitzt eine Gesamtkammerlänge von 130 m und eine Kammerbreite von 18,0 m. Die Füllung dieser Schleuse erfolgt über zwei in den Kammerwänden untergebrachte Zubringerkanäle (3,0 m × 4,0 m), von denen in Kammermitte zwei Füllkanäle auf jeder Kammerseite abzweigen (Abb. 2.96.). Die vier kammerparallel angelegten Füllkanäle versorgen auf jeder Kammerhälfte insgesamt 24 quer zur Schleuse angeordnete Füllbatterien mit lotrechten Stichkanälen, über die das Füllwasser von unten her in die Kammer eingeleitet wird. Das austretende Füllwasser wird dabei zur Energieumwandlung und besseren Verteilung gegen horizontale Prallplatten geleitet, bevor es in die Kammer gelangt.

Als Füll- und Entleerungsschütze in den Zu- und Ablaufkanälen dienen wie bei den beiden anderen Schleusen der Staustufe Zugsegmentschütze (3,0 m × 3,0 m). Als Ober- und Untertor werden Stemmtore verwendet.

Die Wasserentnahme erfolgt teilweise aus dem oberen Vorhafen über einen Einlauf in der linken Oberhauptwand, zum anderen Teil aus dem OW-Bereich vor dem Geschiebeabfuhrpaß (Abb. 2.94. und 2.96.).

In gleicher Weise wird bei der Kammerentleerung die Hälfte des Schleusenwassers über ein Auslaufbauwerk in den unteren Vorhafen, der Rest in den UW-Bereich des Geschiebeabfuhrpasses abgegeben.

Die Schleuse Nr. 3 des Geshouba-Dammes ist für die Schleusung von Passagierschiffen und kleineren Transporteinheiten vorgesehen. Mit dem ausgewogenen Füllsystem kann bei einer Schützfreigabe in 2,0 min eine Füllzeit von 7,8 min erreicht werden, ohne daß die Trossenkräfte mehr als 30 % ihrer zulässigen Werte erreichen. Dies bedeutet, daß die Geshouba-Schleuse Nr. 3 mit einer mittleren Steiggeschwindigkeit von 3,46 m/min zu den schnellsten Schleusen der Welt gehört (s. Tabelle 1.1 und 2.1).

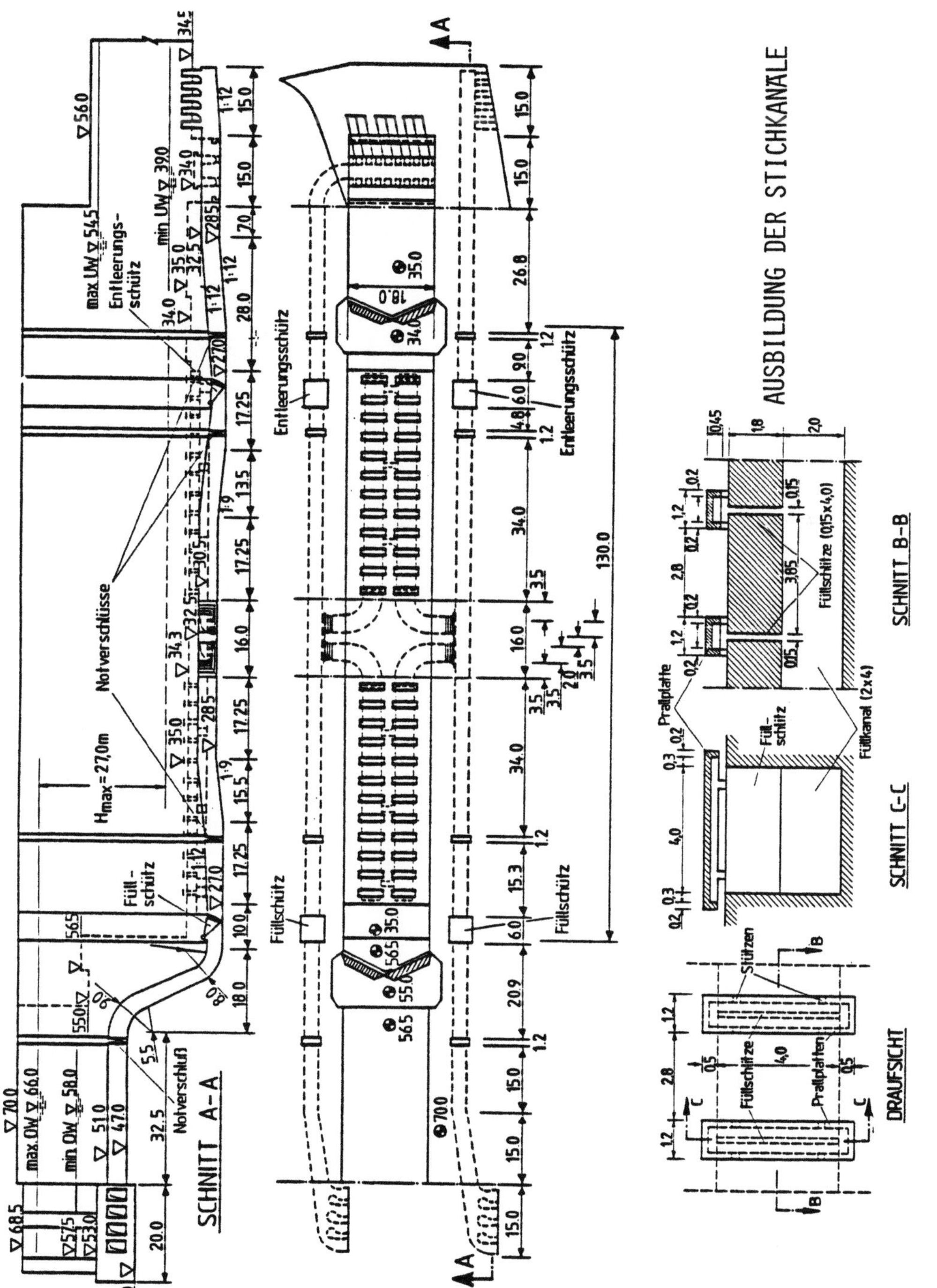

Abbildung 2.96. Füll- und Entleerungssystem der Geshouba-Schleuse Nr. 3 / VR China (H = 27,0 m) (Maße in m)

2.10.5.6 Weitere Schleusen großer Hubhöhen mit modernen Füllsystemen

Neben den vorstehend behandelten Schleusen mit großen Hubhöhen und modernen, hydraulisch mehr oder weniger ausgewogenen Füllsystemen wurden seit 1970 noch einige weitere Schleusen ähnlicher Art in den USA, Portugal, Argentinien und Nigeria gebaut (Tabelle 1.1.).

Dabei handelt es sich u.a. um die drei portugiesischen Schleusen *Carrapatelo* (H = 34,5 m), *Regua* (H = 28,0 m) und *Valeira* (H = 33,0 m), die in den Jahren 1971, 1972 und 1976 am Douro River in Betrieb genommen wurden /75/. Alle drei Schleusen (L = 86 m, B = 12,10 m) besitzen ein Füll- und Entleerungssystem, das in seiner Konzeption dem der Rhône-Schleusen Donzère-Mondragon (Abb. 2.88.) und St. Vallier ähnelt /60, 62/.

Das Füllwasser wird dabei über einen oder zwei Zubringerkanäle in Kammermitte in einen zentralen Verteilerkanal je Kammerhälfte geleitet und von diesem auf seitliche, längs der Kammerwände angeordnete Füllbatterien verteilt. Die mit diesem Füllsystem erreichte mittlere Hubgeschwindigkeit des Kammerwasserspiegels beträgt bei den drei Schleusen zwischen 2,55 und 3,0 m/min (s. Tabelle 1.1.).

Die im Jahre 1970 an einem Seitenkanal der Staustufe *Kainji* am Oberlauf des Nigers in Nordnigeria in Betrieb genommene, obere Schleuse besitzt eine Hubhöhe von 26,9 m, bei einer Kammerlänge von 198,1 m und einer Kammerbreite von 12,2 m. Ihr Füllsystem wurde in Anlehnung an die Wheeler Schleuse/USA entwickelt.

Das Füllwasser wird dabei über einen zentralen Grundlauf mit seitlichen Stichkanälen (s. Abb. 2.84.) der Kammer zugeführt, wobei die nach beiden Seiten austretenden Füllstrahle zur Energieumwandlung zunächst in kammerparallel angelegte Tosgräben geleitet werden /77/.

Das Füllsystem der Schleuse ist hydraulisch nicht besonders gut ausgewogen, so daß die erreichte mittlere Steiggeschwindigkeit des Kammerwasserspiegels nur 1,79 m/min beträgt (Tabelle 1.1.).

Eine weitere moderne Schleuse mit 23,4 m Hubhöhe wurde im Jahre 1984 in Argentinien in Betrieb genommen. Die am Rio Parana gelegene Schleuse *Yacyreta* besitzt eine Kammerlänge von 274,9 m, bei einer Breite von 27,0 m.

Die Füllung dieser Schleuse erfolgt über zwei in den Kammerwänden untergebrachte Zubringerkanäle (4,0 m × 4,0 m), durch die von jeder Kammerseite insgesamt 10 im mittleren Schleusenbereich angeordnete Querkanäle mit Füllwasser beschickt werden. Der Zufluß zur Kammer erfolgt bei jedem Querkanal (Füllkanal) aus 12 horizontalen Austrittsöffnungen (0,4 m × 0,6 m), die gegeneinander versetzt angeordnet sind und in grabenartige Vertiefungen in der Kammersohle einmünden.

Das Füllsystem der Schleuse ähnelt in seiner Grundkonzeption dem der US-amerikanischen Ice Harbour Schleuse (Abb. 2.90.) /51, 79/. Die mit ihm erreichte mittlere Hubgeschwindigkeit des Kammerwasserspiegels beträgt 1,45 m/min (Tabelle 1.1.).

2.10.6 Entleerungssysteme

Grundsätzlich gilt bei den Schleusungen, daß unabhängig vom Füll- und Entleerungssystem wegen des größeren Wasserpolsters zwischen Schiff und Kammersohle zu Beginn des Schleusungsvorganges unter sonst gleichen Randbedingungen (Hubhöhe, Kammerabmessungen, Öffnungszeit der Schütze) bei den Entleerungsvorgängen die *geringeren Kraftwirkungen* auf die schleusenden Schiffe ausgeübt werden. Trotzdem gibt es für die Anwendung der verschiedenen Entleerungssysteme der Schleuse gewisse Grenz- und Erfahrungswerte, die aus Sicherheits- und Kostengründen eingehalten werden sollten.

Bei geringeren Schleusenhubhöhen ($H \leq 6$ bis 8 m) kann die Entleerung der Kammer direkt durch das Untertor, durch im Tor eingebaute Schütze oder über Torumläufe erfolgen. In diesen Fällen ist das Entleerungssystem unabhängig vom Füllsystem.

Bei Füllung der Schleuse über Längskanäle, Grundläufe oder Füllbatterien mit Zubringerkanälen ist das Entleerungssystem dagegen stets mit dem Füllsystem kombiniert. Die Kammerentleerung wird in diesen Fällen über Entleerungsschütze, die im Bereich des Unterhauptes in den Längskanälen, Grundläufen oder Entleerungskanälen angeordnet sind, vorgenommen.

Bei Kanalschleusen erfolgt die Wasserrückgabe in den unteren Vorhafen, bei Flußschleusen in der Regel über besondere Auslaufbauwerke in den UW-Bereich der Stauanlage.

2.10.6.1 Entleerung durch das Untertor

Für die Entleerung der Schleuse durch das Untertor kommen *Stemmtore* oder *Hubtore*, bei sehr breiten Schleusen mit geringen Hubhöhen (Seeschleusen) auch *Schiebetore* in Betracht.

Erfolgt die Kammerentleerung durch ein Hubtor, so wird dieses in der Regel mit konstanter Geschwindigkeit um 0,8 bis 1,0 m aufgefahren. Bei Stemmtoren werden die in den Torflügeln eingebauten Entleerungsschütze geöffnet. Das ausströmende Schleusenwasser wird dabei zur Energieumwandlung in ein im UW-Bereich des Untertores angeordnetes Tosbecken geleitet (s. Abb. 2.41.).

Bei der Entleerung durch das Untertor stellt sich während des Entleerungsvorganges in der Schleusenkammer ein zum Unterhaupt geneigtes Wasserspiegelgefälle ein, durch das entsprechende Kräfte auf die schleusenden Schiffe ausgeübt werden. Das Öffnen des Untertores bzw. der Entleerungsschütze kann deshalb nur langsam erfolgen, wodurch die Entleerungszeit entsprechend verlängert wird. Die Anwendung dieses Entleerungssystems ist daher auf Schleusen mit geringeren Hubhöhen ($H \leq 6$ bis 8 m) begrenzt.

Zur Freigabe der Durchfahrt für die Schiffe werden nach Ausspiegelung des Kammerwasserspiegels bei Stemmtoren die Torflügel in seitliche Tornischen geschwenkt. Bei Verwendung eines Hubtores als Untertor wird dieses nach erfolgter Kammerentleerung entsprechend hoch aufgefahren (Durchfahrtshöhe $\geq$ 5,25 m).

2.10.6.2 Entleerung über Torumläufe

Bei der Kammerentleerung mit Hilfe von Torumläufen wird das Schleusenwasser über seitlich in den Wänden des Unterhauptes angeordnete Umlaufkanäle, in denen die Entleerungsschütze untergebracht sind, in den unteren Vorhafen abgeführt (vgl. Abb. 2.80.). Als Schütze kommen Roll-, Segment- oder Rollkeilschütze in Betracht.

Die Energieumwandlung des austretenden Schleusenwassers erfolgt in der Regel in einem Tosbecken unterhalb des Untertores, wobei die aus den seitlichen Auslaufbauwerken ausströmenden Wassermengen gegeneinander geführt und durch Strahlaufreißer und Schwellen umgeleitet werden

(Abb. 2.42.). Eine andere Möglichkeit besteht darin, das Schleusenwasser von *unten* her gegen einen etwa in Höhe der Vorhafensohle angeordneten Gitterrost zu leiten, über den eine Verteilung der austretenden Wassermengen erfolgt (vgl. Abb. 2.81.). Diese Lösung ist jedoch wegen der größeren Gründungstiefe baulich aufwendiger.

Als Untertore kommen Stemm- oder Hubtore in Betracht, wobei zur Restausspiegelung des Kammerwasserstandes am Ende des Entleerungsvorganges u.U. noch das Untertor mit herangezogen werden kann.

Auch dieses Entleerungssystem eignet sich wegen des sich in der Kammer zum Unterhaupt hin einstellenden Wasserspiegelgefälles nur für Schleusen mit Hubhöhen von bis zu rd. 8,0 m.

2.10.6.3 Entleerung über Längskanäle, Grundläufe oder Entleerungskanäle

Bei der Entleerung der Schleuse über Längskanäle bzw. Grundläufe oder Füllbatterien mit Entleerungskanälen erfolgt die Wasserableitung aus der Kammer in umgekehrter Richtung wie bei der Schleusenfüllung. Als Verschlußorgane in den Entleerungskanälen werden Roll-, Segment- oder Rollkeilschütze verwendet.

Bei Kanalschleusen wird das austretende Wasser fächerartig über seitliche Auslaufbauwerke in den unteren Vorhafen abgegeben (s. Abb. 2.42.), bei Flußschleusen in den UW-Bereich des Wehres oder des Krafthauses geleitet (s. Abb. 2.88., 2.89. und 2.90.).

Bei der Kammerentleerung über Längskanäle oder Grundläufe mit Stichkanälen stellt sich ebenfalls während des Entleerungsvorganges ein zum Unterhaupt hin geneigtes Wasserspiegelgefälle ein. Die sekundliche Freigabe der Schützquerschnitte darf deshalb gewisse Grenzwerte nicht überschreiten (s. Abschnitt 7.).

Bei hydraulisch ausgewogenen Systemen mit symmetrischer Anordnung der Füllbatterien und einer entsprechenden Zu- und Ableitung des Schleusenwassers kann die Kammerentleerung dagegen mit großer sekundlicher Freigabe des Füllquerschnittes erfolgen, ohne daß dabei unzulässige Trossenbeanspruchungen der schleusenden Schiffe auftreten.

Wird die Öffnungszeit für die Entleerungsschütze gleich groß wie die der Füllschütze gewählt, so ist die Entleerungszeit der Kammer je nach Hubhöhe im allgemeinen um 5 bis 10 % größer als die Füllzeit. Dies ist darauf zurückzuführen, daß die Füllkanäle und Austrittsöffnungen (Stichkanäle) in ihrer Formgebung hydraulisch optimal auf den *Füll*vorgang zugeschnitten sind und sich infolgedessen bei den Kammerentleerungen etwas größere Energieverluste ergeben.

2.11 Schleusentore

Bei den Verschlüssen der Schleusenkammer unterscheidet man das *Ober- und Untertor*. Beide Tore dienen als Absperrorgane gegen den oberwasserseitigen Wasserdruck, können aber auch zur Füllung und Entleerung der Schleuse herangezogen werden.

Die Tore sind grundsätzlich so zu bemessen, daß sie den Wasserdruck auch bei extremen Wasserspiegeldifferenzen sicher aufnehmen und über die Lager auf den Massivteil der Schleusenhäupter ableiten können. Darüber hinaus sind bei der Bemessung der Schleusentore noch Kraftwirkungen aus Eis- und Winddruck, Schwall- und Sunkerscheinungen sowie Schiffsstoß zu berücksichtigen, wenn keine besonderen Stoßschutzeinrichtungen vorgesehen sind.

Je nachdem, ob das Tor als reines Absperrorgan oder auch zum Füllen der Kammer vorgesehen ist, kommen als *Obertore* bei Binnenschiffsschleusen Stemmtore bzw. Hubsenk-, Senk-, Dreh-, Klapp-, Sektor- oder Drehsegmenttore in Betracht (Abb. 2.31.). In Bergsenkungsgebieten werden wegen ihrer geringeren Empfindlichkeit gegenüber Setzungen auch Schiebetore verwendet /80/. Hubtore eignen sich weniger als Obertor für eine Schleuse, da für sie am Schleusenoberhaupt hohe Führungsgerüste erforderlich sind, die im Gesamtbild der Anlage störend wirken.

Bei Flußschleusen, die mit zur Hochwasserableitung herangezogen werden sollen, kommt als Obertor ein zweiteiliges Hubsenktor in Betracht (Abb. 2.38.).

Als *Untertore* für die Schleuse werden in der Regel Stemmtore oder Hubtore verwendet, wobei die ersteren den Vorteil haben, keine hohen Aufbauten zu benötigen. Bei kleineren Hubhöhen kommen auch Hubdrehtore in Betracht.

Bei größeren Hubhöhen wird die Schleuse im allgemeinen als *Schachtschleuse* ausgebildet (s. Abb. 2.2.), d.h. im oberen Bereich des Unterhauptes mit einer quer zu den Kammerwänden eingespannten Betonmaske (Schürze) versehen. In diesem Falle wird als Untertor stets ein Hubtor verwendet, das zur Freigabe der Durchfahrt kammerseitig hinter der Betonmaske aufgefahren wird.

Wird das Untertor auch zur Entleerung der Schleusenkammer mit herangezogen, so werden beim Stemmtor bewegliche Roll- oder Segmentschütze in den Torflügeln angeordnet, während das Hubtor bei langsamem Auffahren direkt als Entleerungsorgan benutzt werden kann.

Das *Öffnen und Schließen* der Schleusentore kann entweder mit Hilfe eines mechanischen Antriebes über Ketten, Seile und Zahnradgetriebe oder über ölhydraulische Zylinder erfolgen. Die in lotrechter Richtung bewegten Schleusentore laufen im allgemeinen mit Rollen auf Schienen, die in seitlichen Nischen der Häupter angeordnet sind. Um das Torgewicht bei lotrechter Torbewegung zu verringern, wird meist ein Gewichtsausgleich mit Gegengewichten vorgenommen. Diese werden in seitlichen Schächten neben dem Tor geführt und sind über Stahlseile, die über Umlenkrollen laufen, mit dem Tor verbunden. Darüber hinaus ist es möglich, durch Anordnung von Auftriebszellen das Torgewicht zu verringern.

Ein besonderer Wert wird auf die *Dichtung der Schleusentore* gelegt. Dabei muß zwischen der Seitendichtung an den Kammerwänden und der Sohlendichtung am Drempel unterschieden werden.

In der Regel erfolgt die Dichtung mit Hilfe eines elastischen Dichtungsprofiles, das am Tor (oder Schütz) angebracht ist. Es besteht aus Hartgummi oder Kunststoff und wird in der Schließstellung aufgrund des Wasserdruckes (oder durch zusätzliche Federn) gegen eine Dichtungsleiste aus nichtrostendem Material gepreßt. Bei den Seitendichtungen sind die Dichtungsleisten in den seitlichen Nischen neben dem Tor, bei der Sohlendichtung in der Regel am oberen bzw. unteren Drempel angebracht. Man unterscheidet dabei Gleit- und Aufsatzdichtungen.

Während der Torbewegungen sollte das Dichtungsprofil möglichst geringen Reibungsbeanspruchungen ausgesetzt werden, um die Verschleißerscheinungen in Grenzen zu halten. Dies kann durch eine Federkraft erreicht werden, die während des Bewegungsvorganges in der dem Wasserdruck entgegengesetzten Richtung auf das Dichtungsprofil wirkt.

Die *Höhe der Schleusentore* ist so zu bemessen, daß ihre Oberkante im geschlossenen Zustand um 0,50 bis 1,0 m über dem höchsten Kanal- bzw. Flußwasserstand liegt. Hierbei sind auch örtliche Windstaueffekte und mögliche Wellenhöhen (Windwellen bzw. Schwall und Sunk) mit zu berücksichtigen.

Die *Torkonstruktion* wird in der Regel als biege- und torsionssteifes Flächentragwerk ausgebildet.

2.11.1 Stemmtore

Das Stemmtor ist das älteste und an in- und ausländischen Wasserstraßen am häufigsten benutzte Schleusentor (s. Abb. 1.4. und 1.5.), das insbesondere als Obertor Verwendung findet. Als Untertor kommt es bei Schleusen geringerer und mittlerer Hubhöhe in Betracht, wurde jedoch in den USA und in der VR China auch bei Hubhöhen von bis zu 32,0 m (Lower Granite Schleuse/USA) und Kammerbreiten bis zu 34,0 m (Geshouba-Schleuse/VR China) als Untertor eingebaut /70, 73, 81/.

Das Stemmtor besitzt zwei Torflügel, die sich in der Schließstellung unter einem Winkel von rd. 20° gegeneinander abstützen. Beim Öffnen des Tores werden die Torflügel in seitlich in den Kammerwänden angeordnete Tornischen geschwenkt (Abb. 2.97.). Die Torflügel sind in der Regel als torsionssteife Flächentragwerke ausgebildet und werden um eine lotrechte Achse (*Wendesäule*) bewegt. Die vertikale Kraftkomponente aus dem Eigengewicht des Torflügels wird an der Kammersohle vom *Spurlager* (Abb. 2.98.), die horizontalen Kraftkomponenten vom oberen *Halslager* und vom Spurlager aufgenommen. Das Eigengewicht des Torflügels kann dabei durch eingebaute Auftriebszellen verringert werten.

Im geschlossenen Zustand wird der auf den Torflügeln lastende Wasserdruck über die horizontalen Hauptträger auf seitliche *Stemmknaggen* übertragen (Abb. 2.97.). Falls damit zu rechnen ist, daß die Torkammerwände bei den Füll- und Entleerungsvorgängen seitliche Bewegungen ausführen (je nach Hubhöhe der Schleuse können diese bei 1,0 bis 3,0 m liegen), sollten die mauerseitigen Stemmknaggen und das Spurlager sowie auch die Stemmknaggen an der Schlagsäule *elastisch gelagert* werden, um Überbeanspruchungen in der Torkonstruktion zu vermeiden /82/.

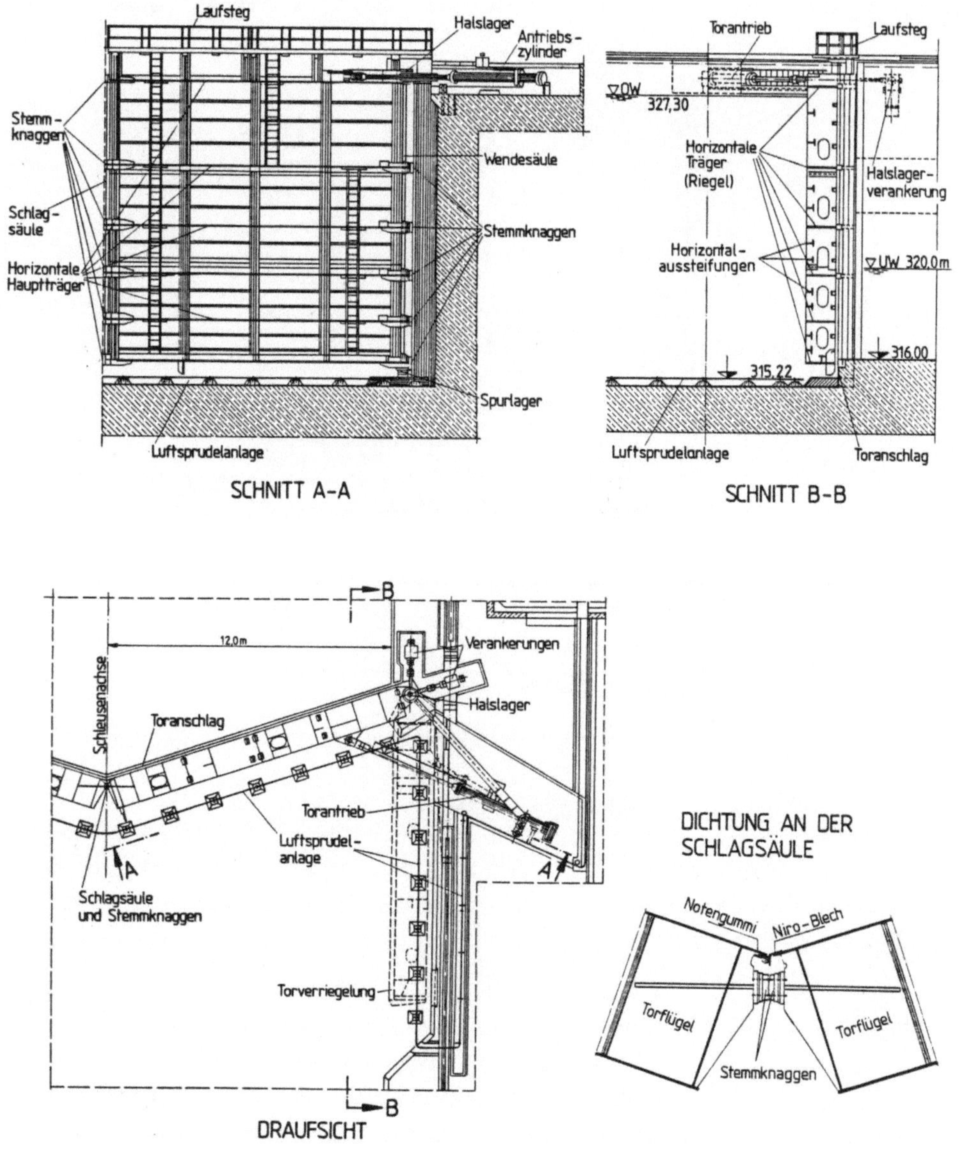

Abbildung 2.97. Stemmtorausbildung am Oberhaupt der Donauschleuse Geisling (H = 7,30 m, B = 24 m), Bauart Thyssen-Klönne, Dortmund /82/ (Maße in m)

An der *Schlagsäule* in Tormitte stützen sich bei geschlossenem Tor die horizontalen Torträger ebenfalls über Stemmknaggen gegeneinander ab (Abb. 2.97). In der Schließstellung werden die Torflügel verriegelt, wobei gleichzeitig die an den Torflügeln vorhandenen Notendichtungen an den Dichtungsleisten in den Kammernischen und am Drempelanschlag (Flachdichtung) zum Anliegen kommen. In Tormitte wird bei der Verriegelung des Tores eine Dichtung an der Schlagsäule wirksam (Abb. 2.97.).

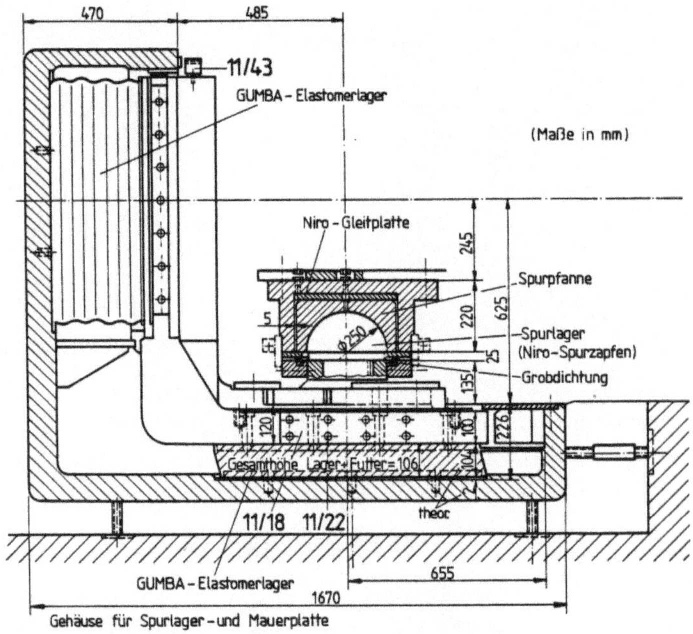

Abbildung 2.98. Ausbildung eines elastisch gestützten Spurlagers /82/

Der *Antrieb der Torflügel* erfolgt im allgemeinen über ölhydraulische Zylinder am oberen Rand der Torflügel (Abb. 2.97.). Er sollte so ausgelegt werden, daß das Tor auch gegen einen geringen Überdruck geöffnet werden kann.

Im geöffneten Zustand müssen die Torflügel in den Nischen durch eine Verriegelung gegen dynamische Beanspruchungen durch vorbeifahrende Schiffe (Schiffswellen) gesichert werden. Dies ist bei Flußschleusen besonders wichtig, wenn diese zur Hochwasser- und Treibzeugableitung mit herangezogen werden sollen /29/ (s. Abschnitt 9).

Bei den als Untertor verwendeten Stemmtoren werden häufig zusätzliche Rollschütze in den Torflügeln eingebaut, die zur Entleerung der

Schleusenkammer dienen. Diese Schütze werden mit Rücksicht auf eine bessere Anpressung der Dichtungen auf der Oberwasserseite der Torflügel angeordnet /83/.

Der *Vorteil* der Stemmtore beruht darin, daß die Tore keine hohen Aufbauten erfordern und im Betrieb relativ robust sind. *Nachteilig* wirkt sich dagegen ihre Empfindlichkeit gegenüber Setzungen aus, sowie die Tatsache, daß mit Stemmtoren als Obertor eine Eis- und Treibzeugableitung oder Hochwasserabfuhr nicht möglich ist.

Zur Reparatur oder Wartung müssen die Stemmtorflügel herausgehoben werden oder durch Anordnung eines Notverschlusses (beim Obertor oberwasserseitig, beim Untertor unterwasserseitig) zugänglich gemacht werden /83/.

Schließlich ist noch zu berücksichtigen, daß die seitlichen Tornischen einen gewissen Platz beanspruchen. Bei Verwendung des Stemmtores als Untertor wird die Kammerlänge um das Nischenmaß verlängert.

2.11.2 Sektortore

Bei einer Reihe von US-amerikanischen Schleusen mit geringen Hubhöhen in Illinois, Louisiana, Florida und Texas wurde am Oberhaupt eine Abart des vorstehend beschriebenen Stemmtortyps mit *sektorartigen Torflügeln* (Sektorwinkel = 70°) verwendet /84/. Diese Torart ist besonders widerstandsfähig gegen Eisdruck und Schiffsstöße, besitzt aber den Nachteil, daß Treibzeug und Treibeis das Hineindrehen der Flügel in die Nischen behindern können /85/. Darüber hinaus erfordert die große Tiefe der Nischen einen entsprechenden baulichen Aufwand (Abb. 2.99.).

Die Füllung einer Schleuse mit Sektortoren erfolgt entweder über Umlaufkanäle (Abb. 2.99.b) oder durch seitliches Verschwenken der Torflügel in die Tornischen (Abb. 2.99.a). Dabei wird jeweils ein Füllspalt an den seitlichen Toranschlägen und ein weiterer in Tormitte freigegeben. Die bei dieser Füllart in der Kammer auftretenden Schwallbewegungen lassen jedoch nur ein sehr langsames Öffnen der Torflügel zu, so daß die Anwendung dieses Torsystems auf Schleusen mit relativ geringen Hubhöhen beschränkt ist. Die bei den vorgenannten amerikanischen Schleusen erreichten mittleren Steiggeschwindigkeiten des Kammerwasserspiegels liegen nur bei rd. 0,20 bis 0,30 m/min /84/.

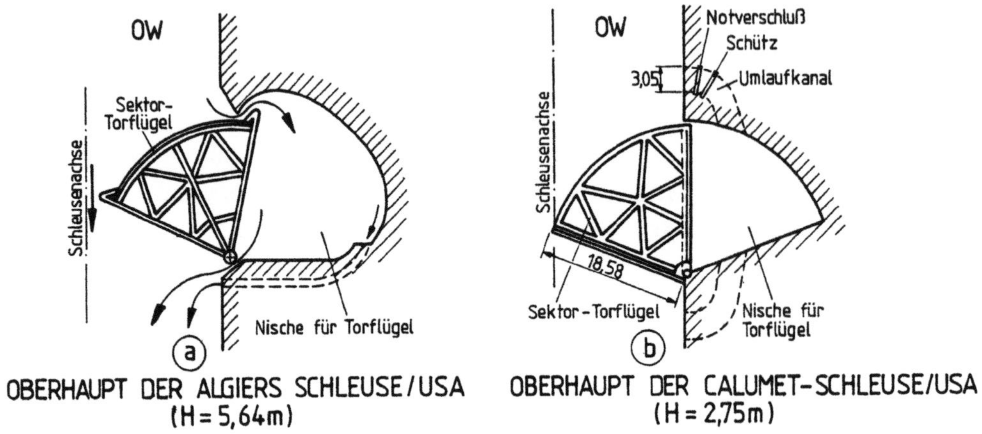

Abbildung 2.99. Sektor-Torausbildungen am Oberhaupt von US-amerikanischen Schleusen /84/

2.11.3 Hubsenktore

2.11.3.1 Einteilige Hubsenktore

Das *einteilige* Hubsenktor ist heute neben dem Stemmtor eines der am häufigsten verwendeten Schleusen*obertore*. Es erfordert keine hohen Aufbauten am Oberhaupt und paßt sich infolgedessen gut in das Landschaftsbild ein.

Bei Verwendung des Hubsenktores als *Füllorgan* (Abb. 2.32.) wird das Tor zunächst mit geringer Geschwindigkeit (2,0 bis 3,0 mm/s) um bis zu 1,0 m aufgefahren und nach Beendigung des Füllvorganges zur Freigabe der Durchfahrt für die Schiffe mit größerer Geschwindigkeit in die Toskammer zwischen Drempel und Prallbalken abgesenkt (Abb. 2.100.).

Die *tragende Konstruktion* des Tores wird aus dem oberwasserseitig angeordneten Stauwandblech, den beiden horizontalen Hauptträgern, den parallel zu diesen angeordneten Steifen und den vertikalen Zwischen- und Endschotten gebildet (Abb. 2.101.). Die in den Endschotten gelagerten Laufrollen übertragen die Torbelastung aus dem Wasserdruck über Laufschienen auf den Massivteil des Schleusenhauptes. Abbildung 2.101. zeigt die konstruktive Ausbildung eines modernen Hubsenktores (Bauart Thyssen-Klönne) für eine Schleuse mit 8,40 m Hubhöhe und 12,0 m Kammerbreite /86/.

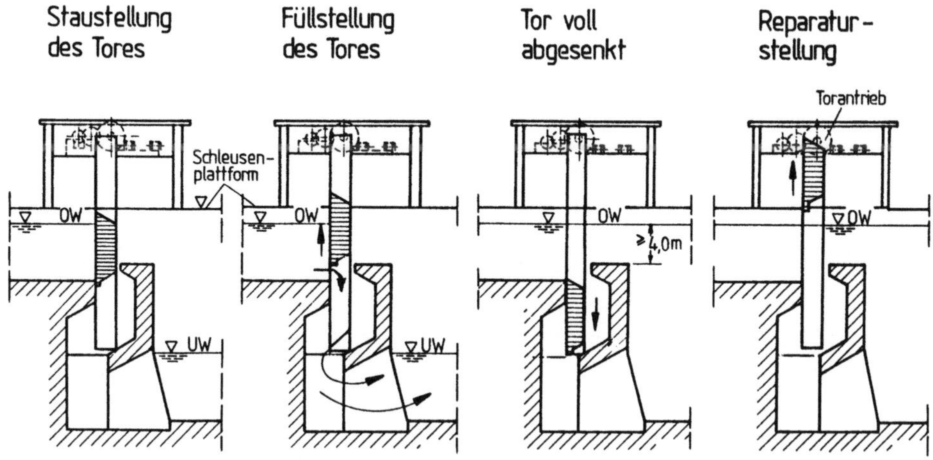

Abbildung 2.100. Betriebsstellungen eines Hubsenktores am Oberhaupt einer Schleuse

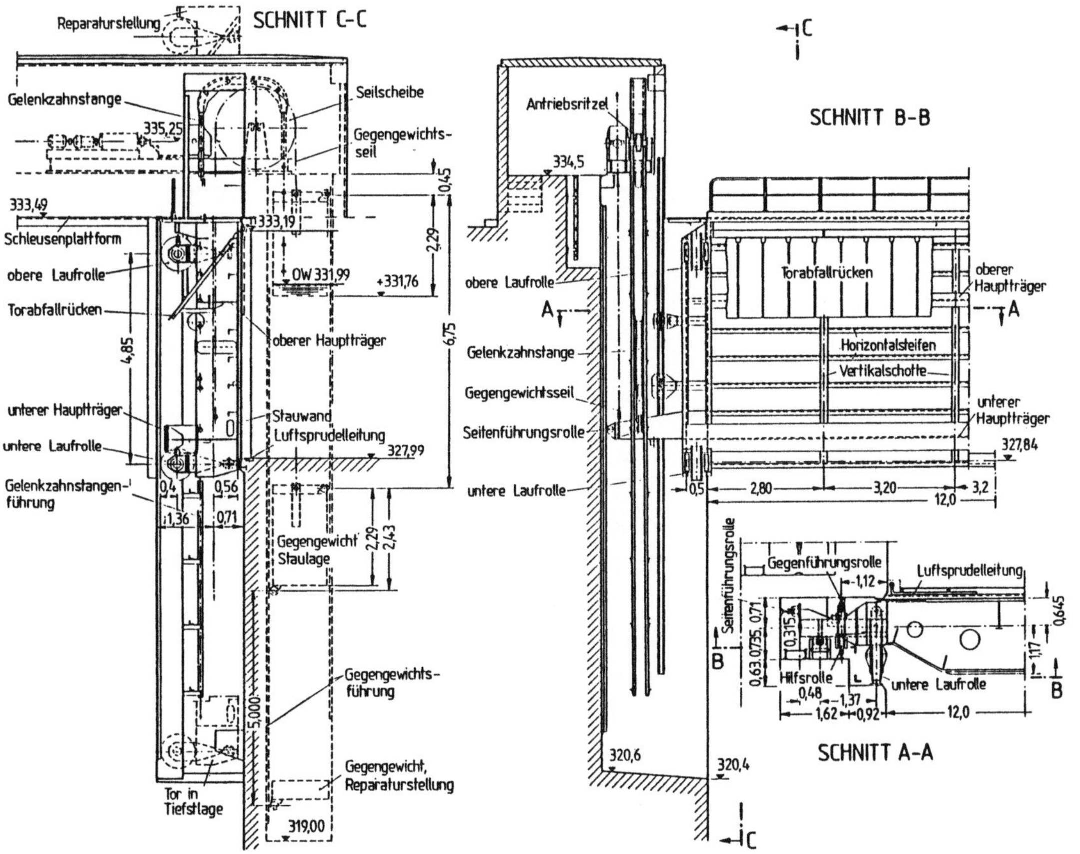

Abbildung 2.101. Ausbildung des Hubsenktores am Oberhaupt der Schleuse Kelheim, Main-Donau-Kanal (Bauart Thyssen-Klönne) (Torabmessungen in mm) /86/

Die *Dichtung* des Tores erfolgt am zweckmäßigsten an der OW-seitigen Stauwand des Tores, wobei die Seitendichtung als einfaches, die Drempeldichtung als doppelt gefaßtes Notenprofil ausgebildet wird. Beide Dichtungen werden in der Schließstellung des Tores gegen rostfreie Dichtungsleisten gepreßt (Abb. 2.102.).

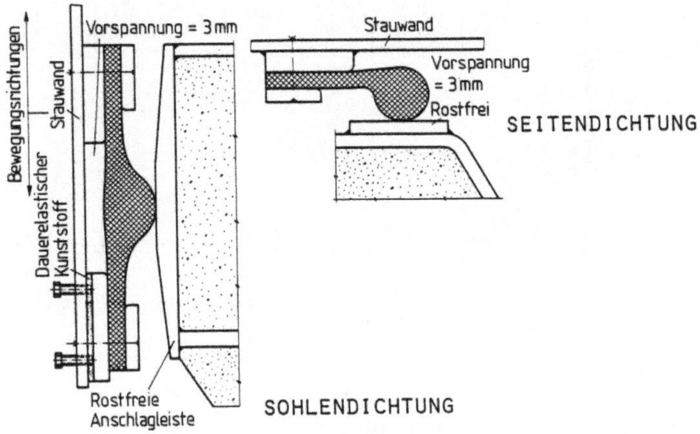

Abbildung 2.102. Ausbildung der Seiten- und Sohlendichtung eines Hubsenktores /86/

Diese Art der Dichtung hat den Vorteil, daß die Torkonstruktion und die Laufrollen bei jedem Schleusungsvorgang sichtbar und zugänglich sind. Der Nachteil liegt jedoch darin, daß bei größeren Stützweiten infolge des Durchbiegens das Tor an seiner Drempeldichtung umläufig werden kann.

Dieser Gefahr kann durch Abstützen des Tores gegen einen kammerseitig angeordneten Stützbalken (oder eine Prallwand) begegnet werden (Abb. 2.103.a). Wird das Tor *nicht* zur Kammerfüllung herangezogen, so erfordert die Anordnung eines Stützbalkens eine entsprechende Verlängerung der Schleusenkammer. Diese kann vermieden werden, wenn die Ausbildung und höhenmäßige Lage der beiden Hauptträger des Tores so gewählt werden, daß die Tordurchbiegung in Höhe der Drempeldichtung null oder negativ wird /86/. In diesem Falle kann auf den Stützbalken und die mittleren Stützrollen am Tor verzichtet werden (Abb. 2.103.b).

Dieses Prinzip wurde für die Obertore der Schleusen des Südabschnittes des Main-Donau-Kanals übernommen.

Eine andere Lösung wurde in den fünfziger Jahren entwickelt, um die federnde Dichtung des Hubsenktores am Drempel zu umgehen und damit der

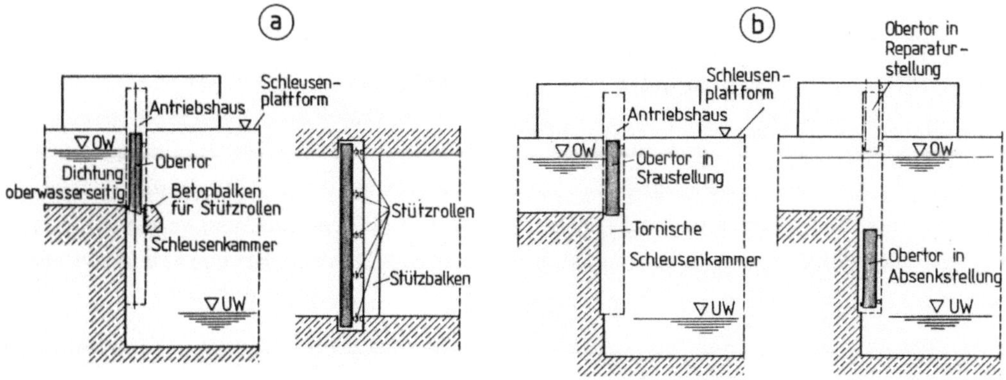

Abbildung 2.103. Prinzip eines nicht als Füllorgan benutzten Hubsenktores mit und ohne Stützrollen /86/

Gefahr einer Umläufigkeit des Tores zu begegnen. Zu diesem Zwecke wurde von der Firma Seibert ein *kippbares Hubsenktor* entwickelt, das sich mit seiner unteren Stahlschneide in der Verschlußstellung infolge einer geringen Schräglage des Tores (Winkel zur Lotrechten $\sim 7°$) auf die Drempeloberkante aufsetzt /83/. Zur Füllung der Schleuse wird das Tor in seiner Schräglage nach oben gefahren und erst nach Ausspiegelung des Kammerwasserstandes in eine lotrechte Stellung gebracht. Nach erfolgter Senkrechtstellung wird das Tor dann nach unten abgefahren und damit die Durchfahrt für die Schiffe freigegeben.

Das von der Firma Thyssen-Klönne entwickelte Hubsenktor (Abb. 2.101.) ist auf jeder Seite mit zwei Laufrollen (Durchmesser 800 mm mit Laufflächenbreiten von 200 mm), einer gefederten Gegenführungsrolle (Federkraft 50 kN), einer Hilfsrolle und einer Seitenführungsrolle ausgerüstet. Durch eine Verstellmöglichkeit der Laufrollen kann der Verschleiß an den Seitendichtungen minimiert werden.

Der *Torantrieb* erfolgt über beidseitig angeordnete, synchron laufende Windwerke. Zur Entlastung der Antriebe ist das Torgewicht weitgehend durch Gegengewichte, die in seitlich neben dem Tor liegenden Schächten geführt werden, ausgeglichen (Abb. 2.101.).

Zur Eis- und Geschwemmselabfuhr wurde der obere Torabschluß mit einem Abfallrücken aus 10 mm starken Blechtafeln versehen. Zu Reparatur- oder Wartungsarbeiten kann das Tor ohne zusätzliche Aufbauten und Führungen mittels der Windwerke über den normalen OW-Spiegel hochgefahren werden /86/.

2.11.3.2 Zweiteilige Hubsenktore

Ein *zweiteiliges Hubsenktor* kommt als Obertor bei Flußschleusen in Betracht, die zur Hochwasserentlastung mit herangezogen werden sollen. Der mit Rücksicht auf die Hochwasserableitung tiefgelegte Drempel erfordert hier eine große Höhe des Obertores. Dieses muß so konstruiert werden, daß es, soweit erforderlich, für die Schleusenfüllung geeignet ist und bei der Hochwasserabfuhr die Funktion eines Wehrverschlusses übernehmen kann.

Hier haben sich bei den Donauschleusen zweiteilige Hubsenktore bewährt, die nach Art der an Wehranlagen üblichen *Doppelhakenschütze* ausgebildet wurden /83, 87, 88, 89/. Bei den für die Hochwasserabfuhr mit herangezogenen Schleusen der Staustufen Jochenstein/BRD (Inbetriebnahme 1954) und Ybbs-Persenbeug/Österreich (1957) erfolgt die Füllung der Schleuse durch das Obertor. Dabei wird das mit einem Strahlleitblech versehene Unterschütz mit einer Hubgeschwindigkeit von 1,67 mm/s um 1,30 m aufgefahren und nach Ausspiegelung des Kammerwasserstandes wieder in seine untere Schließstellung abgesenkt (Absenkgeschwindigkeit = 8,33 mm/s). Gleichzeitig wird das Oberschütz soweit abgefahren (Absenkgeschwindigkeit = 33,3 mm/s), daß die Durchfahrt für die Schiffe freigegeben wird. Zur Hochwasserableitung durch die Schleuse wird das gesamte Schützpaket bis 1,0 m über die Schleusenplattform hochgefahren (Abb. 2.104.).

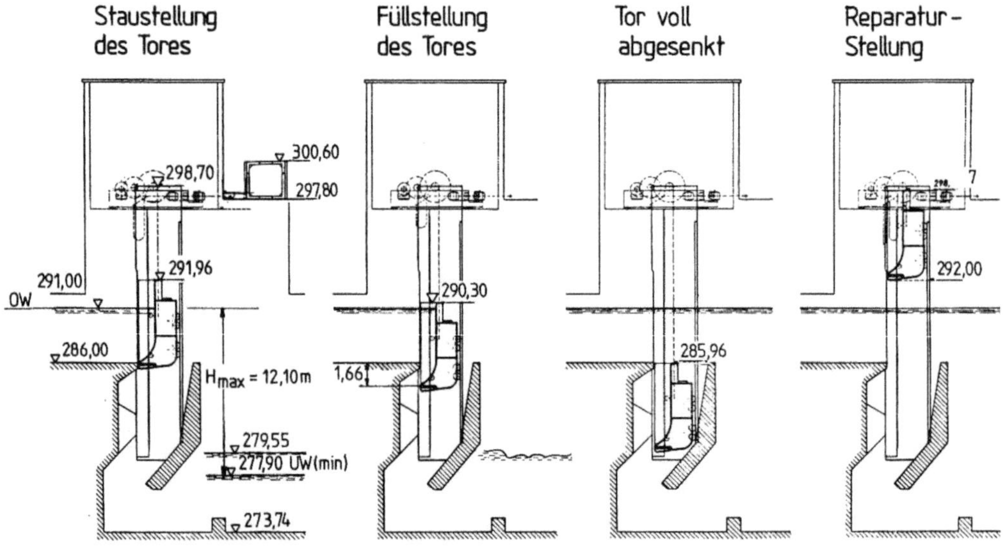

Abbildung 2.104. Betriebsstellungen eines zweiteiligen Hubsenktores (Bauart Krupp) /80/ (Maße in m)

Das *Unterschütz* hat als Tragsystem einen recheckigen, torsionssteifen Kasten. Das Strahlführungsblech besteht aus Manganhartstahl /88/. Auf das Unterschütz wirkt wegen der Form des Strahlführungsbleches während des Füllvorganges ein erheblicher Auftrieb. Das Eigengewicht des Schützes muß deshalb so bemessen werden, daß auch bei außergewöhnlichen Betriebszuständen ein sicheres Schließen des Schützes gewährleistet ist.

Beim *Oberschütz* wurde ein gewisser Gewichtsausgleich durch die Anordnung eines Schwimmkastens vor der eigentlichen Stauhaut des Schützes erreicht, so daß auf Gegengewichte verzichtet werden konnte.

Das Unterschütz sitzt mit einer Stahlleiste und dahinterliegender Gummifeindichtung auf einer Dichtungsleiste an der Drempeloberfläche auf (Sohlendichtung). An den Seiten ist der Schützkörper gegen die Nische durch in Gummi gelagerte Federbleche mit Stahlschneide und Gummischneide und Gummifeindichtung abgedichtet. Das Unterschütz ist dabei im Nischenbereich nach oben hin durch kaminartige, vertikale Kastenträger verlängert, so daß es auf volle Stauhöhe gegen die Nischen dichten kann (Bauart Krupp-Rheinhausen, Abb. 2.105.).

Das Oberschütz dichtet lediglich gegen die Oberkante des Unterschützes und an den beiden nach oben auslaufenden Dichtungskaminen des Unterschützes /88/ (Abb. 2.105.).

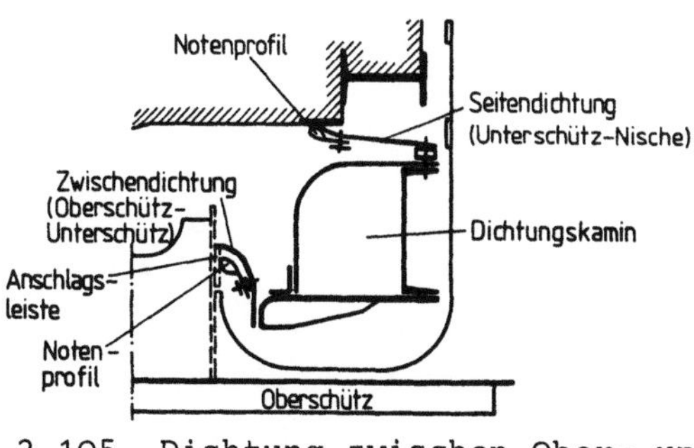

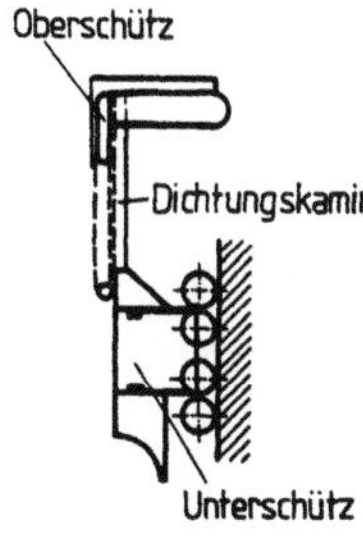

Abbildung 2.105. Dichtung zwischen Ober- und Unterschütz des zweiteiligen Hubsenktores am Oberhaupt der Südschleuse Jochenstein/Donau (H_{max} = 12,10 m) /88/

Der *Antrieb* der Schütze erfolgt mit Hilfe von Elektromotoren über Kettenwindwerke, wobei jedes Schütz einzeln bewegt werden kann, das Oberschütz aber nur zusammen mit dem Unterschütz aus der Staustellung nach oben gefahren wird. Die Motorleistung wurde dabei so ausgelegt, daß das Eigengewicht des gesamten Schützpaketes (ohne Auftrieb) im Hochwasser- oder Reparaturfall in die obere Stellung gebracht werden kann. Abbildung 2.106.a zeigt das Prinzip des Kettenantriebes für die Oberhauptverschlüsse der Donauschleuse Ybbs-Persenbeug. Um ein sicheres Schließen des Unterschützes zu gewährleisten, wurde hier der Kettenantrieb noch mit einem zusätzlichen Gegenzugseil versehen /89/.

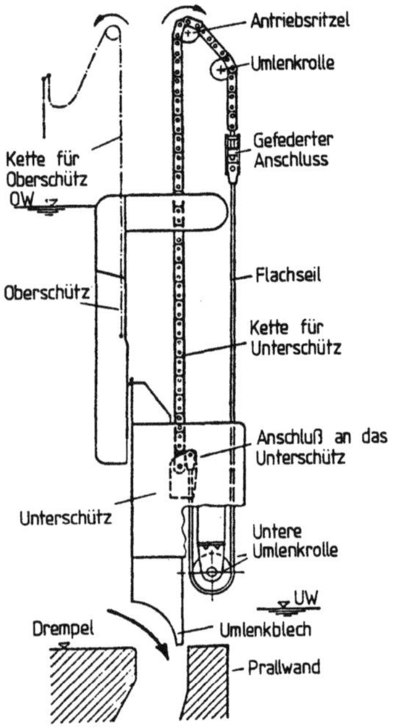

Abbildung 2.106.a

Kettenantrieb der Doppelhakenschütze am Oberhaupt der Donauschleuse Ybbs-Persenbeug /89/

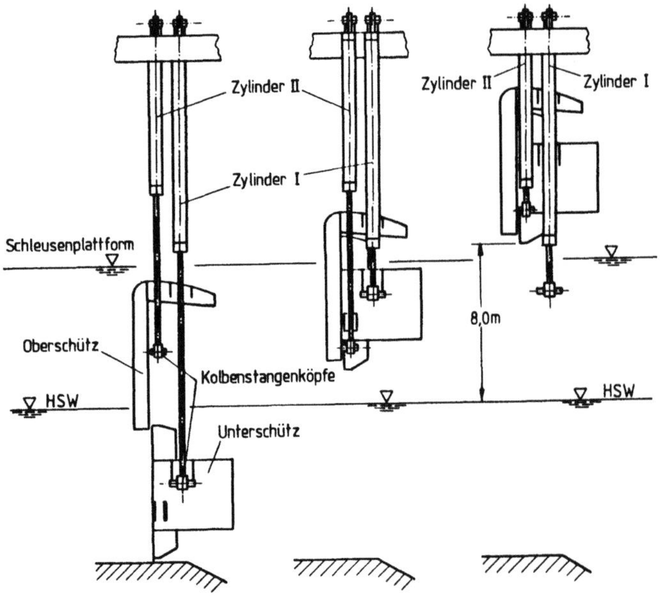

Abbildung 2.106.b

Prinzip des hydraulischen Antriebes für die Doppelhakenschütze am Oberhaupt der Donauschleusen Melk und Greifenstein /90/

Bei den Schleusen der stromab von Ybbs-Persenbeug gelegenen österreichischen Donaustaustufen wird das Schleusenobertor nicht mehr als Füllorgan für die Kammer benutzt. Die Wasserentnahme erfolgt hier über besondere Einlaufbauwerke aus der oberen Stauhaltung der jeweiligen Staustufe. Die Unterschütze der als Doppelhakenschütze ausgebildeten Schleusenobertore konnten deshalb bei diesen Schleusen wie normale Wehrverschlüsse ausgebildet werden (Abb. 2.107.).

Bei den Schleusen der Staustufen Aschach (Inbetriebnahme 1963), Wallsee (1968), Ottensheim (1973), Altenwörth (1976) und Abwinden-Asten (1979) wurde ein *mechanischer* Kettenantrieb vorgesehen (Abb. 2.106.a). Bei den Schleusen der nachfolgenden Staustufen Melk (1982) und Greifenstein (1984) wurde dagegen erstmalig ein *hydraulischer* Antrieb gewählt /91/.

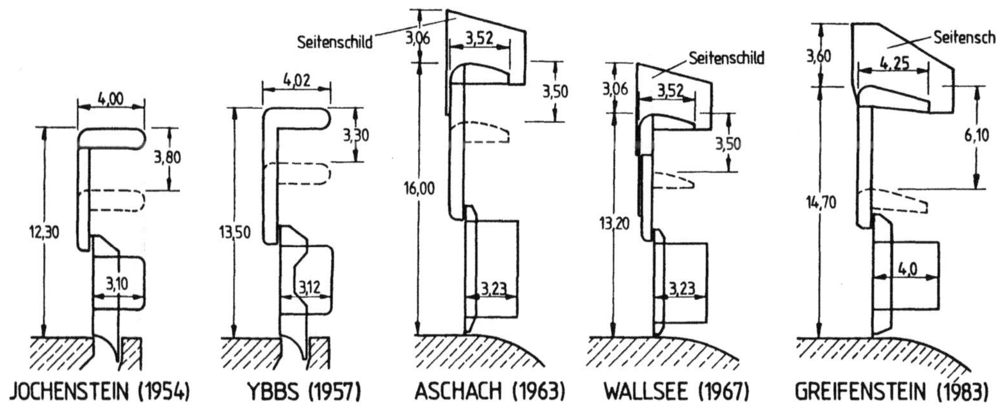

Abbildung 2.107. Oberhauptverschlüsse einiger zur HW-Abfuhr mit herangezogenen Donauschleusen /89, 91, 92/ (Maße in m)

Bei der Konzeption des hydraulischen Antriebes war die Bedingung maßgebend, daß die zur Unterbringung der Zylinder nebst Pumpen und Motoren am Schleusenoberhaupt erforderlichen Aufbauten in ihrer Höhe nicht die für den mechanischen Kettenantrieb erforderliche Bauwerkshöhe überschreiten sollten. Darüber hinaus mußte bei den Schützbewegungen ein hinreichender Gleichlauf der Schütze gewährleistet werden, um Zwängungen in den Torführungen und an den Dichtungen zu vermeiden. Als maximale Höhendifferenz beider Schützseiten während der Bewegungsabläufe wurden bei der vorhandenen Kammerbreite von 24,0 m noch 35 mm als zulässig angesehen /89/.

Nach einigen Zwischenlösungen wurde von der Fa. Krupp-Industrietechnik Duisburg, für die Donauschleusen Melk und Greifenstein ein hydraulisches Antriebssystem entwickelt, bei dem auf jeder Seite *zwei Zugzylinder* für die Bewegung der Schütze angeordnet sind (Abb. 2.106.b).

Für die Bewegungen des Oberschützes bei normalem Schleusenbetrieb wird der Zylinder I verwendet. Er dient ebenfalls zum Anheben des Unterschützes während des Baubetriebes und bei der Hochwasserabfuhr durch die Schleuse. In den beiden letztgenannten Betriebsfällen wird zunächst das Oberschütz in seiner Betriebsstellung verriegelt, dann das Unterschütz mit Zylinder I in das Oberschütz eingezogen und schließlich beide Schütze zusammen bis zu einer Zwischenstellung angehoben. In dieser Zwischenstellung erfolgt die Übergabe des Schützpaketes vom Zylinder I an den Zylinder II, der das Schützpaket dann bis in die Höchstlage anhebt (Abb. 2.106.b).

Das Ein- und Aushängen der Kolbenstangenköpfe der beiden Zylinder in die Aufhängekonsolen der Schütztafeln erfolgt mittels besonderer Schwenkzylinder /89, 90/.

Der Gleichlauf der Zylinder wird über eine hydraulische Volumendosierung erreicht, wobei jedem der beiden Zylinder vier Axialkolbenpumpen zugeordnet sind, die wie Dosierpumpen arbeiten. Beim Heben und Senken der Schütze werden die Pumpen bei beiden Zylindern parallel nacheinander geschaltet. Eine Feinregulierung des Gleichlaufes wird durch drei, elektrisch gesteuerte Schaltventile erreicht /90/.

2.11.4 Senktore

Neben den einteiligen Hubsenktoren werden auch Senktore als Obertore an Schleusen mit hochliegendem Drempel verwendet. Die Tore können dabei als einfache Schütztafeln oder als L-förmige Verschlußkörper ausgebildet werden. Die Dichtung erfolgt in der Schließstellung an der kammerseitigen Stirnfläche des Drempels.

Bei den *nicht* zur Hochwasserableitung herangezogenen Donauschleusen wird das als Senktor ausgebildete Obertor auch zur Füllung der Schleusen herangezogen. Dabei wird das Tor mit geringer Geschwindigkeit (1,67 mm/s) um 1,30 m nach unten gefahren und nach Ausspiegelung des Kammerwasserstandes mit erhöhter Geschwindigkeit (33,3 mm/s) zwischen Drempelwand und Prallbalken abgesenkt (Abb. 2.108.). Zu Reparatur- und Wartungsarbeiten kann das Tor um 1,30 m über die Schleusenplattform angehoben werden.

Die *Torkonstruktion* besitzt als Haupttragsystem einen rechteckigen, torsionssteifen Kasten, an den konsolenartig die Vertikalspanten der Stauwand angeschlossen sind. Im Bereich der Strahlumlenkung ist die Stauhaut aus Manganhartstahl hergestellt. Der Hauptträger ist zur Entlastung des Kettenantriebes teilweise als Schwimmkörper ausgebildet /88/.

Die *Seitendichtung* des Tores gegen die Nischen erfolgt in gleicher Weise wie beim Unterschütz der Südschleuse Jochenstein durch in Gummigelenken gelagerte Federbleche mit notenartigem Dichtungsprofil (Abb. 2.109.).

Wegen der in der Schließstellung aufgrund des Wasserdruckes zu erwartenden Durchbiegung der Schützkonstruktion war eine Umläufigkeit der

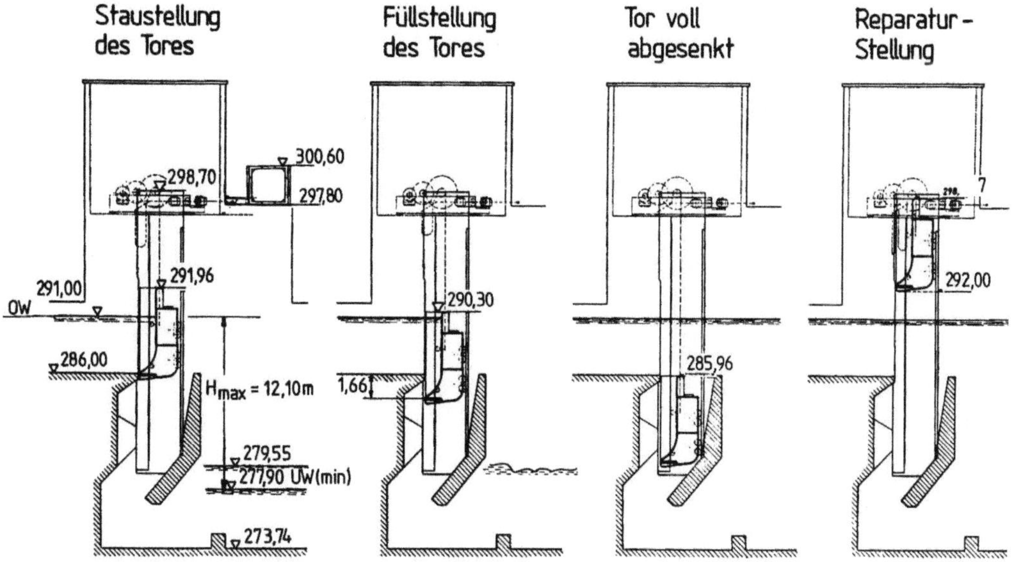

Abbildung 2.108. Betriebsstellungen des Senktores am Oberhaupt der Nordschleuse Jochenstein/Donau (Bauart Krupp) /80/ (Maße und Höhenangaben in m)

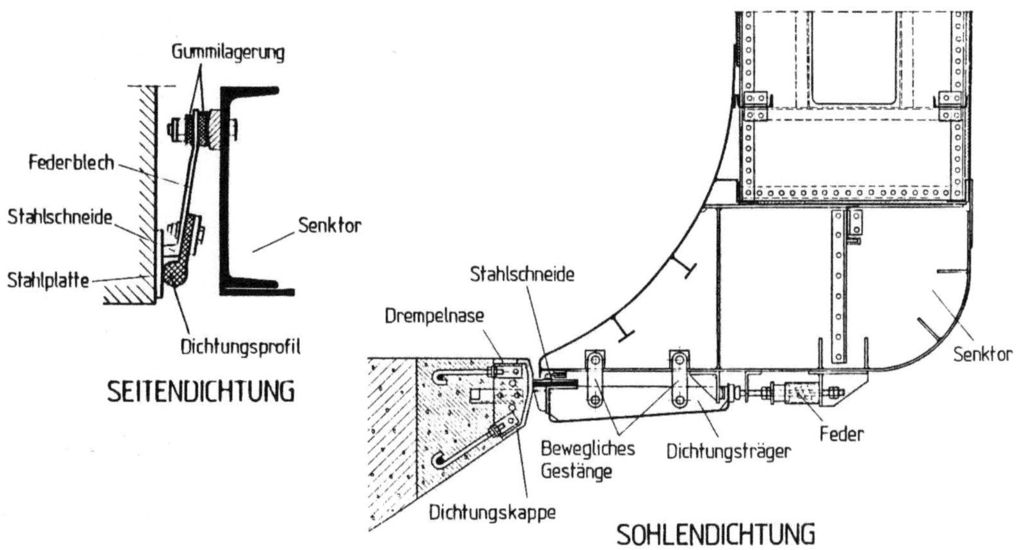

Abbildung 2.109. Ausbildung der Seiten- und Sohlendichtung beim Senktor der Nordschleuse Jochenstein/Donau /88/

Sohlendichtung zu befürchten. Es wurde deshalb an der Unterseite des Tores ein zusätzlicher Dichtungsträger angeordnet, der mit dem Torkörper durch ein parallelogrammartiges Gestänge verbunden ist. Durch nachstellbare Federn wird der Dichtungsträger mit seiner Schneide und dem notenartigen Dichtungsprofil gegen die Dichtungskappe an der Drempelnase gepreßt. Da der Dichtungsträger sich nicht an der Tordurchbiegung beteiligt, ist ein sattes Aufsitzen der Stahlschneide mit Dichtung über die gesamte Torbreite gewährleistet (Abb. 2.109.).

Der Antrieb des Tores erfolgt mit Elektromotoren über ein Planetengetriebe und Ketten. Auf die Anordnung von Gegengewichten konnte wegen des teilweisen Gewichtsausgleiches durch die Schwimmkörper im Tor verzichtet werden /83/.

2.11.5 Klapptore und Drehtore

Klapp- und Drehtore kommen als Obertor bei Schleusen mit kleineren Hubhöhen in Betracht. Das als torsionssteifer Verschlußkörper ausgebildete Tor wird um eine tiefliegende Drehachse zur Freigabe der Durchfahrt für die Schiffe entweder zum Oberwasser hin in eine Torkammer im Drempel (Drehtor) oder zum Unterwasser hin umgeklappt (Klapptor). Die Drehung zum Oberwasser hat den Vorteil, daß an Kammerlänge gespart werden kann, während im anderen Falle eine Treibzeug- und Eisabfuhr über das Tor leichter möglich ist.

Wird das Tor zur Füllung der Schleuse benutzt, so wird bei seiner Drehung ein Füllspalt freigegeben, durch den das Wasser in ein Tosbecken bzw. eine Toskammer am Oberhaupt strömt. Die Ausbildung dieser Toskammer ist je nach Art und Form des Tores verschieden und sollte durch Modellversuche bestimmt werden (Abb. 2.35. und 2.36.).

Die Sohldichtung des Tores in der Schließstellung erfolgt über einen kurzen unteren Torschenkel an einem Drempelanschlag (Abb. 2.35.) oder durch Anpressen des Tores an die kammerseitige Drempelwand (Abb.2.36.).

Wegen der besseren Wartungsmöglichkeit sind die Lager für die Tordrehachse möglichst über dem Unterwasser anzulegen und als Drehkipplager mit kardanischer Aufhängung auszubilden, um den Durchbiegungen des Tores folgen zu können /83/.

Der Antrieb des Tores erfolgt meist einseitig über eine Ölhydraulik. Bei tiefliegendem Drehpunkt des Tores (in Drempelhöhe) müssen die Achslager das volle Drehmoment aus dem oberwasserseitigen Wasserdruck aufnehmen. Es ist deshalb zweckmäßig, die Drehlager in Höhe des Angriffes des resultierenden Wasserdruckes anzuordnen, wie dies bei den in der Tschechoslowakei entwickelten und an den Schleusen an der Oberelbe und Moldau eingebauten Drehtoren (Abb. 2.35.) der Fall ist /28, 38/.

Der Torkörper kann durch den Einbau von Schwimmzellen so ausgewogen werden, daß er bis auf ein geringes Übergewicht im Wasser getragen wird. In der Schließstellung muß das Tor verriegelt und zur Reparatur und Wartung nach oben ausgehängt werden können.

Zur Hochwasserableitung sind Klapp- und Drehtore nur wenig geeignet, da diese beim Überströmen leicht zu Schwingungen angeregt werden können /29/.

2.11.6 Hakentore

Das Hakentor ähnelt dem vorstehend beschriebenen Drehtor. Es wird wie dieses als Obertor bei Schleusen mit geringer Hubhöhe verwendet.

Der torsionssteife Verschlußkörper ist in diesem Falle mit einem hakenförmigen unteren Torschenkel versehen, der sich in der Schließstellung an die kammerseitige Drempelnase anpreßt (Abb. 2.34.).

Eine andere Ausbildung zeigt das in Abbildung 2.110. dargestellte, L-förmige Hakentor, bei dem die Länge des horizontalen Torschenkels so gewählt wurde, daß die in der Schließstellung auf die Drehlager wirkenden Momente aus Torgewicht, horizontalem Wasserdruck und vertikaler Wasserauflast sich nahezu aufheben. Damit werden die für die Tordrehung erforderlichen Auftriebskräfte entsprechend gering.

Das Tor wird als biegungs- und torsionssteifer Kasten mit oberwasserseitiger Stauwand ausgebildet. Bei der Drehung des Tores nach Oberwasser dient die gekrümmte Stauwand als Führungsschild für das in die kammerseitige Toskammer einströmende Füllwasser (Abb. 2.110.). Zur Freigabe der Schiffsdurchfahrt wird das Tor vollständig nach Oberwasser umgelegt.

Beidseitig des Tores sind in den Oberhauptwänden Nischen mit den entsprechenden Dichtungsleisten vorhanden, an die sich die Seitendichtungen des Tores anlegen. Die Sohlendichtung erfolgt an der Drempelnase.

In der Schließstellung wird der Wasserdruck durch einen im oberen Torschenkel angeordneten Querträger auf die Nischenwandungen und unten auf die Achslager des Tores übertragen. Die Lager der Tordrehachse werden dabei als Pendelrollen- oder Drehkipplager ausgebildet /83/.

Hakentore dieser Bauart wurden u.a. an Schleusen der Neckar- und Moselstaustufen als Obertore eingebaut.

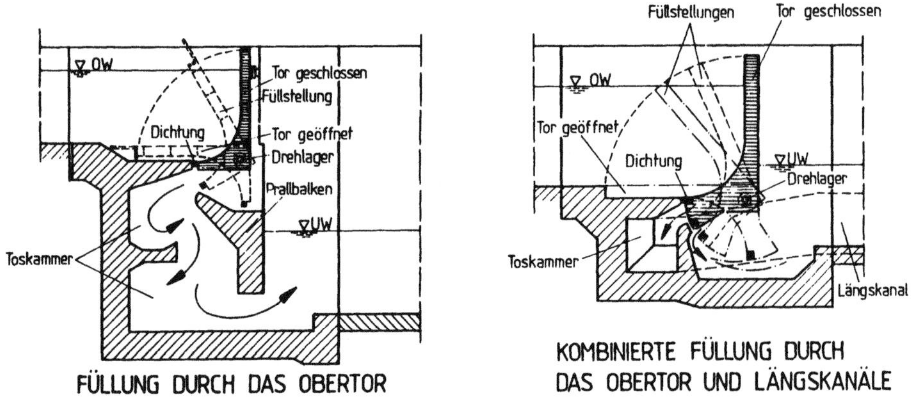

Abbildung 2.110. Prinzip eines Hakentores am Oberhaupt einer Schleuse

2.11.7 Drehsegmenttore

Das Drehsegmenttor ist im Querschnitt als segmentartiger, torsionssteifer Verschlußkörper ausgebildet, der biegesteif an zwei kreisförmige Endscheiben, die in die Kammerwände eingebettet sind, angeschlossen ist. Der obere Teil der Stauwand des Tores ist kreisbogenförmig, der untere Teil als Füllmuschel ausgebildet (Abb. 2.37.).

Durch die Form der Stauwand wird erreicht, daß das Drehmoment aus dem oberwasserseitigen Wasserdruck auf die Drehachse des Tores in Scheibenmitte praktisch null wird. Durch Gegengewichte in den Nischen auf der dem Torantrieb gegenüberliegenden Scheibenseite wird ein entsprechender Gewichtsausgleich bei der Torbewegung erreicht.

Zur Füllung der Schleuse wird das Tor um zwei in die Endscheiben eingebaute Achsen nach vorne gedreht (Öffnungsgeschwindigkeit etwa 1,2 bis 1,5°/min), wobei ein Füllspalt zwischen der Drempelvorderkante und dem unteren Torteil freigegeben wird. Für die Durchfahrt der Schiffe wird das Tor nach Beendigung des Füllvorganges durch weiteres Drehen in eine horizontale Endstellung gebracht (Abb. 2.37.).

Die Torachsen liegen beidseitig in Stahlgußkörpern mit Pendelrollenlagern. Der Antrieb des Tores erfolgt in der Regel einseitig, entweder über Ritzel mit Zahnkranz oder über eine Ölhydraulik.

Die Sohlendichtung wird mit Hilfe einer Stahlschneide erreicht, die durch Druckspindeln an die Dichtungsleiste an der Drempelnase angepreßt wird. Die Seitendichtung erfolgt durch Stahlleisten, die auf Gummi elastisch gelagert sind und durch den Wasserdruck angepreßt werden /83/.

Drehsegmenttore der vorstehend beschriebenen Art wurden in den fünfziger Jahren bei den Mainschleusen Würzburg und Ottendorf sowie Anfang der siebziger Jahre auch bei der 2. Schleuse der Rheinstaustufe Birsfelden (H = 9,15 m) eingebaut /95/. Auch bei den Schleusen der fünf Saarstaustufen mit Hubhöhen zwischen H = 3,80 m (Lisdorf) und H = 14,50 m (Serrig) wird das Obertor einheitlich als Drehsegmenttor ausgebildet. Das Tor ist dabei als torsionssteifes Drucksegment mit einseitigem Antrieb über eine Torsionswelle konzipiert. In das Tor ist eine Füllmuschel integriert, die bei den niedrigen Staustufen die gesamte Kammerfüllung, bei den hohen Staustufen eine Teilfüllung der Schleuse gestattet. Bei Hochwasser kann das Tor um bis zu 1,0 m überströmt werden, bzw. es wird bei Hochwasserabfuhr durch die Schleuse in die obere Durchflußstellung (Reparaturstellung) gedreht.

Der Torkörper (Bauart Noell/Würzburg) ist eine geschweißte Stahlkonstruktion (Gewicht rd. 35 t) mit einer Gesamtverschlußhöhe von 5,50 m. Der Radius der Stauwand beträgt 4,10 m, der Radius der Füllmuschel 1,50 m (Abb. 2.111.). Die Stützarme sind lösbar an der Rückseite des Torkörpers angeschraubt, damit bei Beschädigungen des Tores durch anfahrende Schiffe die Einzelelemente getrennt ausgetauscht werden können /96/.

Das Tor ist an beiden Seiten in der Kammerwand gelagert. An der Antriebsseite führt eine Torsionswelle aus nichtrostendem Stahl (Durch-

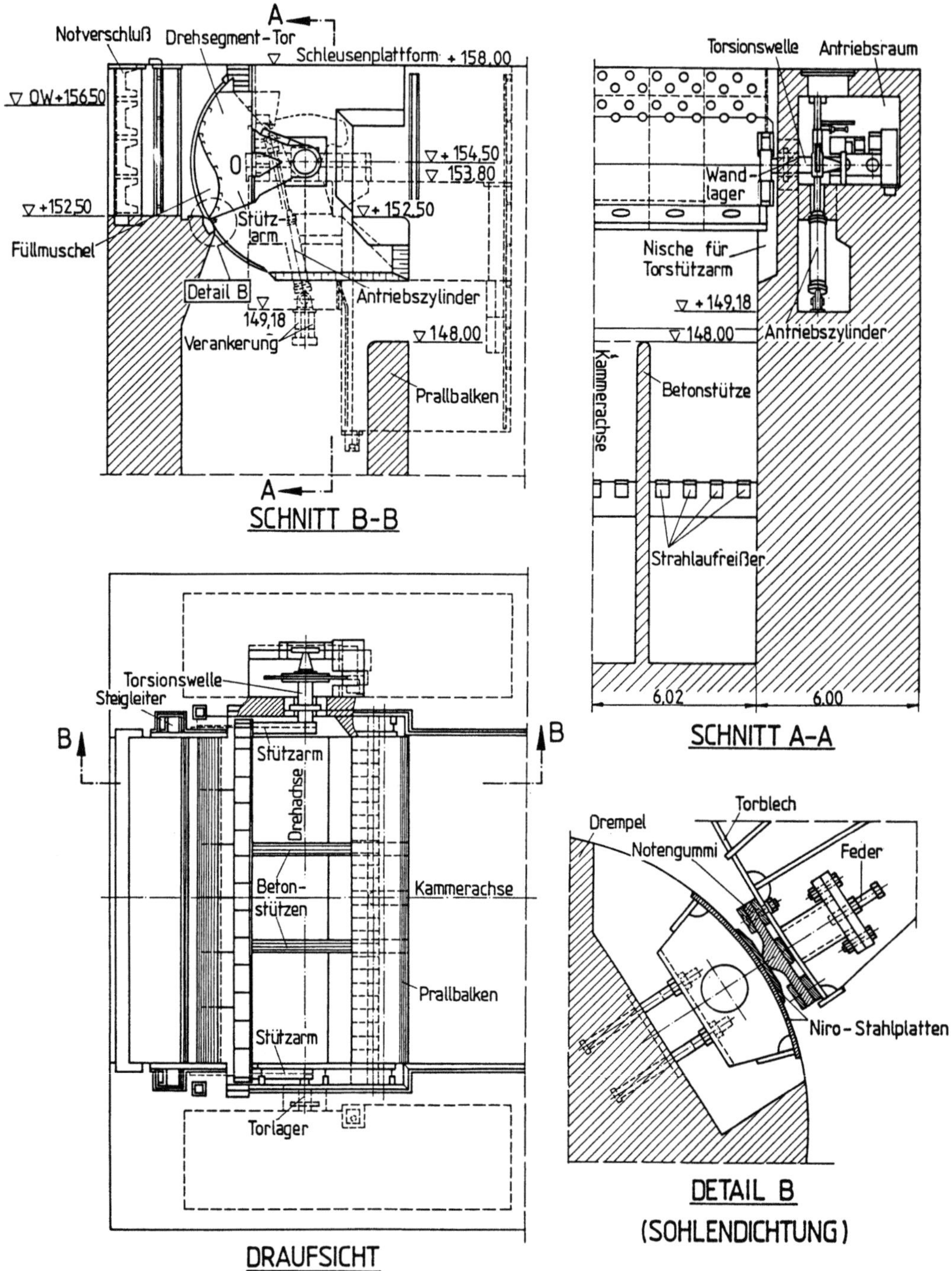

Abbildung 2.111. Ausbildung des Drehsegmenttores der Saarschleuse Serrig (H = 14,5 m), Bauart Noell / Würzburg /96/ (Maße in m)

messer 550 mm) über ein abgedichtetes Wandlager in den Antriebsraum. Das Tor wird über einen vertikal angeordneten Zylinder (Kolbendurchmesser = 470 mm, Hub = 2150 mm, Zylinderkraft = 2800 kN) angetrieben, wobei die Motorleistung insgesamt 77 kW beträgt (2 Pumpen) /96/.

Zur Freigabe des Durchfahrtsquerschnittes für die Schiffe wird das Tor mit einer Umfangsgeschwindigkeit von 100 mm/s (= 83,9°/min) nach unten abgesenkt. Zum Arretieren des Verschlußkörpers in der Öffnungs- und Schließstellung wird an der Antriebsscheibe eine hydraulische Verriegelung betätigt.

Die Seiten- und Sohldichtung des Torkörpers besteht aus einem doppelt gefaßten Notengummi, wobei die Sohldichtung (Abb. 2.111) mit Federtöpfen vorgespannt ist, um bei Durchbiegungen des Tores unter Wasserlast eine ausreichende Dichtung zu gewährleisten /96/.

2.11.8 Hubtore

Hubtore werden wegen der für sie erforderlichen hohen Aufbauten im allgemeinen nicht als Schleusenobertore verwendet, sondern kommen in der Regel nur als *Untertore* in Betracht.

Das einteilige Hubtor ist neben dem Stemmtor das am häufigsten verwendete Tor am Unterhaupt einer Kammer- oder Schachtschleuse. Es besitzt gegenüber dem Stemmtor den Vorteil, daß die seitlichen Nischen für die Torflügel nicht erforderlich sind und deshalb die Kammerlänge entsprechend verkürzt werden kann. Darüber hinaus kann das Hubtor leicht zu Reparatur- und Wartungszwecken über das Unterwasser angehoben werden.

Die Hubtore werden als biegesteife Tragwerkskonstruktionen mit Längs- und Querträgern ausgebildet, wobei die Stauwand sowohl kammerseitig als auch zum Unterwasser hin angeordnet werden kann.

Das Tor wird über Windwerke, die in den seitlichen Hubtürmen untergebracht sind, auf- und abbewegt, wobei es in den Tornischen auf Rollen läuft und über Führungsrollen seitlich geführt wird. Der Gewichtsausgleich erfolgt in der Regel über Gegengewichte, so daß beim Heben und Senken des Tores nur die Bewegungswiderstände überwunden werden müssen. Die Gegengewichte sind über Seile und Umlenkrollen mit dem Tor verbunden und werden in seitlichen Schächten geführt.

Abbildung 2.112. zeigt die Ausbildung eines am Unterhaupt der Schleuse Eibach/Main-Donau-Kanal verwendeten Hubtores (Bauart M.A.N.).

Wird das Hubtor zur Entleerung der Schleusenkammer herangezogen, so wird es mit geringer Geschwindigkeit (3,0 bis 4,0 mm/s bei 12 m Kammerbreite) um 0,8 bis 1,0 m angehoben. Die kinetische Energie des ausströmenden Schleusenwassers wird dabei im UW-Bereich des Tores durch Strahlaufreißer und Zahnschwellen vertost und teilweise in Wärme umgesetzt.

Nach Ausspiegelung des Kammerwasserstandes wird das Tor soweit aufgefahren, bis die erforderliche lichte Durchfahrthöhe für Schiffe erreicht ist.

Die *Dichtung* des Hubtores erfolgt wie beim Stemmtor unterwasserseitig über eine am Drempelanschlag anliegende Flachdichtung. Die Seitendichtung wird über Notenprofile erreicht, die durch den Wasserdruck an die Nischenwandungen angepreßt werden. Der Torantrieb erfolgt über Gelenkzahnstangen oder Triebstockketten /40, 83, 85/.

Bei *Schacht*schleusen sind bei Hubhöhen über 15 m im allgemeinen keine hohen Aufbauten am Unterhaupt der Schleuse erforderlich, da das Hubtor sich im aufgefahrenen Zustand kammerseitig hinter die Betonmaske legt (Abb. 2.2.). In diesem Falle muß die unterwasserseitige Stauwand des Tores mit einer umlaufenden Dichtung versehen werden.

Bei der als Schachtschleuse ausgebildeten Rhône-Schleuse Donzère-Mondragon/Frankreich besitzt das Hubtor eine halbkreisförmige Grundrißform und ist nach *unterstrom* gewölbt (Abb. 2.88.). In der Schließstellung werden die horizontalen, halbkreisförmigen Riegel der Tragkonstruktion, die durch Kreuzverbände versteift sind, nur auf Zug beansprucht. Beim Auffahren gleitet das Tor (Torhöhe = 15 m, Torbreite = 12 m, Torgewicht = 160 t) an einer kreisförmigen Betonschürze, wobei der Gewichtsausgleich durch Gegengewichte erfolgt.

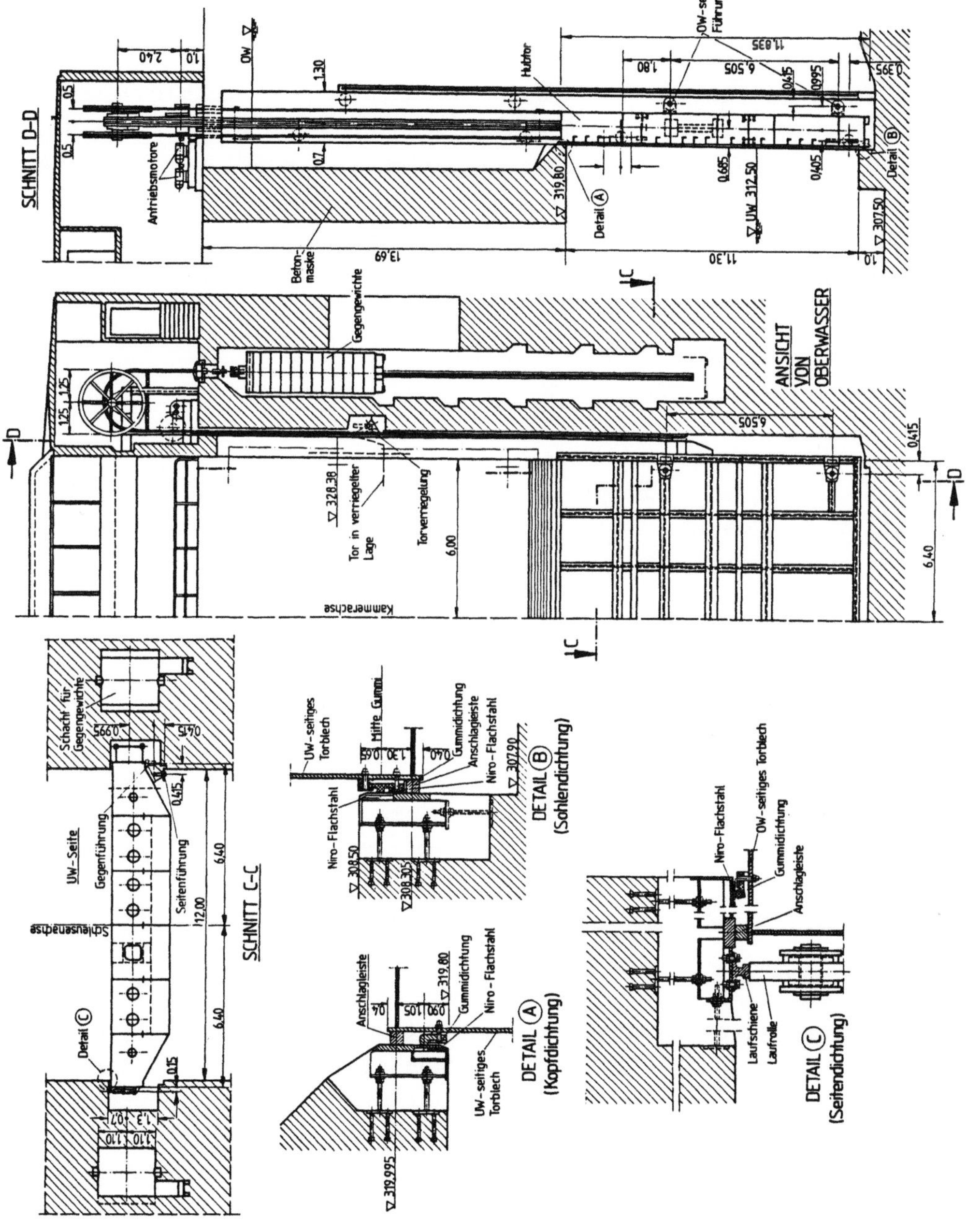

Abbildung 2.112. Ausbildung des Untertores der Schleuse Eibach, Main-Donau-Kanal (Bauart M.A.N.) (H = 19,49 m) /40/ (Maße und Höhenangaben in m)

Eine weitere Sonderform eines Hubtores stellt das Untertor der Lower Monumental Schleuse am Snake River/USA dar. In diesem Falle ist die Torkonstruktion im Grundriß nach *oberstrom* gewölbt (Torhöhe ∿26 m, Torbreite = 26,21 m, Torgewicht ∿600 t).

Ein *zweiteiliges Hubtor* kommt nur bei stark schwankenden UW-Ständen einer Schleuse, z.B. bei der Endschleuse eines in einen Fluß mündenden Schiffahrtskanals, in Betracht. Der obere Torteil wird dabei nur eingesetzt, wenn bei Hochwasserführung im Fluß eine Erhöhung des Schleusenuntertores, das in diesem Falle in umgekehrter Richtung kehren muß, erforderlich wird (Beispiel: Schleuse Duisburg-Meiderich am Rhein-Herne-Kanal).

2.11.9 Hubdrehtore

Hubdrehtore stellen eine Sonderform der Hubtore dar, die als Untertor bei Schleusen, die nicht als Schachtschleusen ausgebildet sind, insbesondere dort Anwendung findet, wo aus Gründen der Optik und der Einpassung der Schleusenanlage in das Landschaftsbild hohe Aufbauten am Unterhaupt vermieden werden sollen.

Das Hubdrehtor unterscheidet sich in Konstruktion und Antrieb nur unwesentlich vom Hubtor. Die Stauwand und Dichtung wird jedoch in der Regel hier kammerseitig angeordnet. Das Tor bewegt sich in seitlichen Tornischen auf Laufrädern und wird mittels seitlicher Führungs- und Gegenführungsrollen bei seiner Bewegung geführt.

Wie das Hubtor kann auch das Hubdrehtor zur Entleerung der Schleusenkammer herangezogen werden. Beim weiteren Auffahren wird es jedoch auf einer kurvenartigen, nach oberstrom geneigten Laufbahn gedreht, bis es in seiner nahezu waagerechten Endstellung die erforderliche Durchfahrtshöhe für die Schiffe freigibt (Abb. 2.113.). Durch die Aufhängung des Tores an Triebstockketten außerhalb des Schwerpunktes wirkt auf das Tor ein Kippmoment, durch welches es nach oberstrom gedreht wird. Eine Drehung des Tores kann dabei aber erst dann erfolgen, wenn bei der lotrechten Bewegung die beiden unteren Laufrollen nicht mehr die erforderliche Gegenkraft an den Laufschienen aufbringen. Diese enden in einer bestimmten Höhe, so daß die Drehbewegung des Tores eingeleitet werden kann. Die Gegenführungsrollen übernehmen bei der restlichen Toraufwärtsbewegung die Führung des Tores auf den gekrümmten Schienenbahnen.

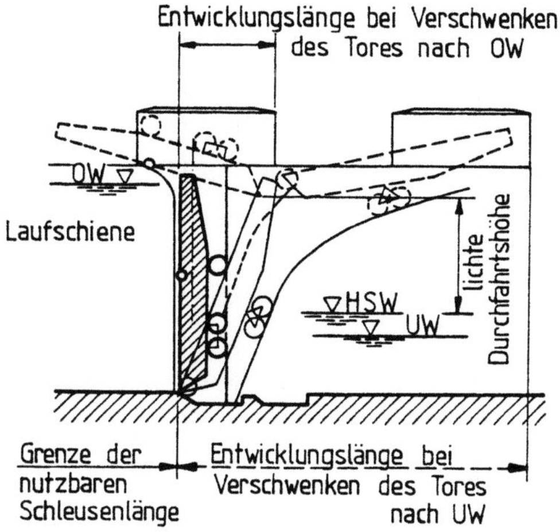

Abbildung 2.113. Prinzip eines Hubdrehtores (Bauart Dingler) /83/

Die ungewöhnliche Hubbewegung des Tores erfordert nur ein Minimum an Platz und keine hohen Aufbauten. Bei einer Verschwenkung des Tores nach unterstrom wird die Entwicklungslänge für die Torbewegung entsprechend größer (Abb. 2.113.).

Hubdrehtore wurden u.a. bei den neuen Schleusen des Rhein-Herne-Kanals und bei der Schleuse Forchheim am Main-Donau-Kanal als Untertore eingebaut. Sie sind darüber hinaus auch für die Saarschleusen vorgesehen.

2.11.10 Schiebetore

Schiebetore werden insbesondere bei *Seeschleusen* wegen der hier meist erforderlichen großen Kammerbreiten als Binnen- und Außentor verwendet, wobei sie einseitig oder doppeltkehrend ausgebildet werden können. Bei Kanal- und Flußschleusen sind sie weniger gebräuchlich, da sie große seitliche Torkammern benötigen.

In *Bergsenkungsgebieten* werden Schiebetore jedoch wegen ihrer relativ geringen Empfindlichkeit gegenüber Setzungen auch bei Kanalschleusen häufig als Ober- und Untertor verwendet, da ihre Dichtungen und Torbewegungen auch bei geringer Schiefstellung des Tores noch funktionsfähig bleiben (Schleusen am Rhein-Herne- und Wesel-Datteln-Kanal).

Darüber hinaus kommen Schiebetore auch als *Unter*tore von Flußschleusen in Betracht, wenn bei hohen Flußwasserständen ein *doppeltkehrender* Verschluß am Unterhaupt der Schleuse bei Reparaturarbeiten erforderlich wird. In diesem Falle ersetzt das Schiebetor den Notverschluß (Beispiel: Rheinschleuse Iffezheim).

Das Schiebetor wird als kastenförmiger Torkörper ausgebildet und je nach seiner Funktion mit einer oberwasser- bzw. auch unterwasserseitigen Stauwand versehen. Das Tor wird an Wagen, die auf Schienen laufen, aufgesetzt oder angehängt und zur Freigabe der Durchfahrt für die Schiffe in eine seitliche Torkammer gefahren. Diese muß durch einen Notverschluß absperrbar sein und entsprechend breit angelegt werden, um Reparatur- und Wartungsarbeiten am Tor zu ermöglichen.

Für die *Bewegung* des Tores gibt es verschiedene Möglichkeiten, von denen im Prinzip jedoch nur zwei für die praktische Anwendung in Betracht kommen. Im ersten Falle (Abb. 2.114.a) wird das Tor an seinem schleusenseitigen Ende unten auf einen unter Wasser auf Schienen fahrenden *Unterwagen* aufgesetzt, während sein torkammerseitiger oberer Teil an einen auf Schienen auf der Torkammerplattform laufenden *Oberwagen* angehängt wird (Schubkarrenprinzip).

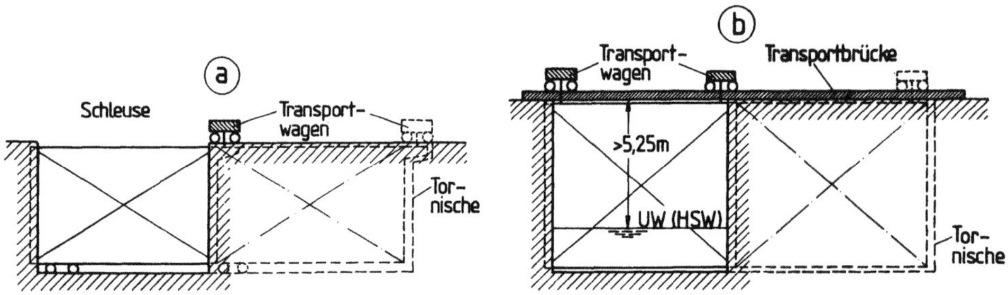

Abbildung 2.114. Anlage und Transport eines Schiebetores

Im zweiten Falle wird das Tor je nach Kammerbreite an einen oder *zwei Oberwagen* angehängt, die auf Schienen neben der Torkammer laufen. Quer zur Schleuse sind die Schienen auf einer Stahlbrücke verlegt, deren Unterkante den für die Schiffahrt erforderlichen lichten Abstand zum höchsten schiffbaren UW-Stand (bei Flußschleusen HSW) aufweisen muß. Dies bedeutet, daß der Tortransport mit Oberwagen am Unterhaupt von Kanalschleusen nur in Betracht kommt, wenn ihre Hubhöhe mindestens rd. 5,0 m beträgt, da andernfalls entsprechende Aufbauten quer zur Schleuse für den Transport der Oberwagen erforderlich werden (Abb. 2.114.b).

Alle anderen Möglichkeiten für die Querbewegung des Tores mit zwei unter Wasser fahrenden Unterwagen bzw. mit Aufhängung des Tores an zwei Oberwagen, die auf hohen Transportgerüsten fahren, besitzen gegenüber den beiden vorgenannten Lösungen derartige Nachteile, daß sie in der Regel nicht in Betracht kommen /17, 97/.

Die *Führung* des Tores während des Transportvorganges erfolgt über Rollen, die auf der Oberwasserseite (oder beidseitig) des Tores angebracht sind. Als *Dichtung* dient ein U-förmiger Rahmen aus federnd gelagerten Holzbalken, die durch den Wasserdruck in der Schließstellung des Tores angepreßt werden.

Der *Antrieb* des Tores kann über umlaufende Stahlseile oder Gelenkketten sowie auch über ein Ritzel-Zahnstangengetriebe erfolgen. Bei Schiebetoren, die an Oberwagen hängend transportiert werden, kann der Torantrieb (Elektromotor mit Ritzel) auf diesen montiert werden.

Die *Füllung* und *Entleerung* der Schleusenkammer kann bei Schiebetoren nur durch im Tor eingebaute Schütze erfolgen, wobei Energieumwandlungsanlagen (Tosbecken) am Oberhaupt bzw. Unterhaupt der Schleuse hinter dem jeweiligen Schiebetor anzuordnen sind. Bei einer entsprechenden Torbreite kann u.U. ein Teil der kinetischen Energie des durchströmenden Wassers im Tor selbst durch entsprechende Einbauten in Wärme umgesetzt werden /85/.

2.11.11 Segmenttore

Segmenttore sind sektorartige Verschlußkörper, die bei einigen US-amerikanischen Schleusen als *Obertor* Verwendung gefunden haben (Lower Granite Schleuse am Snake River/USA) /70/. Sie werden als Drucksegmenttor ausgebildet und im allgemeinen nicht zur Kammerfüllung herangezogen, da die Wasserzufuhr zur Schleuse nur bei Absenken des Tores über die Toroberkante erfolgen kann.

Zur Freigabe der Durchfahrt für die Schiffe wird das Segmenttor nach unten abgesenkt. In Europa wurden Tore dieser Art bislang praktisch nicht als Schleusentore verwendet.

2.12 Verschlußorgane in Zu- und Ablaufkanälen

Die Verschlußorgane in den Zu- und Ablaufkanälen stellen ein wichtiges Element im Füll- und Entleerungssystem jeder Schleuse dar, da von ihrem sicheren Betrieb die Zuverlässigkeit und Leistungsfähigkeit der Schleuse entscheidend abhängt. Der Wahl der Füll- und Entleerungsschütze kommt deshalb eine große Bedeutung zu.

Als Verschlußorgane in den Zulauf- und Entleerungskanälen (Längskanäle, Grundläufe und Zubringerkanäle) werden in der Regel in Europa *Roll-* oder *Rollkeilschütze* und in den USA *Zugsegmentschütze* verwendet. Darüber hinaus kommen auch noch Gleit- und Zylinderschütze sowie Drosselklappen in Betracht.

Die Schütze ähneln in ihrer konstruktiven Ausbildung den Tiefschützen, die in den Grundablaßstollen von Talsperren verwendet werden. Bei den Schleusenfüllungen und -entleerungen werden die Schütze jedoch vorwiegend als *Regulierorgane* eingesetzt (langsames Öffnen und Schließen), so daß ihre Betriebssicherheit in jeder Phase des Öffnungs- und Schließvorganges, auch unter extremen Wasserstandsverhältnissen, gewährleistet sein muß.

Grundsätzlich sollte die Wirkungsweise der gewählten Verschlüsse vor ihrer Verwendung im praktischen Betrieb mit Hilfe von *Modellversuchen* eingehend untersucht werden. Dabei sind zunächst die aufgrund dynamischer Druckverteilung am Schütz in jeder Betriebssstellung zu erwartenden *resultierenden Kraftwirkungen* zu bestimmen, da ihre Kenntnis für die richtige Bemessung und Wahl der Schützantriebe erforderlich ist.

Weiterhin muß die *Schwingungsanfälligkeit* der Verschlußorgane in den verschiedenen Betriebsstellungen überprüft und die Druckverteilung an der Betonsohle hinter dem Schütz bestimmt werden.

Bei großen Anfangsdruckhöhen zu Beginn der Füll- und Entleerungsvorgänge (große Schleusenhubhöhen) kann infolge der hohen Fließgeschwindigkeiten im Schützquerschnitt der Unterdruck an der Kanalsohle hinter dem Schütz soweit absinken, daß *Kavitationsschäden* an der Betonsohle zu befürchten sind. Dieser Gefahr kann durch *Tieferlegen des Schützes* und der Zubringerkanäle begegnet werden. Allerdings verursacht diese Maßnahme wegen des tieferen Aushubes erhöhte Baukosten.

Eine zweite Möglichkeit zur Vermeidung eines zu starken Druckabfalles hinter dem Schütz besteht in der *Belüftung* der Schütze. Obwohl diese Maßnahme bei Tiefschützen oft sehr wirksam ist, kommt sie für den Druckausgleich hinter den *Füll*schützen von Schleusenkanälen nur sehr bedingt in Betracht, weil eine unkontrollierte Luftzufuhr hinter dem Füllschütz zu einem erheblichen Lufteintrag in die Schleuse führt. Die Luft steigt dabei in Blasen und größeren Ballen in der Kammer auf und verursacht hier an der Wasseroberfläche starke Turbulenzen und schwallartige Erscheinungen, durch die die Sicherheit der schleusenden Schiffe gefährdet wird.

Bei den Entleerungsschützen ist eine Luftzufuhr eher zu vertreten, weil die Luft anschließend unterhalb der Schleuse ausgeschieden wird, bzw. bei Flußschleusen in den UW-Bereich der Staustufe gelangt.

Wenn anstelle von Luft *Wasser* in die Unterdruckzone hinter dem Füllschütz zugeführt wird, ist für die schleusenden Schiffe keine nennenswerte Gefahr vorhanden. Die Methode wurde mit Erfolg bei einigen modernen Schleusen größerer Hubhöhe angewendet. Die Erweiterung der Zubringerkanäle der Höhe nach unterhalb des Schützes wirkt sich, wie systematische Untersuchungen ergaben, außerdem positiv auf die Druckverteilung hinter dem Schütz aus /81/.

Bei der Planung des Füll- und Entleerungssystems ist darauf zu achten, daß die Verschlüsse am Ober- und Unterhaupt unter dem für die Schleuse maßgebenden niedrigsten UW-Stand angeordnet werden, da andernfalls bei der Kammerentleerung ein Abreißen der Wassersäule hinter dem Schütz mit Lufteinzug zu befürchten ist. Die Schütze müssen darüber hinaus auswechselbar und zu Reparatur- und Wartungsarbeiten zugänglich gemacht werden (Anlage von Notverschlüssen).

Die *Schützantriebe* sollten wenn möglich über dem Oberwasser angeordnet werden. Als Antriebe kommen Seilzuganlagen, umlaufende Ketten oder ölhydraulische Zylinder in Betracht. Die Wahl und Bemessung des geeigneten Systems hängt dabei u.a. von den auf das Schütz in den verschiedenen Betriebsstellungen wirkenden Kräften aus Eigengewicht, Auftrieb und dynamischer Druckverteilung ab. In jedem Falle muß gewährleistet sein, daß das Schütz auch unter extremen Wasserstands- und Strömungsverhältnissen sicher geschlossen werden kann.

Bei Verwendung eines ölhydraulischen Antriebes für das Schütz wird bei größeren Schleusenhubhöhen der Schützantrieb (Druckzylinder) oft in eine Antriebskammer *unter* dem OW-Spiegel gelegt. In diesem Falle muß die Kolbenstange des senkrechten Druckzylinders durch eine Stopfbuchse an der Sohle der Antriebskammer geführt werden.

Schließlich ist noch eine synchronisierte Bewegung der Schütze in den Zu- und Ablaufkanälen der Schleuse während der Füll- und Entleerungsvorgänge sehr wichtig, da andernfalls insbesondere bei den Füllvorgängen eine gleichzeitige und symmetrische Versorgung der verschiedenen Kammerbereiche mit Füllwasser nicht gewährleistet ist.

2.12.1 Roll- und Rollkeilschütze

Beim Rollschütz besteht der Verschlußkörper aus einer Rahmenkonstruktion mit horizontalen Trägern und Stauwandaussteifungen, auf der oberwasserseitig das Staublech (Wandstärke > 10 mm) angebracht ist. Der auf die Schütztafel wirkende Wasserdruck wird von den Horizontalträgern auf die lotrechten Endspanten des Schützes und von diesen über die seitlich am Schütz angeordneten Laufrollen (in der Regel mindestens zwei Rollen auf jeder Seite) auf die in den Schütznischen verlegten Schienen übertragen. Die erforderliche Nischentiefe beträgt dabei rd. 0,50 m, die Nischenbreite etwa 0,70 m /85/.

Zur Vermeidung von Schützschwingungen und zur Führung der Schütztafel sind neben den Laufrollen noch federnd gelagerte Gegenführungsrollen erforderlich, die auf besonderen Schienen laufen. An den Seiten des Schützes sind darüber hinaus noch jeweils zwei Seitenführungsrollen angebracht.

Bei Rollschützen wird die Sohlendichtung zweckmäßig aus einer Stahlschneide mit dahintersitzendem Flachgummi ausgeführt. Die Schneide sitzt dabei in der Schließstellung auf einer in die Kanalsohle eingelassenen Dichtungsleiste auf. Die Kopf- und Seitendichtung wird durch Gummiprofile erreicht, wobei für die Seitendichtung einfache Notenprofile ausreichen, während für die Kopfdichtung ein zweiseitig gefaßtes Gummiprofil mit mittigem Wulst verwendet wird /26, 83/.

Das Schütz wird je nach seiner Breite mittig oder doppelt an beiden Seiten an Ketten oder Triebstockketten aufgehängt /83/. Auf einen Gewichtsausgleich durch Gegengewichte wird meist verzichtet. Bei Verwendung eines ölhydraulischen Antriebes für das Schütz, wie er heute in zunehmendem Maße üblich ist, wird das Schütz mittig von einer Kolbenstange bewegt, die zu einem senkrecht darüber in einer Antriebskammer untergebrachten Druckzylinder führt. Liegt die Antriebskammer unterhalb des OW-Spiegels, wie dies bei Schleusen mit größeren Hubhöhen oft der Fall ist, so wird die Kolbenstange des Zylinders durch eine Stopfbuchse im Dichtdeckel an der Sohle der Kammer geführt.

Abbildung 2.115. zeigt die Ausbildung eines Rollschützes (Bauart M.A.N.) und das Prinzip der verschiedenen Dichtungen.

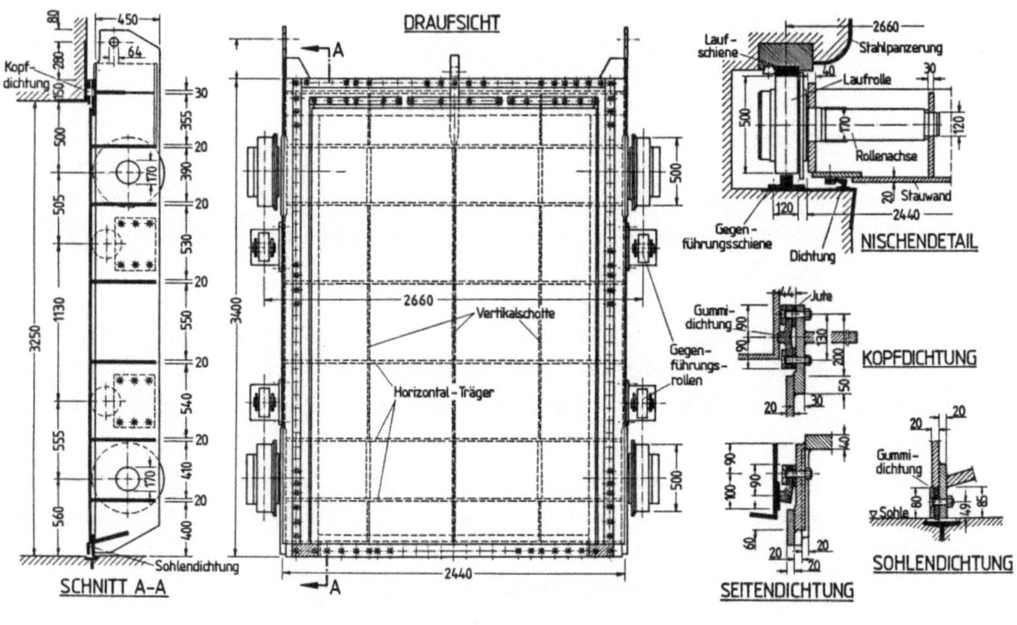

Abbildung 2.115. Ausbildung eines Längskanalschützes für die Schleuse Dietfurt (H = 17,0 m) am Main-Donau-Kanal (Bauart (M.A.N.) /40/, (Maße in mm)

Bei Verwendung von Rollschützen in den Zulaufkanälen von Sparbecken müssen die Schütze so ausgebildet werden, daß sie den Wasserdruck von beiden Seiten aufnehmen können (doppeltkehrende Schütze). Die Stauwand wird dabei in der Regel auf der Sparbeckenseite angebracht. Die Laufrollen des Schützes bewegen sich in diesem Falle zwischen zwei Laufschienen mit einem so geringen Spiel (2 bis 3 mm), daß mit einer *einseitig* angeordneten Dichtung die Dichtung des Schützes nach beiden Richtungen erreicht werden kann /26/.

Eine Abart des Rollschützes stellt das *Rollkeilschütz* dar. Hier besteht die Verschlußkonstruktion aus einem Trägerrost mit oberwasserseitiger Stauwand und einem fest eingebauten Dichtungsrahmen. Die Dichtung und Führung zwischen Rahmen und Schütz erfolgt durch keilartig angeordnete Stahlleisten (Dichtungsleisten) am Schütz, die sich bei Absenken desselben an die Dichtungsanschläge der Rahmenkonstruktion anlegen (Seitendichtung). Kopf- und Sohlendichtung werden wie beim Rollschütz als Aufsatz- und Schneidendichtung ausgeführt.

Der Vorteil der Roll- und Rollkeilschütze liegt in den für ihre Bewegung erforderlichen geringen Antriebskräften. Beide Schützarten können außerdem leicht ausgewechselt werden und sind für Reparatur- und Wartungsarbeiten gut zugänglich.

2.12.2 Gleitschütze

Gleitschütze können im Prinzip wie Rollschütze ausgeführt werden, jedoch erfolgt die Kraftübertragung auf die Schienen nicht über Laufrollen, sondern über das überstehende Endschott.

Eine strömungstechnisch bessere und auch kostengünstigere Schützausführung ergibt sich bei der Verwendung einer *massiven Stahlplatte* von 70 bis 90 mm Stärke, die in engen Seitennischen auf Flachstahlleisten oder in U-förmigen Schienen geführt wird. Das Schütz ist beidseitig kehrend und legt sich unter Wasserdruck an die Seitennischen an. Kopf- und Seitendichtungen können wie bei den Rollschützen als Gummiprofile ausgebildet werden (Abb. 2.116.).

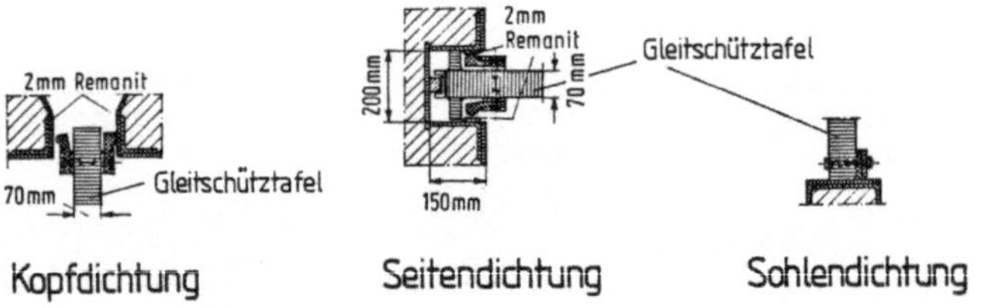

Abbildung 2.116. Ausbildung der Dichtung für ein doppeltkehrendes Gleitschütz /85/

Wegen der fehlenden Laufrollen werden bei Gleitschützen unter Wasserdruck sehr große Antriebskräfte erforderlich, die je nach Druckhöhe das drei- bis vierfache der bei Roll- und Rollkeilschützen üblichen Kräfte ausmachen können. Gleitschütze werden deshalb vorwiegend nur als *Notverschlüsse* verwendet.

2.12.3 Segmentschütze

Segmentschütze können als Verschlußorgane in den Zu- und Ablaufkanälen der Schleusen als Zug- oder Drucksegment verwendet werden.

Ursprünglich wurden bei den US-amerikanischen Schleusen *Drucksegmentschütze* verwendet. Bei dieser Schützanordnung liegt der Drehpunkt des Verschlusses sowie auch der Schützschacht unterwasserseitig hinter dem Schütz, so daß bei auftretendem Unterdruck über den Schützschacht Luft angesaugt werden kann, die beim Füllvorgang in die Schleuse gelangt (Abb. 2.117.a).

Bei Verwendung von *Zugsegmentschützen* ist dies nicht mehr möglich, weil in diesem Falle der Schützschacht oberwasserseitig vor dem Schütz liegt. Bei zu großem Unterdruck hinter dem Schütz (zu Beginn des Öffnungsvorganges) kann ein gewisser Druckausgleich durch eine *dosierte* Luft- oder Wasserzufuhr in den kritischen Bereich hinter dem Schütz erreicht werden (Abb. 2.117.b).

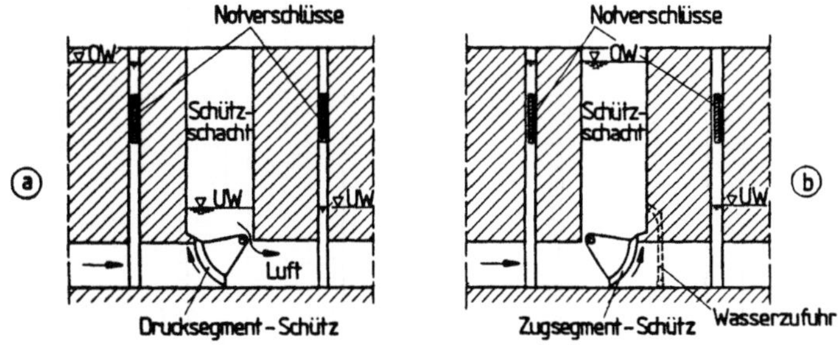

Abbildung 2.117. Anordnung eines Druck- bzw. Zugsegmentschützes im Zulaufkanal einer Schleuse

Das Schütz besteht aus einem UW-seitigen segmentförmigen Stauschild, das auf einer aus Riegeln und Verspannstreben bestehenden Unterkonstruktion angebracht ist. Die beiden seitlichen Tragarme verbinden die Schützkonstruktion mit den Lagern (Abb. 2.118.). Letztere sind oft mit einer Stahlverkleidung ummantelt /81, 98/.

Die Seiten- und Kopfdichtung des Schützes wird als einfache oder doppeltgefaßte Notendichtung aus Gummi ausgeführt. Dabei sollte der Spalt zwischen der Schützhaut und dem UW-seitigen Anschlag so klein wie möglich gehalten werden /81/. An der Sohle sitzt das Schütz mit seiner Schneide auf (Abb. 2.118.).

Zugsegmentschütze wurden seit Mitte der dreißiger Jahre in nahezu allen Zu- und Ablaufkanälen der hohen US-amerikanischen Schleusen als Verschlußorgane verwendet. Sie wurden im Hinblick auf ihre Dichtung und Lager mehrfach verbessert und zeichnen sich durch ihre Zuverlässigkeit und Robustheit im Betrieb aus /81/. Nachteilig ist bei den Segmentschützen jedoch die Tatsache, daß sie nicht wie Roll- und Rollkeilschütze leicht auswechselbar sind und Reparatur- und Wartungsarbeiten nur durch Taucher bzw. nach Trockenlegung der Schütze (mit Hilfe von Notverschlüssen) ausgeführt werden können. Darüber hinaus zeigen Segmentschütze nach längerem Betrieb oft Verschleißschäden an den Lagern.

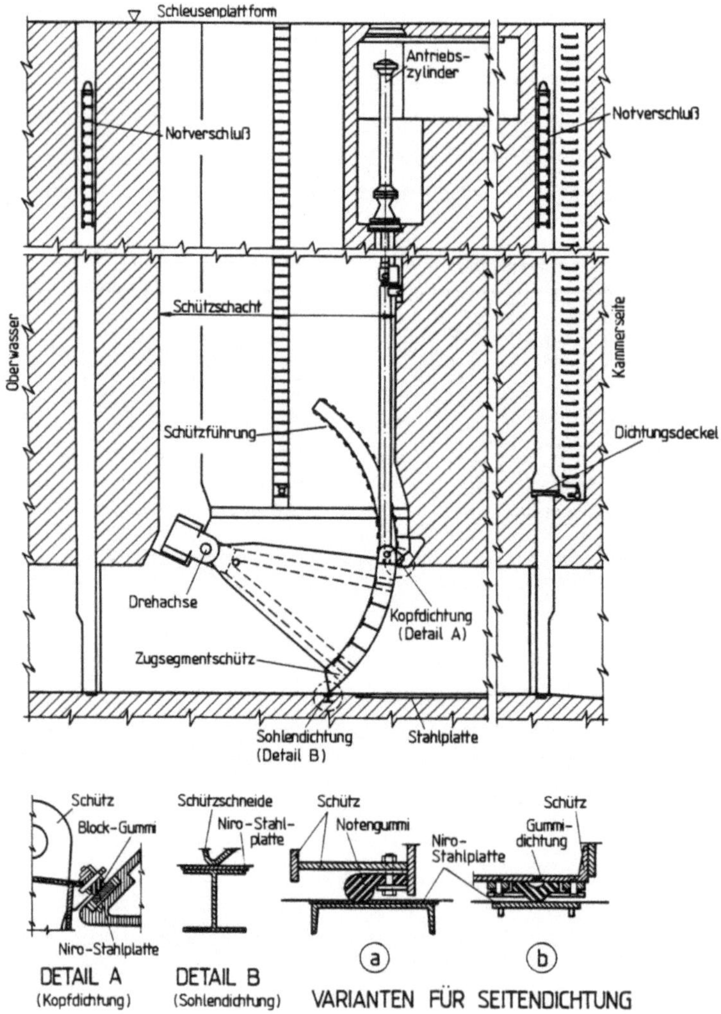

Abbildung 2.118. Zugsegmentschütz in einem Schleusenkanal /94/

2.12.4 Zylinderschütze

Zylinderschütze wurden früher häufig als Verschlußorgane in Torumläufen und bei Sparschleusen mit speicherartiger Anordnung der Sparbecken in den senkrechten Zulaufkanälen (Sparschleusen Minden und Anderten, Abb. 2.22.) verwendet.

Die Grundkonzeption des Schützes besteht aus einem innen versteiften Stahlblechzylinder, der in einem senkrechten Schützschacht bewegt wird und einen unten anschließenden fallschachtartigen Füllkanal abschließt. Der obere Rand des Zylinderschützes sollte dabei über dem höchsten OW-Stand, die untere Schützschneide mindestens 1,0 m unter dem UW-Stand der Schleuse liegen.

In Torumläufen wird das Zylinderschütz im Schützschacht an drei Punkten seitlich geführt, wobei der Wasserzulauf zum Schütz mittig unterbrochen ist, um die Bildung von Zulaufwirbeln, die oft mit Lufteinriß verbunden ist, zu verhindern (Abb. 2.119.).

Wegen der kreisförmigen Grundrißform des Schützes heben sich die Horizontalkomponenten des Wasserdruckes in jeder Schützstellung auf, so daß bei der Schützbewegung keine Reibungskräfte überwunden werden müssen. Die Sohlendichtung des Schützes wird auf einem in die Schachtwandungen eingelassenen stählernen Kranz durch das Übergewicht des durch Gegengewichte oder Schwimmzellen größtenteils ausgeglichenen Schützgewichtes erreicht.

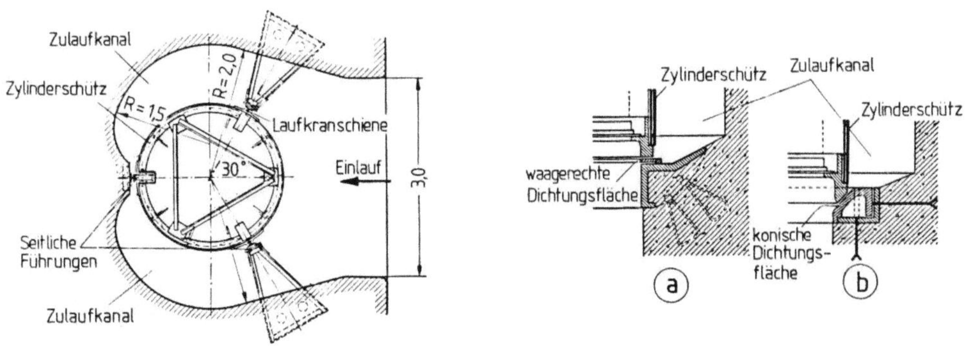

Abbildung 2.119. Seitliche Führung des Zylinderschützes im Schützschacht /6/ (Maße in m)

Bei zu schnellem Auffahren und ungenügender Wasserüberdeckung besteht bei Zylinderschützen die Gefahr des Lufteinrisses. Dies führt zu stoßartigen Luftausbrüchen in der Schleuse und starken Erschütterungen am Schütz. Um den Zufluß zum Schütz zu Beginn des Öffnungsvorganges gering zu halten, kann die Schützschneide sägezahnartig ausgebildet werden (*Zackenschütz*) /6/.

Die früher häufig eingebauten Zylinderschütze finden heute kaum noch Verwendung. Sie werden durch Roll- und Zugsegmentschütze ersetzt.

2.12.5 Drosselklappen

Drosselklappen werden als Verschlußorgane in Füll- und Entleerungskanälen von Schleusen nur relativ selten verwendet. Sie kommen wegen ihrer Schwingungsanfälligkeit nur bei geringeren Schleusenhubhöhen in Betracht.

Bei einigen belgischen Schleusen mit im Querschnitt kreisförmigen Torumläufen wurden Drosselklappen als Verschlußorgane eingebaut /98/. Die Klappen werden dabei mit Hilfe eines ölhydraulischen Antriebes, der einseitig neben dem Verschlußgehäuse angeordnet ist, bewegt. In der Schließstellung werden die Klappen an die Gehäusewandungen angepreßt. Auf eine zusätzliche Gummidichtung kann verzichtet werden.

2.13 Notverschlüsse

Zur Trockenlegung der Schleusenkammer zum Zwecke der Inspektion oder Schadensausbesserung sowie auch zur Wartung und Reparatur an Schleusentoren und Schützen sind *Notverschlüsse* in den Schleusenhäuptern und in den Füll- und Entleerungskanälen erforderlich. Diese werden in den Häuptern ober- und unterwasserseitig der Schleusentore, in den Zu- und Ablaufkanälen beidseitig der Verschlußorgane angeordnet.

Die Notverschlüsse sollten so ausgebildet werden, daß ein rascher Ein- und Ausbau möglich ist. Man unterscheidet dabei *ortsfest eingebaute* und *transportable* Notverschlüsse. In den Schleusenhäuptern dienen fest eingebaute Notverschlüsse oft auch als Reservetor.

Als bewegliche Verschlüsse kommen Dammbalken, Gleitdammtafeln oder nadelwehrartige Verschlußkörper für die Schleusenkammer in Betracht.

Die *Dammbalkenverschlüsse* bestehen aus einer Reihe von horizontalen Kasten- oder Fachwerkträgern, die mit Hilfe eines Kranes in lotrechten Nischen abgesenkt werden. In ihrer Gesamtheit nehmen sie den oberwasserseitigen Wasserdruck auf.

Beim *Tafel-Notverschluß* werden die gegeneinander dichtenden Tafelelemente auf einen geneigten Stützrahmen abgelegt, der als zusammenklappbare Bockkonstruktion in Sohlenlagern eingesetzt wird (System Schoen). Bei größeren Tafeln und Kammerbreiten können die Einzelelemente auch durch den Einbau von flutbaren Zellen schwimmfähig gemacht werden. Auch Notverschlüsse in Form einer einzelnen großen Stautafel (System Knötzelein) werden als schwimmfähige Verschlußorgane verwendet /6,24/. In diesem Falle erfolgt die Verlegung mit Hilfe eines Schwimmkranes.

Bei der als *Nadelwehr* ausgebildeten Notverschlußart wird der Wasserdruck von einer Reihe von *lotrechten* Einzelelementen, im allgemeinen Rohre oder Spundbohlen, auf einen in Höhe des OW-Spiegels eingesetzten Kastenträger und einen Sohlträger übertragen.

In den Torumläufen sowie in den Füll- und Entleerungskanälen der Schleusen werden in der Regel beiderseits der Verschlußorgane Notverschlüsse benötigt. Diese werden im allgemeinen als einfache *Gleitschütze* ausgebildet, die auf Kufen in lotrechten Nischen geführt werden (Abb. 2.116.). Bei Sparschleusen sind in den Zulaufkanälen der Sparbecken auf der Kammerseite des Schützes ebenfalls Notverschlüsse erforderlich, die als Gleit- oder Rollschütze ausgeführt werden. Bei Reparaturarbeiten am Schütz muß das Sparbecken leergepumpt werden (s. Abschnitt 6.11.2.5) /26/.

3 Trossenkräfte

Für die Sicherheit der schleusenden und in den Vorhäfen wartenden Schiffe muß gewährleistet sein, daß die bei den Schleusungsvorgängen in den Haltetrossen auftretenden Beanspruchungen ein zulässiges Maß nicht überschreiten.

Als zulässige Trossenkraft wird bei den Schleusungsvorgängen im allgemeinen 1/600 des Bruttoschiffsgewichtes G_S (Eigengewicht des Schiffes + Ladung) angenommen, während für die Transportvorgänge bei Schiffshebewerken $G_S/1000$ als zulässiger Grenzwert gilt /1,57,63,99/.

Nach holländischen Normen sollten bei Binnenschiffsschleusen die während der Füll- und Entleerungsvorgänge auf ein schleusendes Schiff wirkenden Längskräfte bei kleineren Schiffseinheiten (bis zu 600 tdw) 1,5 ‰ des Ladungsgewichtes, bei größeren Schiffen (bis zu 2000 tdw) 1,0 ‰ des Ladungsgewichtes nicht überschreiten. Bei Schubverbänden wird eine Längskraft von 0,7 ‰ der Tragfähigkeit des Gesamtverbandes (4 Leichter mit bis zu 9000 tdw) als zulässig angesehen /78/.

Bei den folgenden Betrachtungen und Ableitungen wird als zulässige Trossenkraft für ein schleusendes Schiff $S_{zul} = G_S/600$ zugrunde gelegt. Die Vorgabe dieses Wertes hat zur Folge, daß bei den Schleusungsvorgängen bestimmte Grenzwerte bezüglich der sekundlichen Zufluß- bzw. Entnahmewassermenge eingehalten werden müssen, deren Größe von der Art des verwendeten Füll- und Entleerungssystems abhängt (s. Abschnitt 7).

Grundsätzlich gilt dabei, daß unabhängig vom Füll- und Entleerungssystem wegen des größeren Wasserpolsters zwischen Schiff und Kammersohle unter sonst gleichen Randbedingungen bei den Kammer*entleerungen* die *geringeren* Kraftwirkungen auf die schleusenden Schiffe ausgeübt werden. Es werden deshalb im folgenden im wesentlichen nur die *Vorgänge bei der Kammerfüllung* betrachtet, da sich die hieraus abgeleiteten Schlußfolgerungen ohne Einschränkung auch auf die Entleerungsvorgänge übertragen lassen.

3.1 Trossenausrüstung der Schiffe

Nach den Vorschriften des Germanischen Lloyds ist die Bruchlast und der erforderliche Mindestdurchmesser für die Verhol-, Schlepp- und Festmachertrossen von stählernen Binnenschiffen in Abhängigkeit von der Wasserverdrängung des jeweiligen Schiffes (= Bruttoschiffsgewicht) vorgegeben /100/. Als Kennwert wird die sogenannte *Ausrüstungsleitzahl* Z_A benutzt, durch welche die Verdrängung des Schiffes bei seiner größtzulässigen Abladetiefe beschrieben wird:

$$Z_A = \delta_V\, L_S\, B_S\, T_S \ , \qquad (3\text{-}1)$$

wobei L_S = Länge des Schiffes (m),
B_S = Breite des Schiffes (m),
T_S = Tiefgang bei zulässiger Abladetiefe (m),
δ_V = Völligkeitsgrad (-).

Abbildung 3.1. zeigt den Zusammenhang zwischen der vorgeschriebenen Bruchlast für die verschiedenen Trossenarten und der Ausrüstungsleitzahl Z_A. Darüber hinaus wurde die Abhängigkeit der Bruchlast vom Trossendurchmesser dargestellt.

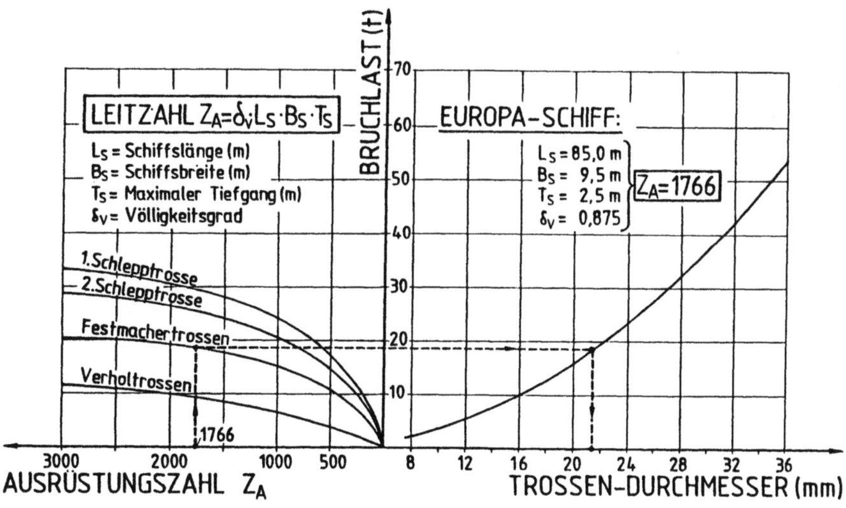

Abbildung 3.1. Bemessung der Verhol-, Schlepp- und Festmachertrossen für stählerne Binnenschiffe nach den Vorschriften des Germanischen Lloyds /100/

Für ein Europa-Schiff mit L_S = 85,0 m, B_S = 9,5 m, T_S = 2,5 m und δ_V = 0,875 ergibt sich demnach eine Leitzahl von Z_A = 1766. Dies entspricht einem Bruttoschiffsgewicht von G_S = 1766 t (≅ 17660 kN). Nach dem Diagramm der Abbildung 3.1. beträgt der erforderliche Mindestdurchmesser für die Festmachertrossen (stählerne Haltetrossen) des Europa-Schiffes 22 mm bei einer Bruchlast von rd. 18,0 t (≈ 180 kN).

Bezieht man die je Bruttoschiffsgewicht G_S vorgegebene Bruchlast der Haltetrossen auf den zulässigen Grenzwert von $G_S/600$, so ergibt sich die bei der zugelassenen Höchstbeanspruchung der Trossen *vorhandene Sicherheit*. Diese ist je nach Verdrängung des Schiffes unterschiedlich (Abb. 3.2.). Für ein voll abgeladenes Europa-Schiff mit $G_S = 1766$ t (≈17660 kN) ist bei Einhaltung der zulässigen Trossenkraft noch eine rd. 6,0-fache Sicherheit gegenüber der Bruchlast vorhanden. Bei kleineren Schiffseinheiten ist die Sicherheit entsprechend höher (Abb. 3.2.). Die Werte beziehen sich dabei allerdings auf *fabrikneue* Trossen und liegen in der Praxis etwas niedriger.

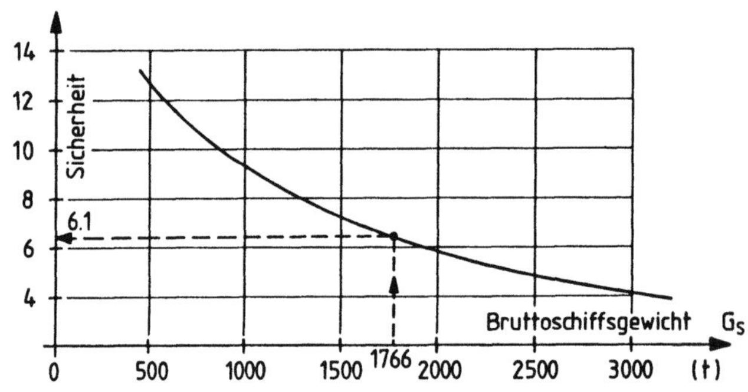

Abbildung 3.2. Sicherheit der Haltetrossen gegenüber der Bruchlast

3.2 Festlegen der Schiffe während des Schleusungsvorganges

Die Schiffe werden in der Regel mit einer Bug- und einer Hecktrosse während des Schleusungsvorganges an den in der jeweiligen Kammerwand angeordneten Haltekreuzen festgemacht. Die Haltetrossen müssen dabei während der Kammerfüllung bzw. -entleerung in gewissen Zeitintervallen entsprechend dem Heben oder Absenken des geschleusten Schiffes von einem Haltekreuz auf das nächstfolgende von Hand umgelegt werden. Die dabei auftretenden Trossenneigungen gegenüber der Horizontalen können, je nach Länge der Trossen, bis zu 1:2 betragen ($\Omega \leq 26°$, Abb. 3.3.). Bei Schwimmpollern bleiben die Haltetrossen dagegen während des Schleusungsvorganges annähernd horizontal ($\Omega = 0°$).

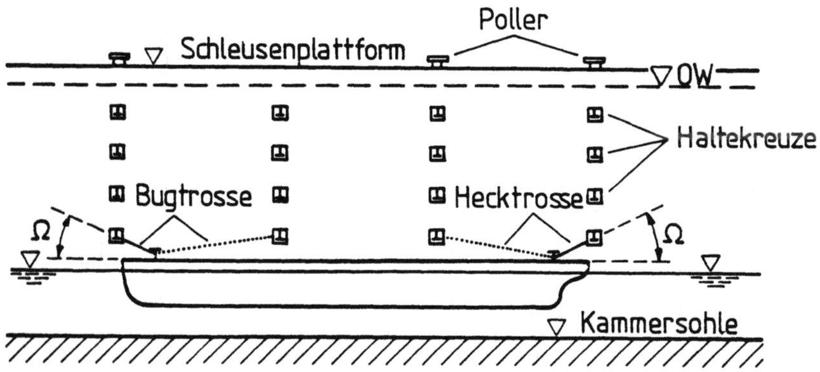

Abbildung 3.3. Festlegen eines Schiffes in der Kammer während des Schleusungsvorganges

3.3 Berechnung der Trossenkräfte

3.3.1 Kraftwirkungen auf das schleusende Schiff

Die auf die schleusenden Schiffe während der Kammerfüllung und -entleerung wirkenden Kräfte werden durch die Bewegungen des Wassers in der Kammer während des Schleusungsvorganges verursacht. Bei gleicher Öffnungsgeschwindigkeit der Verschlußorgane sind dabei die auf das schleusende Schiff ausgeübten Kräfte bei der Kammer*füllung* wegen des zu Beginn der Schleusung geringeren Wasserpolsters in der Kammer stets größer als bei den Entleerungsvorgängen. Es genügt deshalb im allgemeinen, den ungünstigeren Fall der Kammerfüllung zu untersuchen.

Die Wasserbewegungen in der Kammer während des Füllvorganges hängen sehr wesentlich von der Art des gewählten Füllsystems ab. Entscheidend für die Trossenkräfte der schleusenden Schiffe sind dabei die Bewegungen des Füllwassers in *Längsrichtung* der Kammer.

Bei modernen Systemen mit Zubringerkanälen und Füllbatterien, wie sie bei Schleusen größerer Hubhöhen heute angewendet werden, sind die Bewegungen des Füllwassers in Längsrichtung der Kammer nur unbedeutend. Sie treten nur örtlich in begrenzten Bereichen zwischen den Füllbatterien auf und heben sich in ihrer Wirkung auf die schleusenden Schiffe meistens annähernd auf. Die Trossenkräfte der schleusenden Schiffe sind deshalb bei dieser Art von Füllsystemen entsprechend gering.

Bei Füllung der Kammer durch das Obertor bzw. über Torumläufe sowie auch bei Füllung über Längskanäle oder Grundläufe kommt es dagegen, insbesondere zu Beginn des Füllvorganges, zu Wasserbewegungen in Kammerlängsrichtung, durch die sowohl *Strömungs-* als auch *Neigungskräfte* auf die schleusenden Schiffe ausgeübt werden.

Bei Freigabe der Füllquerschnitte am Oberhaupt stellt sich in der Kammer zunächst ein zum Unterhaupt geneigtes *Wasserspiegelgefälle* ein, das als Füllschwall die Kammer durchläuft, am Untertor reflektiert und im weiteren Verlauf der Kammerfüllung zu teilweise periodischen Gefällewechseln zwischen Ober- und Untertor der Schleuse führt /3, 101/.

Bei Auftreffen des ersten Füllschwalles auf ein schleusendes Schiff wird dessen Trimmlage verändert, und es treten am Schiff durch Teilreflexion der Welle und aufgrund seiner Eigenbewegung gewisse Nebenwellen auf, die zusammen mit der Hauptwelle eine unsymmetrische Druckverteilung am Schiffskörper verursachen (Abb. 3.4.). Dadurch wirkt auf das Schiff zu Beginn des Füllvorganges eine zum Unterhaupt gerichtete resultierende Kraft (*Strömungskraft*) /102/.

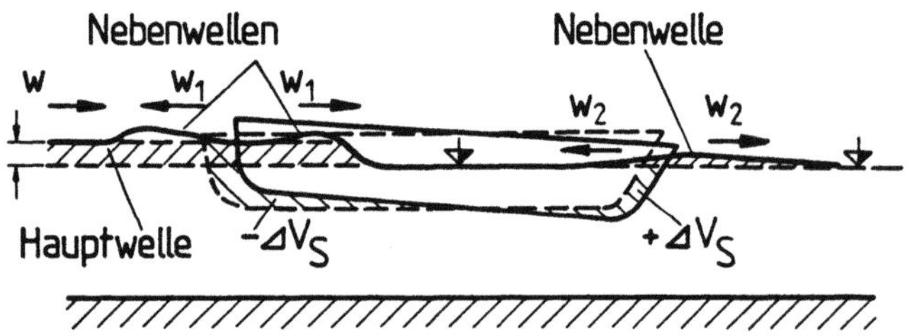

Abbildung 3.4. Wirkung einer Schwallwelle auf ein schleusendes Schiff

Gleichzeitig wirkt auf das Schiff unabhängig von seiner Trimmlage aufgrund des Wasserspiegelgefälles eine *Neigungskraft* F_W (Abb. 3.5.), deren Größe sich bei kleinen Neigungswinkeln Θ ($\sin \Theta \approx \tan \Theta$) in erster Näherung ergibt zu:

$$F_W = G_S \sin \Theta \cong G_S \, I_W \, , \tag{3-2}$$

wobei G_S = Bruttoschiffsgewicht in t bzw. kN,
I_W = Wasserspiegelgefälle in °/₀₀.

Die Wirkung der durch den Füllschwall verursachten Strömungskraft auf die schleusenden Schiffe ist um so stärker, je schneller die Füllquerschnitte am Oberhaupt freigegeben werden und je größer das Verhältnis der eingetauchten Hauptspantfläche des Schiffes zum benetzten Kammerquerschnitt ist / 104/.

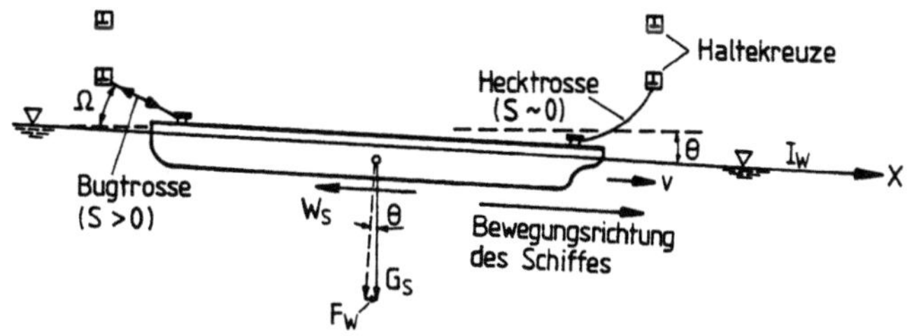

Abbildung 3.5. Kraftwirkungen auf ein Schiff infolge einer Wasserspiegelneigung

Bei langsamer Öffnung der Füllorgane am Oberhaupt mit einer im Hinblick auf die Trossenkräfte zulässigen sekundlichen Freigabe des Füllquerschnittes (s. Abschnitt 7.2) überwiegt jedoch die Wirkung der Neigungskraft.

Nach den Untersuchungen von G. WICKERT / 99, 101/ werden dabei die während des Füllvorganges auf die schleusenden Schiffe wirkenden *Längskräfte* (Kraftkomponenten in Längsrichtung der Schleuse) zu über 90 % durch die infolge der Wasserspiegelneigungen auf das Schiff wirkenden *Neigungskräfte* verursacht, während der durch die Strömungskräfte auftretende Kraftanteil demgegenüber nur entsprechend gering ist.

Abbildung 3.6. zeigt die bei einem Schleusungsvorgang am Modell mit Füllung vom Oberhaupt her gemessenen Längskräfte auf ein 1000 tdw-Schiff (Bruttogewicht G_S = 1240 t ≈ 12400 kN) sowie die gleichzeitig gemessenen Schiffsneigungen /3, 101/.

Die Meßergebnisse zeigen deutlich, daß die auf das schleusende Schiff wirkenden Längskräfte im wesentlichen durch die während des Füllvorganges in der Kammer auftretenden Wasserspiegelgefälle (∿ Schiffsneigungen) verursacht werden. Diese Aussage gilt in gleicher Weise auch für alle am Modell gemessenen Schiffslängskräfte bei Füllung einer Schleuse über Längskanal- oder Grundlaufsysteme. Bei den folgenden Berechnungen werden deshalb als Längskräfte nur die Neigungskräfte in Ansatz gebracht.

Weitere systematische Untersuchungen über die Kraftwirkungen auf schleusende Schiffe ergaben, daß je nach Lage des Schiffes in der Kam-

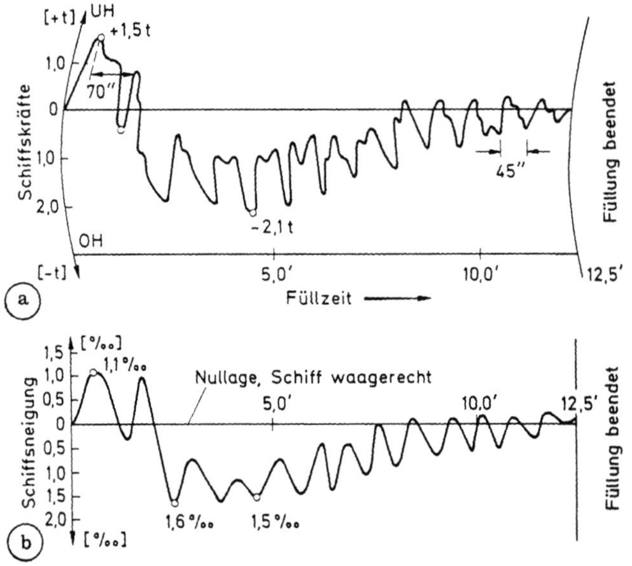

Abbildung 3.6. a) Am Modell gemessene Längskräfte auf das Schiff während des Füllvorganges

b) Gemessene Schiffsneigungen während des Füllvorganges

mer und je nach Festlegung desselben über Bug- und Hecktrosse, neben den *Längskräften* F_L auf das Schiff infolge der Wasserspiegelneigungen auch *Querkräfte* F_Q (Kraftkomponenten senkrecht zur Schleusenachse) auftreten können (Abb. 3.7.), deren Größe bis zu rd. 30 % der auftretenden Längskräfte betragen kann ($\alpha \leq 18°$) /99,101/.

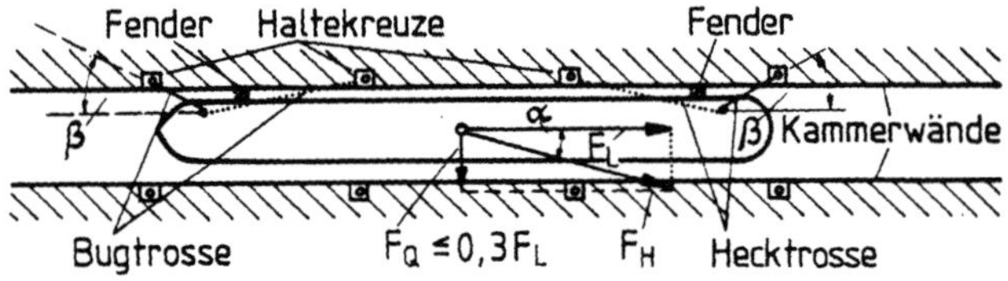

Abbildung 3.7. Längs- und Querkräfte auf ein schleusendes Schiff

Abbildung 3.8. zeigt die typischen, bei einem Modellversuch gemessenen Kraftverläufe für die auf ein Schiff mit G_S = 1240 t (≈ 12400 kN) wirkenden Längs- und Querkräfte während der Kammerfüllung durch das Obertor /3/.

Die parallel und quer zur Schleusenachse auf das Schiff wirkenden Kraftkomponenten $F_L \approx F_W$ und F_Q sind von der Bug- bzw. Hecktrosse

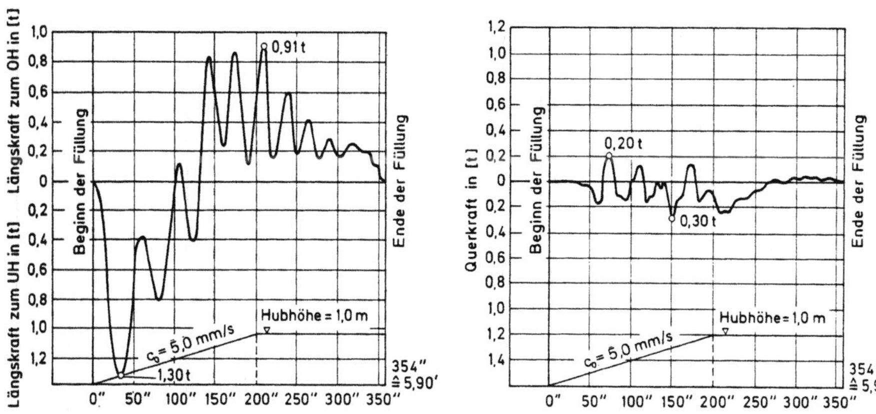

Abbildung 3.8. Typischer Kraftverlauf für die Längs- und Querkräfte bei Füllung durch das Obertor (Hubgeschwindigkeit des Tores c_o = 5,0 mm/s)

des Schiffes aufzunehmen. Wenn die beanspruchte Trosse dabei in der Vertikalen um den Winkel Ω (Abb. 3.3) sowie in der Horizontalen um den Winkel ß gegenüber der Schleusenachse geneigt ist (Abb. 3.7.), so ergibt sich eine räumliche Kraft $F_R = F_L/\cos\Omega \cdot \cos\beta$, die in Formänderungsarbeit der Trosse umgesetzt werden muß (Abb. 3.9.). Dabei wird von der erfahrungsgemäß zulässigen Näherung $\alpha \approx \beta$ Gebrauch gemacht.

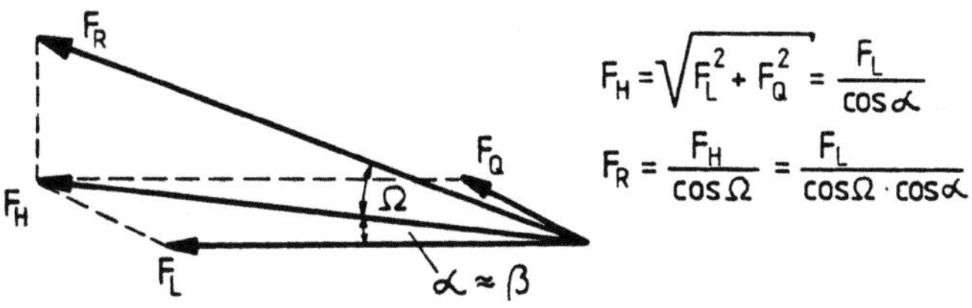

Abbildung 3.9. Räumliche Kraftwirkung auf die Haltetrosse

Geht man davon aus, daß die Haltetrossen im ungünstigsten Falle um 1:2 gegenüber der Horizontalen geneigt sind ($\Omega \leq 26°$, Abb. 3.3.) und der Winkel zwischen der Trossenrichtung (Verbindungslinie Schiffspoller-Haltekreuz) und Kammerachse $\beta \leq 18°$ beträgt, so ergibt sich für die räumliche Kraft F_R , die von der Bug- bzw. Hecktrosse des Schiffes aufgenommen werden muß:

$$F_R = \frac{F_L}{\cos\Omega \, \cos\beta} \leq 1{,}17 \; F_L \approx 1{,}17 \; F_W \tag{3-3}$$

Die räumliche Kraft F_R kann demnach im ungünstigsten Falle um 17 % größer als die auf das Schiff wirkende Längskraft F_L ($\sim$ Neigungskraft F_W) sein.

Wegen des im allgemeinen in den Haltetrossen vorhandenen *Trossendurchhanges* und aufgrund der *Elastizität der Trossen* ist jedoch eine, wenn auch geringe Beweglichkeit des Schiffes unter der Wirkung der resultierenden Kraft F_R möglich. Dies bedeutet, daß die kinetische Bewegungsenergie des Schiffes durch die elastische Dehnung der Trosse in Formänderungsarbeit umgesetzt werden muß, *wobei die in der Trosse auftretende Kraftspitze, je nach Länge und Durchhang der Trosse, ein Mehrfaches der resultierenden Kraft F_R erreichen kann.*

3.3.2 Trossenkräfte ohne Berücksichtigung des Trossendurchhanges

Es wird zunächst vereinfachend angenommen, daß die Haltetrossen des Schiffes während des Schleusungsvorganges an Schwimmpollern relativ *straff* (ohne nennenswerten Durchhang) festgelegt sind, so daß eine Bewegung des Schiffes unter dem Einfluß wirkender Quer- und Längskräfte im wesentlichen nur durch eine entsprechende *Dehnung der Trossen* möglich ist.

Das dynamische Kräftegleichgewicht für ein Schiff der Masse $m_S = G_S/g$, auf das eine Neigungskraft F_W wirkt, kann durch den folgenden Ansatz beschrieben werden (Abb. 3.10.):

$$F_W - S_1 - S_0 + S_2 - W_S - m_S\ddot{x} = 0 , \qquad (3\text{-}4)$$

wobei
$F_W = G_S I_W$ = auf das Schiff wirkende Neigungskraft (t bzw. kN),
S_1, S_2 = horizontale Trossenkräfte parallel zur Schleusenachse (Vernachlässigung des Trossenwinkels ß, Abb. 3.7.) (t bzw. kN),
S_0 = Vorspannkraft in der Trosse (t bzw. kN),
W_S = Schiffswiderstand bei der Bewegung durch das Wasser (t bzw. kN),
$\ddot{x}$ = $\frac{dv}{dt} = \frac{dv}{dx}\,v$ = Beschleunigung des Schiffes (m/s²),
v = Geschwindigkeit des Schiffes über Grund (m/s).

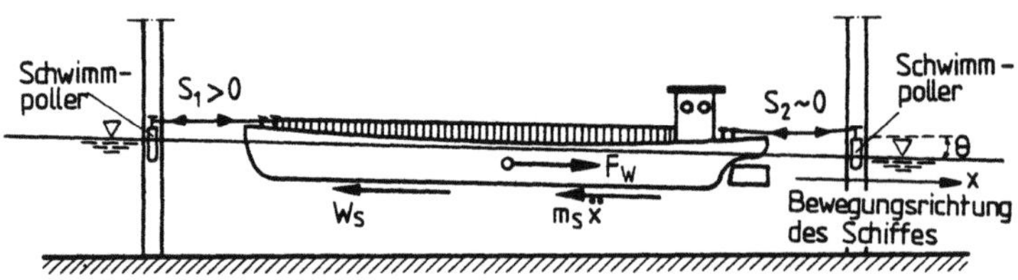

Abbildung 3.10. Kräftegleichgewicht am Schiff

Der Schiffswiderstand W_S hängt von der Relativgeschwindigkeit zwischen Wasser und Schiff ab und kann bei der sehr geringen Bewegung des Schiffes aufgrund der Trossendehnung vernachlässigt werden. Ebenfalls kann in erster Näherung auch die Wirkung der in Bewegungsrichtung des Schiffes angeordneten Haltetrosse S_2 vernachlässigt werden, da sie bei Dehnung der belasteten Trosse entsprechend gering wird ($S_1 >> S_2$). Die Vorspannkraft S_0 in der Trosse ist ebenfalls nur gering (Menschenkraft), wird aber im folgenden Ansatz mitberücksichtigt.

Damit vereinfacht sich Gleichung (3-4) wie folgt:

$$F_W - S - S_0 - m_S\ddot{x} = 0 \,. \tag{3-5}$$

Für die Trossenkraft $S = S_1$ gilt nach dem HOOKEschen Gesetz:

$$S = E\,A_T\,\varepsilon = E\,A_T\,\frac{\Delta s}{s} = c\,x\,, \tag{3-6}$$

wobei E = Elastizitätsmodul der Trosse (t/cm² bzw. N/mm²),
A_T = metallischer Querschnitt der Trosse (cm² bzw. mm²),
ε = $\Delta s/s$ = Dehnung der Trosse (-),
s = Trossenlänge (m),
Δs = Verlängerung der Trosse infolge Dehnung (m),
c = $E\,A_T/s$ = Federkonstante der elastischen Trosse (t/cm bzw. N/m).

Aus Gleichung (3-5) folgt bei Verwendung von (3-6) unter der hier zunächst gemachten Voraussetzung einer plötzlich auftretenden und dann konstant bleibenden Wasserspiegelneigung:

$$\ddot{x} + \frac{c}{m_S}\,x = \frac{F_W - S_0}{m_S} = \text{konstant}\,. \tag{3-7}$$

Dies ist die Schwingungsgleichung eines linear elastischen, ungedämpften Einmassenschwingers, wobei

$$\omega_t = \sqrt{\frac{c}{m_S}} = \sqrt{\frac{EA_T\,g}{s\,G_S}} \tag{3-8}$$

die Eigenkreisfrequenz des Systems Schiff-Trosse ist.

Die homogene Lösung der Differentialgleichung lautet:

$$x_H = C_1 \sin \omega_t t + C_2 \cos \omega_t t \tag{3-9}$$

und für die Partikularlösung ergibt sich:

$$x_P = \frac{F_W - S_0}{c} \; . \qquad (3\text{-}10)$$

Für die Gesamtlösung folgt damit:

$$x = \frac{F_W - S_0}{c} + C_1 \sin \omega_t t + C_2 \cos \omega_t t \; . \qquad (3\text{-}11)$$

Die Integrationskonstanten C_1 und C_2 ergeben sich aus den Randbedingungen $x = 0$ und $\dot{x} = 0$ für $t = 0$ zu $C_1 = 0$ und $C_2 = -(F_W - S_0)/c$.

Die Bewegung des Schiffes bei Dehnung der Trosse wird demnach durch die folgende Gleichung beschrieben:

$$x = \frac{F_W - S_0}{c} (1 - \cos \omega_t t) \; . \qquad (3\text{-}12)$$

Die maximale Trossenkraft tritt im Augenblick der größten Dehnung auf, d.h. wenn $x = x_{max}$ ist. Nach Gleichung (3-12) ergibt sich für $(\omega_t t) = \pi$:

$$x_{max} = \Delta s_{max} = 2 \, \frac{F_W - S_0}{c} \; . \qquad (3\text{-}13)$$

Bei Verwendung von Gleichung (3-6) folgt damit für die maximale Trossenkraft $(F_W >> S_0)$:

$$S_{max} = c \, x_{max} = 2 \, (F_W - S_0) \sim 2 \, G_S I_W \; . \qquad (3\text{-}14)$$

Die Kraftspitze in der horizontalen Haltetrosse erreicht demnach unter den vorher getroffenen Annahmen bei Berücksichtigung der elastischen Trossendehnung etwa *den zweifachen Wert der auf das Schiff wirkenden Neigungskraft* $(G_S \cdot I_W)$.

Bei dieser Berechnung wurde vernachlässigt, daß das Schiff aufgrund des immer vorhandenen Durchhanges der Haltetrosse zunächst eine gewisse Bewegung ausführen kann, bevor es zu einer Straffung der Trosse und der anschließend erfolgenden elastischen Dehnung kommt.

Das Schiff besitzt demnach bereits eine gewisse Geschwindigkeit, bevor es zur eigentlichen elastischen Dehnung der Trosse kommt. Die bei der Umsetzung der Bewegungsenergie in Formänderungsarbeit auftretenden maximalen Trossenkräfte können dabei, je nach Länge und Durchhang der Trossen, erheblich größere Werte erreichen, als sie sich nach Gleichung (3-14) ergeben.

Im folgenden wird der Versuch unternommen, die Größenordnung der bei Straffung und Dehnung der Trosse möglichen Kraftspitzen zu bestimmen.

3.3.3 Trossenkräfte bei Berücksichtigung des Trossendurchhanges

Die Kraftaufnahme in der Trosse infolge ihrer Straffung und Dehnung ist durch ein nichtlineares Federgesetz gekennzeichnet (Abb. 3.11.). Der Bewegungsablauf für das Schiff wird damit durch eine nichtlineare, inhomogene Differentialgleichung beschrieben, deren Lösung keine harmonische Schwingung mehr ergibt.

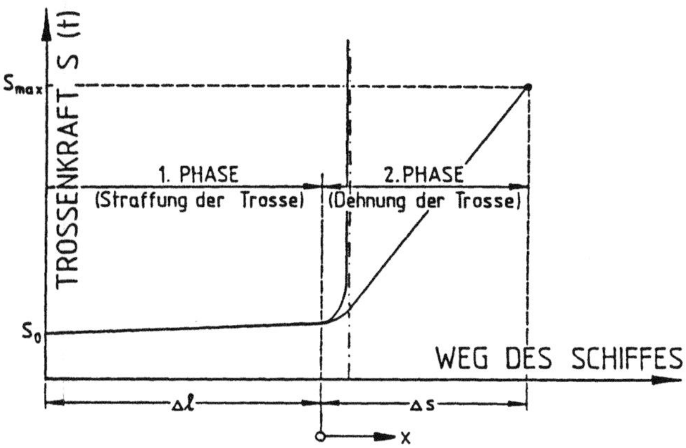

Abbildung 3.11. Kraft-Weg-Diagramm für die Haltetrosse /1/

Für die Berechnung der in der jeweiligen Haltetrosse auftretenden Kraftspitze S_{max} wird im folgenden die Bewegung des Schiffes vereinfachend in *zwei Phasen* betrachtet. In der 1. Phase erfolgt die *Straffung der Trosse*, wobei ihre gleichzeitige geringe Dehnung vernachlässigt wird, und in der 2. Phase wird die kinetische Energie des unter der Wirkung einer Neigungskraft in Bewegung geratenen Schiffes durch die *elastische Dehnung der Trosse* in Formänderungsarbeit umgesetzt /2,103/.

Für die Bewegung eines Schiffes von der Masse m_S unter der Wirkung einer Neigungskraft F_W gilt mit den Bezeichnungen der Abbildung 3.10. die folgende Gleichgewichtsbedingung (vgl. Gleichung (3-4)):

$$F_W - W_S - S_1 + S_2 - m_S\ddot{x} = 0 \quad (3\text{-}15)$$

Wird vereinfachend angenommen, daß die Vorspannkraft in der Bugtrosse in der 1. Bewegungsphase (Straffung der Trosse, Abb. 3.11.) annähernd konstant bleibt ($S_1 = S_0 \approx$ konstant) und wird außerdem in erster Näherung die Wirkung der Hecktrosse sowie die des Schiffswiderstandes vernachlässigt ($S_2 \approx 0$ und $W_S \approx 0$), so ergibt sich der folgende vereinfachte Ansatz (vgl. Gleichung (3-5)):

$$F_W - S_0 - m_S\ddot{x} = 0 . \tag{3-16}$$

Bei Verwendung von $m_S = G_S/g$ und $\ddot{x} = \frac{dv}{dx}\frac{dx}{dt} = \frac{dv}{dx}\,v$ folgt:

$$G_S \frac{dv}{dx}\, v = G_S\, I_W - S_0 . \tag{3-17}$$

Die Geschwindigkeit v_e des Schiffes am Ende der 1. Phase nach erfolgter Straffung der Trosse läßt sich aus Gleichung (3-17) nach Trennung der Veränderlichen und Integration wie folgt berechnen:

$$\int_0^{ve} v\, dv = g\,(I_W - S_0/G_S) \int_0^{\Delta\ell} dx .$$

Daraus folgt:

$$v_e = \sqrt{2g\,(I_W - S_0/G_S)\,\Delta\ell} , \tag{3-18}$$

wobei $\Delta\ell$ der Weg des Schiffes in der ersten Bewegungsphase ist (Abb. 3.11.). Letzterer wird näherungsweise gleich der Differenz aus der Bogenlänge der durchhängenden Trosse und ihrer Sehne gesetzt ($\Delta\ell = s - \ell$, Abb. 3.12.).

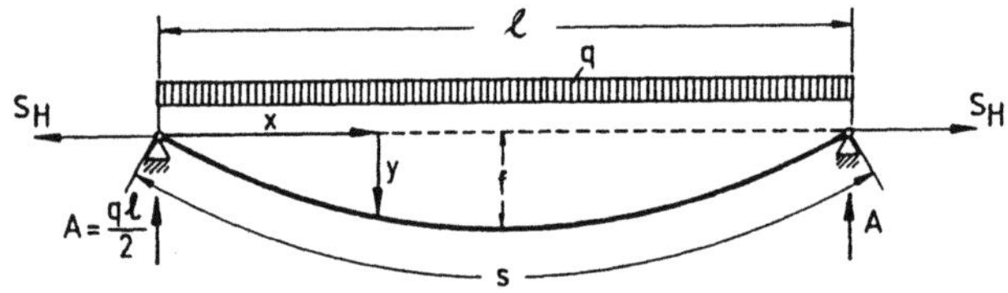

Abbildung 3.12. Kräftegleichgewicht am Seil /1/

Für die Horizontalkraft S_H an den Auflagerpunkten des Seiles ergibt sich mit den Bezeichnungen der Abbildung 3.12. /1/:

$$S_H = \frac{q\ell^2}{8f} , \tag{3-19}$$

wobei q = Seilgewicht je lfm (t/m bzw. kN/m),
ℓ = Sehnenlänge (m),

f = Durchhang des Seiles (m) ,
s = Länge des Seiles (m) .

Die Seillänge s läßt sich bei vorgegebenem Durchhang f und Sehnenlänge ℓ wie folgt errechnen /1/:

$$s = \ell + \frac{8}{3}\,\frac{f^2}{\ell} = \ell + \Delta\ell \ . \tag{3-20}$$

Bei Verwendung von Gleichung (3-19) ergibt sich:

$$\Delta\ell = \frac{q^2\,\ell^3}{24\,S_H^2} \ . \tag{3-21}$$

Abbildung 3.13. zeigt den Zusammenhang zwischen der Sehnenlänge ℓ, dem Trossendurchhang f und der Vorspannkraft S_0. Bei Vorgabe dieser drei Werte kann der mögliche Seilweg $\Delta\ell$ bis zur Straffung der Trosse nach Abbildung 3.13. bestimmt werden. Das Seilgewicht pro lfm wurde dabei mit q = 0,00165 t/m (≈ 0,0165 kN/m) zugrunde gelegt. Dies entspricht einem Seildurchmesser von 22 mm, wie er für die Haltetrossen eines Europa-Schiffes vorgeschrieben ist /100/.

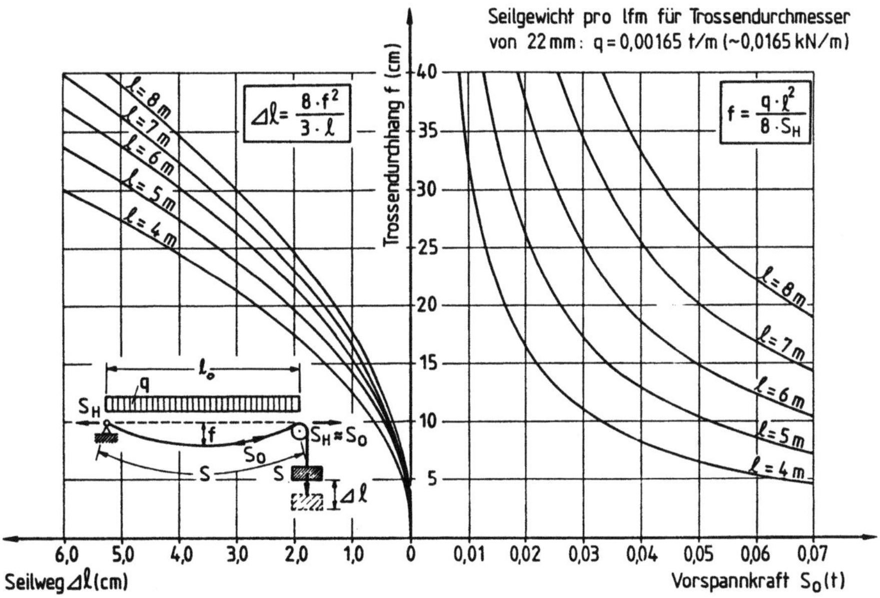

Abbildung 3.13. Zusammenhang zwischen Trossendurchhang und möglichem Seilweg bei Straffung der Trosse (Trossendurchmesser = 22 mm)

Wegen der relativ geringen Länge s der Haltetrossen und der beim Festmachen der Schiffe vorhandenen Vorspannkraft S_0 in der Trosse ist im allgemeinen nur ein geringer Trossendurchhang ($f \approx 0{,}10$ m) vorhanden, so daß wegen $f \ll \ell$ im folgenden näherungsweise $s \approx \ell$ gesetzt werden kann.

Vernachlässigt man den geringen Kraftanstieg in der Trosse während ihrer Straffung (Abb. 3.11.), so ergibt sich mit $S_H = S_0 =$ konst. der vom Schiff in der ersten Phase zurückgelegte Weg zu:

$$\Delta\ell \cong \frac{q^2\, s^3}{24\, S_0^{\,2}} \; . \tag{3-22}$$

Für die Geschwindigkeit v_e des Schiffes am Ende der 1. Phase folgt dann mit Gleichung (3-18):

$$v_e = \sqrt{\left(g\, I_W - \frac{g\, S_0}{G_S}\right) \frac{q^2\, s^3}{12\, S_0^{\,2}}} \; . \tag{3-23}$$

In der *zweiten Phase* (Abb. 3.11.) muß die kinetische Energie des in Bewegung geratenen Schiffes durch die elastische Dehnung der Trosse in Formänderungsarbeit umgesetzt werden. Unter der Voraussetzung, daß die Wasserspiegelneigung plötzlich auftritt und konstant bleibt (F_W = konst.), gilt der folgende Ansatz:

$$F_W - W_S - S_0 - S + S_2 - m_S \ddot{x} = 0, \tag{3-24}$$

wobei $S = EA_T\, \varepsilon$ = Kraftanteil in der Trosse infolge Dehnung ist.

Vernachlässigt man den Schiffswiderstand W_S und die geringe Trossenkraft $S_2 \ll S + S_0$, so ergibt sich der vereinfachte Ansatz:

$$F_W - S_0 - EA_T\varepsilon = m_S \ddot{x} \; , \tag{3-25}$$

wobei $$\ddot{x} = \frac{dv}{dt} = \frac{dv}{dx}\,\frac{dx}{dt} = \frac{dv}{dx}\, v \tag{3-26}$$

und $\varepsilon = \Delta s/s$ mit s = Trossenlänge.

Mit $dx = d(\Delta s) = s\, d\varepsilon$ und $m_S = G_S/g$ folgt:

$$(F_W - S_0 - EA_T\varepsilon)\, d\varepsilon = \frac{G_S}{gs}\, v\, dv \; . \tag{3-27}$$

Zu Beginn der 2. Phase besitzt das System Schiff - Trosse praktisch nur kinetische Bewegungsenergie, während am Ende dieser Phase die Schiffsbewegung zu Null wird.

Die Anwendung des Energiesatzes für die beiden Grenzzustände zu Beginn und am Ende der 2. Phase ergibt bei Vernachlässigung der Dämpfung die folgende Bilanzgleichung:

$$\int_0^{\varepsilon_e} (F_W - S_0 - EA_T\varepsilon)\, d\varepsilon = \frac{G_S}{gs} \int_{v_e}^{0} v\, dv \ , \qquad (3\text{-}28)$$

wobei ε_e = Enddehnung der Trosse im Augenblick der größten Trossenkraft S_{max},

v_e = Geschwindigkeit des Schiffes zu Beginn der 2. Phase (s. Gleichung (3-23)).

Mit $S_e = EA_T\varepsilon_e$ liefert die Integration von Gleichung (3-28):

$$S_e^2 - 2(F_W - S_0) - \frac{G_S EA_T}{g\ s} v_e^2 = 0 \ . \qquad (3\text{-}29)$$

Daraus folgt für die maximale Trossenkraft mit $S_{max} = S_e + S_0$ und bei Verwendung von Gleichung (3-23) und (3-2):

$$S_{max} = G_S I_W + \sqrt{(G_S I_W - S_0)^2 + EA_T (G_S I_W - S_0) \frac{q^2 s^2}{12\ S_0^2}} \ . \qquad (3\text{-}30)$$

Bei Verwendung von Gleichung (3-21) gilt $\frac{q^2 s^2}{12\ S_0^2} = \frac{2\Delta\ell}{s}$. Damit folgt aus Gleichung (3-30) mit $\Delta\ell = s - \ell_0$, wobei ℓ_0 die Sehnenlänge der Trosse in der Ruhelage (mit S_0 als Vorspannkraft) ist:

$$S_{max} = G_S I_W + \sqrt{(G_S I_W - S_0)^2 + 2EA_T\ (G_S I_W - S_0) \frac{s - \ell_0}{s}} \ . \qquad (3\text{-}31)$$

Der Ausdruck $(s - \ell_0)/s$ ist dabei ein Maß für den Durchhang der Trosse.

Für $\ell_0 \approx s$ (straffe Trosse ohne Durchhang) wird wegen $S_0 << G_S I_W$ die maximale Trossenkraft $S_{max} \approx 2G_S I_W$ (s. Gleichung 3-14).

Eine *zweite Möglichkeit* für die Berechnung der maximalen Trossenkraft am Ende der 2. Phase ergibt sich bei Verwendung des Ansatzes nach Gleichung (3-7).

Für die Dehnung der Trosse (Abb. 3.11.) gilt in erster Näherung die Differentialgleichung (3-7) und deren Gesamtlösung nach Gleichung

(3-11). Die Integrationskonstanten C_1 und C_2 ergeben sich hier aus den Randbedingungen $x = 0$ und $\dot{x} = v_e$ für $t = 0$ zu $C_1 = v_e/\omega_t$ und $C_2 = -(F_W - S_0)/c$.

Die Bewegung des Schiffes in der 2. Phase (Dehnung der Trosse) wird demnach durch die folgende Gleichung beschrieben:

$$x = \frac{F_W - S_0}{c} (1 - \cos \omega_t t) + \frac{v_e}{\omega_t} \sin \omega_t t \,. \tag{3-32}$$

Die maximale Trossenkraft tritt im Augenblick der größten Dehnung auf, d.h. wenn $x = x_{max} = \Delta s_{max}$ (Abb. 3.11.).

Bei Verwendung von Gleichung (3-32) ergibt sich aus der Bedingung $\dot{x} = 0$ der maßgebende Phasenwinkel $(\omega_t t)_{max}$ für die größte Trossendehnung zu:

$$(\omega_t t)_{max} = \arctan \left[- \frac{v_e \; c}{\omega_t \; (F_W - S_0)} \right] \tag{3-33}$$

und damit:

$$x_{max} = \Delta s_{max} = \frac{F_W - S_0}{c} (1 - \cos (\omega_t t)_{max}) + \frac{v_e}{\omega_t} \sin (\omega_t t)_{max} \,. \tag{3-34}$$

Für die maximale Dehnung der Trosse gilt außerdem:

$$x_{max} = \frac{F_W - S_0}{c} + \sqrt{C_1^2 + C_2^2} = \frac{F_W - S_0}{c} + \sqrt{\frac{v_e^2}{\omega_t^2} + \frac{(F_W - S_0)^2}{c^2}} \,, \tag{3-35}$$

wobei $c = EA_T/s$ = Federkonstante der Trosse (t/cm bzw. N/m),
$\omega_t = \sqrt{c/m_S} = \sqrt{cg/G_S}$ = Eigenkreisfrequenz des Systems Schiff-Trosse (1/s),
v_e = Endgeschwindigkeit des Schiffes nach Straffung der Trosse (Gleichung (3-23)) (m/s).

Bei Verwendung von Gleichung (3-35) ergibt sich die maximale Trossenkraft infolge Dehnung am Ende der 2. Phase zu:

$$S_{max} = S_0 + c \; x_{max} \,. \tag{3-36}$$

Die vorstehende Gleichung läßt sich bei Verwendung von (3-8) und (3-23) in Gleichung (3-30) überführen, wie sich leicht nachvollziehen läßt.

Die Berechnungen zeigen, daß sich bei Berücksichtigung des Trossendurchhanges Kraftspitzen in den Haltetrossen der Schiffe ergeben können, die den nach Gleichung (3-14) ohne Trossendurchhang errechneten Wert von $S_{max} = 2\ G_S I_W$ noch erheblich überschreiten können.

3.3.4 Maßgebende Trossenkräfte

Bei den bisherigen Untersuchungen war davon ausgegangen worden, daß die Wasserspiegelneigung zu Beginn des Füllvorganges *plötzlich* auf das System Schiff-Trosse wirkt und solange konstant bleibt, bis das Schiff aufgrund der wirkenden Neigungskraft seine Bewegung bis zur Straffung und anschließenden Dehnung der Trosse ausgeführt hat.

Dies setzt voraus, daß die Eigenschwingperiode T_t des Systems Schiff-Trosse geringer ist als die Einwirkdauer der Neigungskraft F_W auf das Schiff, eine Voraussetzung, die in nahezu allen praktischen Fällen der Schleusenfüllung vom Oberhaupt her zutrifft.

Grundsätzlich gilt, daß sobald sich das Schiff mit seiner vollen Länge im Einflußbereich eines Wasserspiegelgefälles (Schwallwellenfront) befindet, eine seinem Bruttoschiffsgewicht und der Wasserspiegelneigung entsprechende Neigungskraft $F_W = G_S I_W$ auf es wirksam wird, unabhängig davon, ob sich das Schiff sofort oder erst langsam mit seiner Trimmlage auf das Spiegelgefälle einstellt.

Die Zeit t_W, die eine Schwallwelle mit geneigter Wellenfront benötigt, um ein Schiff von der Länge L_S zu passieren, hängt von der Fortpflanzungsgeschwindigkeit der Welle ab. Diese ist am geringsten zu Beginn des Füllvorganges und nimmt mit steigendem Kammerwasserspiegel zu. In erster Annäherung gilt dabei:

$$t_W = \frac{L_S}{\sqrt{g\,y}}\,, \tag{3-37}$$

wobei y = Wassertiefe in der Schleusenkammer.

Bei einer angenommenen Wassertiefe von $y_o = 4{,}0$ m in der Kammer zu Beginn des Füllvorganges und einer angenommenen Schiffslänge von $L_S = 80{,}0$ m (Europa-Schiff) würde sich damit eine erforderliche Durchlaufzeit für die Welle von $t_W = 12{,}8$ s ergeben, bis auf das schleusende Schiff die Neigungskraft F_W voll wirkt.

Die *Eigenschwingperiode* T_t des Systems Schiff-Trosse hängt vom Bruttoschiffsgewicht, der Trossenlänge und deren Eigenschaften (E-Modul und metallischer Querschnitt) ab. Bei Verwendung von Gleichung (3-8) ergibt sie sich zu:

$$T_t = \frac{2\pi}{\omega_t} = \frac{2\pi}{\sqrt{\frac{EA_T g}{s\ G_S}}} \quad . \qquad (3\text{-}38)$$

Für ein *Europa-Schiff* mit Trossenlängen zwischen 4,0 und 8,0 m ergeben sich für die Eigenschwingperiode des Systems Schiff-Trosse Werte von $3{,}8\ s \leq T_t \leq 5{,}4\ s$. Diese liegen deutlich unter den Durchlaufzeiten t_W der Schwallwelle ($T_t < t_W$), so daß die bei den vorstehenden Berechnungen getroffene Annahme einer *plötzlichen* Wirkung des Wasserspiegelgefälles auf das Schiff nicht voll zutrifft.

Das gleiche gilt auch für *kleinere Schiffseinheiten* mit kürzerer Schiffslänge. So ergibt sich beispielsweise für ein Schiff mit $G_S = 500$ t ($\approx$ 5000 kN) unter den gleichen Voraussetzungen wie oben eine Durchlaufzeit für das Passieren der Schwallwelle von $t_W = 6{,}4$ s, wohingegen die Eigenschwingperioden des Systems Schiff-Trosse in diesem Fall bei Trossenlängen von $4{,}0\ m \leq s \leq 8{,}0\ m$ Werte von $2{,}4\ s \leq T_t \leq 3{,}6\ s$ annehmen.

Wie die vorstehenden Betrachtungen zeigen, ist die Eigenschwingperiode des Schiff-Trossen-Systems geringer als die Zeitspanne, in der die Neigungskraft voll wirksam wird. Die Neigungskraft wirkt deshalb nicht plötzlich in voller Größe auf das Schiff, sondern nimmt vielmehr stetig bis auf ihren statischen Endwert zu. Dabei ist allerdings zu beachten, daß beim *ersten* Auftreffen des Füllschwalls auf das Schiff auch *Strömungskräfte* einen gewissen Einfluß haben, so daß die Zeitspanne bis zum vollen Wirksamwerden aller Längskräfte auf das Schiff doch kürzer ist, als sie sich nach der überschlägigen Berechnung nach Gleichung (3-37) ergibt.

Abbildung 3.14. a zeigt den zeitlichen Verlauf der Kraftaufnahme in der Haltetrosse mit und ohne Dämpfung für den Fall einer *plötzlichen* Wirkung der Wellenneigung auf das schleusende Schiff ($t_W \ll T_t$), während auf Abbilung 3.14.b der zeitliche Verlauf der Kraftaufnahme in der Trosse bei *stetig zunehmender* Wirkung der Neigungskraft auf das Schiff dargestellt wurde.

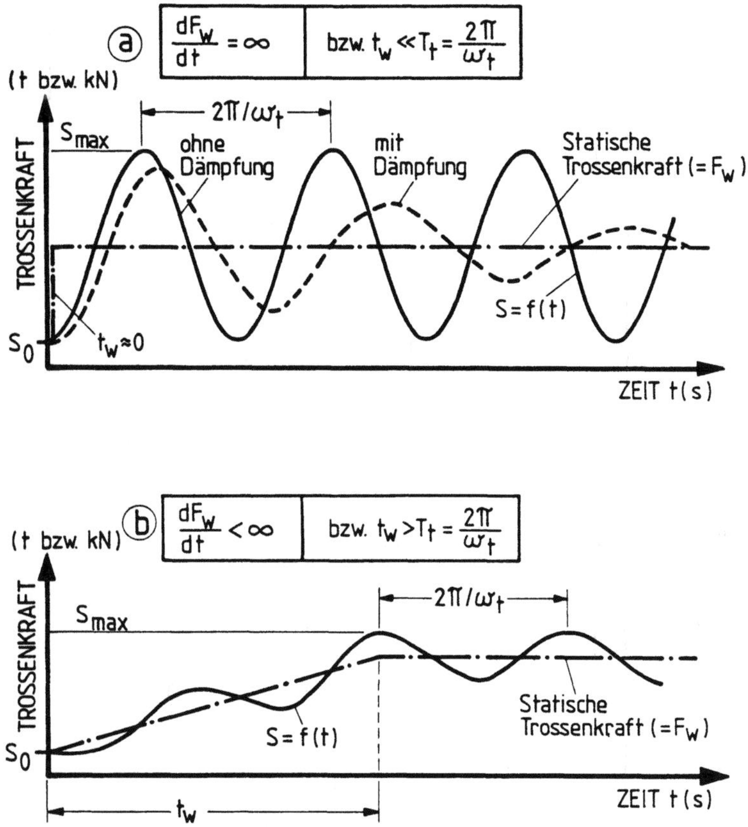

Abbildung 3.14. Zeitlicher Verlauf der Kraftaufnahme in der Trosse bei plötzlicher (a) und allmählicher (b) Wirkung der Neigungskraft auf ein Schiff

In beiden Fällen wurde vorausgesetzt, daß das in der Kammer zu Beginn der Füllung sich einstellende Wasserspiegelgefälle mindestens solange konstant bleibt bis das schleusende Schiff voll von ihm erfaßt ist. Diese Annahme ist berechtigt, da die Dauer der stetigen Zunahme der sekundlichen Füllwassermenge t_{max} bei der Kammerfüllung (Abb. 3.15.) wohl in jedem Fall größer ist als die Zeit, welche die Schwallwelle selbst bei extrem langen Kammern benötigt, um die Schleuse voll zu durchlaufen.

Die Untersuchungen zeigen, daß die Annahme einer *plötzlichen* Wirkung der Neigungskraft auf das Schiff ($dF_W/dt = \infty$) zu ungünstige Werte für die maximalen Trossenkräfte (Gleichung (3-30)) liefert. Die Wirkung der Neigungskraft auf das Schiff nimmt vielmehr stetig während des Wellendurchlaufes bis zu ihrem statischen Endwert zu, wobei die maximal auftretenden Trossenkräfte geringer als die nach Gleichung (3-30) errechneten Werte sind (Abb. 3.14.b).

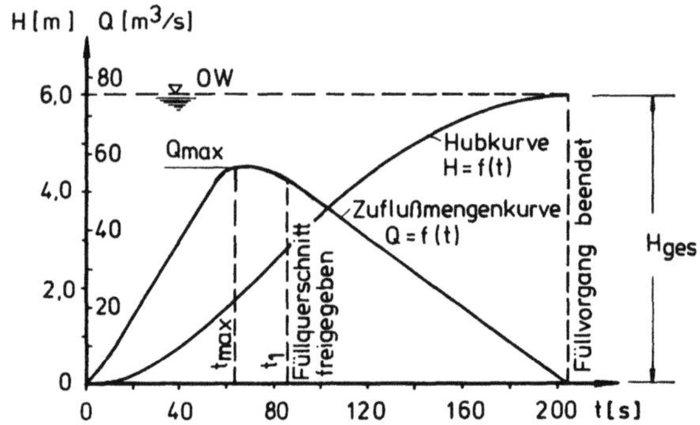

Abbildung 3.15. Typische Zuflußmengenkurve und Hubkurve des Kammerwasserspiegels bei einer Schleusenfüllung

Für den Fall, daß die Trossen straff *ohne Durchhang* vor Beginn des Füllvorganges verlegt sind, läßt sich eine Abschätzung der zu erwartenden Maximalwerte der Trossenkräfte nach dem folgenden Ansatz vornehmen:

$$S_{max} = S_{stat}\ V^* = F_W \left[1 + \frac{1}{\pi\,(t_W/T_t)} \left| \sin \pi \frac{t_W}{T_t} \right| \right] \qquad (3\text{-}39)$$

wobei V* = Vergrößerungsfaktor (Abb. 3.16.)

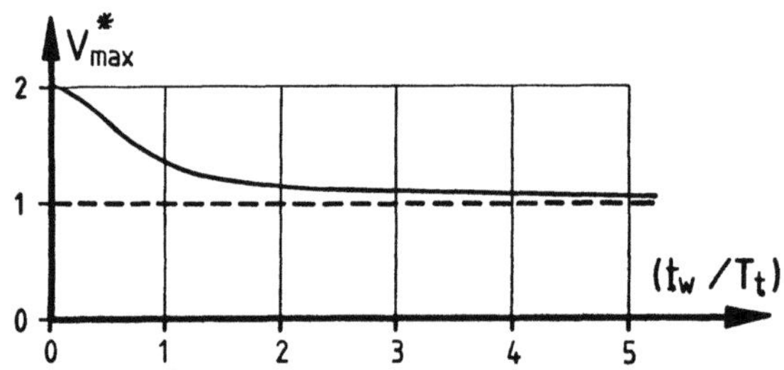

Abbildung 3.16. Vergrößerungsfaktor V* in Abhängigkeit vom Verhältnis (t_W/T_t)

Bei den errechneten Werten von (t_W/T_t) ergeben sich Trossenkräfte, die um 10 bis 20 % über dem statischen Wert der äußeren Kraft F_W liegen.

Bei Vorgabe eines, wenn auch *geringen Trossendurchhanges* erhöhen sich die nach Gleichung (3-39) errechneten maximalen Trossenkräfte jedoch noch erheblich, wobei die auftretenden Kraftspitzen von der Länge und dem Durchhang der Haltetrossen sowie auch vom Verhältniswert (t_W/T_t) abhängen. Sie liegen jedoch in jedem Falle noch unter den nach Gleichung (3-30) errechneten maximalen Trossenkräften.

Wenn man berücksichtigt, daß bei der Berechnung der maximalen Trossenkraft nach Gleichung (3-30) *horizontal* verlegte Trossen vorausgesetzt wurden - bei räumlich geneigten Trossen ist die aufzunehmende Kraft um bis zu 17 % größer als die Neigungskraft F_W - und außerdem der mögliche Einfluß von *Querkräften* vernachlässigt wurde, so erscheint es vertretbar, aus Sicherheitsgründen für die weiteren Überlegungen und Schlußfolgerungen die nach Gleichung (3-30) errechneten maximalen Trossenkräfte zugrunde zu legen.

Aus Gleichung (3-30) bzw. (3-31) geht hervor, daß die maximale Trossenkraft eines schleusenden Schiffes im wesentlichen von der auf das Schiff wirkenden Neigungskraft $F_W = G_S I_W$, von der Länge und dem Durchhang der Trosse (Vorspannkraft S_0) sowie von den Abmessungen und Materialeigenschaften der Trosse abhängt.

In Abbildung 3.17. wurde die Abhängigkeit der maximalen Trossenkraft nach Gleichung (3-30) von der Wasserspiegelneigung I_W und der Trossenlänge s für ein voll abgeladenes Europa-Schiff mit einem Bruttoschiffsgewicht von G_S = 1766 t (≈17660 kN) dargestellt. Dabei wurde für die Ruhelage des Schiffes unabhängig von der Trossenlänge eine Vorspannkraft von S_0 = 0,03 t (≈ 0,3 kN) angenommen. Im übrigen wurden für die 22 mm starke Haltetrosse des Europa-Schiffes die folgenden Kennwerte verwendet:

E = 1100 t/cm² (≈ 1,1 × 10² kN/mm²) = Elastizitätsmodul der Trosse,
A_T = 1,75 cm² = metallischer Querschnitt der Trosse,
q = 0,00165 t/m (≈ 0,0165 kN/m) = Trossengewicht pro m.

Die Auftragungen der Abbildung 3.17. zeigen deutlich, daß die maximale Kraft in den Haltetrossen der schleusenden Schiffe bei vorgegebenen Randbedingungen in starkem Maße von der Trossenlänge s und dem durch die Vorspannkraft S_o bedingten Trossendurchhang abhängt.

Um die Größe der auftretenden Trossenkräfte während des Schleusungsvorganges in Grenzen zu halten, sollte die Bewegungsmöglichkeit der Schiffe möglichst *durch die Verwendung von kurzen und straff verlegten Trossen* eingeschränkt werden.

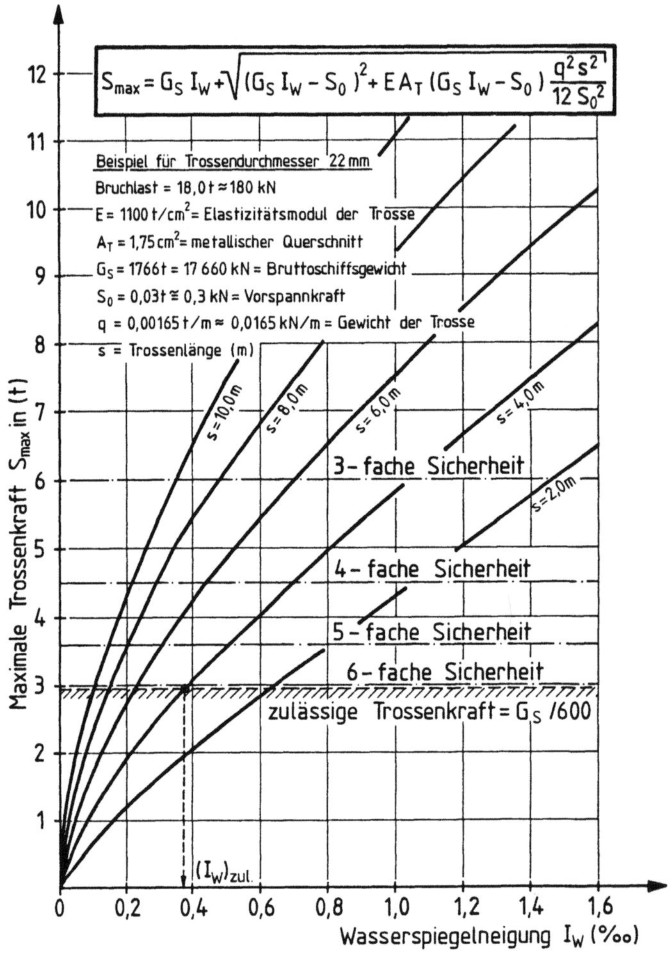

Abbildung 3.17. Maximale Trossenkraft bei plötzlicher Wirkung der Neigungskraft auf das Schiff ($t_W << T_t$)

3.3.5 Zulässige Wasserspiegelneigungen

Bei einer zulässigen Trossenkraft von $S_{zul} = G_S/600$ würde bei einem voll abgeladenen Europa-Schiff mit G_S = 1766 t (≈ 17660 kN) noch eine rd. 6-fache Sicherheit gegenüber der Bruchlast der fabrikneuen Trosse (∅ 22 mm) vorhanden sein. Bei kleineren Schiffseinheiten wäre die vorhandene Sicherheit noch entsprechend größer (Abb. 3.2.).

Legt man das für das Europa-Schiff gültige Sicherheitsmaß (6-fache Sicherheit) zugrunde und geht weiterhin davon aus, daß die Länge der

Haltetrossen, die zum Festmachen der Schiffe während des Schleusungsvorganges verwendet werden, im allgemeinen 4,0 m nicht überschreitet (Vorspannkraft $S_0 \sim 0{,}03$ t), so ergibt sich aus dem Diagramm der Abbildung 3.17. die für die zulässige Trossenkraft maßgebende Wasserspiegelneigung zu $(I_W)_{zul} \approx 0{,}4$ °/oo.

Dabei ist jedoch zu beachten, daß bei der Berechnung der maximalen Trossenkraft nach Gleichung (3-30) von der Voraussetzung ausgegangen wurde, daß die Haltetrossen an *Schwimmpollern* während des Schleusungsvorganges mit einer Vorspannkraft von $S_0 = 0{,}03$ t ($\approx 0{,}3$ kN) *fest verlegt* sind.

Diese Annahme trifft jedoch nicht zu, wenn anstelle der Schwimmpoller nur *Nischenpoller* in den Kammerwänden vorhanden sind (Abb. 2.44.). In diesem Falle müssen die Haltetrossen während der Kammerfüllung und -entleerung von Hand umgelegt werden, wobei die Trossenlängen oft kleiner als 4,0 m und die Vorspannkräfte teilweise größer als 0,03 t ($\approx 0{,}3$ kN) sind. Bei Belastung der Trosse wird außerdem häufig von der Schiffsmannschaft etwas "nachgefiert". Dadurch wird der Bremsweg des Schiffes verlängert und die sich nach Gleichung (3-30) ergebende Kraftspitze in der Haltetrosse nicht in vollem Maße erreicht.

Systematische Modelluntersuchungen ergaben andererseits, daß die auf die schleusenden Schiffe wirkende Längskraft zu einem gewissen Grade auch vom *Belegungsgrad* der Schleusenkammer abhängt. Bei großer Belegungsdichte kann dabei die Längskraft den 1,5- bis 2-fachen Wert der sich aus Wasserspiegelneigung und Bruttoschiffsgewicht ergebenden Neigungskraft F_W (Gleichung (3-2)) erreichen /101/.

Die Berücksichtigung aller dieser Einflußgrößen und Randbedingungen erschwert eine eindeutige Festlegung eines Grenzwertes für das während der Füll- und Entleerungsvorgänge zulässige Wasserspiegelgefälle in der Kammer.

Wenn man jedoch von ungünstigen Randbedingungen ausgeht, so erscheint ein *unterer Grenzwert* von

$$(I_W)_{zul} = 0{,}4 \text{ °/oo} \qquad (3\text{-}40)$$

für die in der Schleusenkammer zulässige Wasserspiegelneigung gerechtfertigt. Bei Einhaltung dieses Wertes ist auch bei längeren Haltetrossen und geringer Vorspannkraft noch eine genügende Sicherheit gegenüber einem möglichen Bruch der Haltetrossen vorhanden (beim Europaschiff rd. 6-fache Sicherheit bei fabrikneuen Trossen).

Den Betrachtungen über die zulässige Freigabe der Füllquerschnitte bei den verschiedenen Arten der Kammerfüllung wird deshalb im folgenden ein zulässiges Wasserspiegelgefälle von $(I_W)_{zul} = 0{,}4\ ^{o}/oo$ als maßgebender Grenzwert zugrunde gelegt (s. Abschnitt 4).

3.4 Modelluntersuchungen an Schleusen

Modelluntersuchungen an Schleusen dienen zur Bestimmung der während des Füll- und Entleerungsvorganges auf die schleusenden Schiffe ausgeübten Kraftwirkungen, zur Ermittlung der Füll- und Entleerungszeit der Schleuse sowie zur Überprüfung der Druckverteilungen in den Zu- und Ablaufkanälen und an den Schützen.

Versuche dieser Art wurden erstmalig um 1910 in der Preußischen Versuchsanstalt für Wasserbau und Schiffbau in Berlin ausgeführt. Sie gehören heute zu den Standard-Untersuchungen in zahlreichen europäischen und außereuropäischen Versuchsanstalten und Universitätslaboratorien /104/.

3.4.1 Modellmaßstäbe und Übertragungskriterien

Als Modellmaßstab ($1:\Lambda$) für die Untersuchungen an Schleusen wird in der Regel 1:20 bis 1:30 (häufig 1:25) gewählt.

Die Übertragung der Modellmeßwerte (Kräfte, Geschwindigkeiten, Beschleunigungen, Zeiten, Wassermengen usw.) erfolgt, da bei den Füll- und Entleerungsvorgängen die Schwere- und Trägheitskräfte überwiegen, nach dem *Froude'schen Ähnlichkeitsgesetz*. Dabei ergeben sich die in Tabelle 3.1. zusammengestellten Umrechnungsfaktoren für die verschiedenen physikalischen Größen.

Tabelle 3.1. Umrechnungsfaktoren bei Modelluntersuchungen an Schiffsschleusen

Physikalische Größe	Dimension	Umrechnungsfaktor
Länge, Breite, Höhe	(m)	Λ
Flächen	(m^2)	Λ^2
Rauminhalte	(m^3)	Λ^3
Kräfte, Gewichte	(kN)	Λ^3
Zeiten	(s)	$\Lambda^{1/2}$
Geschwindigkeiten	(m/s)	$\Lambda^{1/2}$
Beschleunigungen	(m/s^2)	1
Abflußmengen	(m^3/s)	$\Lambda^{5/2}$
Momente, Arbeit, Energie	(kN m)	Λ^4
Leistung	(kN m/s)	$\Lambda^{7/2}$

3.4.2 Bestimmung der Trossenkräfte am Modell

Um die während der Kammerfüllung bzw. -entleerung auftretenden Trossenkräfte richtig bestimmen zu können, müßten nach den Betrachtungen in Abschnitt 3.3.3 die in ihren Abmessungen und ihrer Wasserverdrängung maßstabsgerecht verkleinerten Modellschiffe in der Schleusenkammer so festgelegt werden, daß entsprechend des in der Praxis meist vorhandenen Trossendurchhanges eine *gewisse Eigenbewegung* des Modellschiffes unter der Wirkung von Strömungs- und Neigungskräften (Schwallkräften) möglich ist. Dabei sollte das Kraft-Weg-Diagramm des Schiffes einen *nicht-linearen Verlauf* entsprechend Abbildung 3.11. aufweisen (nicht-lineares Federgesetz).

In der Praxis des Versuchswesens werden jedoch bislang in nahezu allen Versuchsanstalten nur die während der Füll- und Entleerungsvorgänge auf die Modellschiffe in verschiedenen Schiffslagen wirkenden *Längs- und Querkräfte* gemessen und als Indikatoren für die Wirkungsweise des gewählten Füll- und Entleerungssystems benutzt.

Das Modellschiff wird dabei über einen punktförmig gelagerten Biegestab mit einer während des Schleusungsvorganges mitfahrenden Aufhängevorrichtung (Fahrstuhl) verbunden. Die Kraftwirkungen auf das Schiff werden über die Verformung des Stabes mit Hilfe von Dehnungsmeßstreifen oder Potentiometern gemessen /104, 105/. Eine zweite, lose Aufhängung des Schiffes verhindert ein Drehen desselben während des Schleusungsvorganges sowie ein Anstoßen des Hecks an einer Kammerwand (Abb. 3.18.).

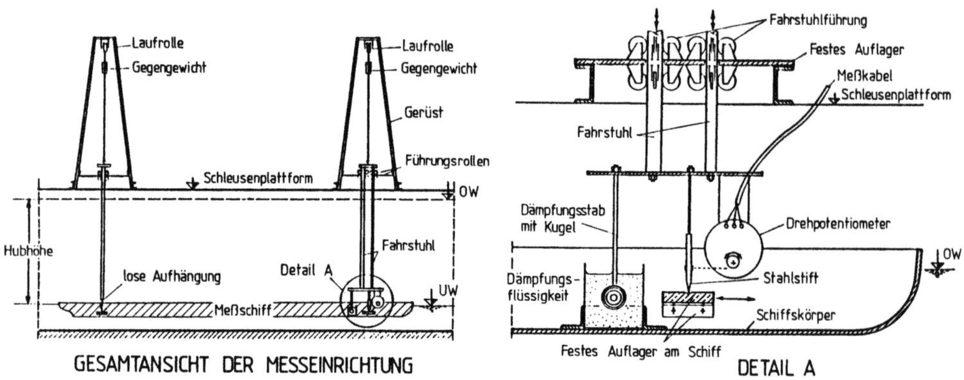

Abbildung 3.18. Prinzip der Schiffskraftmessung am Modell /105/

Bei diesem Meßverfahren sind die möglichen Eigenbewegungen des Modellschiffes jedoch in der Regel so gering, daß im Prinzip nur die *statischen Kraftwirkungen* auf das Schiff aus Strömungs- und Neigungskraft gemessen werden. Diese liegen aber im allgemeinen erheblich unter den tatsächlich auftretenden Trossenkräften, die je nach Trossenlänge und Vorspannkraft den *zwei- bis vierfachen Wert* der gemessenen Längskräfte erreichen können (Gleichung (3-30)). Naturversuche an einem 1200 tdw-Meßschiff bestätigten dies /106/.

Auch der Versuch, die Kraftwirkungen auf das Modellschiff mit Hilfe von Beschleunigungsgebern zu bestimmen, wird den tatsächlichen Verhältnissen in der Natur nicht gerecht. Hierbei werden an einem *frei* in der Schleusenkammer liegenden Meßschiff die während des Schleusungsvorganges wirkenden *Schiffsträgheitskräfte* mit Hilfe eines Schwingungsaufnehmers gemessen /105/.

Mit den beiden vorgenannten Verfahren werden die Bewegungsphasen des Schiffes, die durch die Straffung und anschließende Dehnung der Haltetrosse bestimmt werden (Abb. 3.11.), nicht hinreichend erfaßt. Die gemessenen Schiffs- bzw. Trägheitskräfte können deshalb nur als *qualitative Vergleichswerte* verwendet werden, mit deren Hilfe eine Bestimmung der zu erwartenden Trossenkräfte jedoch möglich ist (s.Gleichung (3-30)).

Werden die bei den Modellversuchen gemessenen Längs- und Querkräfte zur Festlegung der für den Füll- und Entleerungsvorgang zulässigen

Freigabegeschwindigkeit der Schützquerschnitte herangezogen, so muß ihre Größe auf ein zulässiges Maß begrenzt werden, damit die aus ihnen resultierenden Trossenbelastungen der schleusenden Schiffe 1/600 des jeweiligen Bruttoschiffsgewichtes nicht überschreiten.

Für ein Europaschiff mit G_S = 1766 t (≈ 17660 kN) Bruttoschiffsgewicht ergibt sich eine zulässige Trossenkraft von 2,94 t (≈ 29,4 kN). Gegenüber der Bruchlast der 22 mm starken Haltetrosse ist dabei eine rd. 6-fache Sicherheit vorhanden. Als Grenzwert für die zulässige Wasserspiegelneigung in der Kammer ergibt sich für 4,0 m lange Trossen mit S_0 = 0,03 t ≈ 0,3 kN Vorspannkraft nach Abbildung 3.17. ein Wert von $(I_W)_{zul}$ ≈ 0,4 $^o/oo$. Damit folgt für die zulässige Längskraft auf ein Europaschiff $F_L \approx G_S \cdot (I_W)_{zul}$ = 0,70 t (≈ 7,0 kN).

Bei kürzeren Haltetrossen (s ≦ 2,0 m) mit größerer Vorspannkraft (S_0 > 0,3 kN) könnte bei gleicher Sicherheit der Haltetrossen gegenüber der Bruchlast nach Gleichung (3-30) ein zulässiges Wasserspiegelgefälle von bis zu 0,8 $^o/oo$ angesetzt werden. Damit ergibt sich die *zulässige Längskraft auf ein Europaschiff* zu rd. 1,40 t (≈ 14,0 kN).

Dieser Wert entspricht etwa den holländischen Normen, wonach die zulässige *Längs*kraft bei Schiffen mit Tragfähigkeiten zwischen 600 und 2000 tdw bis zu 1 $^o/oo$ ihres jeweiligen Ladungsgewichtes betragen darf /78/. Für ein Europaschiff mit 1350 tdw ergäbe sich damit eine zulässige Längskraft von 1,35 t (≈ 13,5 kN).

Bei den modernen Füll- und Entleerungssystemen sind die auftretenden Querkräfte gegenüber den Längskräften im allgemeinen nur gering. Außerdem hat die räumliche Kraftwirkung (Abb. 3.9.) nur einen relativ geringen Einfluß auf die resultierende Trossenbelastung (Gleichung (3-3)). Es kann deshalb bei den vorgenannten Modellmeßverfahren davon ausgegangen werden, daß bei Begrenzung der Längskräfte auf 1 $^o/oo$ des jeweiligen Ladegewichtes der Schiffe (bis 2000 tdw) die resultierenden Trossenkräfte den zulässigen Grenzwert von 1/600 des Bruttoschiffsgewichtes nicht überschreiten werden.

Bei größeren Schiffseinheiten (Schubverbände) mit einer Gesamttragfähigkeit bis zu 9000 tdw sollte die zulässige Längskraft bei den Modellversuchen auf 0,7 $^o/oo$ der Gesamttragfähigkeit begrenzt werden. Für kleinere Schiffe bis zu 600 tdw kann eine Längskraft von 1,5 $^o/oo$ des Ladungsgewichtes zugelassen werden /78/.

4 Hydromechanische Vorgänge bei der Kammerfüllung

4.1 Füllung vom Oberhaupt

Bei der Füllung der Schleusenkammer vom Oberhaupt her, die entweder durch das Obertor oder über Torumläufe am Oberhaupt der Schleuse erfolgt, stellt sich bei Beginn des Füllvorganges ein *zum Unterhaupt* der Schleuse geneigtes Wasserspiegelgefälle I_W ein, durch welches auf die in der Kammer liegenden Schiffe eine Neigungskraft von der Größe $F_W \approx G_S\ I_W$ ausgeübt wird (s. Abb. 3.5. und Gleichung (3-2)).

Die Größe des auftretenden Wasserspiegelgefälles bei Beginn des Schleusungsvorganges hängt dabei im wesentlichen von der sekundlichen Zunahme der Zuflußmenge dQ/dt ab und läßt sich mit den Bezeichnungen der Abbildung 4.1. wie folgt bestimmen /3, 99/:

$$I_W = \frac{dH}{w\ dt} = \frac{dQ}{B\ w^2\ dt} \approx \frac{1}{B\ g\ y_o}\ \frac{dQ}{dt}\ , \qquad (4\text{-}1)$$

wobei w = mittlere Fortpflanzungsgeschwindigkeit (m/s) der Schwallwellen zu Beginn des Füllvorganges $\approx \sqrt{g\ y_o}$,

B = Kammerbreite (m),

y_o = Wassertiefe in der Schleuse zu Beginn des Füllvorganges (m).

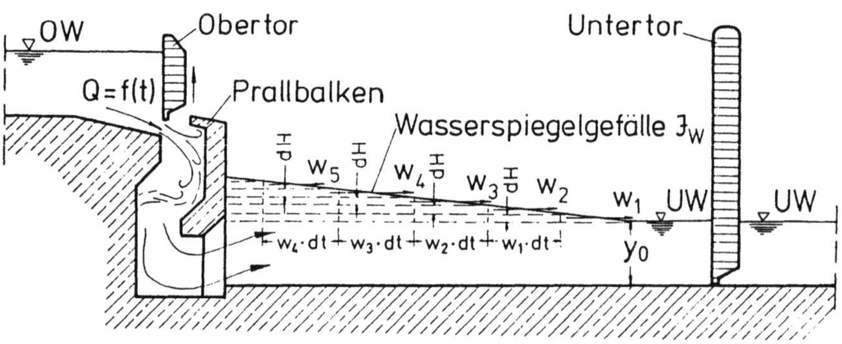

Abbildung 4.1. Wasserspiegelgefälle in der Kammer zu Beginn der Schleusenfüllung /3/

Die zeitliche Zunahme der Füllwassermenge dQ/dt zu Beginn der Schleusenfüllung hängt von der sekundlichen Querschnittsfreigabe n (m^2/s) des Füllquerschnittes ab. Je rascher dieser geöffnet wird, um so steiler wird sich die erste Schwallwellenfront in der Kammer ausbilden. Es müssen deshalb *bestimmte Grenzwerte* bei der Füllquerschnittsfreigabe und damit auch bei der Öffnungsgeschwindigkeit des Obertores und der Füllschütze eingehalten werden, da andernfalls die zulässigen Trossenbeanspruchungen der schleusenden Schiffe überschritten werden (Abschnitt 4.1.1.5).

Bei der Schleusenfüllung durchläuft das erste sich einstellende Wasserspiegelgefälle als eine Art Füllschwall die Kammer und wird am Untertor reflektiert. Je nach zeitlichem Verlauf der Zuflußmengenkurve (Abb. 3.15.) und vorhandener Kammerlänge kommt es im weiteren Verlauf des Füllvorganges durch die Überlagerung der am Untertor reflektierten Füllschwallanteile mit den vom Oberhaupt her nachströmenden Wassermengen meist zur Ausbildung eines *entgegengesetzt gerichteten* Wasserspiegelgefälles in der Kammer, durch welches auf die schleusenden Schiffe eine zum Oberhaupt gerichtete Neigungskraft ausgeübt wird.

Diese beiden, während der ersten Füllphase (Öffnen des Obertores bzw. der Füllschütze am Oberhaupt) auftretenden Kraftwirkungen auf die schleusenden Schiffe sind wegen der Größe der durch sie verursachten Trossenkräfte in der Regel für die Beurteilung des Füllvorganges maßgebend (Abb. 3.8.). Alle sonstigen, im weiteren Verlauf des Füllvorganges noch auftretenden, periodisch wechselnden Wasserspiegelgefälle (Abb. 4.2.) weisen in der Regel geringere Neigungen auf und haben des-

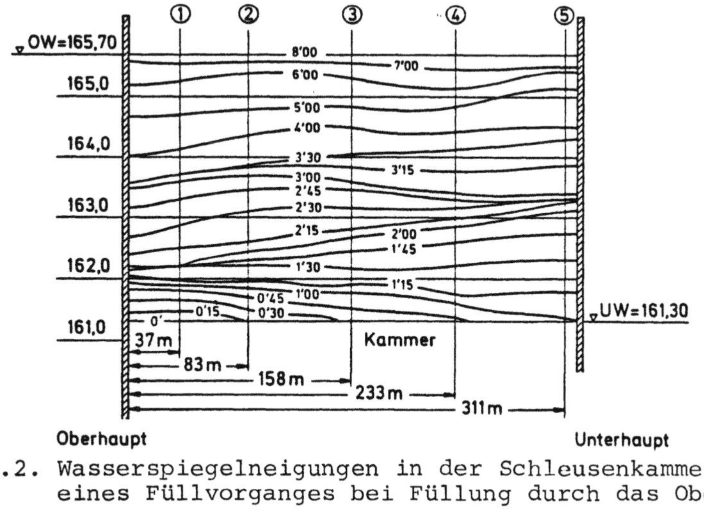

Abbildung 4.2. Wasserspiegelneigungen in der Schleusenkammer während eines Füllvorganges bei Füllung durch das Obertor /3,99/

halb auch nur geringere Kraftwirkungen auf die schleusenden Schiffe zur Folge. Die Dämpfung der Wasserspiegelschwingungen mit fortschreitendem Füllvorgang kann durch die stetige Zunahme des Wasserpolsters in der Kammer erklärt werden /3, 107/.

Durch die beiden in der ersten Füllphase auf die schleusenden Schiffe ausgeübten, zunächst zum Unterhaupt und anschließend zum Oberhaupt gerichteten Kräfte wird je nach Art der Festlegung des Schiffes (Abb. 3.3.) zunächst die Bugtrosse und anschließend die Hecktrosse (bzw. in umgekehrter Reihenfolge) beansprucht. Wegen des Trossendurchhanges führt das schleusende Schiff dabei geringe Eigenbewegungen in Richtung auf das Unterhaupt und anschließend in Richtung auf das Oberhaupt hin aus.

Die Frequenz ω_w des Gefällewechsels in der Kammer ist wesentlich geringer als die Eigenfrequenz ω_t des Systems Schiff-Trosse (Gleichung (3-38)), so daß die Gefahr einer Anfachung von Schiffsschwingungen zwischen den beiden Haltetrossen praktisch nicht besteht ($\omega_w \ll \omega_t$). Das schleusende Schiff legt sich vielmehr zunächst unter der Wirkung der zum Unterhaupt gerichteten Neigungskraft in die entsprechende Haltetrosse, wobei sich die maximale Trossenkraft nach Gleichung (3-30) errechnen läßt (s. hierzu auch Abb. 3.17.).

Durch die Überlagerung des am Untertor der Schleuse reflektierten ersten Füllschwalles mit dem vom Oberhaupt her nachströmenden Füllwasser wird die zum Unterhaupt gerichtete Wasserspiegelneigung langsam abgebaut und damit die Haltetrosse des Schiffes entlastet. Das Schiff kehrt dabei in seine Ausgangslage zurück, bevor es sich unter der Wirkung der zum Oberhaupt gerichteten Neigungskraft in diese Richtung bewegt. Die dabei erfolgende maximale Kraftaufnahme in der zweiten Haltetrosse kann ebenfalls nach Gleichung (3-30) bestimmt werden.

In der Regel überwiegt bei den Schleusenfüllungen vom Oberhaupt her das erste, zum *Unterhaupt* geneigte Wasserspiegelgefälle in der Kammer. Es ist deshalb für die Größe der maximal zu erwartenden Trossenkraft maßgebend. Abbildung 4.3. zeigt den typischen, bei einem Modellversuch gemessenen Kraftverlauf für die auf ein 1200 tdw-Schiff wirkende Längskraft während der Kammerfüllung durch das Obertor (vgl. hierzu auch Abbildung 3.8.).

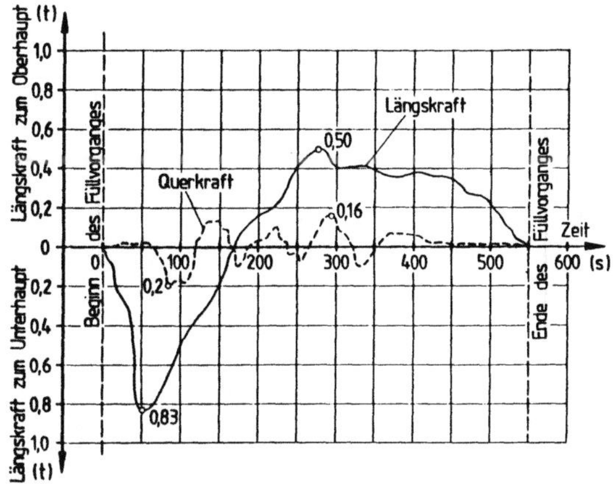

Abbildung 4.3. Längs- und Querkräfte auf ein schleusendes Schiff bei Füllung durch das Obertor (Hubhöhe = 7,60 m)

4.1.1 Berechnung des Füllvorganges mit hochliegendem Drempel

Bei der Schleusenfüllung mit *hoch*liegendem Drempel wird das Obertor im allgemeinen als Füllorgan verwendet (bzw. Füllschütze im Tor). Die Berechnung des Füllvorganges ist dabei für alle Torarten im Prinzip die gleiche. Geringe Unterschiede ergeben sich lediglich aus der verschiedenen Konstruktion des Tores und der Tosbeckenausbildung am Oberhaupt. Beide bedingen für jede Torart einen etwas unterschiedlichen *mittleren Zuflußbeiwert* während des Füllvorganges, wobei dieser in der Regel zwischen μ = 0,55 und μ = 0,65 liegt.

Zur Vereinfachung der Berechnung wird im folgenden stets mit einem für den Füllvorgang maßgebenden *mittleren* Zuflußbeiwert μ = konstant und einem konstant bleibenden OW-Spiegel gerechnet. Beide Annahmen sind zulässig, da der dabei auftretende Fehler im Hinblick auf die sekundliche Zuflußwassermenge im Mittel geringer als 6,0 % ist /108/.

In den folgenden Ableitungen werden die folgenden Bezeichnungen verwendet:

A = Kammerfläche (m^2)
a_1 = voll geöffneter Füllquerschnitt (m^2)
a_D = Füllquerschnitt zum Zeitpunkt t_D (m^2)
a_t = Füllquerschnitt zum Zeitpunkt $0 \leq t \leq t_1$

H_{ges} = Schleusenhubhöhe (m)
H_o = Anfangsdruckhöhe (m)
H_t = Druckhöhe zum Zeitpunkt t (m)
H_1 = Druckhöhe zum Zeitpunkt t_1 (m)
c_o = Öffnungsgeschwindigkeit des Tores (bzw. der Füllschütze) (m/s)
b = Gesamtbreite des Füllquerschnittes (m)
n = $c_o \cdot b = a_1/t_1$ = sekundliche Freigabe des Füllquerschnittes (m²/s)
μ = mittlerer Zuflußbeiwert
t = Zeit (s)
t_1 = Zeit bis zur Freigabe des Füllquerschnittes (s)
t_D = Zeit, zu welcher der Kammerwasserspiegel die Drempelhöhe erreicht (s)
Δt_2 = Zeitdauer der zweiten Füllphase (s)
Δt_3 = Zeitdauer der dritten Füllphase (s)
T_{ges} = Gesamtfüllzeit der Schleuse (s)
t_{max} = Zeitpunkt, zu dem Q_{max} auftritt (s)
Q_t = Zufluß zum Zeitpunkt t (m³/s)
Q_{max} = maximale Zuflußmenge (m³/s)
V = $A \cdot H_{ges}$ = Füllwasservolumen der Schleuse (m³)

4.1.1.1 Berechnung der Füllphasen /109/

Bei den folgenden Ableitungen wird vorausgesetzt, daß das Tor (bzw. die Torschütze) mit *konstanter* Hub- bzw. Senkgeschwindigkeit bewegt wird, d.h. die sekundliche Freigabe des Füllquerschnittes n (in m²/s) konstant ist. Weiterhin wird vereinfachend angenommen, daß die Druckhöhe H_t in der ersten Füllphase (Freigabe des Füllquerschnittes) annähernd konstant ist ($H_t \approx H_o$ = konstant).

In Wirklichkeit nimmt die Anfangsdruckhöhe H_o mit zunehmender Toröffnung geringfügig ab (Hubsenktor) bzw. zu (Senktor), so daß mit den Bezeichnungen der Abbildung 4.4. gilt (b = Gesamtbreite des Füllquerschnittes):

$$H_t = H_o \pm \frac{a_t}{2b} = H_o \pm \frac{c_o t}{2} . \qquad (4-2)$$

Versuche am Modell ergaben jedoch, daß bei Annahme einer konstanten Druckhöhe H_o während der ersten Füllphase und Wahl eines entsprechenden mittleren Zuflußbeiwertes μ eine ausreichende Genauigkeit in der Berechnung des Füllvorganges erreicht werden kann.

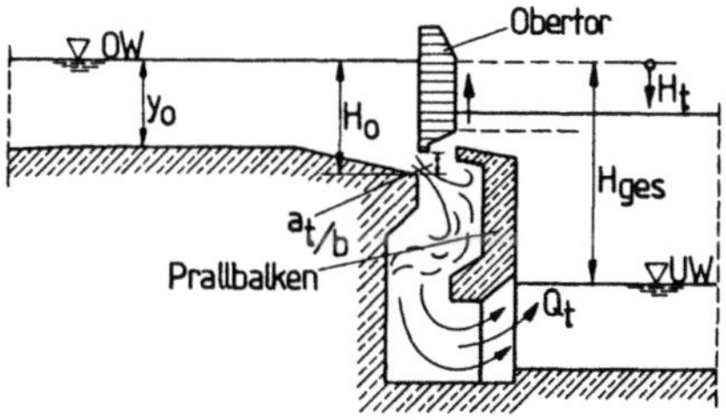

Abbildung 4.4 Zufluß während der ersten Füllphase mit hochliegendem Drempel

Bei der Kammerfüllung mit hochliegendem Drempel treten unter der Voraussetzung $H_{ges} > H_o$ in der Regel *drei Füllphasen* auf, deren Berechnung jedoch je nach Schleusenhubhöhe H_{ges} und Öffnungsgeschwindigkeit c_o des Tores in unterschiedlicher Weise erfolgt. Entsprechend ist dabei der Zeitpunkt t_D, zu dem der Kammerwasserspiegel die Höhe der Füllöffnung (≈ Drempeloberkante) erreicht hat. Im Hinblick auf die Freigagabezeit t_1 des Füllquerschnittes sind hier drei mögliche Fälle zu unterscheiden:

Fall I:	$t_D < t_1$	Der Kammerwasserspiegel erreicht die Drempeloberkante, bevor der Füllquerschnitt ganz freigegeben ist.
Fall II:	$t_D = t_1$	Der Füllquerschnitt ist gerade freigegeben, wenn der Kammerwasserspiegel die Drempelhöhe erreicht hat.
Fall III:	$t_D > t_1$	Der Füllquerschnitt ist bereits freigegeben, bevor der Kammerwasserspiegel die Drempelhöhe erreicht hat.

Welcher dieser drei Fälle vorliegt, läßt sich durch einen schleusenspezifischen Kennwert bestimmen. Dabei gilt folgender Zusammenhang:

$$\frac{2A}{\mu\, a_1\, t_1} \; \frac{H_{ges} - H_o}{\sqrt{2g\, H_o}} \quad \begin{array}{ll} < 1: & \text{Fall I} \\ = 1: & \text{Fall II} \\ > 1: & \text{Fall III} \end{array}$$

Berechnung der Füllphasen für Fall I ($t_D < t_1$):

Während des Füllvorganges treten drei Füllphasen auf.

Erste Füllphase:

Die erste Füllphase liegt im Zeitinterval $0 \leq t \leq t_D$ und ist gekennzeichnet durch zunehmenden Füllquerschnitt ($0 \leq a_t \leq a_D$) und annähernd konstante Druckhöhe ($H_t \approx H_o$ = konstant). Das Füllwasser fällt frei in die Toskammer am Oberhaupt der Schleuse und wird durch den Prallbalken in die Kammer umgelenkt (Abb. 4.4.). Dabei gilt der folgende Ansatz:

$$dV = Q_t \, dt = - A \, dH , \tag{4-3}$$

wobei $Q_t = a_t \, \mu \sqrt{2g} \sqrt{H_o} = \mu \sqrt{2g} \sqrt{H_o} \, n \, t .$ (4-4)

Die Zunahme des Füllwasserzuflusses in der 1. Füllphase ist konstant und beträgt:

$$\frac{dQ}{dt} = \mu \sqrt{2g} \sqrt{H_o} \, n = \text{konstant} . \tag{4-5}$$

Der Kammerwasserspiegel erreicht die Höhe der Drempeloberkante zur Zeit t_D, bevor der Füllquerschnitt ganz geöffnet ist ($t_1 > t_D$). Bei Verwendung von Gleichung (4-4) gilt der folgende Ansatz:

$$\frac{1}{2} \mu \sqrt{2g} \sqrt{H_o} \, n \, t_D^2 = A \, (H_{ges} - H_o) , \tag{4-6}$$

woraus folgt:

$$t_D = \sqrt{\frac{2A \, (H_{ges} - H_o)}{\mu \sqrt{2g} \sqrt{H_o} \, n}} . \tag{4-7}$$

Gleichung (4-7) gibt den Zeitpunkt an, zu dem der Kammerwasserspiegel die Drempeloberkante erreicht (Ende der ersten Füllphase).

Zweite Füllphase:

Die zweite Füllphase ist gekennzeichnet durch weiter zunehmenden Füllquerschnitt ($a_D \leqq a_t \leqq a_1$) und abnehmende Druckhöhe ($H_o \geqq H_t \geqq H_1$). Sie liegt im Zeitintervall ($t_D \leqq t \leqq t_1$).

In der zweiten Füllphase gilt für die Zuflußmenge:

$$Q_t = \mu \sqrt{2g} \sqrt{H_t} \, n \, t . \tag{4-8}$$

Bei Verwendung von Gleichung (4-3) ergibt sich nach Trennung der Veränderlichen:

$$A \int_{H_o}^{H_t} \frac{dH}{\sqrt{H}} = - \mu \sqrt{2g} \, n \int_{t_D}^{t} t \, dt .$$

Nach erfolgter Integration folgt für die zum Zeitpunkt t in der zweiten Füllphase vorhandene Druckhöhe:

$$\sqrt{H_t} = \sqrt{H_o} - \frac{\mu \sqrt{2g}\, n}{4A} (t^2 - t_D^2) \,. \qquad (4\text{-}9)$$

Bei Verwendung der Gleichungen (4-8) und (4 - 9) folgt für die momentane Zuflußmenge Q_t in der zweiten Füllphase:

$$Q_t = \mu \sqrt{2g} \sqrt{H_o}\, n \left(0{,}5 + \frac{H_{ges}}{2 H_o}\right) t - \frac{\mu^2 g\, n^2}{2A} t^3 \,. \qquad (4\text{-}10)$$

Die zum Zeitpunkt t_1 (volle Öffnung des Füllquerschnittes) noch vorhandene Druckhöhe ergibt sich aus Gleichung (4-9) zu:

$$\sqrt{H_1} = \sqrt{H_o} - \frac{\mu \sqrt{2g}\, n}{4A} (t_1^2 - t_D^2) \,. \qquad (4\text{-}11)$$

Die Zunahme der Zuflußmenge während der zweiten Füllphase beträgt:

$$\frac{dQ}{dt} = \mu \sqrt{2g} \sqrt{H_o}\, n \left(0{,}5 + \frac{H_{ges}}{2 H_o}\right) - \frac{3 \mu^2 g\, n^2}{2A} t^2 \,. \qquad (4\text{-}12)$$

Da die zweite Ableitung der Funktion $Q_t = Q(t)$ für $t > 0$ Werte kleiner Null annimmt, folgt, daß die Zunahme der Zuflußmenge während der 2. Füllphase mit wachsendem t abnimmt.

Dritte Füllphase:

Die dritte Füllphase liegt im Zeitintervall $t_1 \leqq t \leqq T_{ges}$. Sie ist gekennzeichnet durch voll geöffneten Füllquerschnitt (a_1 = konstant) und abnehmende Druckhöhe $H_1 \geqq H_t \geqq 0$.

Die zum Zeitpunkt t während der dritten Füllphase vorhandene Druckhöhe H_t ergibt sich aus dem Ansatz:

$$A \int_{H_1}^{H_t} \frac{dH}{\sqrt{H}} = -\mu\, a_1 \sqrt{2g} \int_{t_1}^{t} dt \qquad (4\text{-}13)$$

zu:

$$\sqrt{H_t} = \sqrt{H_1} - \frac{\mu\, a_1 \sqrt{2g}}{2A} (t - t_1) \,. \qquad (4\text{-}14)$$

Setzt man den Ausdruck für H_t in die allgemeine Gleichung $Q_t = \mu\, a_1 \sqrt{2g}\sqrt{H_t}$ ein, so folgt für den Zufluß in der 3. Füllphase:

$$Q_t = \mu\, a_1 \sqrt{2g} \left[\sqrt{H_1} - \frac{\mu\, a_1 \sqrt{2g}}{2A} (t - t_1)\right] . \qquad (4\text{-}15)$$

Die Zunahme der Zuflußmenge während der 3. Füllphase beträgt:

$$\frac{dQ}{dt} = - \frac{\mu^2\, a_1^2\, g}{A} = \text{konstant} . \qquad (4\text{-}16)$$

Das Ergebnis besagt, daß die Zuflußmenge während der 3. Füllphase konstant abnimmt.

Die Dauer Δt_3 der dritten Füllphase ergibt sich aus Gleichung (4-14) bei Einsetzen der für das Ende des Füllvorganges maßgebenden Grenzen $H_t = 0$ und $t = T_{ges}$ zu

$$\Delta t_3 = (T_{ges} - t_1) = \frac{2A\sqrt{H_1}}{\mu\sqrt{2g}\, a_1} . \qquad (4\text{-}17)$$

Berechnung der Füllphasen für Fall II ($t_D = t_1$)

Für den Sonderfall, bei dem der Kammerwasserspiegel die Drempelhöhe gerade zu dem Zeitpunkt erreicht, wo auch der Füllquerschnitt voll freigegeben ist ($t_D = t_1$), vereinfachen sich die vorstehenden Gleichungen. Es sind nur *zwei* Füllphasen (1. und 3. Füllphase) zu unterscheiden.

Erste Füllphase:

Die erste Füllphase liegt im Zeitintervall $0 \leq t \leq t_1$, und es gelten analog die Gleichungen (4-4) und (4-5). Die zweite Füllphase entfällt.

Dritte Füllphase:

Die 3. Füllphase ist gekennzeichnet durch konstanten Füllquerschnitt (a_1 = konstant) und abnehmende Druckhöhe ($H_o \leq H_t \leq 0$).

Für die zum Zeitpunkt $t_1 \leq t \leq T_{ges}$ vorhandene Druckhöhe ergibt sich analog zu Gleichung (4-14):

$$\sqrt{H_t} = \sqrt{H_o} - \frac{\mu\, a_1 \sqrt{2g}}{2A} (t - t_1) \qquad (4\text{-}18)$$

und für die Zuflußmenge analog zu Gleichung (4-15):

$$Q_t = \mu\, a_1 \sqrt{2g} \left[\sqrt{H_o} - \frac{\mu\, a_1 \sqrt{2g}}{2A} (t - t_1)\right] . \tag{4-19}$$

Für die Zunahme der Zuflußmenge in der 3. Füllphase gilt Gleichung (4-16).

Die Dauer Δt_3 der 3. Füllphase ergibt sich aus Gleichung (4-18) mit $H_t = 0$ und $t = T_{ges}$ zu:

$$\Delta t_3 = (T_{ges} - t_1) = \frac{2A \sqrt{H_o}}{\mu \sqrt{2g}\, a_1} . \tag{4-20}$$

Berechnung der Füllphasen für Fall III ($t_D > t_1$)

Ist der Füllquerschnitt a_1 bereits freigegeben, bevor der Kammerwasserspiegel die Drempelhöhe erreicht ($t_D > t_1$), so sind drei Füllphasen zu unterscheiden.

Erste Füllphase:

In der ersten Füllphase ($0 \leq t \leq t_1$) wird der Füllquerschnitt stetig freigegeben ($0 \leq a_t \leq a_1$), wobei die Druckhöhe annähernd konstant bleibt ($H_t \approx H_o$ = konstant).

Für den Zufluß der Schleuse während der 1. Füllphase und seine Zunahme gelten die Gleichungen (4 - 4) und (4 - 5).

Die zum Zeitpunkt t_1 (vollständige Freigabe des Füllquerschnittes) noch zwischen Oberwasser- und Kammerwasserspiegel vorhandene Höhendifferenz H_1 ergibt sich aus dem Ansatz:

$$\frac{1}{2} \mu \sqrt{2g} \cdot \sqrt{H_o}\, a_1\, t_1 = A\, (H_{ges} - H_1)$$

zu:

$$H_1 = H_{ges} - \frac{\mu \sqrt{2g} \sqrt{H_o}\, a_1\, t_1}{2A} . \tag{4-21}$$

Zweite Füllphase:

Die *zweite Füllphase* liegt im Zeitintervall $t_1 \leq t \leq t_D$. Sie ist gekennzeichnet durch konstanten Füllquerschnitt (a_1 = konstant) und konstante Druckhöhe ($H_t \approx H_o$ = konstant).

Der während der zweiten Phase in der Zeit Δt_2 zu füllende Kammerinhalt beträgt:

$$\Delta V = A\,(H_1 - H_o) = Q_t\,\Delta t_2\,, \tag{4-22}$$

wobei $Q_t = \mu\,\sqrt{2g}\,a_1\,\sqrt{H_o}$ = konstant ist.

Die Dauer der 2. Füllphase Δt_2 ergibt sich bei Verwendung von Gleichung (4-21) zu:

$$\Delta t_2 = \frac{A\,(H_{ges} - H_o)}{\mu\,\sqrt{2g}\,a_1\,\sqrt{H_o}} - \frac{t_1}{2} \tag{4-23}$$

Damit läßt sich die Zeit t_D bestimmen, zu der der Kammerwasserspiegel die Drempelhöhe erreicht hat:

$$t_D = t_1 + \Delta t_2 = \frac{A\,(H_{ges} - H_o)}{\mu\,\sqrt{2g}\,a_1\,\sqrt{H_o}} + \frac{t_1}{2}\,. \tag{4-24}$$

Dritte Füllphase:

Die 3. Füllphase ist gekennzeichnet durch konstanten Füllquerschnitt (a_1 = konstant) und abnehmende Druckhöhe ($H_o \geqq H_t \geqq 0$).

Für die zum Zeitpunkt $t_D \leqq t \leqq T_{ges}$ vorhandene Druckhöhe gilt analog zu Gleichung (4-18):

$$\sqrt{H_t} = \sqrt{H_o} - \frac{\mu\,\sqrt{2g}\,a_1}{2A}\,(t - t_D) \tag{4-25}$$

und für die Zuflußmenge analog zu Gleichung (4-19):

$$Q_t = \mu\,\sqrt{2g}\,a_1\,\left[\sqrt{H_o} - \frac{\mu\,\sqrt{2g}\,a_1}{2A}\,(t - t_D)\right]\,. \tag{4-26}$$

Für die Zunahme der Zuflußmenge in der 3. Füllphase gilt Gleichung (4-16).

Die Dauer Δt_3 der 3. Füllphase ergibt sich aus Gleichung (4-25) bei Einsetzen der für das Ende des Füllvorganges maßgebenden Grenzwerte $H_t = 0$ und $t = T_{ges}$ zu:

$$\Delta t_3 = (T_{ges} - t_D) = \frac{2A\,\sqrt{H_o}}{\mu\,\sqrt{2g}\,a_1}\,. \tag{4-27}$$

4.1.1.2 Maximale Zuflußwassermenge

Im *Fall I* ($t_D < t_1$) tritt der maximale Zufluß zur Schleuse entweder *zu Beginn* oder *während* der 2. Füllphase ($t_D \leqq t \leqq t_1$) auf. Aus Gleichung (4-12) ergibt sich aus der Bedingung dQ/dt = 0 der Zeitpunkt t_{max} des größten Zuflusses zur Schleusenkammer:

$$t_{max} = \sqrt{\frac{2A\ (H_{ges} + H_o)}{3\mu\ \sqrt{2g}\ \sqrt{H_o}\ n}} \ . \qquad (4\text{-}28)$$

Bei Einsetzen dieses Ausdruckes in Gleichung (4-10) folgt für die maximale Zuflußwassermenge:

$$Q_{max} = \sqrt{\frac{2}{27}\ \mu\ \sqrt{2g}\ A\ n\ \left(\frac{H_{ges} + H_o}{\sqrt{H_o}}\right)^3} \ . \qquad (4\text{-}29)$$

Die vorstehenden beiden Gleichungen sind gültig, wenn die Bedingung $H_{ges} < 2H_o$ erfüllt ist.

Für $H_{ges} \geqq 2H_o$ ergibt sich für t_{max} nach Gleichung (4-28) ein Wert $t_{max} > t_D$. In diesem Fall tritt der maximale Zufluß zur Schleuse zu *Beginn* der 2. Füllphase (= Ende der 1. Füllphase) auf, und es gilt:

$$Q_{max} = \sqrt{2\ \mu\ \sqrt{2g}\ \sqrt{H_o}\ A\ n\ (H_{ges} - H_o)} \ . \qquad (4\text{-}29a)$$

Im *Fall II und III* ($t_D \geqq t_1$) hat der maximale Zufluß die Größe:

$$Q_{max} = \mu\ \sqrt{2g}\ \sqrt{H_o}\ a_1 \ . \qquad (4\text{-}30)$$

Er tritt im Fall II zur Zeit t_1, im Fall III während der gesamten zweiten Füllphase ($t_D \leqq t \leqq t_1$) auf (Abb. 4.5.).

4.1.1.3 Füllzeit der Kammer

Die Gesamtfüllzeit T_{ges} der Schleusenkammer errechnet sich aus der Summe der für die einzelnen Füllphasen maßgebenden Füllzeiten.

Fall I ($t_D < t_1$):

Für die Füllzeit gilt bei Verwendung von Gleichung (4-17):

$$T_{ges} = t_1 + \Delta t_3 = t_1 + \frac{2A\ \sqrt{H_1}}{\mu\ \sqrt{2g}\ a_1} \ , \qquad (4\text{-}31)$$

wobei sich H_1 nach Gleichung (4-11) und t_D nach Gleichung (4-7) ergibt.

Nach einigen Umformungen folgt für die Füllzeit:

$$T_{ges} = \frac{A\ (H_{ges} + H_o)}{\mu\ \sqrt{2g}\ a_1\ \sqrt{H_o}} + \frac{t_1}{2} . \tag{4-32}$$

Fall II ($t_D = t_1$):

Für die Füllzeit gilt bei Verwendung von Gleichung (4-20):

$$T_{ges} = t_1 + \Delta t_3 = \frac{2A\ \sqrt{H_o}}{\mu\ \sqrt{2g}\ a_1} + t_1 . \tag{4-33}$$

Fall III ($t_D > t_1$):

In diesem Fall setzt sich die Gesamtfüllzeit aus drei Teilzeiten zusammen:

$$T_{ges} = t_1 + \Delta t_2 + \Delta t_3 , \tag{4-34}$$

wobei sich die Teilzeit Δt_2 nach Gleichung (4-23) und die Teilzeit Δt_3 nach Gleichung (4-27) errechnet. Für die Füllzeit ergibt sich dann:

$$T_{ges} = \frac{A\ (H_{ges} + H_o)}{\mu\ \sqrt{2g}\ a_1\ \sqrt{H_o}} + \frac{t_1}{2} . \tag{4-35}$$

4.1.1.4 Hub- und Zuflußmengenkurven

Die *Zuflußmengenkurve* $Q = Q(t)$ gibt den Zufluß zur Schleusenkammer für jeden beliebigen Zeitpunkt $0 \leqq t \leqq T_{ges}$ während der Kammerfüllung an, während die *Hubkurve* $H = H(t)$ die zeitabhängige mittlere Wasserspiegellage in der Kammer während des Schleusungsvorganges darstellt.

Die Berechnung der beiden Kurven erfolgt mit Hilfe der für jede Füllphase maßgebenden Gleichungen für H_t und Q_t, wobei der Wert H_t die momentane Wasserspiegeldifferenz zwischen Oberwasser- und Kammerwasserspiegel angibt (Abb. 4.4.). Der unterschiedliche zeitliche Verlauf der Hub- und Zuflußmengenkurven ist für die Fälle I bis III in Abbildung 4.5. qualitativ dargestellt.

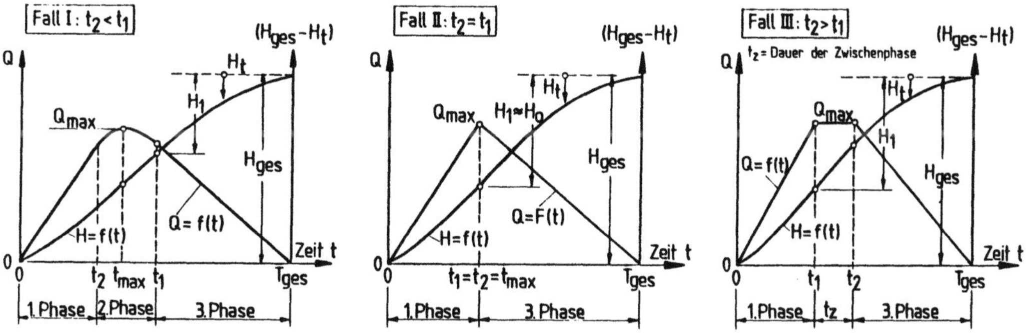

Abbildung 4.5. Hub- und Zuflußmengenkurven bei der Füllung mit hochliegendem Drempel

In der Endphase der Kammerfüllung kann es aufgrund der Massenträgheit des einströmenden Füllwassers zu einem geringen *Überschwingen* des Kammerwasserspiegels über den Ausgangswasserspiegel kommen, das in der Berechnung nicht erfaßt wird. Die dabei auftretenden Schwingungsamplituden sind jedoch in der Regel nur gering ($\Delta H < 0{,}20$ m) /51/.

4.1.1.5 Zulässige Freigabe des Füllquerschnittes

Bei Zugrundelegen einer zulässigen Wasserspiegelneigung von $(I_W)_{zul} = 0{,}4\ ^o/oo$ (s. Gleichung (3-40)) läßt sich mit Hilfe der Gleichung (4-1) die zulässige Zunahme des sekundlichen Wasserzuflusses in die Schleusenkammer bestimmen:

$$\left(\frac{dQ}{dt}\right)_{zul} = (I_W)_{zul}\ B\ g\ y_o\ . \qquad (4\text{-}36)$$

Für die auf europäischen Binnenwasserstraßen der Klasse IV im allgemeinen üblichen Schleusenbreiten von B = 12,0 m und Kammerwassertiefen von $y_o \approx 4{,}0$ m ergibt sich die zulässige Zunahme der Füllwassermenge für die Kammerfüllung vom Oberhaupt her zu:

$$\left(\frac{dQ}{dt}\right)_{zul} \leq 0{,}20\ m^3/s^2\ . \qquad (4\text{-}37)$$

Für Schleusen mit größerer Kammerbreite (z.B. Donauschleusen mit B = 24,0 m) und größerer Kammerwassertiefe y_o liegt der zulässige Wert entsprechend höher (Gleichung (4-36)).

Bei Einhaltung dieser Grenzwerte kann davon ausgegangen werden, daß die Trossenbeanspruchungen der schleusenden Schiffe in zulässigen Grenzen bleiben.

Für die zulässige Querschnittsfreigabe folgt bei Verwendung der Gleichungen (4-5) und (4-36) mit $H_o = 4{,}0$ m und $\mu = 0{,}60$:

$$n_{zul} = \frac{(I_W)_{zul}\, B\, g\, y_o}{\mu\, \sqrt{2g}\, \sqrt{H_o}} = 0{,}00295\, B\,. \qquad (4\text{-}38)$$

Für eine Kammerbreite von B = 12 m ergibt sich damit eine zulässige Querschnittsfreigabe von $n_{zul} \leqq 0{,}035$ m²/s, für B = 24 m von $n_{zul} \leqq 0{,}07$ m²/s. Dies entspricht einer in der Praxis üblichen Hub- bzw. Senkgeschwindigkeit des Obertores bei der Kammerfüllung von $c_o \leqq 3{,}0$ mm/s /3/.

Die geringe zulässige Querschnittsfreigabe bei der Kammerfüllung mit hochliegendem Drempel hat eine relativ lange Füllzeit zur Folge, so daß diese Art der Schleusenfüllung in der Regel nur bei Schleusen mit geringen Hubhöhen (H ≦ 6 bis 8 m) zur Anwendung kommt.

4.1.2 Kammerfüllung mit tiefliegendem Drempel

Bei den Kammerfüllungen vom Oberhaupt her über *Torumläufe* sowie bei Flußschleusen mit *vertiefter Vorhafensohle*, die durch das Obertor gefüllt werden, handelt es sich im hydraulischen Sinne um Schleusenfüllungen mit *tiefliegendem Drempel*. Dies bedeutet, daß das Füllwasser zu jedem Zeitpunkt der Kammerfüllung *unterhalb* des Schleusenwasserspiegels in die Kammer einströmt.

Bei den beiden vorgenannten Füllarten treten im Prinzip die gleichen Schwallbewegungen in der Kammer auf, wie bei der Schleusenfüllung mit *hoch*liegendem Drempel (Abschnitt 4.1.1). Bei Öffnung der Füllquerschnitte am Oberhaupt durchläuft ein erster Füllschwall die Kammer mit einer zum Unterhaupt geneigten Wellenfront (Abb. 4.1.). Dieser Füllschwall reflektiert am Untertor und überlagert sich den vom Oberhaupt her nachströmenden Wassermengen, wodurch je nach zeitlichem Verlauf der Zuflußmengenkurve und vorhandener Kammerlänge bis zum Ende des Füllvorganges ein mehrfacher Gefällewechsel zwischen Ober- und Unterhaupt in der Kammer auftreten kann.

Die Neigungen der in der Kammer auftretenden Wasserspiegelgefälle sind im wesentlichen für die Größe der auftretenden Trossenkräfte maßgebend. Es müssen deshalb auch bei der Schleusenfüllung über Torumläufe und bei der Füllung durch das Obertor mit tiefliegendem Drempel gewisse Grenzwerte im Hinblick auf die zulässige Freigabe der Füllquerschnitte eingehalten werden.

4.1.2.1 Berechnung der Füllphasen /109/

Die Schleusenfüllung mit *tief*liegendem Drempel erfolgt im allgemeinen in *zwei Füllphasen*, wobei in der ersten Phase der Füllquerschnitt a_1 stetig freigegeben wird und in der zweiten Füllphase voll geöffnet bleibt (a_1 = konstant). Bei den folgenden Berechnungen wird eine konstante sekundliche Freigabe des Füllquerschnittes vorausgesetzt (n = konstant). Der mittlere μ-Wert liegt in der Größenordnung von $0{,}60 < \mu < 0{,}65$.

Erste Füllphase:

Die erste Füllphase liegt im Zeitintervall $0 \leqq t \leqq t_1$. Sie ist gekennzeichnet durch zunehmenden Füllquerschnitt ($0 \leqq a_t \leqq a_1$) und abnehmende Druckhöhe ($H_{ges} \geqq H_t \geqq H_1$). Dabei gilt der Ansatz (Abb. 4.6.):

$$dV = Q_t\ dt = -\ A\ dH\ , \tag{4-39}$$

wobei $Q_t = a_t\ \mu\ \sqrt{2g}\ \sqrt{H_t} = n\ t\ \mu\ \sqrt{2g}\ \sqrt{H_t}\ .$ (4-40)

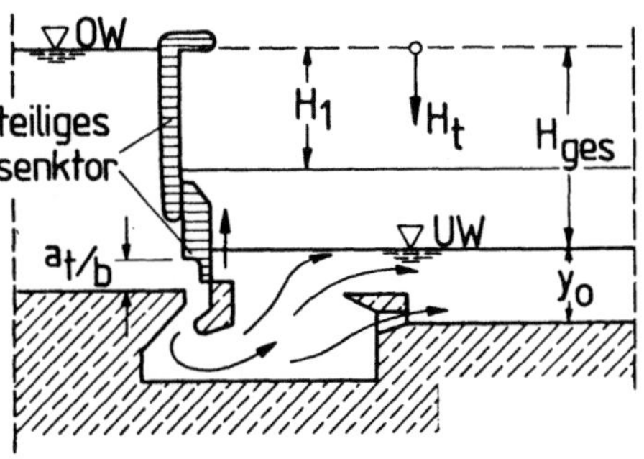

Abbildung 4.6. Zufluß während der ersten Füllphase mit tiefliegendem Drempel

Aus Gleichung (4-39) ergibt sich bei Verwendung von Gleichung (4-40) nach Trennung der Veränderlichen:

$$\int_{H_{ges}}^{H_t} \frac{dH}{\sqrt{H}} = - \frac{\mu\ n\ \sqrt{2g}}{A} \int_{o}^{t} t\ dt\ . \tag{4-41}$$

Die Integration ergibt die momentane Druckhöhe H_t in der ersten Füllphase:

$$\sqrt{H_t} = \sqrt{H_{ges}} - \frac{\mu\ n\ \sqrt{2g}}{4A}\ t^2\ . \tag{4-42}$$

Die am Ende der ersten Füllphase zum Zeitpunkt $t = t_1$ noch vorhandene Druckhöhe H_1 ergibt sich mit $n\ t_1 = a_1$ aus Gleichung (4-42) zu:

$$\sqrt{H_1} = \sqrt{H_{ges}} - \frac{\mu\ a_1\ \sqrt{2g}}{4A}\ t_1\ . \tag{4-43}$$

Bei Einsetzen von Gleichung (4-42) in Gleichung (4-40) ergibt sich die Füllwassermenge zu jedem Zeitpunkt $0 \leqq t \leqq t_1$ während der ersten Phase zu:

$$Q_t = \mu\ n\ \sqrt{2g}\ \sqrt{H_{ges}}\ t - \frac{\mu^2\ n^2\ g}{2A}\ t^3\ . \tag{4-44}$$

Die Zunahme der Zuflußmenge während der ersten Füllphase beträgt dann:

$$\frac{dQ}{dt} = \mu\ n\ \sqrt{2g}\ \sqrt{H_{ges}} - \frac{3\mu^2\ n^2\ g}{2A}\ t^2\ . \tag{4-45}$$

Zweite Füllphase:

In der zweiten Füllphase ($t_1 \leqq t \leqq T_{ges}$) nimmt die Druckhöhe vom Ausgangswert H_1 bis auf Null ab ($H_1 \geqq H_t \geqq 0$). Der Füllquerschnitt ist dabei voll freigegeben (a_1 = konstant).

Mit dem Ansatz nach Gleichung (4-39) ergibt sich für die zweite Füllphase:

$$\int_{H_1}^{H_t} \frac{dH}{\sqrt{H}} = - \frac{\mu\ a_1\ \sqrt{2g}}{A} \int_{t_1}^{t} dt \tag{4-46}$$

und nach erfolgter Integration für die momentane Druckhöhe:

$$\sqrt{H_t} = \sqrt{H_1} - \frac{\mu\, a_1\, \sqrt{2g}}{2A}\, (t - t_1)\,. \tag{4-47}$$

Mit $Q_t = \mu\, a_1\, \sqrt{2g}\, \sqrt{H_t}$ folgt für die Zuflußwassermenge bei Verwendung von Gleichung (4-43):

$$Q_t = \mu\, a_1\, \sqrt{2g} \left[\sqrt{H_{ges}} - \frac{\mu\, a_1\, \sqrt{2g}}{2A}\, (t - \frac{t_1}{2}) \right]. \tag{4-48}$$

Die Zunahme der Zuflußmenge während der zweiten Füllphase beträgt dann:

$$\frac{dQ}{dt} = - \frac{\mu^2\, a_1^2\, g}{A} = \text{konstant}\,. \tag{4-49}$$

Dies bedeutet, daß die Zuflußmenge Q_t während der zweiten Füllphase linear mit der Zeit abnimmt, wobei $\mu \approx$ konstant vorausgesetzt ist.

4.1.2.2 Maximale Zuflußwassermenge

Die maximale Zuflußwassermenge Q_{max} wird während der ersten Füllphase ($t_{max} < t_1$) oder an ihrem Ende ($t_{max} = t_1$) erreicht. Für beide Fälle ergeben sich unterschiedliche Berechnungsansätze /109/:

Fall A: $t_{max} < t_1$

Der Zeitpunkt t_{max} für den maximalen Zufluß Q_{max} ergibt sich aus der Bedingung $dQ/dt = 0$ bei Verwendung von Gleichung (4-45) zu:

$$t_{max} = \sqrt{\frac{4A\, \sqrt{H_{ges}}}{3\mu\, n\, \sqrt{2g}}}\,. \tag{4-50}$$

Bei Einsetzen dieses Wertes in Gleichung (4-44) folgt für die maximale Zuflußmenge:

$$Q_{max} = \sqrt{\frac{16}{27}\, \mu\, \sqrt{2g}\, n\, A\, H_{ges}^{3/2}}\,. \tag{4-51}$$

Fall B: $t_{max} = t_1$

Wenn die maximale Zuflußmenge erst am Ende der ersten Füllphase erreicht wird, erfolgt die Berechnung nach Gleichung (4-44). Mit $t_1 = a_1$ ergibt sich:

$$Q_{max} = \mu \, a_1 \sqrt{2g} \sqrt{H_{ges}} - \frac{\mu^2 \, a_1^2 \, 2g}{4A} \, t_1 \, . \qquad (4\text{-}52)$$

Abbildung 4.7. zeigt den Verlauf der Hub- und Zuflußmengenkurven für die beiden Berechnungsfälle.

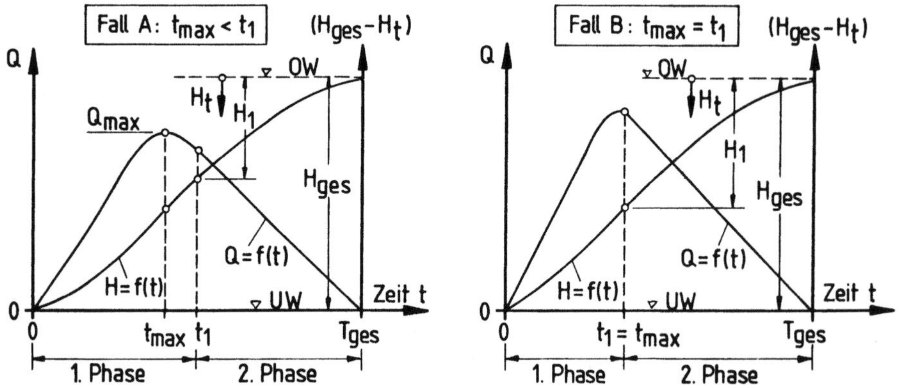

Abbildung 4.7. Hub- und Zuflußmengenkurven bei der Füllung mit tiefliegendem Drempel

4.1.2.3 Füllzeit der Kammer

Für die Schleusenfüllung mit *tief*liegendem Drempel läßt sich die Füllzeit der Kammer mit Hilfe der Gleichung (4-47) berechnen. Am Ende der zweiten Füllphase ist $t = T_{ges}$ und $H_t = 0$. Damit ergibt sich:

$$\sqrt{H_1} = \frac{\mu \sqrt{2g} \, a_1}{2A} \, (T_{ges} - t_1) \, . \qquad (4\text{-}53)$$

Ersetzt man $\sqrt{H_1}$ durch den Ausdruck nach Gleichung (4-43), so ergibt sich nach einigen Umformungen die Füllzeit für die Schleusenkammer zu:

$$T_{ges} = \frac{2A \sqrt{H_{ges}}}{\mu \sqrt{2g} \, a_1} + \frac{t_1}{2} \, . \qquad (4\text{-}54)$$

4.1.2.4 Zulässige Freigabe des Füllquerschnittes

Bei der Füllung der Schleusenkammer mit tiefliegendem Drempel *vom Oberhaupt* her über Torumläufe oder durch das Obertor mit vertiefter Vorhafensohle (Abb. 4.6.) treten im Prinzip die gleichen Wasserspiegelbewegungen in der Kammer auf, wie bei der Schleusenfüllung mit *hoch*liegendem Drempel (Abschnitt 4.1.1.5).

Unterschiedlich ist lediglich die sekundliche Zunahme der Zuflußwassermenge in der ersten Füllphase (Gleichung (4-45)). Diese ist bei der Füllung mit *tief*liegendem Drempel zu Beginn des Öffnungsvorganges (t = O) am größten und nimmt mit zunehmender Freigabe des Füllquerschnittes stetig ab.

Geht man davon aus, daß die Neigung des ersten in der Kammer auftretenden Füllschwalles für die Größe der maximalen Trossenkräfte maßgebend ist, so ergibt sich mit dem Grenzwert nach Gleichung (4-36) für die zulässige Querschnittsfreigabe der Füllquerschnitt bei Beginn des Füllvorganges (t = O):

$$n_{zul} = \frac{(I_W)_{zul}\ B\ g\ y_o}{\mu\ \sqrt{2g}\ \sqrt{H_{ges}}} \approx 0{,}006\ B/\sqrt{H_{ges}}\ . \tag{4-55}$$

Für Schleusen mit B = 12 m Kammerbreite ergibt sich /3/:

$$n_{zul} = 0{,}072\ /\ \sqrt{H_{ges}}\ \ (\text{in } m^2/s)\ . \tag{4-56}$$

Die zulässige sekundliche Freigabe des Füllquerschnittes nimmt demnach mit größer werdender Hubhöhe ab.

4.2 Kammerfüllung über Längskanäle oder Grundläufe

Bei der Kammerfüllung über Längskanäle mit Stichkanälen in den Kammerwandungen (Abb. 2.82.) oder über Grundläufe mit lotrechten Stichkanälen in der Kammersohle (Abb. 2.85.) wird das Füllwasser im allgemeinen seitlich vor dem Obertor aus dem oberen Vorhafen entnommen und über senkrechte Schächte den Längskanälen bzw. Grundläufen zugeführt.

Die Einspeisung des Füllwassers in die Kammer erfolgt über eine bestimmte Anzahl von Stichkanälen (Abb. 2.40.). Der Gesamtquerschnitt der Stichkanäle je Längskanal bzw. Grundlauf sollte dabei das 1,3- bis 1,5-fache des für den Füllvorgang maßgebenden Schützquerschnittes im jeweiligen Zulaufkanal betragen, da andernfalls infolge der Umlenkverluste mit einer entsprechend längeren Füllzeit der Schleuse gerechnet werden muß /3, 53, 54/. Die prozentuale Füllzeitverkürzung nimmt dabei mit zunehmender Schleusenhubhöhe und wachsendem Verhältniswert $\Sigma a_s/a_1$ zu (Abb. 4.8.) /110/.

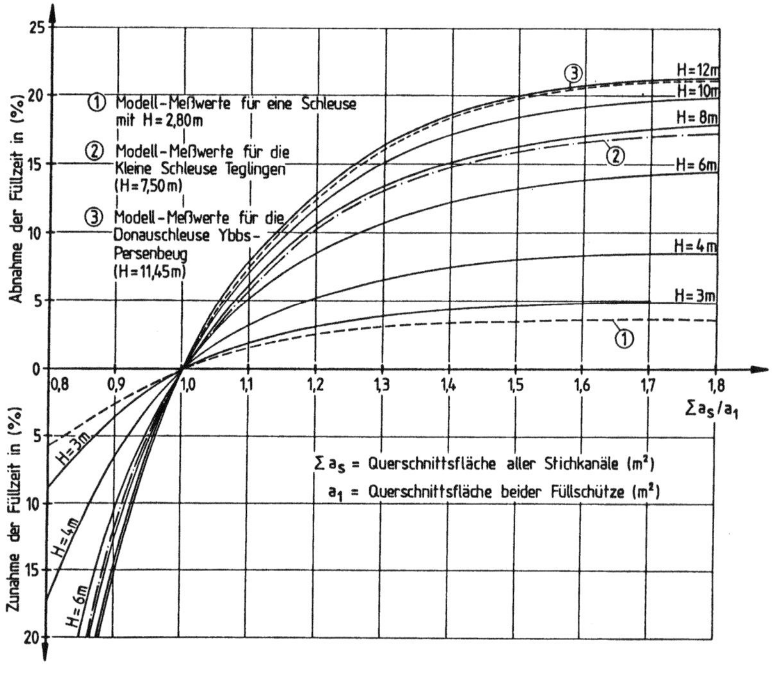

Abbildung 4.8. Prozentuale Veränderung der Füllzeit in Abhängigkeit vom Verhältniswert $\Sigma a_s/a_1$ /110, 111/

Bei Beginn der Öffnung der Schützquerschnitte dringt das Füllwasser in die Längskanäle bzw. Grundläufe ein, wobei die Stichkanäle *nacheinander* vom Oberhaupt beginnend anspringen (Abb. 4.9.). Dabei stellt sich, ähnlich wie bei der Schleusenfüllung vom Oberhaupt her, ein Wasserspiegellängsgefälle vom Oberhaupt zum Unterhaupt in der Kammer ein, durch das eine entsprechende Neigungskraft auf die schleusenden Schiffe ausgeübt wird.

Die Größe des Wasserspiegelgefälles zu Beginn der Kammerfüllung hängt wie bei der Füllung vom Oberhaupt her (Füllung durch das Obertor bzw.

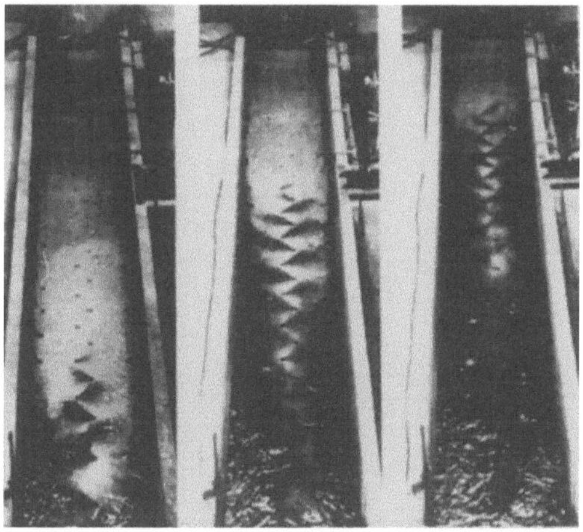

Abbildung 4.9. Anspringen der Stichkanäle nacheinander bei Beginn der Kammerfüllung über Grundläufe mit Stichkanälen (Füllwasser gefärbt) /3/

über Torumläufe) von der sekundlichen Zunahme der Zuflußwassermenge dQ/dt ab (Abschnitt 4.1). Wegen des relativ raschen Anspringens der Stichkanäle nacheinander ergibt sich aber bei gleicher Zunahme der Zuflußmenge gegenüber der Füllung vom Oberhaupt her ein *geringeres* Wasserspiegelgefälle bei der Füllung über Längskanäle bzw. Grundläufe. Die Füllquerschnitte können deshalb bei dieser Art der Kammerfüllung rascher geöffnet werden, ohne daß dabei die zulässigen Trossenkräfte überschritten werden.

Nach Anspringen aller Stichkanäle stellt sich im weiteren Verlauf des Füllvorganges in den nun voll arbeitenden Längskanälen bzw. Grundläufen ein entsprechendes Druckgefälle ein (Abb. 4.10.), wobei die Förderleistung der einzelnen, im allgemeinen gleich groß gewählten Stichkanäle vom Oberhaupt zum Unterhaupt hin zunimmt wegen des in gleicher Richtung größer werdenden Druckes /52/. Dies führt dann im Zusammenwirken mit der Reflexion des ersten Füllschwalles am Untertor im weiteren Verlauf des Füllvorganges zu einem vom Unterhaupt zum Oberhaupt geneigten Wasserspiegelgefälle und einer damit verbundenen Kraftwirkung auf die schleusenden Schiffe.

Der zeitliche Verlauf der Längskräfte auf ein schleusendes Schiff ist deshalb im Prinzip ähnlich wie bei der Füllung vom Oberhaupt her. Infolge des ersten Füllschwalles wirkt auf die Schiffe zunächst eine zum

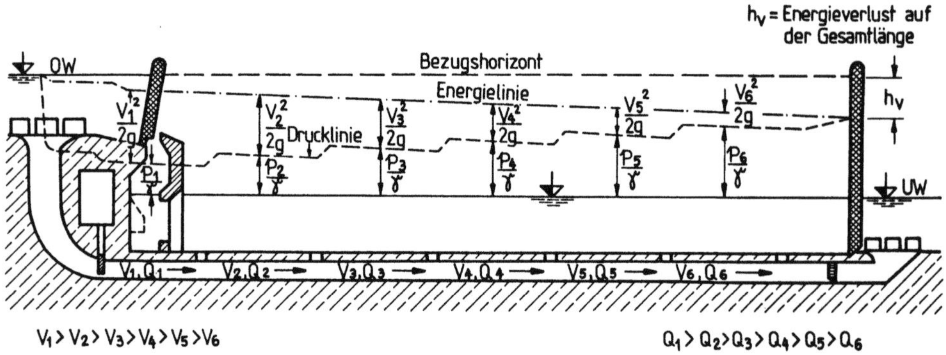

Abbildung 4.10. Druckverteilung im Grundlauf nach Anspringen aller Stichkanäle /3/

Unterhaupt gerichtete Kraft, die sich dann später in eine zum Oberhaupt gerichtete Kraft umkehrt (Abb. 4.11). Die Größe der dabei unter sonst gleichen Bedingungen zu erwartenden Trossenkräfte ist jedoch wegen der verteilenden und dämpfenden Wirkung des Füllsystems mit Längs-

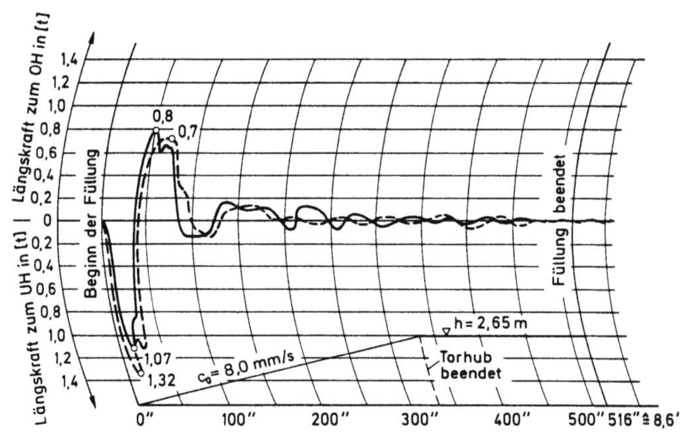

Abbildung 4.11. Längskräfte auf ein schleusendes Schiff in verschiedenen Schiffslagen bei Füllung über Längskanäle mit Stichkanälen (H = 7,5 m, n = 0,04 m²/s)

kanälen bzw. Grundläufen und Stichkanälen entsprechend geringer als bei der Kammerfüllung vom Oberhaupt her. Mit den beiden erstgenannten Füllsystemen lassen sich deshalb *kürzere Füllzeiten* erreichen, ohne daß die Kraftwirkungen auf schleusende Schiffe die zulässigen Grenzen überschreiten.

Die für die Füllung über Längskanäle bzw. Grundläufe charakteristischen Wasserspiegelbewegungen in der Kammer und die damit verbundenen Kraftwirkungen auf die schleusenden Schiffe können im Prinzip durch eine *unsymmetrische Verteilung* der Stichkanäle oder durch eine *Abstufung ihrer Querschnittsgröße* über die Kammerlänge nur geringfügig beeinflußt werden. Auch mit einem Grundlaufsystem der vorstehend beschriebenen Art kann trotz des erheblich größeren baulichen Aufwandes praktisch keine Verbesserung gegenüber der Füllung mit Längskanälen erreicht werden.

Eine nennenswerte Füllzeitverkürzung ohne Überschreiten der zulässigen Trossenkräfte wird erst möglich, wenn die eigentlichen Füllkanäle, über die das Wasser in die Kammer abgegeben wird, durch zusätzliche Zubringerkanäle gespeist und entsprechend über die Kammerlänge verteilt werden (s. Abschnitt 4.3).

4.2.1 Berechnung der Füllphasen

Die Schleusenfüllung über Längskanäle oder Grundläufe mit Stichkanälen ist im hydraulischen Sinne eine Füllung mit *tiefliegendem Drempel*, da das Füllwasser zu jedem Zeitpunkt des Füllvorganges unterhalb des Kammerwasserspiegels der Schleuse zugeführt wird. Die Berechnung der beiden Füllphasen erfolgt deshalb in gleicher Weise wie bei der Kammerfüllung vom Oberhaupt her mit tiefliegendem Drempel (s. Abschnitt 4.1.2).

Die *erste Füllphase* ($0 \leqq t \leqq t_1$) ist gekennzeichnet durch zunehmenden Füllquerschnitt ($0 \leqq a_t \leqq a_1$) und abnehmende Druckhöhe ($H_{ges} \geqq H_t \geqq H_1$). Es gelten deshalb mit den Bezeichnungen der Abbildung 4.12. die Gleichungen (4-39) bis (4-45).

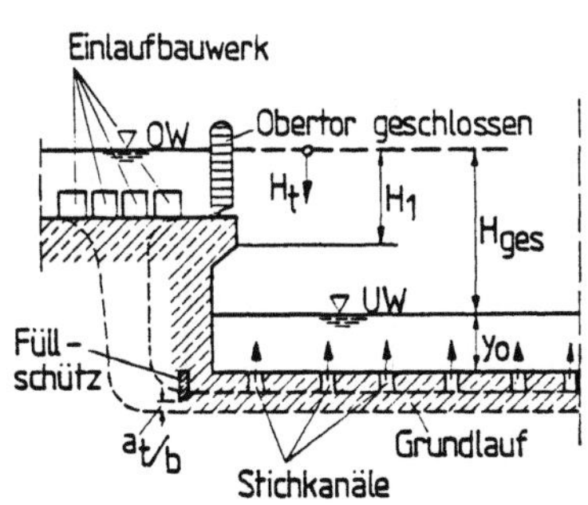

Abbildung 4.12. Zufluß während der ersten Füllphase

In der *zweiten Füllphase* ($t_1 \leqq t \leqq T_{ges}$) ist der Füllquerschnitt voll geöffnet (a_1 = konstant), während die Druckhöhe weiter bis auf Null abnimmt ($H_1 \geqq H_t \geqq 0$). Es gelten sinngemäß die Gleichungen (4-46) bis (4-49). Der mittlere μ-Wert liegt je nach Ausbildung des Einlaufes und Formgebung der Stichkanäle zwischen 0,60 und 0,70.

4.2.2 Maximaler Zufluß und Füllzeit der Kammer

Die Berechnung der maximalen Zuflußwassermenge erfolgt mit Hilfe der Gleichungen (4-51) bzw. (4-52), je nachdem ob $t_{max} < t_1$ oder $t_{max} = t_1$ ist.

Für die Füllzeit der Schleuse gilt Gleichung (4-54). Die Hub- und Zuflußmengenkurven sind im Prinzip die gleichen, wie in Abbildung 4.7. dargestellt.

4.2.3 Zulässige Freigabe des Füllquerschnittes

Bei Längskanälen bzw. Grundläufen mit Stichkanälen ist der Zusammenhang zwischen der sekundlichen Zunahme der Zuflußmenge dQ/dt zu Beginn des Füllvorganges (t = 0) und dem sich in der Kammer einstellenden Wasserspiegelgefälles ein anderer als bei der Füllung vom Oberhaupt her (Gleichung (4-1)). Dies ist bedingt durch die druckstoßartige Fortpflanzung des Anfangsimpulses in den Längskanälen bzw. Grundläufen zwischen den einzelnen Stichkanälen. Dadurch wird die Neigung des ersten Füllschwalles in der Kammer *flacher* als unter sonst gleichen Freigabebedingungen des Füllquerschnittes bei der Füllung vom Oberhaupt her. Analog zu Gleichung (4-1) gilt dabei der Ansatz (s. Abb. 4.1.):

$$I_W = \frac{dH}{(1+\xi)\ w\ dt} = \frac{dQ}{(1+\xi)\ w^2\ B\ dt} \approx \frac{1}{(1+\xi)\ B\ g\ y_o}\ \frac{dQ}{dt}\ . \qquad (4\text{-}57)$$

Unter der Voraussetzung einer gleichmäßigen Verteilung der Stichkanäle über die Kammerlänge ergab sich nach Auswertungen von Modelluntersuchungen an Schleusen unterschiedlicher Hubhöhe ein Wert von $\xi \approx 1{,}7$ /27, 111/.

Bei der Kammerfüllung über Längskanäle oder Grundläufe mit Stichkanälen gilt für die sekundliche Zunahme der Zuflußmenge in der ersten

Füllphase Gleichung (4-45), wobei $(dQ/dt)_{max}$ zu Beginn des Öffnungsvorganges der Füllschütze (t = 0) auftritt.

Für die zulässige Zunahme der Füllwassermenge zu Beginn des Füllvorganges ergibt sich bei Zugrundlegen dieses Wertes nach Gleichung (4-57):

$$\left(\frac{dQ}{dt}\right)_{zul} \leq (I_W)_{zul} \; (1 + \xi) \; B \; g \; y_o \; . \qquad (4\text{-}58)$$

Für B = 12 m Kammerbreite und y_o = 4,0 m Kammerwassertiefe folgt mit $(I_W)_{zul}$ = 0,4 ‰:

$$\left(\frac{dQ}{dt}\right)_{zul} \leq 0{,}50 \; m^3/s^2 \; . \qquad (4\text{-}59)$$

Die zulässige Freigabegeschwindigkeit des Füllquerschnittes ergibt sich zu:

$$n_{zul} = \frac{(I_W)_{zul} \; (1 + \xi) \; B \; g \; y_o}{\mu \sqrt{2g} \sqrt{H_{ges}}} = \frac{0{,}016 \; B}{\sqrt{H_{ges}}} \; . \qquad (4\text{-}60)$$

Mit B = 12,0 m und y_o = 4,0 m folgt:

$$n_{zul} \approx 0{,}20/\sqrt{H_{ges}} \quad (\text{in } m^2/s) \; . \qquad (4\text{-}61)$$

Die zulässige sekundliche Freigabe des Füllquerschnittes ist demnach bei Füllung der Kammer über Längskanäle oder Grundläufe mit Stichkanälen etwa um 2,8-fach größer als bei der Kammerfüllung vom Oberhaupt her mit tiefliegendem Drempel (s. Gleichung (4-56)).

4.3 Kammerfüllung über Zubringerkanäle mit Füllbatterien

Ein nahezu schwallfreies Füllen der Schleusenkammer läßt sich erreichen, wenn die eigentlichen *Füllkanäle* (auch *Füllbatterien* genannt), über die das Wasser in die Kammer abgegeben wird, durch zusätzliche *Zubringer- und Verteilungskanäle* derart gespeist werden, daß das Füllwasser zu Beginn der Kammerfüllung möglichst *gleichzeitig* an zahlreichen Stellen von der Kammersohle her der Schleuse zugeführt wird. Dies läßt sich durch eine entsprechende Anordnung und Verteilung der Zubringer- und Füllkanäle (Füllbatterien) erreichen. Die Füllbatterien können dabei sowohl parallel zu den Kammerwänden (Abb. 2.88., 2.89., 2.92., 2.93. und 2.95.) als auch quer zur Schleusenkammer angeordnet werden (Abb. 2.90.).

Der Vorteil der Füllbatterien liegt darin, daß das austretende Füllwasser nicht direkt von unten her in die Kammer eingeleitet wird, sondern die austretenden Füllstrahle zunächst gegeneinander geleitet werden (Abb. 6.31.). Damit wird eine direkte Wirkung auf die schleusenden Schiffe ausgeschlossen und die kinetische Energie des austretenden Füllwassers im Bereich der Kammersohle infolge der turbulenten Durchmischung in Wärmeenergie umgesetzt (Abb. 2.89. bis 2.93.).

Während des Füllvorganges versorgt jede Füllbatterie über eine entsprechende Anzahl von Stichkanälen einen bestimmten *Füllbereich* in der Schleuse. Im Prinzip läßt sich dabei zu Beginn des Füllvorganges auch bei einer entsprechenden Anordnung der Füllbatterien ein Nacheinanderanspringen der Stichkanäle im jeweiligen Füllbereich nicht vermeiden, jedoch heben sich die in verschiedenen Richtungen geneigten, relativ kurzen Wasserspiegelgefälle in ihrer Wirkung auf die schleusenden Schiffe weitgehend auf, so daß die auftretenden Längskräfte nur gering sind.

Der Abstand der Füllbereiche voneinander in Kammerlängsrichtung sollte möglichst nicht größer als *eine halbe Regelschiffslänge* gewählt werden. Bei Einhalten dieser Bedingung wird das schleusende Schiff zu Beginn der Kammerfüllung von *mindestens* zwei Füllschwallbereichen erfaßt, wodurch Längsbewegungen des Schiffes praktisch ausgeschlossen werden. Bei den üblichen Kammerlängen genügt es dabei im allgemeinen, das Füllwasser in den *Drittels- bzw. Viertelspunkten* der Kammerlänge in die Füllkanäle bzw. Füllbatterien einzuspeisen (Abb. 4.13.).

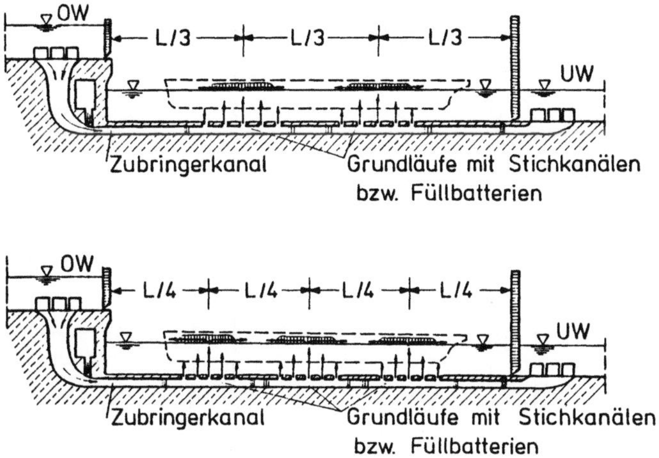

Abbildung 4.13. Schwallkopfbildung in der Schleuse bei der Füllwassereinleitung über Zubringerkanäle mit Füllbatterien /3/

4.3.1 Hydraulisch ausgewogene Füllsysteme

Für die Anordnung der Zubringer-, Verteiler- und Füllkanäle unter der Kammersohle gibt es verschiedene Möglichkeiten. Ein Füllsystem gilt als *hydraulisch ausgewogen*, wenn die Füllkanäle (Füllbatterien) bezogen auf die Kammermitte symmetrisch über die Schleusengrundfläche verteilt und die *Fließwege* des in die Kammer austretenden Wassers in etwa *gleich lang* sind /56, 112/. Darüber hinaus sollte die Wasserzufuhr pro Grundflächeneinheit der Schleusenkammer zu jedem Zeitpunkt des Füllvorganges möglichst gleich groß sein.

In den *Füllkanälen* kann diese Bedingung erfüllt werden, wenn an jeder Austrittsöffnung (Stichkanal) zu jedem Zeitpunkt $0 \leq t \leq T_{ges}$ der gleiche Druck vorhanden ist. Dies läßt sich durch eine entsprechende Verringerung des Füllkanalquerschnittes in Fließrichtung erreichen (Abb. 2.91.).

Für die Anordnung der Zubringer- und Verteilerkanäle gibt es im Prinzip vier Möglichkeiten, bei denen eine symmetrische Verteilung des Füllwassers über die Kammerfläche und damit eine hydraulische Ausgewogenheit des Füllsystems gewährleistet ist (Varianten A bis D, Abb. 4.14.). Bei *Variante A* wird das Füllwasser über seitliche Zubringerkanäle, bei *Variante B* über tiefliegende Grundläufe *in Kammermitte* einem System von symmetrisch angelegten Verteilerkanälen zugeführt, welche acht Füllbatterien (je vier pro Kammerseite) versorgen. Um ein Zentrieren der Schiffe in Kammermitte während des Füllvorganges zu erreichen, werden die Füllbatterien zweckmäßigerweise parallel zu den Kammerwänden angelegt. (Prinzip des Füllsystems der Lower Granite Schleuse, Abb. 2.92.)

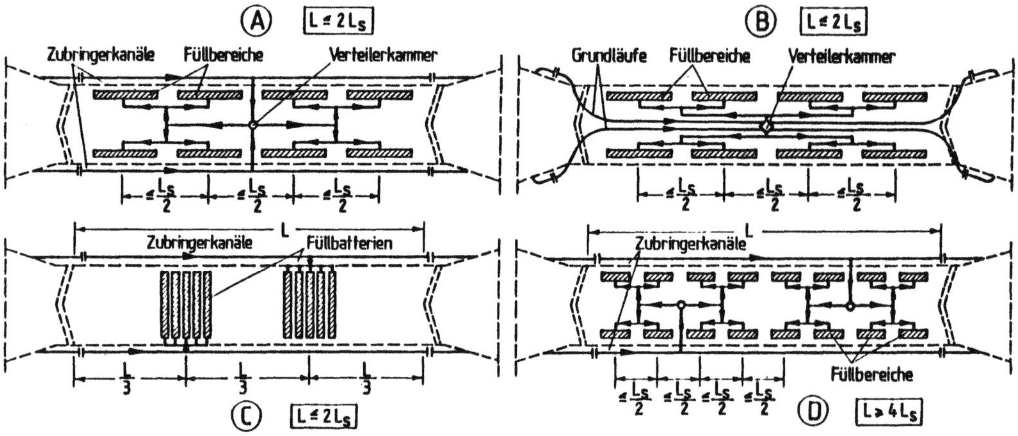

Abbildung 4.14. Hydraulisch ausgewogene Füllsysteme

In *Variante C* wird das Füllwasser über zwei Zubringerkanäle den in den Drittelspunkten der Kammerlänge quer zur Schleuse angeordneten Füllbatterien zugeführt (Prinzip der Ice Harbour Schleuse, Abb. 2.90.), wobei jeweils ein Zubringerkanal eine der beiden Füllbatterien versorgt.

Das Füllsystem nach *Variante D* kommt für Schleusen mit größeren Kammerlängen ($L \geq 4\ L_S$) in Betracht. Es ist in zwei voneinander getrennte Teilsysteme untergliedert, die im Prinzip mit den Füllsystemen der Varianten A und B identisch sind. Die Versorgung der beiden Teilsysteme erfolgt über seitliche Zubringerkanäle im oberen und unteren Viertelspunkt der Kammerlänge (Abb. 4.14.).

Der Nachteil der Füllsysteme nach Variante C und D liegt darin, daß bei *Ausfall* eines der beiden Füllschütze in den Zubringerkanälen die Wasserzufuhr zur Schleuse nur auf einer Kammerhälfte erfolgt. Dies führt dann, insbesondere zu Beginn des Füllvorganges, zu den unerwünschten Schwallerscheinungen in der Kammer und den damit verbundenen Kraftwirkungen auf die schleusenden Schiffe.

Bei einer *zentralen Wasserzufuhr* in Kammermitte (Füllsysteme nach Variante A und B) treten derartige Schwallerscheinungen in der Kammer bei Ausfall eines Schützes nicht auf, da die symmetrische Versorgung aller acht Füllbatterien durch das System der Verteilerkanäle gewährleistet ist (Abb. 4.14.). Typische Beispiele für diese Art der Kammerfüllung sind u.a. die Füllsysteme der Rhône-Schleusen (Abb. 2.88.), die Bay Springs und Lower Granite Schleuse/USA (Abb. 2.89. und 2.92.) sowie der Geshouba Schleuse Nr. 3/VR China (Abb. 2.96.).

Neben den vorstehend beschriebenen, hydraulisch voll ausgewogenen Füllsystemen gibt es noch eine Reihe von *quasi-ausgewogenen* Systemen, bei denen die gleichmäßige Verteilung der Wasserzufuhr über die Kammerfläche wenigstens annähernd durch eine Abstufung der Querschnitte in den Verteilerkanälen bzw. auch durch die Veränderung der Querschnittsgröße bei den Stichkanälen erreicht wird.

Auch mit diesen, nicht in vollem Maße ausgewogenen Füllsystemen konnten zum Teil gute Ergebnisse im Hinblick auf einen ruhigen Schleusungsvorgang und eine kurze Füllzeit der Schleuse mit einer entsprechend hohen mittleren Steiggeschwindigkeit des Kammerwasserspiegels während des Füllvorganges (v_m > 2,50 m/min) erreicht werden. Das Prinzip einiger dieser Füllsysteme ist in Abbildung 4.15. (Varianten E bis G) dargestellt /51, 56/. Variante G entspricht dabei dem Füllsystem der Rhône-Schleuse Donzère-Mondragon (Abb. 2.88.).

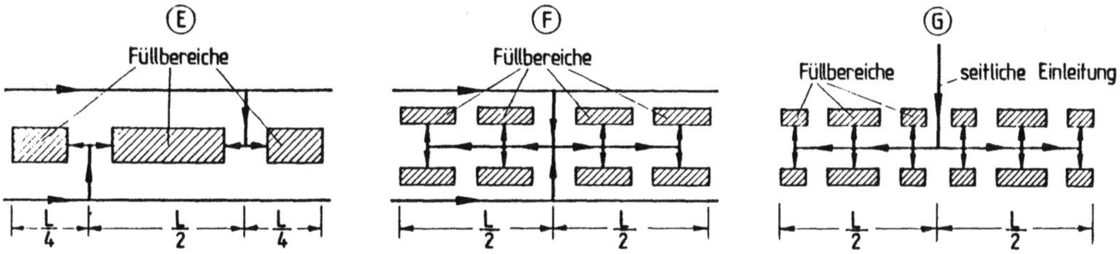

Abbildung 4.15. Prinzip einiger quasi-ausgewogener Füllsysteme

Hydraulisch ausgewogene Füllsysteme mit Zubringer-, Verteiler- und Füllkanälen (Füllbatterien) sind in ihrer konstruktiven Gestaltung gegenüber einfacheren Systemen mit Torumläufen, Grundläufen oder Längskanälen entsprechend aufwendig. Sie kommen deshalb in der Regel nur für Schleusen mit größeren Hubhöhen (H > 20 m) in Betracht. Ihr Vorteil liegt jedoch eindeutig in dem nahezu *schwallfreien Füllen* der Kammer, das eine große Sicherheit für die schleusenden Schiffe bietet. Darüber hinaus können die Füllquerschnitte sehr schnell freigegeben werden, wodurch die Leistungsfähigkeit der Schleuse wegen der damit verbundenen relativ kurzen Füllzeit entsprechend erhöht wird (s. Abschnitt 4.3.3).

4.3.2 Berechnung des Füllvorganges

Bei der Schleusenfüllung über ein System von Zubringer- und Verteilungskanälen mit Füllbatterien (bzw. Füllkanälen) handelt es sich im hydraulischen Sinne um eine Kammerfüllung mit *tiefliegendem Drempel*. Der Füllvorgang besteht in der Regel aus zwei Füllphasen.

In der *ersten Füllphase* ($0 \leqq t \leqq t_1$) wird der Füllquerschnitt freigegeben ($0 \leqq a_t \leqq a_1$), wobei die Druckhöhe stetig abnimmt ($H_{ges} \geqq H_t \geqq H_1$). Es gelten die Gleichungen (4-39) bis (4-45).

In der *zweiten Füllphase* ($t_1 \leqq t \leqq T_{ges}$) ist der Füllquerschnitt voll geöffnet (a_1 = konstant), während die Druckhöhe weiter bis auf Null abnimmt ($H_1 \geqq H_t \geqq 0$). Es gelten die Gleichungen (4-46) bis (4-49). Der mittlere μ-Wert liegt je nach Anordnung und hydraulischer Formgebung der Zubringer-, Verteiler- und Füllkanäle zwischen 0,65 und 0,80.

Für die Berechnung der maximalen Zuflußwassermenge gilt Gleichung (4-51) bzw. (4-52). Die Füllzeit der Kammer ergibt sich nach Gleichung (4-54). Der Verlauf der Hub- und Zuflußmengenkurven entspricht den Darstellungen in Abbildung 4.7.

4.3.3 Zulässige Freigabe des Füllquerschnittes

Bei einem hydraulisch voll ausgewogenen Füllsystem mit Zubringer-, Verteiler- und Füllkanälen (bzw. Füllbatterien) gibt es praktisch *keine Begrenzung* für die zulässige Zunahme des sekundlichen Wasserzuflusses in die Kammer zu Beginn des Füllvorganges. Die Freigabegeschwindigkeit der Füllschütze wird hier vielmehr durch den maschinentechnischen Antrieb der Schütze begrenzt.

Für die zulässige Freigabe des Füllquerschnittes gilt der allgemeine Ansatz (vgl. Gleichung (4-55) und (4-60):

$$n_{zul} \leqq \frac{\lambda\ B}{\sqrt{H_{ges}}} \quad \text{(in m}^2\text{/s)}\ , \qquad (4\text{-}62)$$

wobei λ einen für das jeweilige Füllsystem charakteristischen Beiwert darstellt.

Die Auswertung des Füllvorganges von einigen modernen Schleusen mit großen Hubhöhen ergab λ-Werte zwischen $0{,}03 \leqq \lambda \leqq 0{,}10$ (Tabelle 4.1.), wobei in allen Fällen die Trossenkräfte nur rd. 25 % ihrer zulässigen Werte erreichten /64, 65, 67, 68, 73, 112/.

Tabelle 4.1. Sekundliche Freigabegeschwindigkeiten der Füllquerschnitte bei einigen modernen Schleusen

Name der Schleuse	Hubhöhe H m	Kammerbreite B m	t_1 s	a_1 m^2	Schützgeschwindigkeit mm/s	n (m^2/s	λ
John Day/USA	34,4	26,2	240	31,2	17,8	0,13	0,029
Lower Granite/USA	32,0	26,2	66	31,2	64,7	0,47	0,102
Ice Harbour/USA	31,4	26,2	240	31,2	17,8	0,13	0,028
Little Goose/USA	30,8	26,2	240	31,2	17,8	0,13	0,0277
Lower Monumental/USA	28,4	26,2	240	31,2	17,8	0,13	0,027
Bay Springs/USA	28,0	33,5	60	36,4	71,0	0,52	0,085
Geskouba 3/VR China	27,0	18,0	120	18,0	25,0	0,15	0,043
Geskouba 1 u. 2/VR China	27,0	24,0	300	55,0	18,3	0,18	0,040
Donzère-Mondragon/Frankr.	26,0	12,0	240	20,0	16,7	0,08	0,034

Als *Richtwert* für die zulässige Freigabe des Füllquerschnittes kann deshalb gelten:

$$n_{zul} \leqq \frac{0{,}10\ B}{\sqrt{H_{ges}}} \quad (\text{in } m^2/s)\ . \tag{4-63}$$

Für eine Kammerbreite von B = 12,0 m ergibt sich dann /3, 113/:

$$n_{zul} \leqq 1{,}2/\sqrt{H_{ges}} \quad (\text{in } m^2/s)\ . \tag{4-64}$$

Dies bedeutet, daß die Freigabe des Füllquerschnittes bei der Schleusenfüllung über Zubringer- und Verteilerkanäle mit Füllbatterien (bzw. Füllkanälen)) sechsmal schneller erfolgen kann als bei der Füllung über Längskanäle oder Grundläufe mit Stichkanälen (s. Gleichung (4-61)). Im Vergleich zur Kammerfüllung vom Oberhaupt her kann der Füllquerschnitt rd. siebzehnmal schneller freigegeben werden (s. Gleichung (4-56)).

Die bei einem hydraulisch gut ausgewogenen Füllsystem zulässige rasche Freigabe des Füllquerschnittes nach Gleichung (4-63) bzw. (4-64) wirkt sich dabei insbesondere bei großen Hubhöhen günstig auf die erreichbare Schleusenfüllzeit aus (s. Gleichung (4-54)).

Bei Schleusen in Schiffahrtskanälen kann die im Hinblick auf die Trossenbeanspruchung der schleusenden Schiffe zulässige Freigabegeschwindigkeit der Füllquerschnitte jedoch häufig nicht voll ausgenutzt werden, weil die dabei auftretenden Sunkerscheinungen im oberen Vorhafen unzulässige Werte annehmen (s. Abschnitt 8).

Bei Flußschleusen mit Entnahme des Füllwassers aus der oberen Stauhaltung kann dagegen die Freigabe der Füllquerschnitte entsprechend Gleichung (4-63) bzw. (4-64) erfolgen.

5 Entleerung der Schleusenkammer

5.1 Allgemeines

Die Entleerung der Schleusenkammer kann je nach Hubhöhe direkt durch das Untertor (bzw. durch Entleerungsschütze im Tor), über Torumläufe am Unterhaupt, über Längskanäle bzw. Grundläufe mit Stichkanälen oder über die Füllbatterien mit anschließenden Entleerungskanälen erfolgen.

In jedem Falle ist zu Beginn des Entleerungsvorganges ein um die Schleusenhubhöhe größeres Wasserpolster in der Kammer vorhanden als zu Beginn des Füllvorganges. Aus diesem Grunde wirkt sich die Wasserentnahme aus der Schleuse unter sonst gleichen Randbedingungen weniger stark auf die Wasseroberfläche in der Kammer aus als bei den vergleichbaren Füllvorgängen.

Bei einem hydraulisch ausgewogenen System entsprechend Abbildung 4.14. gibt es bei dem Entleerungsvorgang praktisch keine Schwallbewegungen in der Kammer und demzufolge auch keine Kraftwirkungen auf die schleusenden Schiffe. Dagegen stellt sich bei der Kammerentleerung durch das Untertor (bzw. durch Entleerungsschütze im Tor), wie auch bei der Entleerung über Torumläufe zu Beginn des Entleerungsvorganges ein zum Unterhaupt der Schleuse geneigtes Wasserspiegelgefälle ein, durch das auf die Schiffe eine in gleicher Richtung wirkende Längskraft ausgeübt wird. Das gleiche gilt für die Entleerung der Kammer über Längskanäle oder Grundläufe mit Stichkanälen.

Die Größe dieser zu Beginn des Entleerungsvorganges auftretenden Wasserspiegelneigung hängt von der Art des Entleerungssystems, dem vorhandenen Wasserpolster in der Kammer und von der sekundlichen Zunahme der Entleerungswassermenge (dQ/dt) zum Zeitpunkt t = 0 ab.

Im weiteren Verlauf der Kammerentleerung geht das anfängliche Wasserspiegelgefälle in der Regel langsam auf Null zurück und kehrt erst gegen Ende des Entleerungsvorganges seine Richtung um.

Die dabei auf die schleusenden Schiffe ausgeübten Neigungskräfte (Längskräfte) liegen bei gleicher Freigabegeschwindigkeit der Schütze stets unter den bei der Kammerfüllung zu erwartenden Kräften. Die zulässige sekundliche Freigabe der Entleerungsquerschnitte könnte deshalb für die Kammerentleerung um rd. 10 bis 20 % größer angesetzt werden als bei den gleichartigen Füllvorgängen (Gleichungen (4-55), (4-60) und (4-63)).

In der Regel wird jedoch von dieser Möglichkeit nur selten Gebrauch gemacht, da die Hubgeschwindigkeit der Tore, insbesondere aber die der Füll- und Entleerungsschütze einer Schleuse aus betrieblichen und antriebstechnischen Gründen im allgemeinen *gleich groß* gewählt wird. Ist dies der Fall, dann ergibt sich erfahrungsgemäß für die Entleerungszeit der Kammer unter der Voraussetzung gleich großer Füll- und Entleerungsquerschnitte ein etwas *größerer Wert* als für die Füllzeit. Dies bedeutet, daß der mittlere μ-Wert für den Entleerungsvorgang etwas geringer ist als für den Füllvorgang.

5.2 Berechnung des Entleerungsvorganges

Bei der Entleerung einer Schleuse wird das Schleusenwasser unabhängig von der Art des Entleerungssystems stets *unterhalb* des als konstant angenommenen Unterwasserspiegels eingeleitet. Bei Kanalschleusen erfolgt die Wasserrückgabe dabei in den unteren Vorhafen, bei Flußschleusen meist in die untere Haltung. Der Entleerungsvorgang ist dabei in der Regel in *zwei* Entleerungsphasen unterteilt.

5.2.1 Berechnung der Entleerungsphasen

In der *ersten Entleerungsphase* ($0 \leq t \leq t_1$) wird der Entleerungsquerschnitt freigegeben ($0 \leq a_t \leq a_1$). Die Druckhöhe nimmt dabei stetig ab ($H_{ges} \geq H_t \geq H_1$).

Wird der Entleerungsquerschnitt freigegeben, bevor die Entleerung der Schleuse beendet ist ($t_1 < T_{ges}$), so tritt auch die zweite Phase auf. Während der *zweiten Entleerungsphase* ($t_1 \leq t \leq T_{ges}$) bleibt der Entleerungsquerschnitt a_1 = konstant, während die Druckhöhe weiter bis auf Null abnimmt ($H_1 \geq H_t \geq 0$).

Bei den folgenden Berechnungen wird eine konstante sekundliche Freigabe des Entleerungsquerschnittes (n = konstant) und ein konstanter mittlerer μ-Wert vorausgesetzt.

Erste Entleerungsphase:

Mit den Bezeichnungen der Abbildung 5.1. gilt der folgende Ansatz (s. Gleichung (4-39)):

$$dV = Q_t\ dt = -A\ dH \ , \tag{5-1}$$

wobei $Q_t = a_t\ \mu\ \sqrt{2g}\ \sqrt{H_t} = n\ t\ \mu\ \sqrt{2g}\ \sqrt{H_t}$. (5-2)

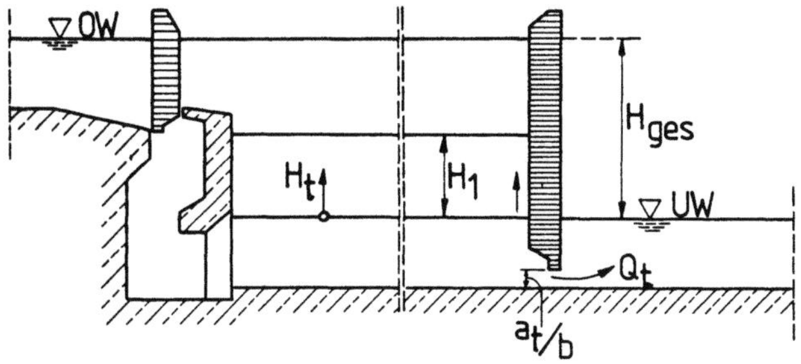

Abbildung 5.1. Ausfluß aus der Kammer während der ersten Entleerungsphase

Da für die Kammerentleerung die gleichen Berechnungsansätze gelten wie für die Kammerfüllung *mit tiefliegendem Drempel* (s. Abschnitt 4.1.2), können die für diese Füllart abgeleiteten Gleichungen in analoger Weise auch für den Entleerungsvorgang verwendet werden.

Die momentane Druckhöhe während der ersten Phase ($0 \leqq t \leqq t_1$) ergibt sich demnach nach Gleichung (4-42) und die Zuflußmenge nach Gleichung (4-44). Für die am Ende der ersten Entleerungsphase noch vorhandene Druckhöhe H_1 gilt Gleichung (4-43), für die Zunahme der Entleerungswassermenge während der ersten Phase Gleichung (4-45).

Zweite Entleerungsphase:

In der zweiten Entleerungsphase ($t_1 \leqq t \leqq T_{ges}$) ergibt sich die momentane Druckhöhe nach Gleichung (4-47) und die zugehörige Entleerungswassermenge nach Gleichung (4-48). Für die sekundliche Zunahme der Rückgabewassermenge gilt Gleichung (4-49).

5.2.2 Maximale Rückgabewassermenge

Der Zeitpunkt t_{max} des größten Ausflusses aus der Schleuse errechnet sich nach Gleichung (4-50).

Für $t_{max} < t_1$ (Fall A) ergibt sich die maximale Entleerungswassermenge nach Gleichung (4-51), für $t_{max} = t_1$ (Fall B) nach Gleichung (4-52). Die für den Entleerungsvorgang maßgebenden Senk- und Rückgabewassermengenkurven wurden für die zwei unterschiedlichen Fälle in Abbildung 5.2. dargestellt.

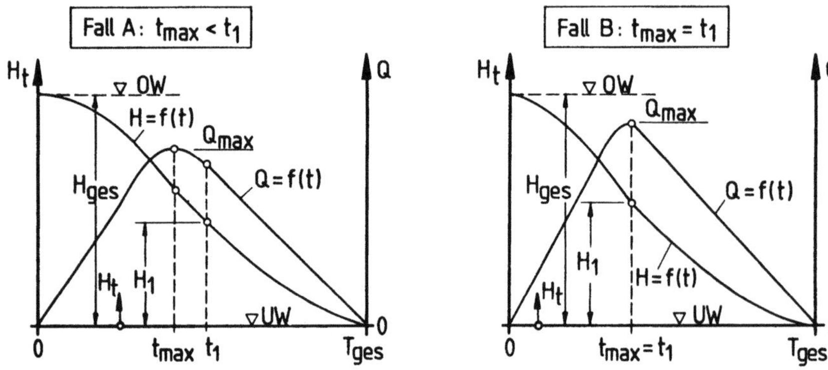

Abbildung 5.2. Senkkurven des Kammerwasserspiegels und Rückgabewassermengenkurven für die Kammerentleerung

5.2.3 Entleerungszeit der Kammer

Die Entleerungszeit für die Schleusenkammer errechnet sich mit Hilfe von Gleichung (4-54).

Dabei müssen jedoch die für die Kammer*entleerung* maßgebenden Werte für den *Entleerungs*querschnitt a_1 und die Freigabezeit t_1 der *Entleerungs*schütze verwendet werden. Da diese Werte nicht in jedem Falle mit den für den Füllvorgang maßgebenden Größen übereinstimmen, ergibt sich u.U. eine unterschiedliche Füll- und Entleerungszeit für eine Schleuse.

6 Sparschleusen

6.1 Allgemeines

Sparschleusen kommen in Schiffahrtskanälen überall dort in Betracht, wo aufgrund der Geländeverhältnisse, z.B. zwischen zwei bestehenden Wasserstraßen, die Trasse eines neu geplanten Kanals im Längsschnitt eine oder mehrere *Scheitelhaltungen* aufweist (Abb. 6.1.) und die bei den Schleusungen von den höher gelegenen Haltungen in die unteren abgegebenen Wassermengen nicht durch natürlichen Zufluß ersetzt werden können.

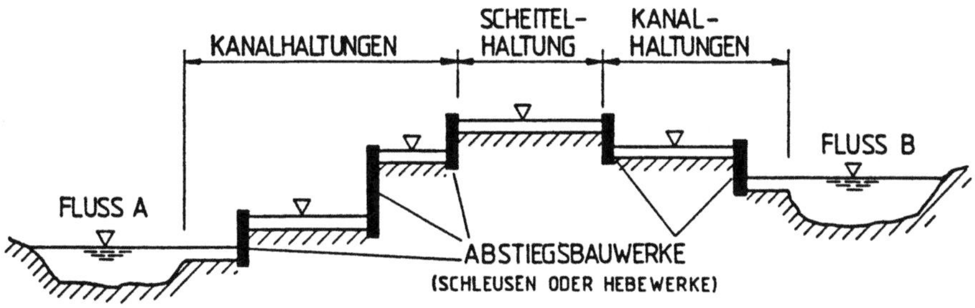

Abbildung 6.1. Beispiel für eine Kanaltrasse zwischen zwei Flußsystemen

In diesem Falle müssen die Verlustwassermengen, einschließlich der durch Verdunstung und Versickerung verlorenen und zu Bewässerungszwecken aus den Kanalhaltungen entnommenen Wassermengen durch *Pumpbetrieb* wieder ersetzt werden, um ein Absinken des Wasserspiegels unter ein zulässiges Maß in den Kanalhaltungen zu verhindern.

Eine Verringerung der bei jedem Schleusungsvorgang (Berg- und Talschleusung) in die untere Haltung abgegebenen Wassermenge ist durch die *Anlage von Sparschleusen* möglich, wobei die je Schleusungsvorgang erreichbare Wasserersparnis von der Anzahl und Größe der Sparbecken abhängt.

Als Alternative kommt die Anlage von *Schiffshebewerken* in Betracht. Hier bleibt der Wasserverlust je Transportvorgang (Berg- und Talfahrt) auf die vernachlässigbar geringen Spalt- und Sickerverluste an den Trogverschlüssen beschränkt.

Bei den Sparschleusen kann dagegen nur ein bestimmter Anteil des Schleusungswassers eingespart werden. Der verbleibende Rest wird bei der Kammerfüllung aus dem oberen Vorhafen entnommen und bei der Kammerentleerung in die untere Haltung abgegeben. Beim Fehlen natürlicher Zuflüsse kann deshalb bei der Anlage von Sparschleusen nicht auf einen, wenn auch in seiner erforderlichen Förderleistung stark verringerten Pumpbetrieb verzichtet werden.

6.2 Füll- und Entleerungssysteme

Das Prinzip einer Sparschleuse besteht darin, nur einen Teil des für die Kammerfüllung benötigten Wassers aus der oberen Kanalhaltung zu entnehmen und den Rest durch die neben der Schleuse in verschiedenen Höhen angeordneten Sparbecken zu decken (s. Abb. 2.17.).

Bei der Kammerentleerung wird der aus dem oberen Vorhafen entnommene Anteil an Schleusungswasser in den unteren Vorhafen abgeführt - er stellt demnach die *Verlustwassermenge* dar -, während das restliche Schleusungswasser wieder in die Sparbecken zurückgegeben wird.

Der Wasseraustausch zwischen der Kammer und den Sparbecken erfolgt über *Zulaufkanäle*, die jeweils mit einem Schütz abgesperrt sind. Die Zulaufkanäle münden in ein unter der Schleusensohle angeordnetes System von *Verteilerkanälen*, durch die das Wasser aus den Sparbecken gewissen *Füllbereichen bzw. Füllbatterien* in der Kammersohle zugeleitet wird. Bei einem hydraulisch ausgewogenen System müssen diese Füllbereiche so über die Kammerfläche verteilt angeordnet werden, daß das Füllwasser an zahlreichen Stellen möglichst symmetrisch und *gleichzeitig* in die Schleusenkammer gelangt.

Die Restfüllung und -entleerung der Kammer erfolgt über Längskanäle oder Grundläufe, die mit dem Verteilersystem unter der Kammersohle verbunden sind.

Abbildung 6.2. zeigt drei mögliche Varianten für die Anordnung der Zulaufkanäle und des Verteilersystems mit Füllbereichen bzw. Füllbatterien für eine 200 m lange Sparschleuse mit zwei seitlich angeordneten, offenen Sparbecken.

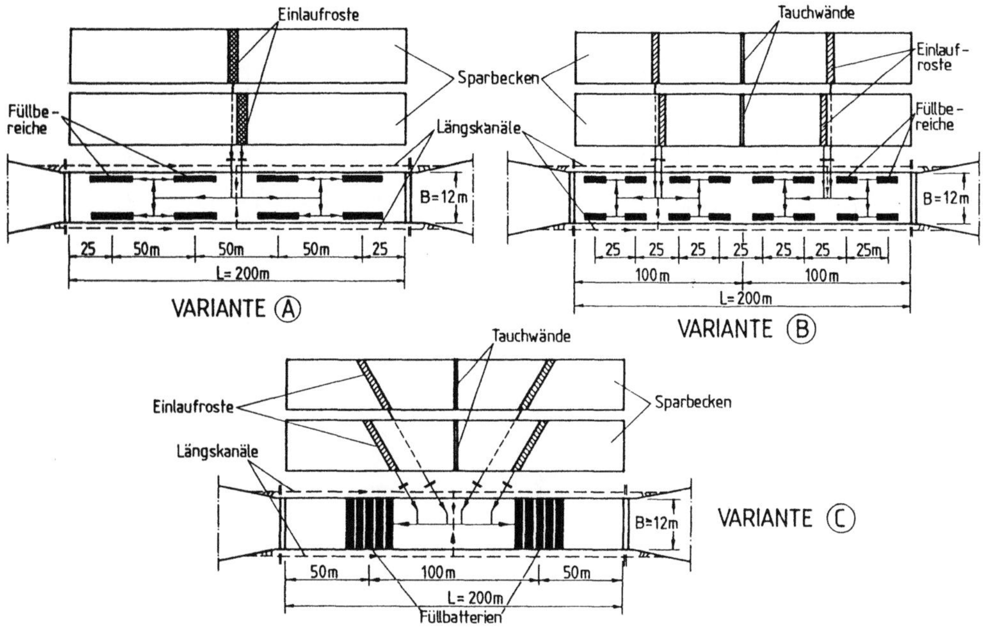

Abbildung 6.2. Füll- und Entleerungssysteme für eine Sparschleuse mit zwei Becken /57/

Die in Abbildung 6.2. dargestellten drei Systeme (Varianten A, B und C) können als *hydraulisch ausgewogen* angesehen werden, da die vom Füllwasser zurückzulegenden Wege bis zum Wassereintritt in die Kammer annähernd gleich lang sind. Damit wird eine *gleichzeitige* und über die Schleusengrundfläche *symmetrisch verteilte* Wasserzufuhr in die Kammer gewährleistet.

Bei den *Varianten A und B* der Abbildung 6.2. wird das Füllwasser aus den Sparbecken über ein System von Verteilerleitungen den parallel zu den Kammerwänden angeordneten Füllbereichen (Gruppe von lotrechten Stichkanälen in der Kammersohle) zugeleitet. Der Abstand der Füllbereiche ist dabei so gewählt, daß ein schleusendes Regelschiff (Europa-Schiff mit L_S = 80 m) unabhängig von seiner Lage in der Kammer an mindestens zwei (Variante A) bzw. drei Punkten (Variante B) gleichzeitig von den zu Beginn der Füllung aus den Sparbecken in der Schleuse auftretenden "*Schwallkopfpaaren*" erfaßt wird (Abb. 6.3.).

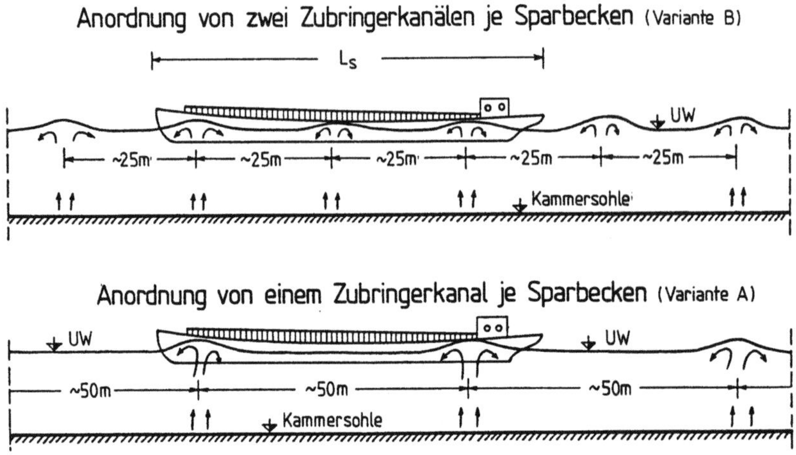

Abbildung 6.3. Bildung von Schwallköpfen in der Schleusenkammer bei Beginn der Kammerfüllung aus den Sparbecken

Damit werden Längsbewegungen des Schiffes während der Füllung aus den Sparbecken praktisch ausgeschlossen und die zu erwartenden Trossenkräfte der schleusenden Schiffe vernachlässigbar gering.

Durch die bei den Varianten A und B unmittelbar neben den Kammerwänden angeordneten Füllbereiche erfolgt beim Einströmen des Wassers in die Kammer ein Abdrängen der schleusenden Schiffe von den Kammerwänden und eine gewisse "*Zentrierung*" derselben in Kammermitte während des Schleusungsvorganges (Abb. 6.4.). Die während der Kammerfüllung auf die Schiffe ausgeübten Querkräfte sind deshalb praktisch gleich Null.

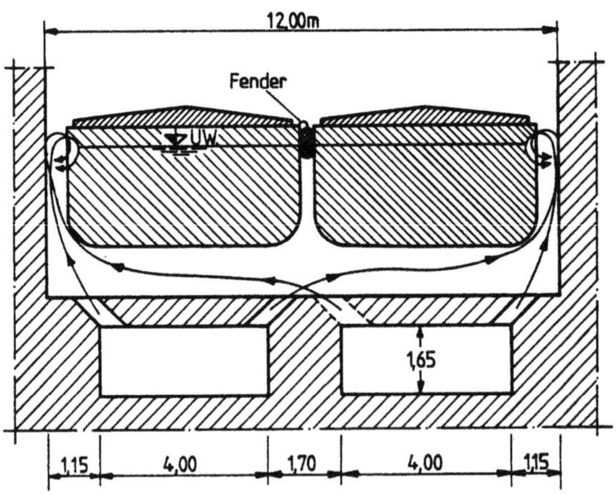

Abbildung 6.4. Zentrierung der Schiffe in Kammermitte während des Füllvorganges (Maße in m)

Bei der *Restfüllung* der Kammer aus dem oberen Vorhafen wird das Wasser über seitlich neben der Schleuse angeordnete Längskanäle dem Verteilersystem unter der Kammersohle und über dieses den Füllbereichen zugeleitet. Bei der Restfüllung wird demnach von dem gleichen, hydraulisch ausgewogenen Füllsystem Gebrauch gemacht wie bei dem Füllvorgang aus den Sparbecken.

Bei der *Kammerentleerung* erfolgt die Zuleitung des Wassers in umgekehrter Richtung über das Verteilersystem und die Zulaufkanäle in die Sparbecken, die Restentleerung der Kammer über die Längskanäle in den unteren Vorhafen (Abb. 6.2.).

Der Unterschied in den Füll- und Entleerungssystemen der Varianten A und B in Abbildung 6.2. beruht darin, daß bei *Variante A* nur jeweils *ein* Zulaufkanal je Sparbecken mit nur *einem* über die gesamte Kammerlänge reichenden Verteilersystem vorgesehen ist, während bei *Variante B* je Sparbecken *zwei* Zulaufkanäle mit insgesamt *zwei* Verteilersystemen unter der Kammersohle angeordnet sind.

Dies hat bei Variante A den Vorteil, daß das Füllwasser sowohl bei der Füllung aus den Sparbecken als auch bei der Restfüllung aus dem oberen Vorhafen *in Kammermitte* der Schleuse zugeleitet und von hier aus symmetrisch in beide Richtungen verteilt wird. Der Abstand der zu Beginn jeder Teilfüllung in der Kammer auftretenden "Schwallkopfpaare" beträgt bei dieser Variante bei einer Schleusenlänge von L = 200 m rd. 50,0 m (Abb. 6.2.). Dies kann für ein Europa-Schiff mit 80,0 m Länge im Hinblick auf mögliche Schiffsbewegungen als ausreichend angesehen werden (Abb. 6.3.). Bei kleineren Schiffseinheiten kann es jedoch bei diesem Abstand der Füllbereiche zu Eigenbewegungen der Schiffe während des Schleusungsvorganges und damit auch zu größeren Kräften in ihren Haltetrossen kommen.

Beim Füll- und Entleerungssystem nach *Variante B* (Abb. 6.2.) ist der mittlere Abstand der Füllbereiche bei einer 200 m langen Schleuse mit rd. 25,0 m so gering, daß auch die Bewegungen kleinerer Schiffseinheiten während des Schleusungsvorganges praktisch ausgeschlossen werden können. Um dies zu erreichen, muß das Verteilersystem unter der Kammersohle jedoch in zwei identische Systeme unterteilt werden, die jeweils von einem Zulaufkanal je Becken gespeist werden.

Die Restfüllung bzw. -entleerung der Kammer erfolgt über zwei neben der Schleuse angeordnete Längskanäle, die an zwei Punkten mit den Verteilersystemen unter der Kammersohle verbunden sind (Abb. 6.2.).

Ein Nachteil dieses im normalen Betrieb hervorragend arbeitenden Systems nach Variante B liegt darin, daß bei *Ausfall einzelner Schütze* eine symmetrische Wasserzufuhr in die Schleusenkammer nicht mehr ohne weiteres möglich ist (siehe hierzu Abschnitt 6.10).

Bei geringeren Kammerlängen von L ≦ 130 m ist demnach dem Füll- und Entleerungssystem nach Variante A (Abb. 6.2.) der Vorzug zu geben.

Eine andere Art eines Füll- und Entleerungssystems für eine Sparschleuse zeigt die *Variante C* der Abbildung 6.2.

Bei diesem System erfolgt der Wasseraustausch zwischen den Sparbecken und der Schleusenkammer über jeweils zwei Zulaufkanäle je Becken. Diese münden dabei in eine unter der Kammersohle angeordnete *Verteilerkammer* (Grundkanal), über die das Füllwasser zwei in den Viertelspunkten der Kammerlänge in der Kammersohle untergebrachten *Füllbatterien* zugeleitet wird.

Die Restfüllung bzw. -entleerung der Kammer erfolgt über zwei *Längskanäle*, die in Kammermitte mit der Verteilerkammer verbunden sind.

Dieses System hat den Vorteil, daß bei Ausfall einzelner Sparbecken- oder Längskanalschütze das Füllwasser stets etwa in Kammermitte dem Verteilersystem zugeführt wird und damit auch bei Störfällen eine in etwa gleichmäßige Verteilung des einströmenden Wassers auf die zwei Füllbatterien gewährleistet ist.

Die Anordnung der Füllbatterien *quer* zur Schleusenachse eignet sich besonders für Schleusen mit größerer Kammerbreite (B ≧ 12,0 m).

Das Prinzip des Füll- und Entleerungssystems nach *Variante C* wurde in Anlehnung an die Ice Harbour Schleuse (H = 31,4 m) am Snake River/USA entwickelt und bei der im Jahre 1974 in Betrieb genommenen *Sparschleuse Uelzen* (H = 23,0 m) am Elbe-Seitenkanal/BRD erstmals in Europa angewendet. Die Modelluntersuchungen wurden bei der Bundesanstalt für Wasserbau in Karlruhe ausgeführt. Das Füll- und Entleerungssystem der Sparschleuse Uelzen (siehe Abschnitt 6.11) hat sich im praktischen Schleusungsbetrieb seither bestens bewährt.

Das Prinzip des Füll- und Entleerungssystems nach *Variante B* wurde Ende der fünfziger Jahre vom Verfasser im Theodor-Rehbock-Flußbaulaboratorium der Universität Karlsruhe in Zusammenarbeit mit der Rhein-Main-Donau AG, München, für die geplanten Schleusen der Kanalstrecke Bamberg-Nürnberg des Main-Donau-Kanals entwickelt und am Modell von Sparschleusen verschiedener Hubhöhe und Beckenanzahl untersucht. Abbildung 6.5. zeigt den Entwurf für eine 200 m lange Schleuse mit zwei seitlich angeordneten, offenen Sparbecken /114, 115/.

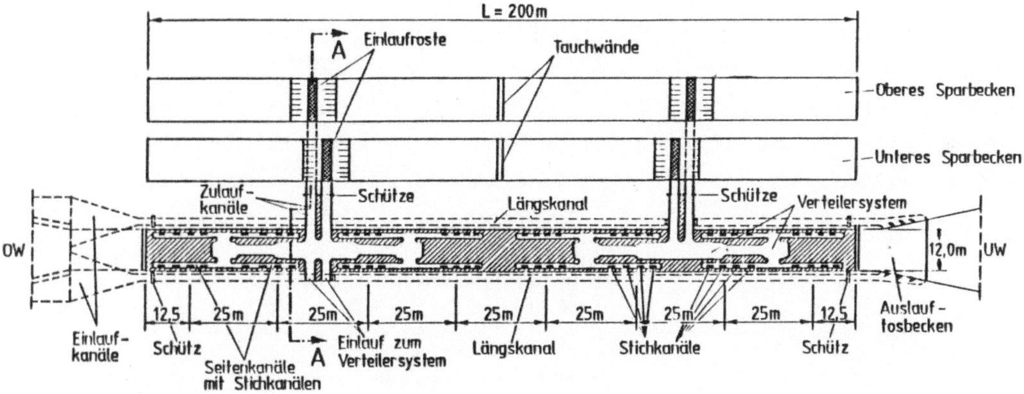

SCHNITT A-A

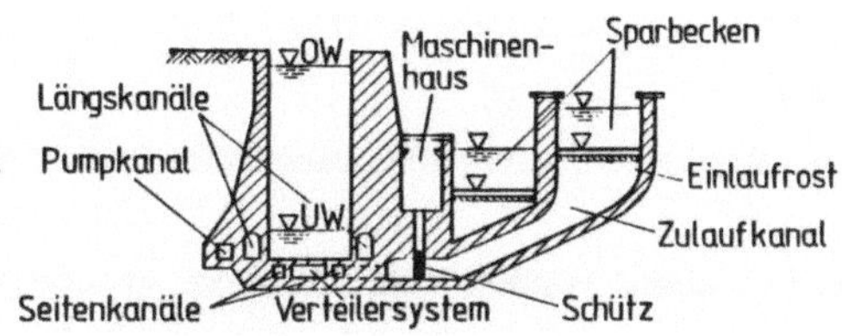

Abbildung 6.5. Entwurf für eine Sparschleuse mit zwei seitlichen Becken (nach Variante B)

Das Füllwasser aus den Sparbecken wird dabei über jeweils zwei, durch Schütze absperrbare Zulaufkanäle je Sparbecken in das unter der Kammersohle angeordnete Verteilersystem eingeleitet. Von hier gelangt es über Seitenkanäle mit lotrechten Stichkanälen in die Schleusenkammer. Die Restfüllung bzw. -entleerung der Kammer erfolgt über zwei Längskanäle, die an zwei Punkten mit den Verteilersystemen unter der Kammersohle verbunden sind.

Die Entnahme- bzw. Rückgabe des Wassers in den Sparbecken erfolgt über zwei trichterförmige *Einlaufroste* (Abb. 6.5.), deren Höhenlage so gewählt ist, daß ein Mitreißen von Luft bei der Beckenentleerung verhindert wird.

In der Mitte sind die Sparbecken jeweils durch *Tauchwände* unterteilt. Durch diese sollen Schwallbewegungen bei der Wasserrückgabe in die Becken weitgehend gedämpft werden. Bei Ausfall eines Zulaufkanals ist eine Füllung und Entleerung des betroffenen Beckens über den betriebsbereiten zweiten Zulaufkanal möglich, da eine Absperrung der beiden Beckenhälften gegeneinander durch die Tauchwand nicht erfolgt.

Abbildung 6.6. zeigt die Abmessungen eines der beiden Verteilersysteme der Variante B (Abb. 6.2.) für eine 200 m lange Schleuse. Die mit unterschiedlichen Anfangsdruckhöhen ausgeführten Modellversuche ergaben trotz der seitlichen Wasserzuleitung eine sehr gute und gleichmäßige Verteilung der Teilwassermengen auf die 8 Füllkanäle /27, 57, 115/.

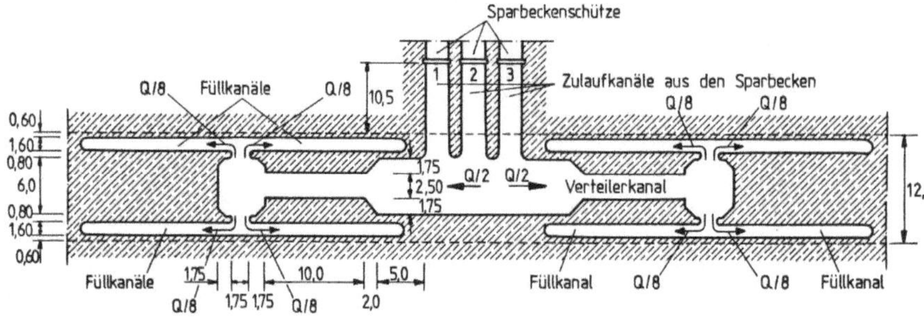

Abbildung 6.6. Verteilersystem nach Variante A und B (Maße in m)

Je Füllbereich wurden dabei jeweils 24 quadratische Stichkanäle mit a_S = 0,45 m × 0,45 m = 0,20 m² Querschnittsfläche vorgesehen. Der Füllquerschnitt in jedem Zulaufkanal betrug a_1 = 2,5 m × 2,6 m = 6,50 m². Damit ergibt sich das Verhältnis $\Sigma a_s/a_1$ für jedes der beiden Verteilersysteme zu rd. 6,0. Dieser relativ große Verhältniswert wurde gewählt, um die Strömungsverluste im Gesamtsystem während der Füll- und Entleerungsvorgänge auszugleichen und damit die Füll- und Entleerungszeit der Schleuse entsprechend zu verringern.

Das Prinzip des in Abbildung 6.5. dargestellten Füll- und Entleerungssystems wurde bei den modernen Schleusen des Main-Donau-Kanals für den Streckenabschnitt Bamberg-Nürnberg angewendet und mit geringen Änderungen auch für die Schleusen der Kanalstrecke Nürnberg-Kelheim übernommen. Das System hat sich im bisherigen Schleusungsbetrieb bestens bewährt.

In Tabelle 6.1. wurden die Kennwerte einiger bisher in Betrieb befindlicher bzw. noch im Bau befindlicher Sparschleusen zusammengestellt. Danach liegt die bei modernen Sparschleusen erreichbare mittlere Steig- bzw. Senkgeschwindigkeit des Kammerwasserspiegels je nach Hubhöhe der Schleuse und Anzahl der Sparbecken zwischen 1,50 und 2,0 m/min.

Tabelle 6.1. Kennwerte einiger Sparschleusen

In Betrieb seit	Name der Schleuse	Wasserstrasse	Hubhöhe H	Kammerabmessungen			Anzahl d. Becken/ Stufen je Kammer	A_B/A	Wasser-er-sparnis E_W	Füllzeit T_{ges}	Mittl. Hubge-schwin-digkeit
				Kammer-länge	Nutz-länge	Kammer-breite					
			m	m	m	m		-	%	min	m/min
1889	Französ. Schleuse	Kanal v. St.Denis	9,92	38,5	37,0	5,2	1/1	1,0	33,3	7,3	1,36
1889	Französ. Schleuse	Kanal v. St.Denis	9,92	45,0	43,0	8,2	1/1	1,0	33,3	7,3	1,36
1898	Gleesen (Kl.Schl.)	Dortmund-Ems-K.	6,37	72,5	67,0	8,6	4/2	0,9	48,0	10,0	0,64
1899	Münster (1. Schl.)	Dortmund-Ems-K.	6,20	72,5	67,0	8,6	4/2	1,53	54,7	5,0	1,24
1913	Münster (2. Schl.)	Dortmund-Ems-K.	6,20	171,0	165,0	10,0	4/2	1,08	50,9	12,0	0,52
1914	Niederfinow/DDR	Havel-Oder	8,93	68,0	66,0	10,0	6/3	1,0	60,0	6,0	1,49
1914	Gleesen (Gr.Schl.)	Dortmund-Ems-K.	6,37	172,0	163,0	10,0	4/2	1,2	52,0	20,0	0,32
1915	Hafenschleuse	Hannover-Linden	7,65	83,0	82,0	10,0	2/2	1,0	50,0	20,0	0,38
1915	Schachtschl.Minden	Weserverbind.Nord	12,70	85,0	82,0	10,0	16/4	1,0	66,7	7,0	1,81
1916	Bevergern	Dortmund-Ems-K.	8,10	173,4	163,0	10,0	4/2	1,27	52,8	20,0	0,41
1917	Henrichenburg	Dortmund-Ems-K.	13,50	100,0	95,0	10,0	10/5	1,0	71,4	30,0	0,45
1926	Münster (3. Schl.)	Dortmund-Ems-K.	6,20	234,5	225,0	12,0	2/2	1,04	50,5	17,0	0,37
1926	Unterschl. Minden	Weserverbind. Süd	6,40	85,0	82,0	12,5	2/2	1,0	50,0	15,0	0,31
1928	Anderten	Mittellandkanal	14,70	225,0	220,0	12,0	50/5	1,0	71,4	18,0	0,82
1928	Bolzum	Hildesheim Stichk.	8,00	82,5	82,0	12,0	2/2	1,5	54,5	15,0	0,53
1938	Sülfeld	Mittellandkanal	9,00	226,2	225,0	12,0	6/3	1,0	60,0	16,0	0,56
1954	Meppen (Gr. Schl.)	Dortmund-Ems-K.	7,50	173,50	165,0	12,0	2/2	1,0	50,0	12,0	0,63
1956	Meppen (Kl. Schl.)	Dortmund-Ems-K.	7,50	105,20	100,0	12,0	2/2	1,0	50,0	8,0	0,94
1966	Bamberg	Main-Donau-Kanal	10,95	200,89	190,0	12,0	3/3	1,0	58,4	12,4	0,88
1966	Strullendorf	Main-Donau-Kanal	7,41	200,06	190,0	12,0	1/1	1,82	37,6	7,9	0,94
1970	Hausen	Main-Donau-Kanal	12,00	200,10	190,0	12,0	2/2	1,0	48,8	12,1	0,99
1970	Erlangen	Main-Donau-Kanal	18,30	200,83	190,0	12,0	3/3	1,0	59,0	16,2	1,13
1972	Kriegenbrunn	Main-Donau-Kanal	18,30	200,83	190,0	12,0	3/3	1,0	59,0	16,2	1,13
1972	Nürnberg	Main-Donau-Kanal	9,40	200,83	190,0	12,0	1/1	1,0	32,3	9,2	1,02
1976	Uelzen	Elbe-Seitenkanal	23,00	190,00	185,0	12,0	3/3	1,28	60,0	12,0	1,94
1985	Eibach	Main-Donau-Kanal	19,49	199,63	190,0	12,0	3/3	1,0	59,1	15,5	1,26
1985	Leerstetten	Main-Donau-Kanal	24,67	199,63	190,0	12,0	3/3	1,0	59,3	15,0	1,64
1987	+Eckersmühlen	Main-Donau-Kanal	24,67	200,07	190,0	12,0	3/3	1,0	59,3	15,2	1,62
1988	+Hilpoltstein	Main-Donau-Kanal	24,67	200,07	190,0	12,0	3/3	1,0	59,3	15,2	1,62
1989	+Dietfurt	Main-Donau-Kanal	17,00	199,74	190,0	12,0	3/3	1,0	58,9	15,0	1,13
1989	+Henrichenburg	Dortmund-Ems-K.	13,50	200,00	190,0	12,0	2/2	1,14	~50,0	14,0	0,96
1990	+Bachhausen	Main-Donau-Kanal	17,00	200,09	190,0	12,0	3/3	1,0	58,9	15,0	1,13
1991	+Berching	Main-Donau-Kanal	17,00	200,09	190,0	12,0	3/3	1,0	58,9	15,0	1,13

+) z.Zt. im Bau bzw. geplant

6.3 Füll- und Entleerungsvorgänge

Die *Höhenlage* der Sparbecken neben der Schleuse wird so gewählt, daß der Wasseraustausch zwischen der Kammer und den Sparbecken durch *natürliches Druckgefälle* ohne zusätzlichen Pumpbetrieb erfolgen kann.

Beim *Füllen* der Schleusenkammer strömt das Wasser zunächst aus dem *unteren* Sparbecken in die Kammer, wobei die Verschlußorgane in den Zulaufkanälen des unteren Beckens zu Beginn des Füllvorganges geöffnet und nach Ausspiegelung des Kammer- und Beckenwasserspiegels wieder geschlossen werden müssen. Erst dann beginnt die Füllung aus dem nächst höhergelegenen Becken in gleicher Weise. Die Restfüllung der Schleuse erfolgt dann aus dem oberen Vorhafen (Abb. 6.7.).

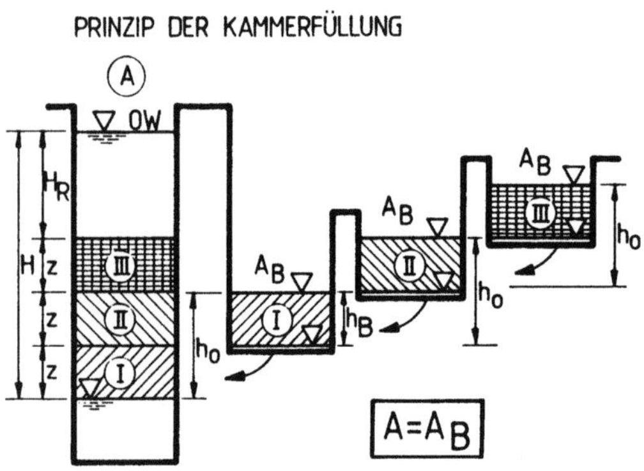

Abbildung 6.7. Kammerfüllung aus drei Sparbecken mit $A = A_B$

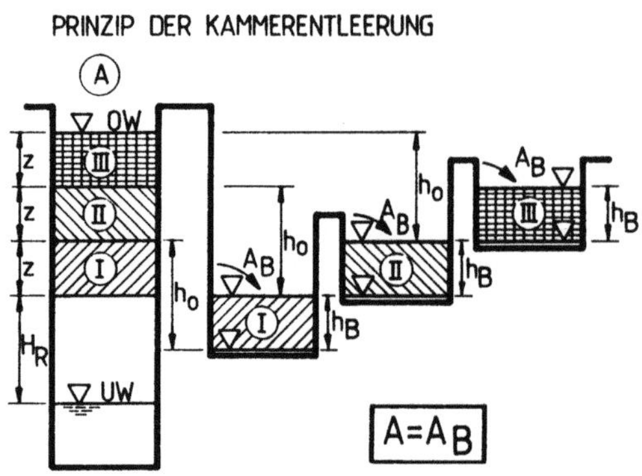

Abbildung 6.8. Kammerentleerung in drei Sparbecken mit $A = A_B$

Beim *Entleerungsvorgang* wird das Wasser aus der Schleusenkammer zunächst in das *oberste* Sparbecken eingeleitet und dann nacheinander in die nächst tiefergelegenen Becken. Die Restentleerung der Kammer erfolgt in den unteren Vorhafen (Abb. 6.8.).

Die erforderliche Höhenlage der Sparbecken neben der Schleuse wird durch die gewählte Anzahl und Größe der Becken bestimmt. Bei den Füll- und Entleerungsvorgängen ist zwischen *vollständigem* und *unvollständigem* Druckausgleich zwischen dem jeweiligen Becken- und Kammerwasserspiegel zu unterscheiden.

6.3.1 Vollkommene Beckenausspiegelung

Geht man zunächst davon aus, daß am Ende der Füll- und Entleerungsvorgänge mit den Sparbecken eine *volle Ausspiegelung* zwischen dem Becken- und Kammerwasserstand erreicht wird, so gelten mit den Be-

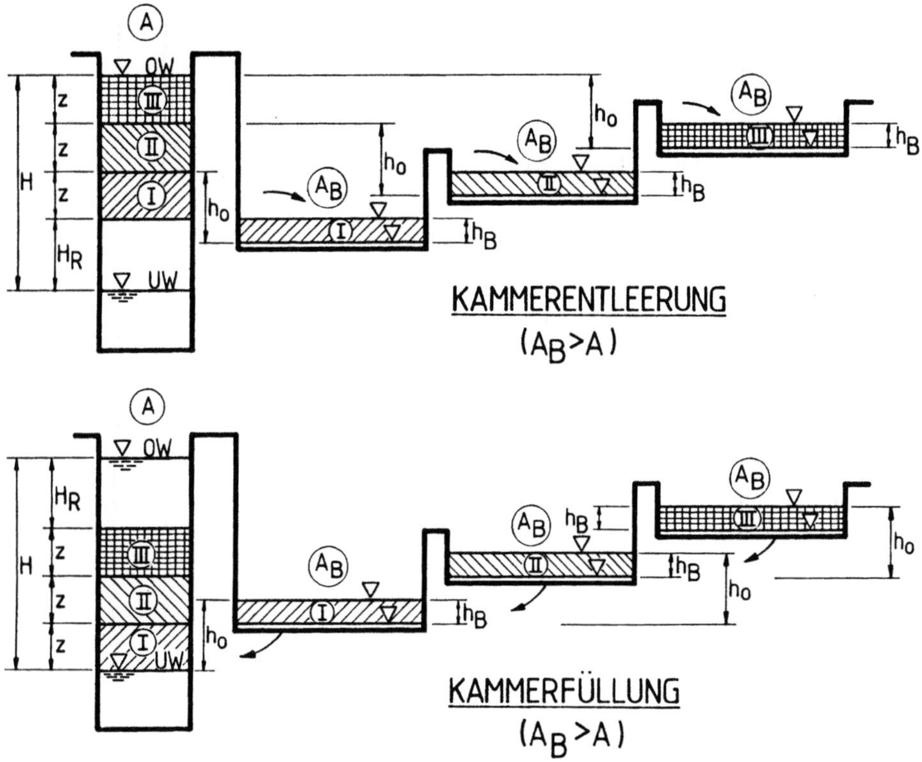

Abbildung 6.9. Prinzip der Kammerfüllung und -entleerung bei unterschiedlicher Becken- und Kammerfläche ($A_B \neq A$)

zeichnungen der Abbildung 6.9. für eine Schleuse der Hubhöhe H mit m Sparbecken und $A_B \neq A$ die folgenden Beziehungen /109/:

$$H = m\,z + H_R = m\,z + h_o , \tag{6-1}$$

wobei
- m = Anzahl der Sparbecken (-),
- z = Lamellendicke des aus einem Sparbecken in die Kammer geförderten Wasservolumens (m),
- H_R = Restdruckhöhe zwischen dem Kammerwasserspiegel und dem oberen bzw. unteren Vorhafen (m),
- h_o = Anfangsdruckhöhe zwischen Becken- und Kammerwasserspiegel zu Beginn des Füll- bzw. Entleerungsvorganges (m),
- A = Kammerfläche (Wasseroberfläche in der Schleuse) (m^2),
- A_B = Sparbeckenfläche (Wasseroberfläche in einem Becken) (m^2).

Aus der Bedingung:

$$AH = mA_B\, h_B + AH_R = mA_B\, h_B + A_B\, h_B + Ah_B$$

folgt mit $A_B/A = \kappa$ für die erforderliche Wassertiefe h_B in den Sparbecken (Abb. 6.9.):

$$h_B = \frac{H}{\kappa(m+1) + 1} \,. \qquad (6\text{-}2)$$

Die Lamellendicke z in der Schleusenkammer (Abb. 6.9.) ergibt sich aus der Bedingung $Az = A_B h_B$ zu:

$$z = \frac{A_B}{A}\, h_B = \frac{\kappa\, H}{\kappa(m+1) + 1} = \kappa\, h_B \,. \qquad (6\text{-}3)$$

Für die erforderliche Anfangsdruckhöhe h_o zwischen dem jeweiligen Becken- und Kammerwasserspiegel gilt:

$$h_o = h_B + z = h_B(1+\kappa) = \frac{H(1+\kappa)}{\kappa(m+1) + 1} \qquad (6\text{-}4)$$

und für die Restdruckhöhe H_R zwischen dem Kammerwasserspiegel und dem oberen bzw. unteren Vorhafen:

$$H_R = h_B + z = \frac{H(1+\kappa)}{\kappa(m+1) + 1} = h_o \,. \qquad (6\text{-}5)$$

Bei *gleich großer* Kammer- und Beckenoberfläche ($\kappa = A_B/A = 1$) vereinfachen sich die vorstehenden Gleichungen. Für die erforderliche Wassertiefe h_B in den Sparbecken gilt dann:

$$h_B = \frac{H}{m + 2} \qquad (6\text{-}6)$$

und für die Lamellendicke z in der Schleusenkammer:

$$z = \frac{H}{m + 2} \,. \qquad (6\text{-}7)$$

Für die erforderliche Anfangsdruckhöhe h_o zwischen Becken- und Kammerwasserspiegel folgt:

$$h_o = \frac{2H}{m + 2} = 2\, h_B = 2\, z \qquad (6\text{-}8)$$

und für die Restdruckhöhe H_R:

$$H_R = \frac{2H}{m + 2} = h_o = 2\, z \,. \qquad (6\text{-}9)$$

6.3.2 Unvollkommene Beckenausspiegelung

Bei der Kammerfüllung aus den Sparbecken und bei der Wasserrückführung in dieselben kommt es gegen Ende der Beckenentleerung bzw. Beckenfüllung wegen des bei vollständiger Ausspiegelung bis auf Null abnehmenden Druckgefälles zu einem unerwünscht langsamen Wasseraustausch. Dieser wirkt sich mit zunehmender Beckenanzahl ungünstig auf die Gesamtfüll- bzw. Entleerungszeit der Schleusenkammer aus.

Aus diesem Grunde wird bei einigen der in Betrieb befindlichen Sparschleusen auf eine vollständige Ausspiegelung zwischen Becken- und Kammerwasserspiegel verzichtet. In diesem Fall müssen die Schütze in den Zulaufkanälen nach einem bestimmten Fahrplan bewegt werden, dessen Ablauf am besten mit Hilfe von Modellversuchen bestimmt wird. Die Schütze werden dabei so gesteuert, daß eine Restdruckhöhe $\Delta h \leqq 0{,}50$ m zwischen Becken- und Kammerwasserspiegel nach Beendigung des Schließvorganges verbleibt (Abb. 6.10.).

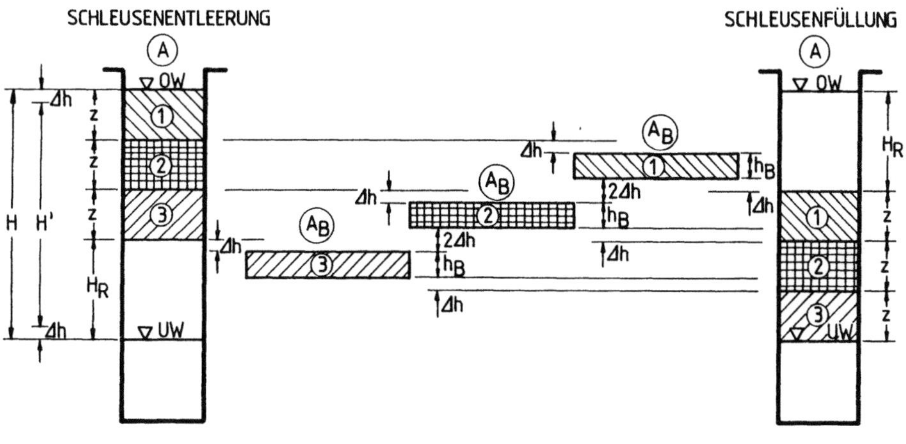

Abbildung 6.10. Unvollkommene Ausspiegelung zwischen Becken- und Kammerwasserspiegel

Bei unvollkommenem Druckausgleich zwischen Becken- und Kammerwasserspiegel ergeben sich mit den Bezeichnungen der Abbildung 6.10. für $A_B = A$ die folgenden Beziehungen:

$$H = m\,z + H_R, \qquad (6\text{-}10)$$

wobei für die Restdruckhöhe H_R nach Abbildung 6.10. folgt:

$$H_R = z + h_B + 2\Delta h = 2z \qquad (6\text{-}11)$$

mit $$z = \frac{A_B}{A}\,h_B = \kappa\,h_B. \qquad (6\text{-}12)$$

Aus der Bedingung $AH = mA_B h_B + AH_R$ ergibt sich bei Verwendung der vorstehenden Gleichungen (6-11) und (6-12) die erforderliche Wassertiefe h_B in den Sparbecken zu:

$$h_B = \frac{H - 2\Delta h}{\kappa(m+1) + 1} . \qquad (6\text{-}13)$$

Für die Lamellenhöhe z in der Schleusenkammer folgt mit (6-12):

$$z = \frac{\kappa(H - 2\Delta h)}{\kappa(m + 1) + 1} = \kappa\, h_B \qquad (6\text{-}14)$$

und für die erforderliche Anfangsdruckhöhe h_o zwischen Becken- und Kammerwasserspiegel:

$$h_o = h_B + z + \Delta h = h_B(1+\kappa) + \Delta h = \frac{(1+\kappa)(H-2\Delta h)}{\kappa(m+1) + 1} + \Delta h . \qquad (6\text{-}15)$$

Die Restdruckhöhe H_R ergibt sich schließlich aus Gleichung (6-11) bei Verwendung von (6-13) und (6-14) zu:

$$H_R = \frac{(1+\kappa)(H-2\Delta h)}{\kappa\,(m + 1) + 1} + 2\Delta h \qquad (6\text{-}16)$$

Bei *gleich großer* Becken- und Kammerfläche vereinfachen sich die vorstehenden Gleichungen zu:

$$h_B = \frac{H - 2\Delta h}{m + 2} , \qquad (6\text{-}17)$$

$$z = \frac{H - 2\Delta h}{m + 2} = h_B , \qquad (6\text{-}18)$$

$$h_o = \frac{2(H - 2\Delta h)}{m + 2} + \Delta h , \qquad (6\text{-}19)$$

und $$H_R = 2\left(\frac{H - 2\Delta h}{m + 2} + \Delta h\right) = 2\,(h_B + \Delta h) = 2\,(z + \Delta h). \qquad (6\text{-}20)$$

6.4 Erreichbare Wasserersparnis

6.4.1 Vollkommene Beckenausspiegelung

Die beim Schleusungsvorgang erreichbare Wasserersparnis hängt von der Anzahl und Größe der Sparbecken ab.

Für den allgemeinen Fall ($A_B \neq A$) ergibt sich bei Verwendung von Gleichung (6-3) die prozentuale Wasserersparnis E_W je Schleusungsvorgang zu:

$$E_W = \frac{m\ z}{H}\ 100\ \% = \frac{\kappa\ m}{\kappa\,(m+1) + 1}\ 100\ \%\ . \tag{6-21}$$

Bei gleich großer Becken- und Kammerfläche ($\kappa = A_B/A = 1$) beträgt die Wasserersparnis:

$$E_W = \frac{m}{m + 2}\ 100\ \%\ . \tag{6-22}$$

Abbildung 6.11. zeigt die erreichbare Wasserersparnis bei vollkommener Beckenausspiegelung in Abhängigkeit von der Beckenanzahl und Bekkengröße.

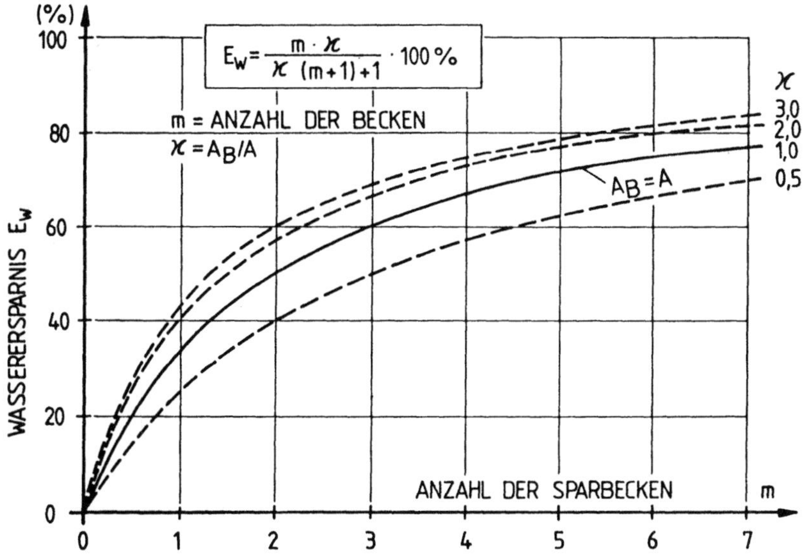

Abbildung 6.11. Wasserersparnis je Schleusungsvorgang bei Sparschleusen mit unterschiedlicher Beckenanzahl und -größe (Δh = 0)

Wie aus dem Diagramm der Abbildung 6.11. ersichtlich ist, nimmt die Wasserersparnis mit zunehmender Beckenanzahl ab etwa $m > 3$ nur noch relativ geringfügig zu. Für $m = \infty$ ergibt sich nach Gleichung (6-21) bzw. (6-22) eine theoretische Wasserersparnis von 100 %. In der Praxis werden aus wirtschaftlichen Gründen je nach Hubhöhe und Kammerfläche der Schleuse selten mehr als maximal fünf Sparbecken angeordnet, im allgemeinen jedoch nur zwei bis drei (siehe Tabelle 6.1.).

Eine Sparbeckengrundfläche von $A_B > A$ bringt, wie das Diagramm der Abbildung 6.11. zeigt, im allgemeinen nur eine geringfügig größere Wasserersparnis gegenüber der mit gleich großer Becken- und Kammerfläche ($A_B = A$) erzielbaren Ersparnis.

So ergibt sich z.B. für $m = 3$ nach Gleichung (6-21) mit $A_B = 2A$ eine Wasserersparnis von 66,7 % gegenüber einer Ersparnis von 60 % bei gleich großer Becken- und Kammerfläche ($A_B = A$). Andererseits kann eine Wasserersparnis von 60 %, die sich bei *drei* Sparbecken mit $A_B = A$ ergibt, bei Anordnung von *zwei* Sparbecken nur dann erreicht werden, wenn für die Sparbeckengrundflächen der dreifache Wert der Kammerfläche ($A_B = 3A$) gewählt wird (Abb. 6.11.).

Da die Baukosten für die Sparbecken im wesentlichen von ihrer Größe abhängen, wurde bei der Mehrzahl aller bislang gebauten Sparschleusen die Kammer- und Beckenfläche etwa gleich groß gewählt (Tab.6.1.).

6.4.2 Unvollkommene Beckenausspiegelung

Bei unvollkommenem Druckausgleich zwischen Becken- und Kammerwasserspiegel ergibt sich die prozentuale Wasserersparnis für $A_B \neq A$ bei Verwendung von Gleichung (6-14) zu:

$$E_W = \frac{m\,\kappa\,(H - 2\Delta h)}{H\,[\kappa\,(m + 1) + 1]}\,100\ \% \tag{6-23}$$

und für $A_B = A$ bei Verwendung von Gleichung (6-18) zu:

$$E_W = \frac{m\,(H - 2\Delta h)}{H\,(m + 2)}\,100\ \%\ . \tag{6-24}$$

In Abbildung 6.12. wurde die prozentuale Wasserersparnis je Schleusungsvorgang in Abhängigkeit von der Anzahl der Sparbecken und der

Restdruckhöhe Δh für A_B = A graphisch dargestellt. Die Auftragungen zeigen, daß bei vorgegebener Beckenanzahl m die erreichbare Wasserersparnis E_W mit zunehmender Restdruckhöhe zwischen Becken- und Kammerwasserspiegel abnimmt. Die maximale Wasserersparnis wird bei vorgegebener Beckenzahl für Δh = 0, d.h. bei vollkommener Ausspiegelung zwischen Becken- und Kammerwasserspiegel erreicht (Abb. 6.12.).

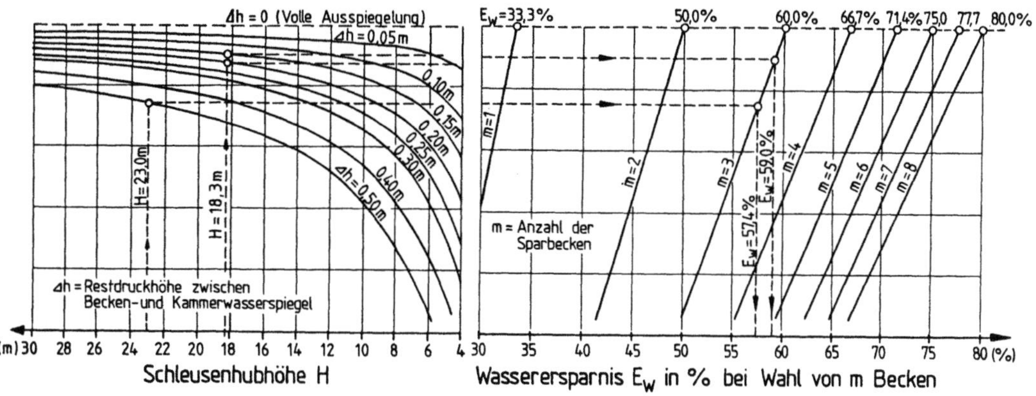

Abbildung 6.12. Wasserersparnis bei unvollkommener Beckenausspiegelung (A_B = A)

Die Benutzung des Diagramms der Abbildung 6.12. wird am Beispiel der Sparschleuse Erlangen (H = 18,3 m) erläutert. Bei Annahme einer Restdruckhöhe von Δh = 0,15 m ergibt sich bei Anordnung von drei Sparbekken (A_B = A) eine Wasserersparnis von E_W= 59,0 % bei vier Sparbecken E_W= 65,6 %, bei fünf Sparbecken E_W= 70,3 % usw. Bei voller Beckenausspiegelung (Δh = 0) würde die erreichbare Wasserersparnis E_W= 60 % (3 Becken), E_W= 66,7 % (vier Becken) und E_W= 71,4 % (fünf Becken) betragen (Abb. 6.12.).

Der Verlust an möglicher Wasserersparnis ist demnach nur gering bei unvollkommener Beckenausspiegelung (Δh > 0), wogegen der Gewinn an Füll- und Entleerungszeit bei der Gesamtschleusung (Sparbeckenbetrieb plus Restfüllung bzw. -entleerung), insbesondere bei großer Hubhöhe und größerer Beckenanzahl, beträchtlich sein kann (siehe Abschnitt 6.8).

6.5 Bestimmung der wirtschaftlichen Anzahl von Sparbecken

6.5.1 Allgemeines

Die wirtschaftlich optimale Beckenanzahl ergibt sich für eine Schleuse vorgegebener Abmessungen aus einer Gegenüberstellung der für den Bau und Betrieb der Sparbecken anfallenden Kosten (einschließlich Kapitaldienst) und der für den Pumpbetrieb zu erwartenden Gesamtkosten (Bau- und Betriebskosten). Bei offenen Sparbecken ist dabei auch der erforderliche Platzbedarf mit zu berücksichtigen.

Bei dem Kostenvergleich ist zu beachten, daß auch bei Anordnung von Sparbecken auf eine Pumpenstation mit geringerer Förderleistung nicht verzichtet werden kann, da die in die untere Kanalhaltung abgegebenen Restwassermengen beim Fehlen natürlicher Zuflüsse ständig durch Pumpbetrieb ersetzt werden müssen.

Die *wirtschaftlichste Lösung* für eine vorgegebene Schleuse ergibt sich für diejenige Sparbeckenanzahl, bei der die jährlichen Gesamtkosten (Abschreibung und Verzinsung für die Sparbecken- und Pumpenanlage plus Betriebskosten für die Pumpenstation) zu einem *Minimum* werden. Dabei ist die richtige Einschätzung der zu erwartenden Stromkosten für den Pumpbetrieb besonders wichtig, da durch sie das Ergebnis der vergleichenden Untersuchungen in starkem Maße beeinflußt wird.

Bei mehreren Schleusen unterschiedlicher Hubhöhe auf einer Kanalstrecke genügt es nicht, die Untersuchungen über die optimale Anzahl an Sparbecken individuell für jede Schleuse auszuführen. Es müssen vielmehr auch die wasserwirtschaftlichen Belange der *gesamten* Kanalstrecke in die Überlegungen mit einbezogen werden.

Hierzu gehören u.a. die Wasserverluste infolge Verdunstung und Versickerung sowie auch mögliche Wasserentnahmen für landwirtschaftliche Bewässerungszwecke und industrielle Belange. Bei den wasserwirtschaftlichen Untersuchungen für den gesamten Schiffahrtskanal sind außerdem Betrachtungen über eine mögliche Ausnutzung der im allgemeinen unterschiedlich langen Kanalhaltungen als *Tages- oder Wochenspeicher* anzustellen.

6.5.2 Grundlagen der Berechnung

6.5.2.1 Verlustwassermengen je Schleusungsvorgang

Die Verlustwassermenge je Schleusungsvorgang (Berg- und Talschleusung) ergibt sich für eine vorgegebene Schleuse in Abhängigkeit von der Anzahl m der Sparbecken für *unvollkommene* Beckenausspiegelung ($\Delta h > 0$) mit $A_B = A$ bei Verwendung von Gleichung (6-20) zu:

$$V_v = A\, H_R = 2A\left(\frac{H - 2\Delta h}{m + 2} + \Delta h\right) \quad (\text{in m}^3). \tag{6-25}$$

Bei *vollkommener* Beckenausspiegelung ($\Delta h = 0$) gilt:

$$V_v = \frac{2AH}{m+2} \quad (\text{in m}^3). \tag{6-26}$$

6.5.2.2 Mittlerer Wasserverbrauch

Der mittlere *jährliche* Wasserverbrauch in einer Kanalhaltung hängt von der Anzahl der Schleusungen pro Tag und den Füllwassermengen der Schleusen ab.

Geht man davon aus, daß die Schiffahrt im Mittel an rd. 300 Tagen im Jahr mit t_s Schleusungsstunden je Tag aufrechterhalten wird, so ergibt sich die Anzahl der Kammerfüllungen pro Jahr bei vollständiger Auslastung der Kanalstrecke zu:

$$Z_s = \frac{300\, t_s\, 60}{T_c}, \tag{6-27}$$

wobei Z_s = Anzahl der Schleusungen pro Jahr (Berg- und Talschleusungen) (-),

T_c = erforderliche Zeit für einen Gesamt-Schleusungsvorgang (Berg- und Talschleusung = Kreuzungsschleusung) (min),

t_s = Schleusungsstunden pro Tag.

Für die Schleusungszeit T_c gilt dabei (s. Gleichung (7-4)):

$$T_c = 2\,(T_e + T_a + T_{ges}), \tag{6-28}$$

wobei T_e = Zeit für das Einfahren der Schiffe in die Schleuse und das Schließen des Tores (min),

T_a = Zeit für das Öffnen des Tores und das Ausfahren der Schiffe aus der Schleuse (min),

T_{ges} = Füll- bzw. Entleerungszeit für die Schleusenkammer (min).

Der mittlere *jährliche* Wasserverbrauch einer Kanalhaltung ergibt sich bei Verwendung der Gleichungen (6-26) und (6-27) in (m^3/a) zu:

$$V_a = z_s V_v = \frac{300\ t_s\ 60}{T_c} \frac{2AH}{m+2} \quad . \tag{6-29}$$

Für den täglichen Wasserverbrauch in (m^3/d) folgt:

$$V_d = \frac{t_s\,60}{T_c} \frac{2AH}{m+2} \quad . \tag{6-30}$$

6.5.2.3 Erforderliche Förderleistung der Pumpen

Setzt man voraus, daß die durch den Schleusungsbetrieb in die unterhalb gelegene Haltung abgegebene Verlustwassermenge täglich durch Pumpbetrieb in t_p Stunden ersetzt werden soll, so ergibt sich die erforderliche Förderleistung Q_p der Pumpen (in m^3/s) zu:

$$Q_p = \frac{V_d}{t_p\ 3600} = \frac{2AH}{m+2} \frac{t_s}{T_c\ t_p\ 60} = \frac{H}{m+2} \frac{2A}{\kappa^*\ T_c\ 60} \quad , \tag{6-31}$$

wobei t_s = Schleusungsstunden je Tag,
t_p = Pumpstunden je Tag,
κ^* = t_p/t_s,
T_c = mittlere Zeit für eine Kreuzungsschleusung (min).

Hinzu kommt noch die *zusätzlich* erforderliche Förderleistung der Pumpen für Wasserverluste infolge Verdunstung und Versickerung sowie u.U. auch für Wasserentnahmen aus der Kanalhaltung zu Bewässerungszwecken usw. Diese Verlustwassermengen müssen für jede Haltung gesondert berechnet und bei der Bemessung der Pumpenkapazität mit berücksichtigt werden.

Die nach Gleichung (6-31) errechnete Förderleistung der Pumpen ist für t_p = 24 Std. am geringsten. Wird der Pumpbetrieb, um den billigeren Nachtstromtarif auszunutzen, nur in den Nachtstunden ausgeführt, so muß bei Annahme eines 8-stündigen Pumpenbetriebes die Förderleistung der Pumpen verdreifacht werden. Das Diagramm der Abbildung 6.13. ermöglicht die rasche Bestimmung der erforderlichen Pumpenwassermen-

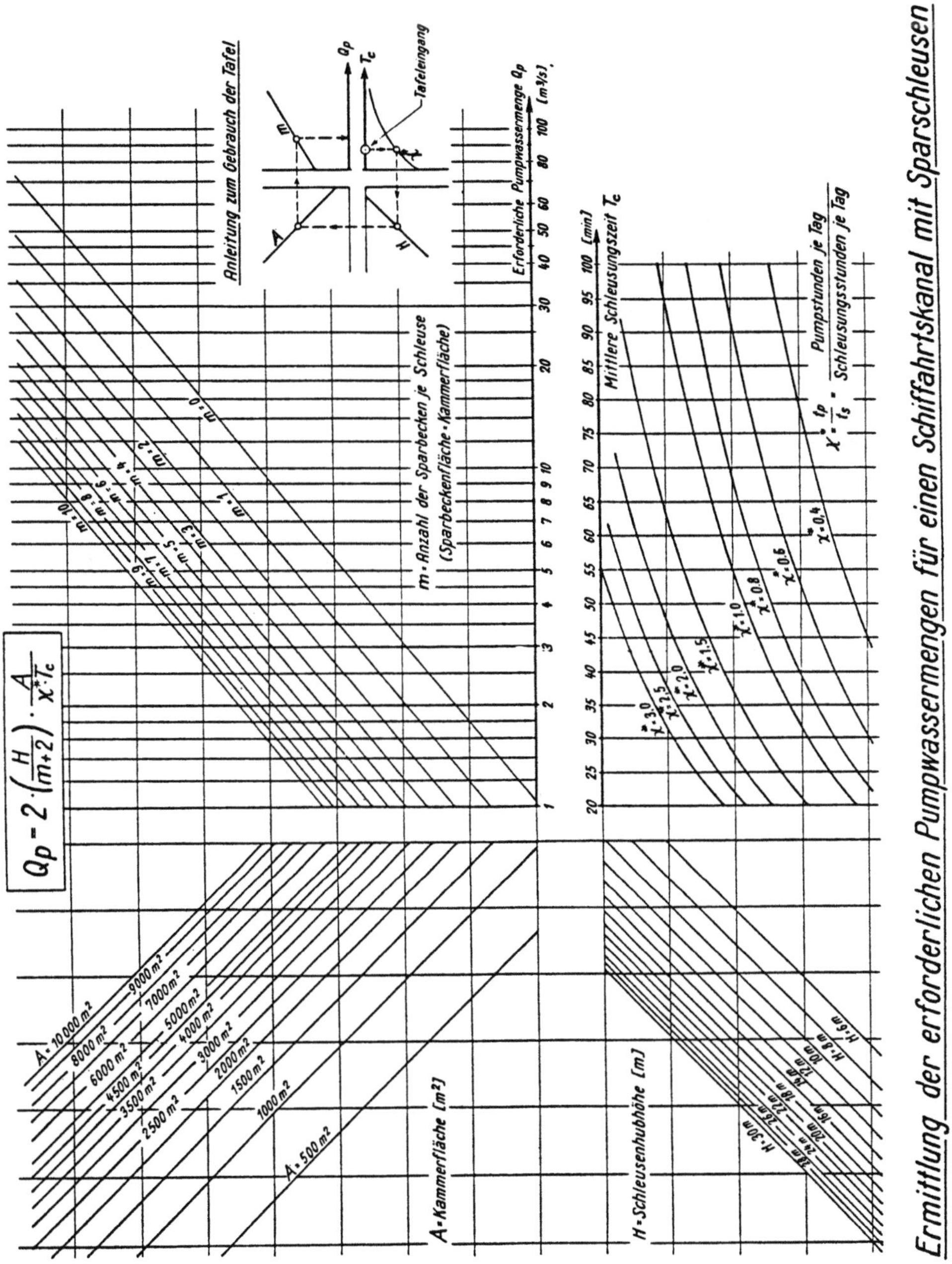

Abbildung 6.13. Diagramm zur Bestimmung der erforderlichen Pumpwassermenge

ge für die verschiedenen Randbedingungen und Alternativlösungen mit und ohne Sparbecken.

6.5.2.4 Zu installierende Pumpenleistung

Die zu installierende Pumpenleistung (in kW) ergibt sich bei Verwendung von Gleichung (6-31) zu:

$$N_P = \frac{\rho\ g\ Q_P\ H_{man}}{\eta_{ges}} = \frac{9{,}81\ H_{man}}{\eta_{ges}}\ \frac{H}{m+2}\ \frac{2A}{\kappa^*\ T_C\ 60}\ , \tag{6-32}$$

wobei N_P = installierte Pumpenleistung (kW),
H_{man} = $\sim$ 1,1 H_{geod} = manometrische Förderhöhe (m WS),
H_{geod} = geodätische Förderhöhe (m WS),
Q_P = Pumpwassermenge (m^3/s),
η_{ges} = Gesamtwirkungsgrad der Pumpenanlage (-).

Für den Gesamtwirkungsgrad der Pumpenanlage gilt dabei:

$$\eta_{ges} = \eta_P\ \eta_M\ \eta_E\ , \tag{6-33}$$

wobei η_P = Wirkungsgrad der Pumpe ($\sim$ 0,75),
η_M = Wirkungsgrad der Motoren ($\sim$ 0,88),
η_E = Wirkungsgrad der elektrischen Anlage ($\sim$ 0,95).

Die nach Gleichung (6-32) berechnete, zu installierende Pumpenleistung wird im allgemeinen auf mindestens zwei Pumpenaggregate verteilt. Darüber hinaus sollte zur Abdeckung von Wasserverbrauchsspitzen und als Ersatz für eine ausfallende Pumpe ein zusätzliches Reserveaggregat vorgesehen werden.

6.5.2.5 Erforderliche Jahresarbeit der Pumpen

Die zum Hochpumpen von 1 m^3 Wasser von einer Kanalhaltung in die nächst höhergelegene Haltung erforderliche Arbeit (in kWh) ergibt sich bei Verwendung von Gleichung (6-32) zu:

$$\text{Arbeit je } m^3 \text{ Wasser} = \frac{0{,}00272\ H_{man}}{\eta_{ges}} \cong \frac{0{,}003\ H_{geod}}{\eta_{ges}}\quad (kWh/m^3).$$

Damit läßt sich die Jahresarbeit (in kWh) berechnen, die benötigt wird, um die durch den Schleusungsbetrieb im Verlauf eines Jahres in die unterhalb gelegene Kanalhaltung abgegebene Wassermenge (m^3) durch Pumpbetrieb wieder zu ersetzen. Bei Verwendung von Gleichung (6-29) ergibt sich:

$$A_a = V_a \frac{0{,}003\ H_{geod}}{\eta_{ges}} = \frac{300\ t_s\ 60}{T_c} \frac{2\Lambda H}{m+2} \frac{0{,}003\ H_{geod}}{\eta_{ges}} . \qquad (6\text{-}34)$$

6.5.2.6 Kosten für die Sparbecken- und Pumpenanlage

Die Baukosten für die Anlage der Sparbecken, einschließlich der Zuleitungskanäle zur Schleusenkammer und der Verschlüsse, hängen für eine Schleuse vorgegebener Kammerabmessungen und Hubhöhe im wesentlichen von der *Anzahl* der Sparbecken ab, wobei die Kosten je Sparbecken mit steigender Beckenanzahl im allgemeinen geringer werden (Abb. 6.14.).

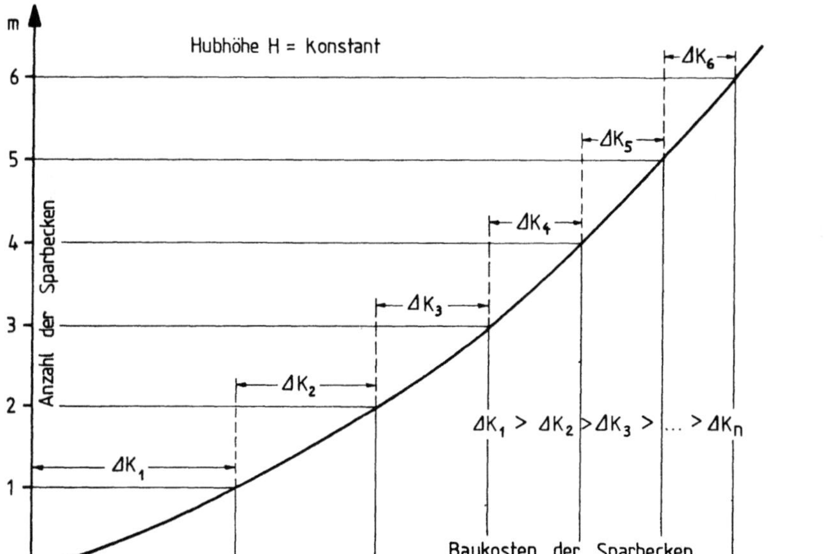

Abbildung 6.14. Baukosten für die Sparbeckenanlage einer Schleuse

Bei der Pumpenstation werden die Kosten für die Pumpen und Antriebsmotoren von der geforderten Förderleistung bestimmt, die ihrerseits von der gewählten Sparbeckenanzahl abhängt (Abb. 6.15.).

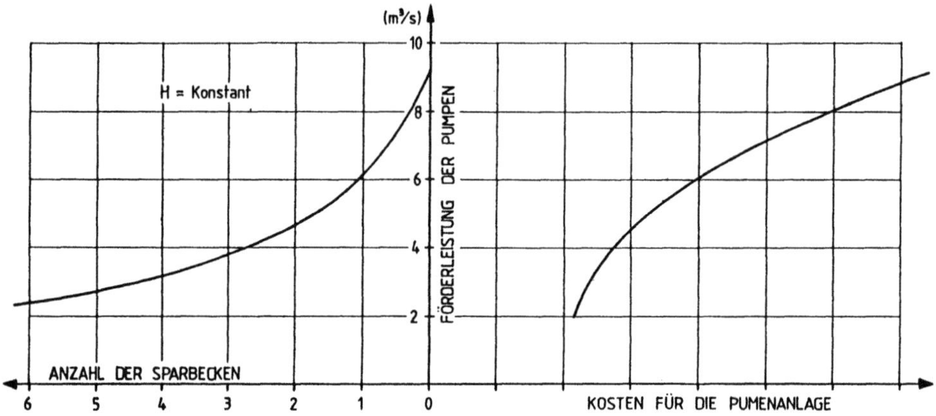

Abbildung 6.15. Kosten für die Pumpenanlage

Hinzu kommen noch die Baukosten für das Pumpenhaus, für das Ein- und Auslaufbauwerk der Pumpenstation sowie die Kosten für die Rohrleitungen. Diese letztgenannten Kosten werden jedoch nur in geringem Maße von der Anzahl der Sparbecken beeinflußt.

Zur Bestimmung der für eine vorgegebene Schleuse wirtschaftlichsten Sparbeckenanzahl sind zunächst die in den Abbildungen 6.14. und 6.15. dargestellten Abhängigkeiten zu ermitteln.

Darüber hinaus müssen die jährliche Abschreibung und Verzinsung der Anlagen bezogen auf ihre Baukosten sowie die Betriebskosten der Pumpenanlage in die Vergleichsrechnung einbezogen werden.

6.5.2.7 Abschreibung und Verzinsung

Die jährlichen Abschreibungs- und Verzinsungssätze bezogen auf die Anschaffungs- oder Herstellungskosten der Sparbecken- und Pumpenanlage werden nach der Rentenformel auf Zinseszinsbasis errechnet. Es ist:

$$R = \frac{r^a\,(r-1)}{r^a - 1}\,100\,\%, \tag{6-35}$$

wobei R = jährlicher Abschreibungs- und Verzinsungssatz in % des Neuwertes (Herstellungskosten),

$r = 1 + p/100$ = Verzinsungsfaktor,

p = Zinsfuß in %,

a = Lebensdauer (Nutzungsdauer) der Anlage.

Die jährlichen Abschreibungs- und Verzinsungssätze hängen demnach vom jeweils gültigen Zinssatz und von der angenommenen Lebensdauer der betreffenden Anlage ab.

Als Richtwert für die technische Nutzungsdauer (Lebensdauer) der Sparbeckenanlage können dabei rd. 100 Jahre angenommen werden, während für die Pumpenaggregate (Pumpen und Motoren) nur etwa 20 bis 25 Jahre anzusetzen sind.

6.5.2.8 Betriebskosten für die Pumpenanlage

Die mittleren *Jahresbetriebskosten* für die Pumpenanlage hängen von der erforderlichen Pumpwassermenge - und damit von der gewählten Anzahl an Sparbecken - sowie vom Strompreis je kWh ab. Sie können aus der mittleren Jahresarbeit (in kWh) nach Gleichung (6-34) bestimmt werden.

6.5.3 Jährliche Gesamtaufwendungen

Die insgesamt pro Jahr für den Bau und Betrieb der Sparbecken- und Pumpenanlage anfallenden Kosten setzen sich aus den folgenden drei Kostenanteilen zusammen:

$$K_{ges} = A_S + A_P + P_B , \tag{6-36}$$

wobei K_{ges} = jährliche Gesamtaufwendungen,
A_S = jährliche Abschreibung für die Sparbeckenanlage,
A_P = jährliche Abschreibung für die Pumpenanlage,
P_B = mittlere Jahresbetriebskosten für die Pumpenstation.

Alle drei Kostenanteile hängen von der *Anzahl* der für die untersuchte Schleuse gewählten Sparbecken ab. Es ist deshalb möglich, die jährlichen Gesamtkosten in Abhängigkeit von der Anzahl der Sparbecken und von den Stromkosten je kWh graphisch darzustellen (Abb. 6.16.).

Die für verschiedene Stromkosten je kWh berechneten Kurven der Abbildung 6.16. weisen von einem bestimmten Grenzwert an ein mehr oder weniger stark ausgeprägtes Minimum auf. Dieses gibt die für den jeweils angesetzten Strompreis *wirtschaftlichste Lösung* in bezug auf die Anzahl der Sparbecken an. Wie aus dem Diagramm ersichtlich, wird mit steigenden Stromkosten eine größere Anzahl von Sparbecken aus wirtschaftlichen Gründen erforderlich.

Die *optimal* zu wählende Sparbeckenanzahl hängt demnach wesentlich von der richtigen Einschätzung des im späteren Betrieb zu erwartenden Strompreises ab.

Bei sehr geringen Strompreisen wird die Anlage von Sparbecken unwirtschaftlich. Die entsprechenden Kurven der Abbildung 6.16 weisen für diesen Fall kein Minimum mehr auf.

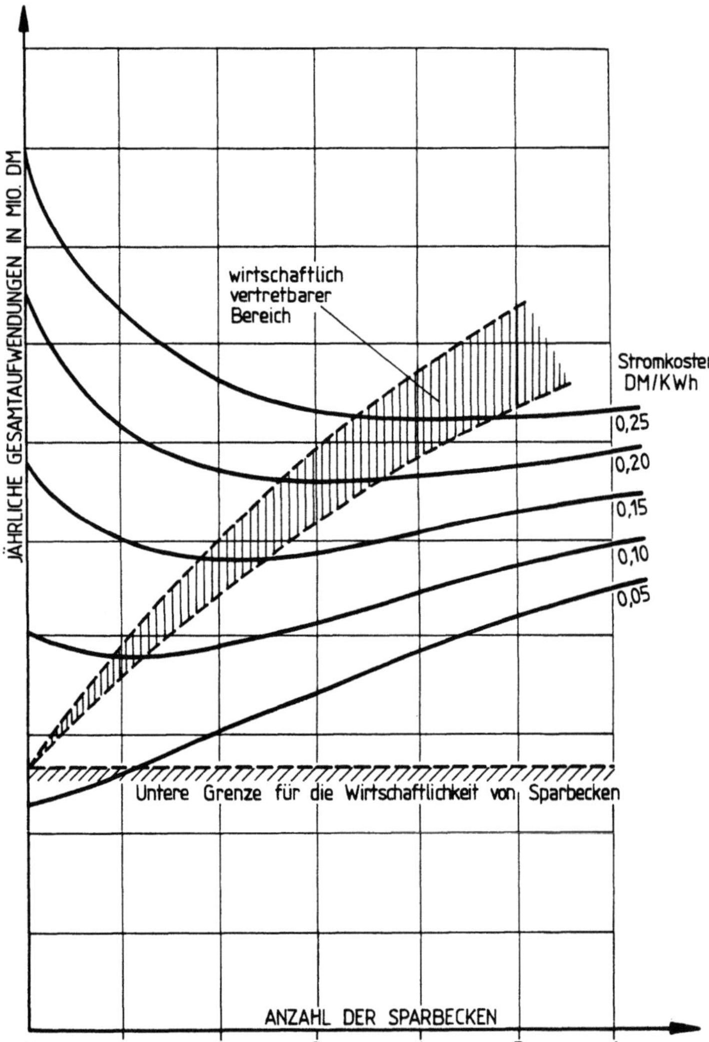

Abbildung 6.16. Jährliche Aufwendungen in Abhängigkeit von der Anzahl der Sparbecken bei verschiedenen Stromkosten

6.5.4 Wasserwirtschaftliche Untersuchungen

Die Geländeverhältnisse im Verlauf eines Schiffahrtkanals erfordern meist Schleusen mit unterschiedlichen Hubhöhen. Außerdem sind die Haltungen im allgemeinen verschieden lang.

Bei den wasserwirtschaftlichen Untersuchungen für einen Schiffahrtskanal kommt den Wasserverlusten aus Verdunstung und Versickerung meist nur eine untergeordnete Bedeutung zu. Beim Fehlen natürlicher Zuflüsse, insbesondere bei der Scheitelhaltung, stellt demnach der Wasserverbrauch durch die täglichen Schleusungen sowie die Wasserentnahme für landwirtschaftliche und industrielle Zwecke die größte Verlustwassermenge dar.

Bei annähernd gleicher Verkehrsintensität auf der Kanalstrecke hat im allgemeinen die Schleuse mit der größten Hubhöhe auch den größten Wasserverbrauch pro Tag. Bei Sparschleusen unterschiedlicher Hubhöhe und Beckenanzahl kann jedoch auch eine Schleuse mit geringerer Hubhöhe einen größeren Wasserverbrauch aufweisen.

Bei der Planung des Schiffahrtkanals wird man zunächst versuchen, den täglichen Wasserverbrauch der Schleusen in etwa gleich groß zu halten. Dies ist bei Schleusen unterschiedlicher Hubhöhe jedoch nicht immer durch Wahl einer entsprechenden Beckenanzahl möglich und widerspricht u.U. auch den Ergebnissen der Wirtschaftlichkeitsuntersuchungen für die einzelnen Schleusen.

Es liegt deshalb der Gedanke nahe, die im allgemeinen unterschiedlich langen Kanalhaltungen als *Zwischenspeicher* zu benutzen. Dieser Möglichkeit sind jedoch Grenzen gesetzt, weil der Wasserspiegel in den Kanalhaltungen wegen der erforderlichen Durchfahrtshöhen unter den Brücken ($\geq$ 5,25 m) eine bestimmte Höhe nicht überschreiten darf.

Abbildung 6.17. zeigt das Prinzip der Nutzung einer Kanalhaltung der Oberfläche O_K als *Tagesspeicher*. Dabei wurde ein 16-stündiger Schleusungsbetrieb und ein 24-stündiger Pumpbetrieb pro Tag zugrunde gelegt.

Ist Q_1 die mittlere sekundliche Wasserabgabe der oberen Schleuse in die untersuchte Haltung während 16 Stunden und P_1 die während 24 Stunden aus der untersuchten Haltung in die obere Haltung gepumpte sekundliche Wassermenge, so ergibt sich nach 16-stündigem Betrieb bei $Q_1 > P_1$

ein maximaler Wasserspiegelanstieg in der Haltung von $H_O/3$, der in den folgenden 8 Stunden auf Null abgebaut wird (Abb. 6.17.). Dabei gilt:

$$H_O = \frac{Q_1 \; 16 \times 3600}{O_K} = \frac{P_1 \; 24 \times 3600}{O_K} . \tag{6-37}$$

In analoger Weise ergibt sich infolge der während 16 Stunden von der untersuchten in die untere Haltung im Mittel abgegebenen sekundlichen Schleusungswassermenge Q_2 und der gleichzeitig während 24 Stunden aus der unteren in die betrachtete Haltung gepumpten Wassermenge $P_2 < Q_2$ nach 16-stündigem Betrieb eine maximale *Wasserspiegelabsenkung* von $H_U/3$, die in den nachfolgenden 8 Stunden bis auf Null abnimmt (Abb. 6.17.). Dabei gilt:

$$H_U = \frac{Q_2 \, 16 \times 3600}{O_K} = \frac{P_2 \; 24 \times 3600}{O_K} . \tag{6-38}$$

Aus der Differenz beider Werte ergibt sich die maximale Speicherhöhe in der Kanalhaltung nach 16-stündigem Betrieb zu (Abb. 6.17.):

$$\Delta H = \frac{1}{3} \, (H_O - H_U) . \tag{6-39}$$

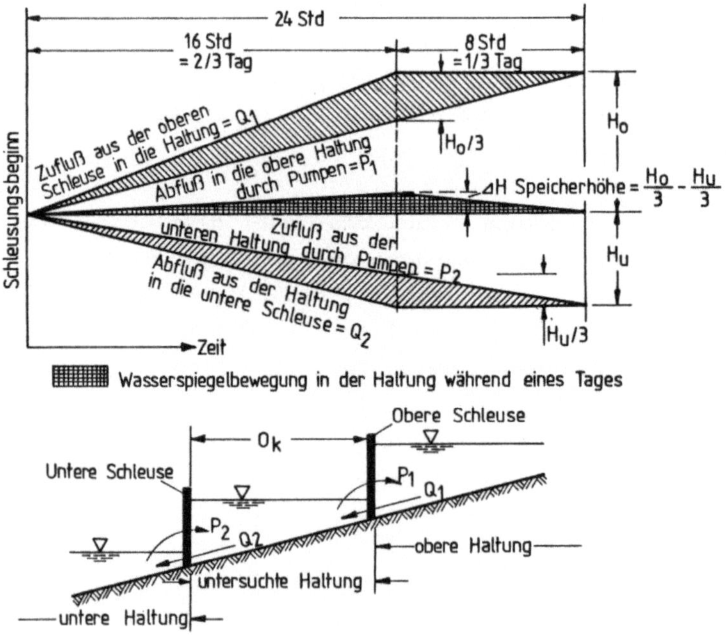

Abbildung 6.17. Nutzung einer Kanalhaltung als Tagesspeicher

Wegen der erforderlichen Mindestdurchfahrtshöhe unter den Brücken ist die *zulässige Speicherhöhe* in einer Kanalhaltung sehr begrenzt, insbesondere wenn man noch andere mögliche Einflußgrößen, die zu einer Wasserspiegelanhebung in der betrachteten Kanalstrecke führen können, mit berücksichtigt.

Als maßgebender Bemessungsfall für die Bestimmung der zulässigen Speicherhöhe wird im allgemeinen das Zusammentreffen eines örtlichen Windstaus mit einer durch die Entleerung der oberhalbgelegenen Schleuse verursachten Schwallwelle zugrunde gelegt. Der dann für die Speicherhöhe verbleibende Spielraum ist in den meisten Fällen nur gering. Jedoch sollte die Möglichkeit einer wasserwirtschaftlichen Nutzung der Kanalhaltungen in jedem Falle untersucht werden, um dadurch die Kosten für den Pumpbetrieb (Ausnutzung des billigeren Nachttarifes) zu verringern.

6.6 Berechnung des Füllvorganges

6.6.1 Definition der Füllphasen

Bei der Füllung einer Schleuse aus einem oder mehreren Sparbecken mit anschließender Restfüllung aus dem oberen Vorhafen müssen zwei grundsätzlich voneinander verschiedene Füllabschnitte unterschieden werden.

Während des *ersten Füllabschnittes* werden nacheinander die in verschiedenen Höhen seitlich neben der Schleusenkammer angeordneten Sparbecken in die Kammer entleert.

Während des *zweiten Füllabschnittes* wird das für die vollständige Füllung der Kammer noch fehlende Wasservolumen aus dem oberen Vorhafen entnommen. Dieser Füllabschnitt wird im folgenden als *Restfüllung* bezeichnet.

Jeder der beiden Füllabschnitte setzt sich aus einer Reihe von verschiedenen *Füllphasen* zusammen, die sich im wesentlichen durch die sekundliche Zunahme der Zuflußmenge (dQ/dt) voneinander unterscheiden. Der erste Füllabschnitt kann dabei, je nach Anzahl der vorhandenen Sparbecken, in mehrere Teilabschnitte unterteilt sein, wobei jeder

Teilabschnitt die Entleerung eines Sparbeckens in die Schleusenkammer umfaßt.

In den folgenden Ableitungen wurden die nachstehenden Bezeichnungen verwendet:

A = Kammerfläche (m^2)

A_B = Sparbeckenfläche (m^2)

a_1 = maßgebender Füllquerschnitt (m^2) (im allgemeinen Schützquerschnitt)

H = Schleusenhubhöhe (m)

H_R = Anfangsdruckhöhe bei Beginn der Restfüllung bzw. -entleerung (m)

H_t = Druckhöhe zur Zeit t während der Restfüllung bzw. -entleerung (m)

h_B = Schichtdicke der Austauschwassermenge in den Sparbecken (= Wasserspiegeldifferenz zwischen dem OW- und UW-Spiegel in den Sparbecken) (m)

z = Wasserspiegelanstieg in der Schleusenkammer bei Entleerung eines Sparbeckens (= Lamellenhöhe) (m)

h_o = Anfangsdruckhöhe zwischen Sparbecken-OW und Kammerwasserstand (m)

h_t = Druckhöhe zwischen Sparbecken- und Kammerwasserstand zur Zeit t während der Sparbeckenentleerung bzw. -füllung (m)

h_1 = Druckhöhe zwischen Sparbecken- und Kammerwasserstand zur Zeit $t = t_1$ nach Freigabe des Füllquerschnittes, d.h. am Ende der ersten Füllphase (m)

h_2 = Druckhöhe zwischen Sparbecken- und Kammerwasserstand bei Beginn des Schließvorganges der Sparbeckenschütze, d.h. am Ende der zweiten Füllphase (m)

Δh = Restdruckhöhe zwischen Sparbecken-UW und Kammerwasserspiegel nach erfolgtem Schließen der Sparbeckenschütze (m)

n_1 = sekundliche Freigabe des Füllquerschnittes in der 1. Füll- bzw. Entleerungsphase (m^2/s)

n_3 = sekundliche Abnahme des Füllquerschnittes in der 3. Füll- bzw. Entleerungsphase (m^2/s)

μ = mittlerer Beiwert für die jeweilige Sparbeckenfüllung bzw. -entleerung (-)

μ_R = mittlerer Beiwert für die Restfüllung bzw. -entleerung der Schleusenkammer (-)

T_{ges} = Gesamtfüll- bzw. -entleerungszeit der Schleuse (s)

T_R = Dauer der Restfüllung bzw. -entleerung (s)

T_s = Entleerungszeit eines Sparbeckens bis zur vorgegebenen Restdruckhöhe Δh (s)

t	=	Zeit (s)
t_1	=	Öffnungszeit der Sparbeckenschütze (s)
t_o	=	Zeit mit voll geöffnetem Füll- bzw. Entleerungsquerschnitt (s)
t_c	=	Schließzeit der Sparbeckenschütze (s)
t_R	=	Öffnungszeit der Schütze für die Restfüllung aus dem oberen Vorhafen (s)
Q_t	=	Zuflußmenge zur Zeit t (m^3/s)

6.6.2 Füllung aus einem Sparbecken

6.6.2.1 Unvollkommene Ausspiegelung

Es wird zunächst der allgemeine Fall mit verschieden großer Becken- und Kammerfläche ($A_B \neq A$) und unvollkommener Ausspiegelung zwischen Becken- und Kammerwasserspiegel ($\Delta h > 0$) untersucht. Die maßgebenden Gleichungen für alle sonstigen Füllvorgänge mit $A_B = A$ und $\Delta h = 0$ ergeben sich dann als Sonderfälle der hier abgeleiteten Beziehungen /109/.

Während der Füllung der Schleuse aus einem Sparbecken müssen *drei Füllphasen* unterschieden werden (Abb. 6.18.).

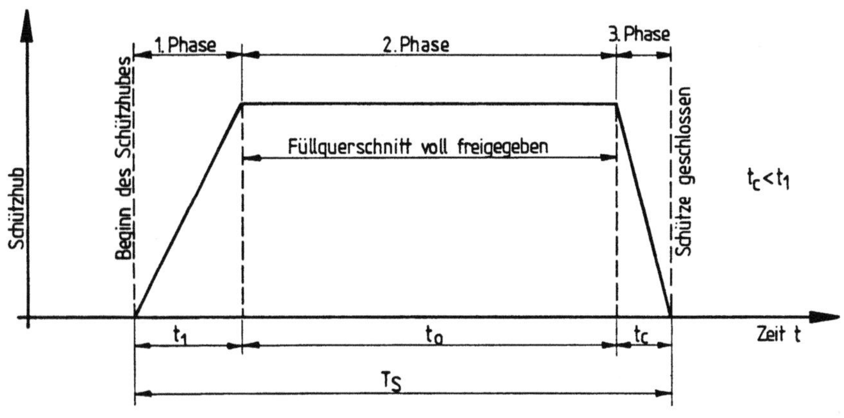

Abbildung 6.18. Definition der Füllphasen

In der *ersten Phase* werden die Füllquerschnitte in den Zubringerkanälen zwischen dem Sparbecken und der Schleusenkammer im allgemeinen stetig freigegeben. Die erste Füllphase ($0 \leq t \leq t_1$) ist demnach gekennzeichnet durch zunehmenden Füllquerschnitt ($0 \leq a_t \leq a_1$) und abnehmende Druckhöhe ($h_o \geq h_t \geq h_1$). Am Ende der ersten Füllphase ist der Gesamtfüllquerschnitt a_1 voll freigegeben.

In der *zweiten Füllphase* ($0 \leq t \leq t_o$) bleibt der Füllquerschnitt voll geöffnet (a_1 = konstant), während die Druckhöhe weiter abnimmt ($h_1 \geq h_t \geq h_2$).

In der *dritten Füllphase* ($0 \leq t \leq t_c$) wird der Füllquerschnitt durch das Absenken der Schütze in den Zulaufkanälen stetig verringert ($a_1 \geq a_t \geq 0$), wobei die Druckhöhe bis auf die Restdruckhöhe Δh abnimmt ($h_2 \geq h_t \geq \Delta h$).

Erste Füllphase:

Mit den Bezeichnungen der Abbildung 6.19 gilt für die erste Phase:

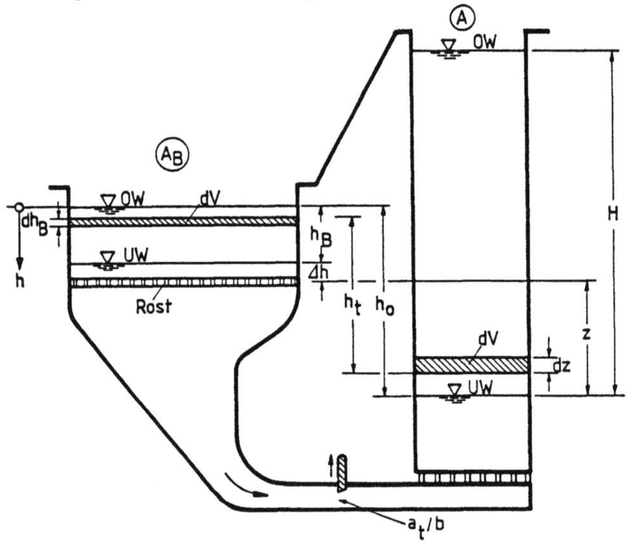

Abbildung 6.19. Definitionsschema für die Füllung aus einem Sparbecken

$$dV = A_B \; dh_B = A \; dz = Q \; dt, \tag{6-40}$$

wobei $Q = \mu \sqrt{2g} \; a_t \sqrt{h_t}$. (6-41)

Mit $-dh = dh_B + dz$ folgt aus Gleichung (6-40):

$$dh_B = - \frac{A}{A_B + A} \; dh \tag{6-42}$$

und bei Verwendung von Gleichung (6-41):

$$- \frac{A \; A_B}{A_B + A} \; dh = \mu \sqrt{2g} \; a_t \sqrt{h_t} \; dt \; .$$

Darin ist h_t die zum Zeitpunkt $0 \leq t \leq t_1$ während der ersten Phase vorhandene Druckhöhe zwischen Becken- und Kammerwasserspiegel (Abb.6.19.)

und $a_t = n_1 t$ der zum Zeitpunkt t in den Zulaufkanälen vorhandene Füllquerschnitt.

Nach Trennung der Veränderlichen ergibt sich:

$$- \frac{A\,A_B}{A_B + A} \int_{h_o}^{h_t} \frac{dh}{\sqrt{h}} = \mu\,\sqrt{2g}\;n_1 \int_o^t t\;dt$$

und nach erfolgter Integration:

$$\sqrt{h_t} = \sqrt{h_o} - \frac{A + A_B}{A\,A_B} \cdot \frac{\mu\,\sqrt{2g}}{4}\;n_1\;t^2 . \qquad (6\text{-}43)$$

Am Ende der 1. Füllphase zur Zeit $t = t_1$ wird $n_1\;t_1 = a_1$ und $h_t = h_1$. Damit geht Gleichung (6-43) über in:

$$\sqrt{h_1} = \sqrt{h_o} - \frac{A + A_B}{A\,A_B} \cdot \frac{\mu\,\sqrt{2g}\;a_1}{4}\;t_1 \cdot \qquad (6\text{-}44)$$

<u>Zweite Füllphase:</u>

In der zweiten Füllphase ($0 \leqq t \leqq t_o$) bleibt der Füllquerschnitt a_1 konstant, während die Druckhöhe h_t weiter abnimmt.

Mit $Q_t = \mu\,\sqrt{2g}\;a_1\;\sqrt{h_t}$ folgt aus der Bedingung:

$$Q\;dt = - \frac{A\;A_B}{A + A_B}\;dH \qquad (6\text{-}45)$$

nach Trennung der Veränderlichen:

$$\mu\,\sqrt{2g}\;a_1 \int_o^t dt = - \frac{A\;A_B}{A + A_B} \int_{h_1}^{h_t} \frac{dh}{\sqrt{h}}$$

und erfolgter Integration die zu einem beliebigen Zeitpunkt $0 \leqq t \leqq t_o$ während der 2. Phase vorhandene Druckhöhe:

$$\sqrt{h_t} = \sqrt{h_1} - \frac{A + A_B}{A\;A_B} \cdot \frac{\mu\,\sqrt{2g}\;a_1}{2}\;t . \qquad (6\text{-}46)$$

Am Ende der zweiten Füllphase ist $t = t_o$. Die zu diesem Zeitpunkt vorhandene Druckhöhe h_2 beträgt dann:

$$\sqrt{h_2} = \sqrt{h_1} - \frac{A + A_B}{A\,A_B} \cdot \frac{\mu\,\sqrt{2g}\,a_1}{2}\,t_o \tag{6-47}$$

Dritte Füllphase:

Die 3. Füllphase $(0 \leqq t \leqq t_c)$ ist gekennzeichnet durch abnehmenden Füllquerschnitt und weiter abnehmende Druckhöhe $(h_2 \geqq h_t \geqq \Delta h)$.

Mit $Q = \mu\,\sqrt{2g}\,\sqrt{h_t}\,(a_1 - n_3\,t)$ folgt bei Verwendung von Gleichung (6-45) und Trennung der Veränderlichen:

$$\mu\,\sqrt{2g}\int_0^t (a_1 - n_3 t)\,dt = -\frac{A\,A_B}{A + A_B}\int_{h_2}^{h_t} \frac{dh}{\sqrt{h}}$$

und nach erfolgter Integration:

$$\sqrt{h_t} = \sqrt{h_2} - \frac{A + A_B}{2\,A\,A_B}\,\mu\,\sqrt{2g}\,\left(a_1 t - \frac{n_3 t^2}{2}\right). \tag{6-48}$$

Am Ende der 3. Füllphase $(t = t_c)$ ist $n_2\,t_c = a_1$ und $h_t = \Delta h$ = Restdruckhöhe. Demnach:

$$\sqrt{\Delta h} = \sqrt{h_2} - \frac{A + A_B}{4\,A\,A_B}\,\mu\,\sqrt{2g}\,a_1\,t_c\,. \tag{6-49}$$

Füllzeit aus einem Becken:

Die Gesamtfüllzeit T_s aus einem Sparbecken ergibt sich mit $T_s = t_1 + t + t$ bei Verwendung der Gleichungen (6-44), (6-47) und (6-49) zu:

$$T_s = \frac{2\,A\,A_B}{A + A_B}\,\frac{(\sqrt{h_o} - \sqrt{\Delta h})}{\mu\,\sqrt{2g}\,a_1} + \frac{1}{2}\,(t_1 + t_c)\,. \tag{6-50}$$

Bei gleich großer Becken- und Kammerfläche ($A_B = A$) ergibt sich für die Füllzeit aus einem Sparbecken:

$$T_s = \frac{A\ (\sqrt{h_o} - \sqrt{\Delta h})}{\mu\ \sqrt{2g}\ a_1} + \frac{1}{2}\ (t_1 + t_c)\ . \qquad (6\text{-}51)$$

Eine Verkürzung der Füllzeit ist bei vorgegebenen Kammerabmessungen nur durch eine Vergrößerung des Füllquerschnittes a_1 in den Zulaufkanälen sowie durch Verkürzung des Öffnungs- und Schließvorganges der Schütze möglich. Der Öffnungszeit t_1 sind dabei aber durch die Schwallbewegungen in der Kammer und deren Auswirkungen auf die Trossenkräfte der schleusenden Schiffe gewisse Grenzen gesetzt. Als Richtwert für die sekundliche Freigabe der Füllquerschnitte in den Zulaufkanälen kann hier $n_1 \leqq 0{,}60\ m^2/s$ gelten. Voraussetzung ist hierbei eine möglichst gleichmäßige Wasserzufuhr in die Kammer über ihre gesamte Länge. Dies kann jedoch heute durch die modernen Füllsysteme bei Sparschleusen ohne Schwierigkeit erreicht werden (Abb. 6.2.).

Die Schließzeit t_c der Schütze am Ende des Füllvorganges aus dem Sparbecken kann kürzer als die Öffnungszeit gewählt werden (Abb. 6.18.), da hier die Gefahr von Schwallbewegungen in der Kammer wegen der geringen Restdruckhöhe nicht mehr besteht. Der Senkgeschwindigkeit der Schütze sind hier lediglich durch maschinentechnische und betriebliche Überlegungen Grenzen gesetzt.

Die Ermittlung der Füllzeit T_s aus einem Becken kann auch mit Hilfe des Diagramms der Abbildung 6.20. erfolgen.

Setzt man in der allgemeinen Gleichung (6-50) für die Füllzeit aus einem Sparbecken $A_B/A = \kappa$ und $(t_1 + t_c) = \alpha T_s$, wobei $\alpha \leqq 1$ ist, so ergibt sich nach einigen Umformungen:

$$T_s = \frac{2\ (\frac{A}{a_1})\ (\sqrt{h_o} - \sqrt{\Delta h})}{(1 + \kappa)\ \mu\ \sqrt{2g}\ (1 - \frac{\alpha}{2})}\ . \qquad (6\text{-}52)$$

Die Füllzeit T_s ergibt sich damit als Funktion der Parameter (A/a_1), h_o, Δh, κ und α, wobei $\mu \cong$ konstant angenommen wird.

Der funktionale Zusammenhang erlaubt die Aufstellung des in Abbildung 6.20. dargestellten Diagramms zur Bestimmung der Füllzeit aus einem Sparbecken. Als Abflußbeiwert wurde bei der Aufstellung des Diagramms

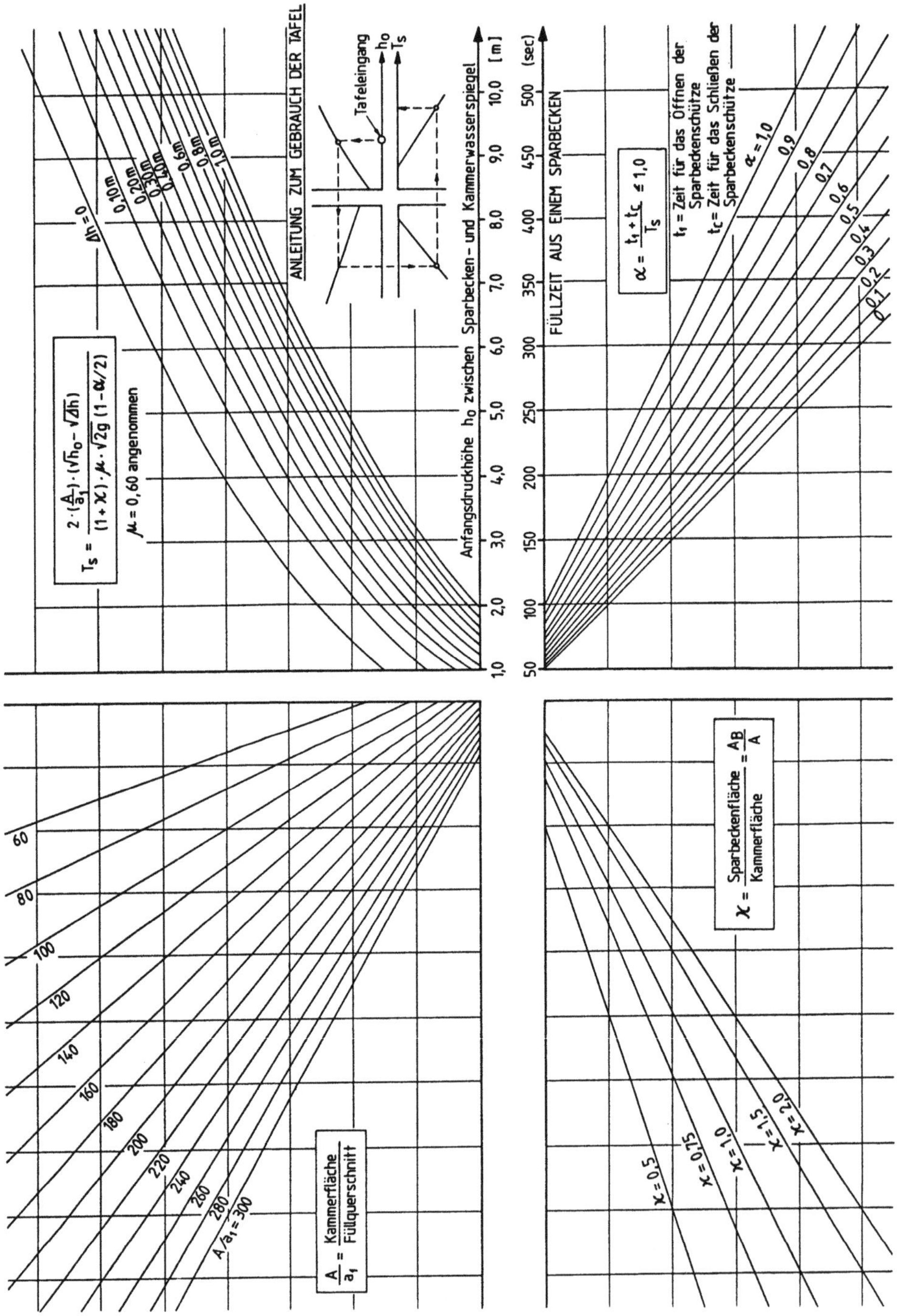

Abbildung 6.20. Tafel zur Ermittlung der Füllzeit aus einem Sparbecken

μ = 0,60 = konstant angenommen. Dieser Wert liegt an der unteren Grenze der bei zahlreichen Modelluntersuchungen für die Sparbeckenfüllung errechneten Werte (Tabelle 6.2.).

6.6.2.2 Vollkommene Ausspiegelung

Bei vollkommener Ausspiegelung zwischen Becken- und Kammerwasserspiegel (Δh = 0) vereinfachen sich die vorstehenden Gleichungen. Der Füllvorgang weist in diesem Falle praktisch *nur zwei Füllphasen* auf, da während des Schließens der Füllschütze die Druckhöhe bereits Null bzw. vernachlässigbar gering ist.

In der *ersten Füllphase* ($0 \leqq t \leqq t_1$) werden die Füllquerschnitte in den Zubringerkanälen stetig geöffnet, d.h. die Füllphase ist durch zunehmenden Füllquerschnitt und abnehmende Druckhöhe gekennzeichnet. Am Ende der ersten Füllphase ist der Füllquerschnitt a_1 voll freigegeben.

In der *zweiten Füllphase* ($0 \leqq t \leqq t_o$) bleibt der Füllquerschnitt a_1 konstant, während die Druckhöhe bis auf Null abnimmt (Abb. 6.18.).

Erste Füllphase:

Die Druckhöhe h_t zu einer beliebigen Zeit $0 \leqq t \leqq t_1$ ergibt sich nach Gleichung (6-43) und am Ende der 1. Phase nach Gleichung (6-44).

Die zur Zeit t in die Kammer einströmende Wassermenge Q_t kann mit Gleichung (6-41) bestimmt werden.

Zweite Füllphase:

In der zweiten Phase ($0 \leqq t \leqq t_o$) gilt für die Druckhöhe zur Zeit t analog zu Gleichung (6-46):

$$\sqrt{h_t} = \sqrt{h_1} - \frac{A + A_B}{A\,A_B} \cdot \frac{\mu\,\sqrt{2g}\,a_1}{2}\,t\,. \qquad (6\text{-}53)$$

Am Ende der zweiten Füllphase ist $t = t_o$ und $h_t = 0$ (Ausspiegelung).

Damit ergibt sich:

$$t_o = \frac{A\,A_B}{A + A_B} \cdot \frac{2\,\sqrt{h_1}}{\mu\,\sqrt{2g}\,a_1}$$

und bei Verwendung von Gleichung (6-44):

$$t_o = \frac{A\,A_B}{A + A_B} \cdot \frac{2\,\sqrt{h_o}}{\mu\,\sqrt{2g}\,a_1} - \frac{t_1}{2} \quad . \tag{6-54}$$

Füllzeit aus einem Becken:

Mit $T_s = t_1 + t_o$ ergibt sich bei Verwendung von Gleichung (6-54):

$$T_s = \frac{A\,A_B}{(A+A_B)} \cdot \frac{2\,\sqrt{h_o}}{\mu\,\sqrt{2g}\,a_1} + \frac{t_1}{2} \; . \tag{6-55}$$

Bei gleich großer Becken- und Kammerfläche vereinfacht sich Gleichung (6-55) zu:

$$T_s = \frac{A\,\sqrt{h_o}}{\mu\,\sqrt{2g}\,a_1} + \frac{t_1}{2} \, . \tag{6-56}$$

6.6.3 Gesamtfüllzeit der Schleusenkammer

Die Gesamtfüllzeit einer Sparschleuse mit m Sparbecken gleicher Größe ergibt sich zu:

$$T_{ges} = m\,T_s + T_R \, , \tag{6-57}$$

wobei T_R = Restfüllzeit der Kammer aus dem oberen Vorhafen.

Da die Restfüllung der Kammer aus dem oberen Vorhafen stets mit *tiefliegendem* Drempel erfolgt (Füllung über Grundläufe bzw. Längskanäle), kann die Restfüllzeit T_R analog nach der für tiefliegenden Drempel maßgebenden Gleichung (4-54)berechnet werden. Damit ergibt sich:

$$T_R = \frac{2A\,\sqrt{H_R}}{\mu_R\, a_R\, \sqrt{2g}} + \frac{t_R}{2}\,, \tag{6-58}$$

wobei H_R = Restdruckhöhe zwischen oberem Vorhafen und Kammerwasserspiegel nach Füllung der Kammer aus den vorhandenen Sparbecken (m),

a_R = Füllquerschnitt für die Restfüllung aus dem oberen Vorhafen (m²),

t_R = Zeit bis zur Freigabe des Füllquerschnittes a_R (s),

μ_R = mittlerer Zuflußbeiwert ($0{,}65 \leqq \mu_R \leqq 0{,}75$) (-).

6.6.4 Hub- und Zuflußmengenkurve

Wegen der nicht kontinuierlichen Wasserzufuhr aus den Sparbecken in die Schleusenkammer und der anschließenden Restfüllung aus dem oberen Vorhafen zeigt die Hubkurve des Kammerwasserspiegels kein stetiges Ansteigen während des Füllvorganges.

Abbildung 6.21. zeigt den Verlauf der Hub- und Zuflußmengenkurve für die Füllung der Sparschleuse Leerstetten (H = 24,67 m) am Main-Donau-Kanal/BRD mit 3 Sparbecken.

Der Berechnung liegen die folgenden Ausgangswerte zugrunde /115/:

Hubhöhe H	= 24,67 m	h_B	= 4,87 m
$A = A_B = 12 \times 200$	= 2400 m²	H_R	= 10,05 m
m	= 3 Sparbecken	t_1	= 40,0 s
Δh	= 0,15 m	t_c	= 14,0 s
h_o	= 9,90 m	a_R	= 13,0 m²
a_1	= 17,5 m²	T_{ges}	= 15,0 min

Als mittlerer Zuflußbeiwert bei der Füllung aus den Sparbecken wurde $\mu = 0{,}695$, für die Restfüllung $\mu_R \sim 0{,}85$ errechnet. Beide Werte wurden aus der bei Modelluntersuchungen und Naturversuchen gemessenen Füllzeit der Schleuse bestimmt /116/.

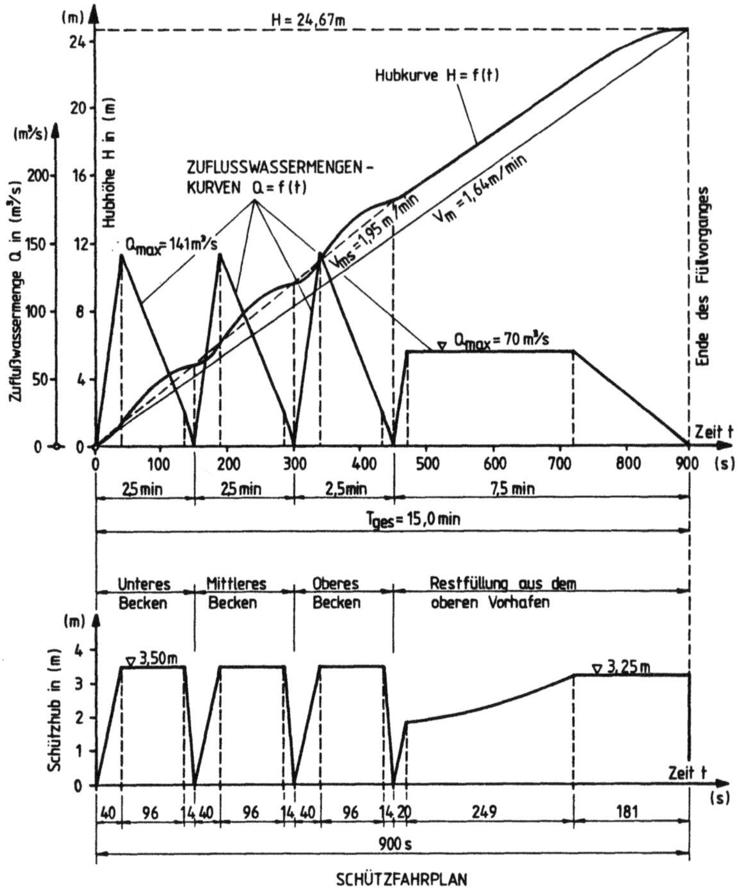

Abbildung 6.21. Hub- und Zuflußmengenkurve für die Sparschleuse Leerstetten/Main-Donau-Kanal mit 3 Sparbecken

6.7 Berechnung des Entleerungsvorganges

Für die Entleerung von Sparschleusen gelten sinngemäß die gleichen Ansätze und Gleichungen wie für den Füllvorgang.

Bei Beginn des Entleerungsvorganges wird das Wasser aus der Schleusenkammer zunächst in das *oberste* Sparbecken und dann nacheinander in die nächst tiefergelegenen Becken geleitet (Abb. 6.8. und 6.9.). Die Restentleerung der Kammer erfolgt dann im allgemeinen über Längskanäle bzw. Grundläufe, wobei das Schleusungswasser *unterhalb* des UW-Spiegels in den unteren Vorhafen eingeleitet wird (Abb. 6.29.).

Die Gesamtentleerungszeit der Kammer errechnet sich nach Gleichung (6-57), die Teilentleerungszeit in ein Sparbecken bei vollkommener Ausspiegelung zwischen Becken- und Kammerwasserspiegel ($\Delta h = 0$) nach Gleichung (6-55) bzw. (6-56), bei unvollständiger Beckenausspiegelung ($\Delta h > 0$) nach Gleichung (6-50) bzw. (6-51).

Wegen des größeren Wasserpolsters in der Kammer liegen die bei der Kammerentleerung auftretenden Trossenkräfte der schleusenden Schiffe im allgemeinen noch unter den bei gleicher sekundlicher Querschnittsfreigabe der Schütze während des Füllvorganges auftretenden Kräfte. Bei einer entsprechenden Wahl des Füllsystems (Abb. 6.2. und 6.29.) bleiben die Trossenkräfte aber auch bei der Kammerfüllung erheblich unter der zulässigen Grenze von $G_s/600$.

6.8 Möglichkeiten der Füllzeitverkürzung

6.8.1 Unvollkommene Beckenausspiegelung

Eine Möglichkeit, die Gesamtfüllzeit einer Sparschleuse zu verkürzen, besteht darin, die *Teil*füllzeiten aus den Sparbecken durch eine nicht vollkommene Ausspiegelung zwischen Becken- und Kammerwasserspiegel zu verringern.

Die vollständige Ausspiegelung zwischen dem jeweiligen Sparbecken und der Schleusenkammer am Ende einer Teilfüllung nimmt wegen der ständig abnehmenden Druckhöhe und der dadurch bedingten immer kleiner werdenden Zuflüsse relativ viel Zeit in Anspruch. Es liegt deshalb der Gedanke nahe, die Schütze in den Zulaufkanälen bereits *vor* einer vollkommenen Ausspiegelung zwischen Becken- und Kammerwasserstand zu schließen, so daß am Ende der Teilfüllung aus einem Sparbecken eine Druckdifferenz Δh verbleibt (unvollständige Ausspiegelung).

Der dabei erzielbare Zeitgewinn ist bei Sparbeckenschleusen mit mehr als einem Becken besonders interessant, weil er sich entsprechend der Sparbeckenanzahl *mehrfach* auf die Gesamtfüllzeit der Schleuse auswirkt.

Bei unvollkommener Beckenausspiegelung und gleicher Anzahl und Größe der Sparbecken ist die erreichbare Wasserersparnis etwas geringer als bei vollkommener Beckenausspiegelung. Der dabei auftretende zusätzliche Wasserverlust ist jedoch vergleichsweise gering (Abb. 6.12.), zumal sich bereits kleinere Ausspiegelungsdifferenzen deutlich auf die Teilfüllzeit je Becken auswirken /51/.

Zu beachten ist dabei jedoch, daß bei einer geringeren Wasserersparnis das aus dem oberen Vorhafen zu entnehmende Wasservolumen etwas größer wird und dadurch die Restfüllzeit T_R (Gleichung (6-58)) geringfügig zunimmt.

In Abbildung 6.22. wurde am Beispiel einer vorgegebenen Schleuse von H = 24,0 m Hubhöhe (A = 2400 m²) die prozentuale Verkürzung der Gesamtfüllzeit bei unvollkommener Beckenausspiegelung in Abhängigkeit von der Anzahl der Sparbecken graphisch dargestellt /51/.

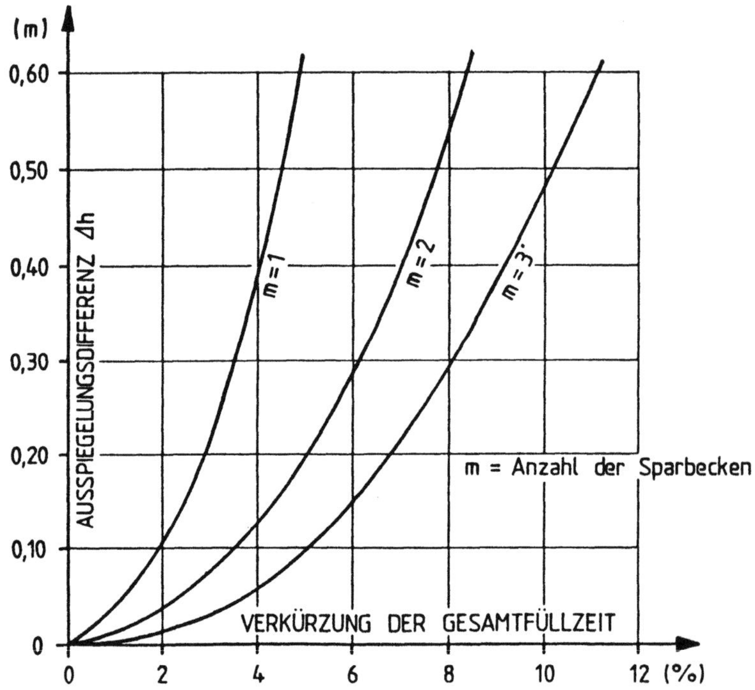

Abbildung 6.22. Mögliche Füllzeitverkürzung bei unvollkommener Beckenausspiegelung

Der Verlauf der Kurven in Abbildung 6.22. zeigt, daß bereits bei relativ *kleinen Ausspiegelungsdifferenzen* von Δh = 0,15 m bis 0,30 m ein wesentlicher Teil des möglichen Füllzeitgewinnes erreicht wird.

6.8.2 Vergrößerung der Sparbeckenfläche

Die bei einer Vergrößerung der Sparbeckenfläche ($A_B > A$) mögliche Füllzeitverkürzung kann nur dann erreicht werden, wenn das Sparbeckenvolumen ($A_B\ h_B$) unabhängig von der Größe des Sparbeckens konstant beibehalten wird.

Unter dieser Voraussetzung nimmt bei Vergrößerung der Sparbeckenfläche die Anfangsdruckhöhe h_o (Gleichung (6-15)) ab und die Ausspiegelungsdifferenz Δh zu (unvollkommene Ausspiegelung). Dies hat zur Folge, daß unter sonst gleichen Randbedingungen der Zufluß zur Schleusenkammer in der ersten Füllphase geringer, in der zweiten und dritten Phase jedoch größer ist als bei gleich großer Becken- und Kammerfläche ($A_B = A$). Insgesamt führen beide Einflüsse zu einer Verringerung der Teilfüllzeit T_s aus dem jeweiligen Sparbecken /51/.

Nach Gleichung (6-50) gilt mit $\kappa = A_B/A$ für die Teilfüllzeit aus einem Becken:

$$T_s = \frac{A}{\mu \sqrt{2g}\ a_1} \frac{2\kappa}{1+\kappa} (\sqrt{h_o} - \sqrt{\Delta h}) + \frac{1}{2} (t_1 + t_c). \tag{6-59}$$

Bei Verwendung von Gleichung (6-12) und (6-15) folgt für die Anfangsdruckhöhe h_o:

$$h_o = (1+\kappa)\ h_B + \Delta h = 2\kappa\ h_B - \Delta h \tag{6-60}$$

und für die Ausspiegelungsdifferenz (Abb. 6.10.):

$$\Delta h = \frac{1}{2} h_B (\kappa - 1). \tag{6-61}$$

Nach einigen Umformungen und mit $\kappa\ h_B = H/(m+2)$ kann Gleichung (6-59) in der folgenden Form geschrieben werden:

$$T_s = k_1 \frac{\sqrt{2\kappa}}{1+\kappa}\left[\sqrt{3\kappa+1} - \sqrt{\kappa-1}\right] + k_2 = k_1\ \psi + k_2, \tag{6-62}$$

wobei $k_1 = \frac{A\ \sqrt{H}}{\mu \sqrt{2g}\ a_1 \sqrt{m+2}}$ und $k_2 = \frac{1}{2} (t_1 + t_c)$

schleusenspezifische Konstanten sind, die nicht von der Größe der Sparbecken beeinflußt werden.

Der Faktor $\psi = f(\kappa)$ hängt jedoch nur vom Verhältniswert A_B/A ab (Abb. 6.23.). Seine Auswertung zeigt, daß die durch eine Vergrößerung der Sparbeckenfläche erreichbare Füllzeitverkürzung für Werte ab etwa $\kappa \geqq 1{,}5$ nicht mehr den erforderlichen Mehraufwand für die vergrößerten Sparbecken rechtfertigt /51/.

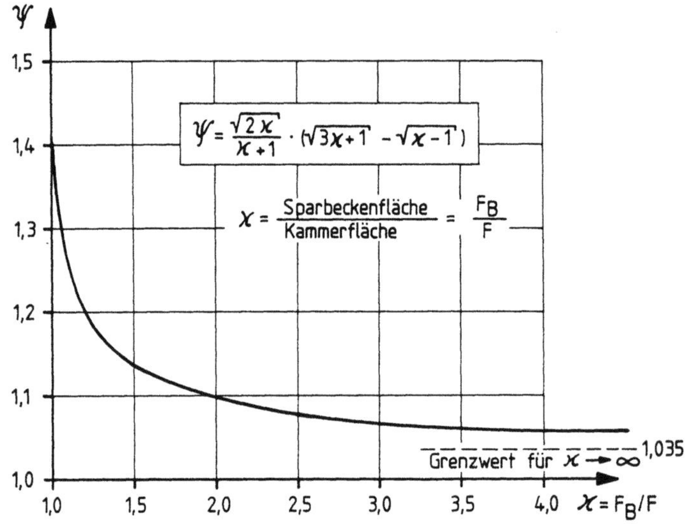

Abbildung 6.23. Einfluß der Sparbeckenfläche auf die Verkürzung der Füllzeit aus einem Becken /51/

Bei *vollkommener* Beckenausspiegelung ist die Anfangsdruckhöhe h_o gleich der Restdruckhöhe H_R, wobei beide vom Verhältniswert $\kappa = A_B/A$ abhängen (Abb. 6.24.).

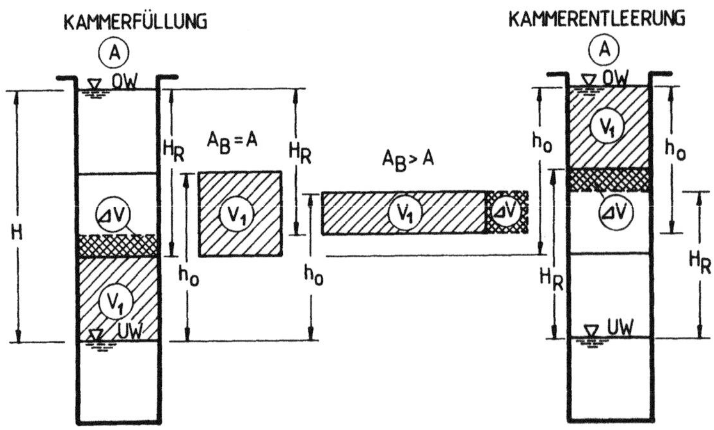

Abbildung 6.24. Vergrößerung der Sparbeckenfläche bei vollkommener Beckenausspiegelung

Nach Gleichung (6-5) gilt:

$$h_o = H_R = \frac{(\kappa + 1)}{\kappa(m+1) + 1} H. \qquad (6\text{-}63)$$

Für die Füllzeit aus einem Becken ergibt sich mit $\Delta h = 0$ nach Gleichung (6-55) bei Verwendung von Gleichung (6-63):

$$T_s = \frac{A\sqrt{H}}{\mu\sqrt{2g}\, a_1} \frac{2\kappa}{(\kappa+1)} \sqrt{\frac{\kappa + 1}{\kappa(m+1) + 1}} + \frac{t_1}{2} = k_3\, \delta + k_4, \qquad (6\text{-}64)$$

wobei $k_3 = \frac{A\sqrt{H}}{\mu\sqrt{2g}\, a_1}$ und $k_4 = \frac{t_1}{2}$ schleusenspezifische Konstanten sind, die nicht von der Sparbeckengröße A_B beeinflußt werden. Der Faktor $\delta = f(m,\kappa)$ gibt den Einfluß der Beckengröße auf die Teilfüllzeit T_s an.

Für die Restfüllzeit T_R der Schleusenfüllung aus dem oberen Vorhafen folgt nach Gleichung (6-58) bei Verwendung von Gleichung (6-5):

$$T_R = \frac{2A\sqrt{H_R}}{\mu_R\sqrt{2g}\, a_R} \sqrt{\frac{1 + \kappa}{\kappa(m+1) + 1}} + \frac{t_R}{2} = k_5\, \varphi + k_6, \qquad (6\text{-}65)$$

wobei $k_5 = \frac{2A\sqrt{H_R}}{\mu_R\sqrt{2g}\, a_R}$ und $k_6 = \frac{t_R}{2}$ wieder schleusenspezifischen Konstanten sind und $\varphi = f(m,\kappa)$ den Einfluß der Beckengröße auf die Restfüllzeit angibt.

Eine Auswertung der Faktoren δ und φ in Abhängigkeit vom Verhältniswert $\kappa = A_B/A$ wurde in Abbildung 6.25. vorgenommen.

Wie der Kurvenverlauf in Abbildung 6.25. zeigt, nimmt der Faktor $\varphi = f(m,\kappa)$ mit zunehmender Beckengröße $A_B > A$ bei vollkommener Beckenausspiegelung geringfügig ab, während $\delta = f(m,\kappa)$ stark zunimmt. Dies bedeutet, daß infolge einer Vergrößerung der Sparbeckenfläche die Teilfüllzeit T_s in stärkerem Maße zunimmt als die Restfüllzeit T_R abnimmt. Insgesamt führen deshalb beide Einflüsse zu einer *Verlängerung* der Gesamtfüllzeit der Schleuse gegenüber der Lösung mit $A_B = A$ ($\kappa = 1$).

Zusammenfassend kann festgestellt werden, daß sich eine Verkürzung der Gesamtfüllzeit der Schleuse durch eine Vergrößerung der Sparbeckenfläche nur bei *unvollkommener Beckenausspiegelung* erreichen läßt.

Für die Entleerungsvorgänge gelten die gleichen Schlußfolgerungen wie für die Füllvorgänge im Hinblick auf mögliche Verkürzungen der Gesamtentleerungszeit der Schleusenkammer.

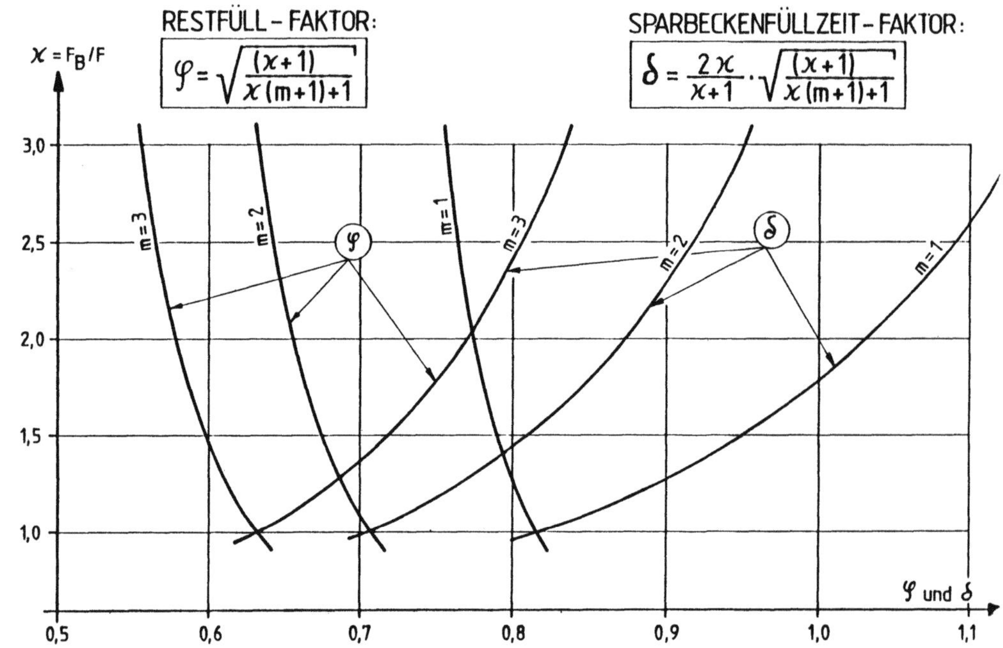

Abbildung 6.25. Füllzeitfaktoren δ und φ in Abhängigkeit von der Sparbeckenfläche ($A_B \geq A$) bei vollkommener Beckenausspiegelung

6.9 Erreichbare Hub- und Senkgeschwindigkeiten während des Schleusenvorganges

Die bei der Kammerfüllung und -entleerung von Sparschleusen erreichbaren mittleren Steig- und Absenkgeschwindigkeiten des Kammerwasserspiegels hängen in starkem Maße von der Wahl des Füll- und Entleerungssystems ab.

Bei den *hydraulisch ausgewogenen Systemen* der modernen Sparschleusen am Main-Donau- und Elbe-Seitenkanal werden die Füllquerschnitte in den Zulaufkanälen zwischen den Sparbecken und der Schleusenkammer mit sekundlichen Querschnittsfreigaben von $n \leq 0{,}58$ m²/s freigegeben (Tab. 6.2 und Abb. 6.52.). Die Hubgeschwindigkeiten der Schütze liegen dabei zwischen $c_0 = 86{,}7$ mm/s und $116{,}7$ mm/s.

Da die bei diesen Freigabegeschwindigkeiten der Schütze gemessenen Trossenkräfte der schleusenden Schiffe weit unter dem zulässigen Maß von $G_S/600$ blieben, wäre eine größere sekundliche Freigabe der Füllquerschnitte bei der Füllung aus den Sparbecken noch zulässig. Sie würde jedoch nur eine unbedeutende Verkürzung der Füllzeit aus den Becken erbringen.

Bei der Restfüllung der Schleuse wird die sekundliche Freigabe der Füllquerschnitte durch die maximal zulässige Entnahmewassermenge Q_{max} aus dem oberen Vorhafen begrenzt. Dabei gilt als Richtwert, daß die durch die Entnahme des Wassers im oberen Vorhafen auftretenden Wasserspiegelabsenkungen (Sunktiefen) ein zulässiges Maß von rd. 0,30 m nicht überschreiten sollten. Für die maximale Sunktiefe im Vorhafen gilt dabei:

$$z_{max} \approx \frac{Q_{max}}{B_V \sqrt{g\ y}}, \tag{6-66}$$

wobei z_{max} = maximale Sunktiefe im Vorhafen (m),
Q_{max} = maximale Entnahmewassermenge bei der Restfüllung aus dem oberen Vorhafen (m^3/s),
B_V = Wasserspiegelbreite im Vorhafen (m),
y = mittlere Wassertiefe im Vorhafen (m).

Außerdem sollte die sekundliche Zu- und Abnahme der Entnahme- und Rückgabewassermenge während der Restfüllung und -entleerung der Schleuse ein zulässiges Maß von $(dQ/dt)_{zul}$ möglichst nicht überschreiten, um die Schwall- und Sunk*neigungen* in den Vorhäfen in zulässigen Grenzen zu halten /2,3/.

Für die zulässige sekundliche *Zunahme* der Entnahme- und Rückgabewassermenge gilt dabei (s. Abschnitt 8.3):

$$\left(\frac{dQ}{dt}\right)_{zul} \leq \frac{g\ A_V (I_W)_{zul}}{\zeta}, \tag{6-67}$$

wobei $(I_W)_{zul}$ = zulässige Neigung der Sunk- und Schwallwellenfront (-),
ζ = Korrekturfaktor für die Vorhafenbreite (bei 3-schiffiger Vorhafenbreite $\zeta \sim 1{,}20$; bei 6-schiffiger Vorhafenbreite $\zeta \sim 1{,}10$) (-),
A_V = Querschnittsfläche des Vorhafens (m^2).

Für die zulässige *Abnahme* der Entnahme- und Rückgabewassermenge gilt:

$$\left(\frac{dQ}{dt}\right)_{zul} \leq - \frac{\mu_R^2\ g\ a_R^2}{A}, \tag{6-68}$$

wobei a_R = Füll- bzw. Entleerungsquerschnitt bei der Restschleusung (m^2),

μ_R = mittlerer Beiwert für die Restfüllung bzw. -entleerung ($0{,}65 \leq \mu_R \leq 0{,}75$) (-),

A = Kammerfläche (m^2).

Die unter diesen Randbedingungen mit modernen Sparschleusen erreichbaren *mittleren Hub- und Senkgeschwindigkeiten* des Kammerwasserspiegels liegen je nach Anzahl der Sparbecken zwischen 1,6 und 2,0 m/min (Tab. 6.1.).

Die Werte liegen damit unter den bei neuzeitlichen Fluß- und Kanalschleusen ohne Sparbecken erreichbaren Hub- und Senkgeschwindigkeiten (Tab. 1.1.). Der Grund hierfür ist in dem "schubweisen" Wasseraustausch während des Füll- und Entleerungsvorganges zwischen den Sparbecken und der Schleusenkammer, an den sich die Restfüllung bzw. -entleerung der Kammer anschließt, zu suchen.

6.10 Ausfall einzelner Sparbecken oder Schütze

Das Füll- und Entleerungssystem einer Sparschleuse sollte so ausgelegt sein, daß es auch bei Ausfall einzelner Sparbecken oder Schütze ein *sicheres* Füllen und Entleeren der Schleusenkammer ermöglicht, ohne daß dabei unzulässig große Trossenkräfte der schleusenden Schiffe auftreten.

6.10.1 Füll- und Entleerungssystem nach Variante A

Beim Füll- und Entleerungssystem nach Variante A (Abb. 6.2.) werden alle Füllwassermengen aus den Sparbecken, sowie auch die Restwassermengen aus dem oberen Vorhafen *in Kammermitte* dem Verteilersystem zugeführt und von dort symmetrisch auf die in der Kammersohle angeordneten Stichkanalgruppen verteilt.

Auch bei Ausfall einzelner Sparbecken- oder Längskanalschütze wird das Füllwasser aus den Sparbecken über die noch betriebsbereiten Zulaufkanäle und bei der Restfüllung über den zweiten Längskanal dem Verteilersystem in Kammermitte zugeführt. Damit ist unabhängig von der Art und Anzahl der ausfallenden Schütze stets eine *gleichzeitige* und über die Kammerlänge annähernd *gleichmäßige* Wasserzufuhr in die Schleuse während des Füllvorganges gewährleistet.

Für die Entleerungsvorgänge der Kammer gilt analog das gleiche wie für die Füllvorgänge. Auch hier werden bei Ausfall einzelner Schütze die Wassermengen über das Verteilersystem symmetrisch aus der Schleuse abgezogen.

Die Hubgeschwindigkeiten der Schütze in den Zulaufkanälen der Sparbekken und in den Längskanälen - und damit auch die sekundlichen Freigaben der Füll- und Entleerungsquerschnitte - können in allen Störfällen wie bei der normalen Kammerfüllung und -entleerung beibehalten werden, ohne daß durch die größere Anfangsdruckhöhe, z.B. bei Ausfall eines Beckens, und die damit verbundene größere Zunahme der Füllwassermenge (dQ/dt) zu Beginn einer Sparbeckenfüllung unzulässig große Trossenkräfte bei den schleusenden Schiffen zu erwarten sind.

Die Fahrpläne für den vollautomatischen Bewegungsablauf der Schütze müssen jedoch für jeden Störfall anhand von Modellversuchen bestimmt werden (s. Abb. 6.53.).

6.10.2 Füll- und Entleerungssystem nach Variante B

Beim Füll- und Entleerungssystem nach Variante B (Abb. 6.2.) ist wegen der bei 200 m langen Schleusen erforderlichen Unterteilung des Grundlaufsystems in *zwei Verteilergruppen* eine symmetrische Wasserzufuhr in die Schleusenkammer bei Ausfall eines Sparbecken- oder Längskanalschützes *nicht* mehr gegeben.

Aus diesem Grunde wird bei *Ausfall eines Sparbeckenschützes* das betroffene Sparbecken *insgesamt* stillgelegt und für die Kammerfüllung bzw. -entleerung nur die verbleibenden, betriebsbereiten Becken herangezogen.

Dies hat jedoch zur Folge, daß zu Beginn des Füll- und Entleerungsvorganges aus den betriebsbereiten Sparbecken die jeweilige Anfangsdruckhöhe h_o zwischen Becken- und Kammerwasserspiegel (Abb. 6.9.) entsprechend groß ist und am Ende der Sparbeckenfüllung bzw. -entleerung die verbleibende Restdruckhöhe Δh ebenfalls groß wird (Abb. 6.10.).

Für jeden der möglichen Störfälle muß deshalb ein *gesonderter Fahrplan* für die Schützbewegungen aufgestellt werden, dessen zeitlicher Ablauf am besten durch Modellversuche bestimmt wird.

Eine andere Möglichkeit besteht darin, bei Ausfall eines oder gleichzeitigem Ausfall von mehreren Sparbecken das Wasservolumen der ausgefallenen Becken zunächst aus dem oberen Vorhafen über die Längskanäle in die Schleuse zu leiten (*Zwischenfüllung*), bevor aus den betriebsbereiten Sparbecken weitergefüllt wird.

Bei der Kammerentleerung wird das Wasservolumen der ausgefallenen Sparbecken zunächst in den unteren Vorhafen abgegeben (*Zwischenentleerung*), bevor in die betriebsbereiten Becken weiterentleert wird.

Die Restfüllung der Kammer aus dem oberen Vorhafen bzw. die Restentleerung in den unteren Vorhafen erfolgt dann wie im normalen Betrieb.

Der Vorteil der Zwischenfüllung und -entleerung besteht darin, daß bei allen Sparbeckenfüllungen und -entleerungen stets die gleichen Anfangs- und Restdruckhöhen wie beim Normalfall vorhanden sind. Die Fahrpläne für die Bewegungen der Sparbeckenschütze bleiben deshalb für die betriebsbereiten Becken die gleichen wie im normalen Betrieb.

Bei der Ergänzung des Volumens der ausgefallenen Becken aus dem oberen Vorhafen (Zwischenfüllung) und bei der Rückgabe des Überschußvolumens in den unteren Vorhafen (Zwischenentleerung) muß beachtet werden, daß die maximalen Entnahme- und Rückgabewassermengen wegen der Schwall- und Sunkerscheinungen in den Vorhäfen und Haltungen einen zulässigen Grenzwert nicht überschreiten. Die Längskanalschütze müssen deshalb bei der Zwischenfüllung und -entleerung im allgemeinen mit einer geringeren Hubgeschwindigkeit als im normalen Betrieb aufgefahren werden.

Eine weitere Möglichkeit besteht darin, den Hub der Längskanalschütze zu unterbrechen und damit den effektiven Füllquerschnitt herabzusetzen. In diesem Falle kann die Hubgeschwindigkeit der Längskanalschütze wie im Normalfall beibehalten werden.

Bei der Senkgeschwindigkeit der Längskanalschütze ist bei der Zwischenfüllung und -entleerung darauf zu achten, daß die sekundliche Änderung der Zufluß- bzw. Rückgabewassermenge (-dQ/dt) einen zulässigen Grenzwert nicht überschreitet, um unzulässige Schwall- und Sunkerscheinungen in den Vorhäfen zu vermeiden.

In jedem Falle müssen die genauen Bewegungsabläufe für die Längskanalschütze bei den Zwischenfüllungen und -entleerungen der Schleuse durch Modellversuche bestimmt werden.

Bei *Ausfall eines Längskanalschützes* ist eine symmetrische Wasserzufuhr in die Kammer während der Restfüllung aus dem oberen Vorhafen *nicht* mehr möglich. Das gleiche gilt für die Wasserabgabe aus der Kammer in den unteren Vorhafen bei der Restentleerung.

Es muß deshalb u.U. eine geringere sekundliche Querschnittsfreigabe für das betriebsbereite Schütz des verbleibenden Längskanals gewählt werden, um die aufgrund der unsymmetrischen Wasserzufuhr bzw. -abgabe in der Kammer zu erwartenden Wasserspiegelbewegungen und ihre Auswirkungen auf die schleusenden Schiffe in zulässigen Grenzen zu halten.

Versuche am Modell ergaben jedoch, daß die Auswirkungen der unsymmetrischen Wasserzufuhr und -entnahme wegen des zu Beginn der Restfüllung bzw. -entleerung in der Kammer *vorhandenen Wasserpolsters* auf die schleusenden Schiffe nur relativ gering ist. Die für den normalen Betrieb vorgesehenen Hubgeschwindigkeiten der Sparbeckenschütze konnten deshalb auch bei Ausfall eines Schützes im allgemeinen beibehalten werden, ohne daß die auftretenden Trossenkräfte den zulässigen Grenzwert von $G_S/600$ überschritten /114, 115/.

6.10.3 Füll- und Entleerungssystem nach Variante C

Beim Füll- und Entleerungssystem nach Variante C (Abb. 6.2.) ist im Prinzip der Forderung nach Zuleitung aller Füllwassermengen aus den Sparbecken und aus dem oberen Vorhafen über die Längskanäle *in Kammermitte* Rechnung getragen. Das gleiche gilt für die Entnahme der Entleerungswassermengen aus der Schleuse.

Damit ist bei diesem System auch bei *Ausfall einzelner Sparbeckenschütze* eine symmetrische Wasserzufuhr in die Schleuse gewährleistet.

Eine Stillegung des gesamten Beckens bei Ausfall eines Sparbeckenschützes, wie bei Variante B, ist deshalb bei Variante C nicht erforderlich.

Auch bei *Ausfall eines Längskanalschützes* wird eine symmetrische Verteilung der Wassermengen aus dem oberen Vorhafen bei der Restfüllung über den betriebsbereiten zweiten Längskanal in der Kammer erreicht, sofern die Zuleitung der Restfüllwassermenge zunächst in die unter der Kammersohle angeordnete Verteilerkammer erfolgt (Abb. 6.2.).

Das gleiche gilt für die Restentleerung der Kammer in den unteren Vorhafen.

Die Hub- und Senkgeschwindigkeiten der Schütze können demnach bei dieser Variante des Füll- und Entleerungssystems beim Ausfall einzelner Verschlußorgane wie im normalen Betrieb beibehalten werden, ohne daß mit unzulässigen Trossenbeanspruchungen bei den schleusenden Schiffen zu rechnen ist. Wegen der bei Störfällen veränderten Anfangs- und Restdruckhöhen in den verschiedenen Füll- und Entleerungsphasen müssen jedoch auch bei diesem System die für die Bewegungsabläufe der Schütze erforderlichen Fahrpläne anhand von Modellversuchen bestimmt werden.

6.10.4 Anzahl der möglichen Störfälle

Die Anzahl der möglichen Störfälle, für die mit Hilfe von Modellversuchen die Schützfahrpläne für den späteren Betrieb zu bestimmen sind, hängt von dem gewählten Füll- und Entleerungssystem der Sparschleuse ab.

Durch die Anzahl m der Sparbecken und die Anzahl N_z der Zulaufkanäle je Sparbecken wird die Zahl der erforderlichen Sparbeckenschütze bestimmt. Hinzu kommen noch die in den Längskanälen vorhandenen Schütze (je zwei für die Restfüllung und je zwei für die Restentleerung der Kammer).

Für den jeweiligen Füll- oder Entleerungsvorgang der Kammer ergibt sich demnach die folgende Anzahl n_s an Verschlußorganen, die als *Stör-*

elemente im Schleusungsbetrieb in Betracht kommen:

$$n_s = m\,N_z + 2\,. \tag{6-69}$$

Die Anzahl Z der möglichen Kombinationen (gleichzeitiger Ausfall von mehreren Schützen) ohne Wiederholung, d.h. wenn jedes Störelement in jeder Kombination nur *einmal* enthalten ist, ergibt sich zu:

$$Z = \binom{n_s}{1} + \binom{n_s}{2} + \ldots. + \binom{n_s}{n_s} = 2^{n_s} - 1\,. \tag{6-70}$$

Für die Anzahl an möglichen Störfällen müßten für eine Sparschleuse die erforderlichen Fahrpläne für die vollautomatische Steuerung der Schützbewegungen bestimmt werden, wenn alle möglichen Kombinationen beim Ausfall eines oder mehrerer Schütze berücksichtigt würden. Abbildung 6.26. zeigt die nach Gleichung (6-70) errechnete Abhängigkeit der möglichen Störfälle von der Anzahl der Störelemente (Schütze).

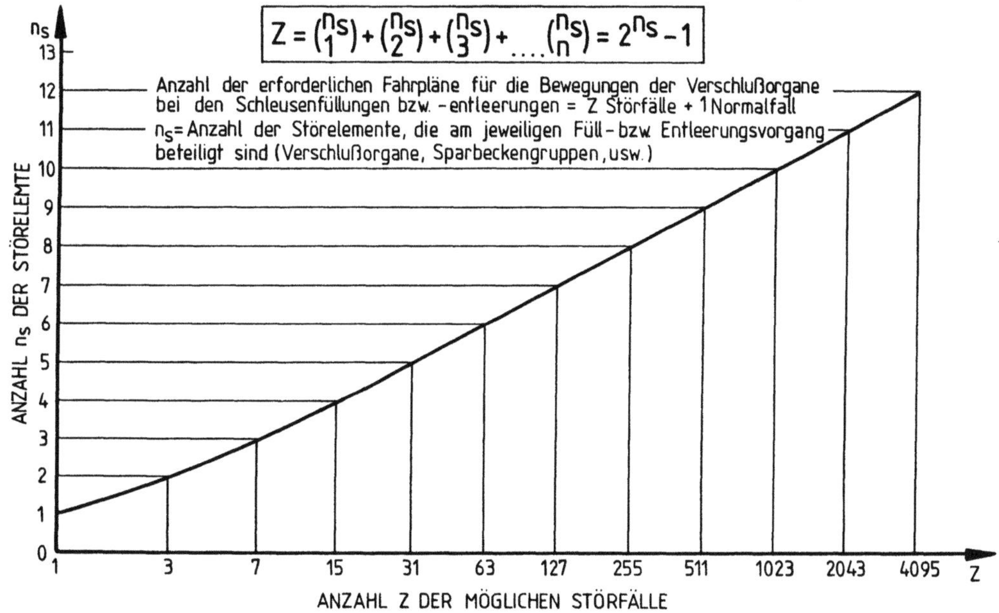

Abbildung 6.26. Anzahl der möglichen Störfälle in Abhängigkeit von der beteiligten Anzahl an Störelementen

Für eine Sparschleuse mit 3 Becken und zwei Zulaufkanälen je Becken beträgt die Anzahl der als Störelemente in Betracht kommenden Schütze $n_s = 8$. Die nach Gleichung (6-70) damit folgende Anzahl an möglichen Störfällen beträgt jeweils Z = 255 für den Füll- und den Entleerungsvorgang (Abb. 6.26.). Dies bedeutet, daß insgesamt 510 unterschiedliche Schützfahrpläne für die Störfälle der betreffenden Schleuse aufgestellt werden müßten. Hinzu kommen noch zwei Fahrpläne für den Normalfall der Kammerfüllung und -entleerung.

Diese große Anzahl an unterschiedlichen Fahrplänen für den Bewegungsablauf der Schütze ist im praktischen Schleusungsbetrieb jedoch nicht vertretbar. Es wird deshalb, wie bereits vorstehend bei Variante B beschrieben, häufig so verfahren, daß bei Ausfall eines Sparbeckenschützes das betroffene Becken insgesamt stillgelegt wird. Damit reduziert sich die Anzahl der Störelemente bei der betrachteten Schleuse auf $n_S = 3 + 2 = 5$ und die Anzahl der möglichen Störfälle beim Füll- und Entleerungsvorgang auf jeweils 31 (Abb. 6.26.).

Berücksichtigt man weiterhin, daß die Störanfälligkeit der Längskanalschütze wegen ihrer geringeren Hub- und Senkgeschwindigkeit und ihrer nur einseitig erforderlichen Dichtungen sehr viel geringer ist als die der Sparbeckenschütze, so würden sich bei Vernachlässigung des möglichen Ausfalles der Längskanalschütze nur noch $n_s = 3$ Störelemente für die Schleuse ergeben. Damit würde sich die Anzahl der Störfälle auf $Z = 7$ verringern (Abb. 6.26.).

Unter diesen Voraussetzungen müßten für die betrachtete Schleuse mit 3 Sparbecken einschließlich der Fahrpläne für den Normalbetrieb nur insgesamt 7 + 1 = 8 Fahrpläne für die Kammerfüllung und 8 weitere Fahrpläne für die Kammerentleerung erstellt werden /115/.

6.11 Ausgeführte Anlagen

Aus der Reihe der in den vergangenen 10 Jahren gebauten Sparschleusen werden im folgenden zwei Anlagen vorgestellt, die im Hinblick auf ihr Füll- und Entleerungssystem richtungsweisend und in ihrer Gesamtkonzeption als Vorbild für die Planung späterer Sparschleusen dienen können.

Es sind dies die Sparschleuse Uelzen (H = 23,0 m) am Elbe-Seitenkanal/ BRD und die Sparschleuse Eckersmühlen (H = 24,67 m) am Main-Donau-Kanal / BRD. Letztere stellt die modernste Sparschleuse der im Prinzip ähnlich ausgebildeten, insgesamt 13 Sparschleusen des Main-Donau-Kanals dar, die als Abstiegsbauwerke bereits im Betrieb bzw. z.T. noch im Bau sind (s. Tabelle 6.1.).

6.11.1 Sparschleuse Uelzen am Elbe-Seitenkanal/BRD

6.11.1.1 Allgemeines

Durch den im Jahre 1976 in Betrieb genommenen Elbe-Seitenkanal wird die Verbindung zwischen der Elbe (Kanalabzweigung bei Artlenburg) und dem Mittelland-Kanal (Kanaleinmündung in der Nähe von Sülfeld) hergestellt (Abb. 6.27.) und damit der Seehafen Hamburg vollschiffig an das europäische Binnenwasserstraßennetz angeschlossen. Durch den Kanal wird der Schiffahrtsweg von Hamburg zum Ruhrgebiet um rd. 240 km verkürzt, das Industriegebiet um Salzgitter/Braunschweig verkehrsmäßig besser erschlossen und der Schiffahrtsweg von Hamburg nach Berlin sowie in die DDR und CSSR entsprechend verkürzt /117/.

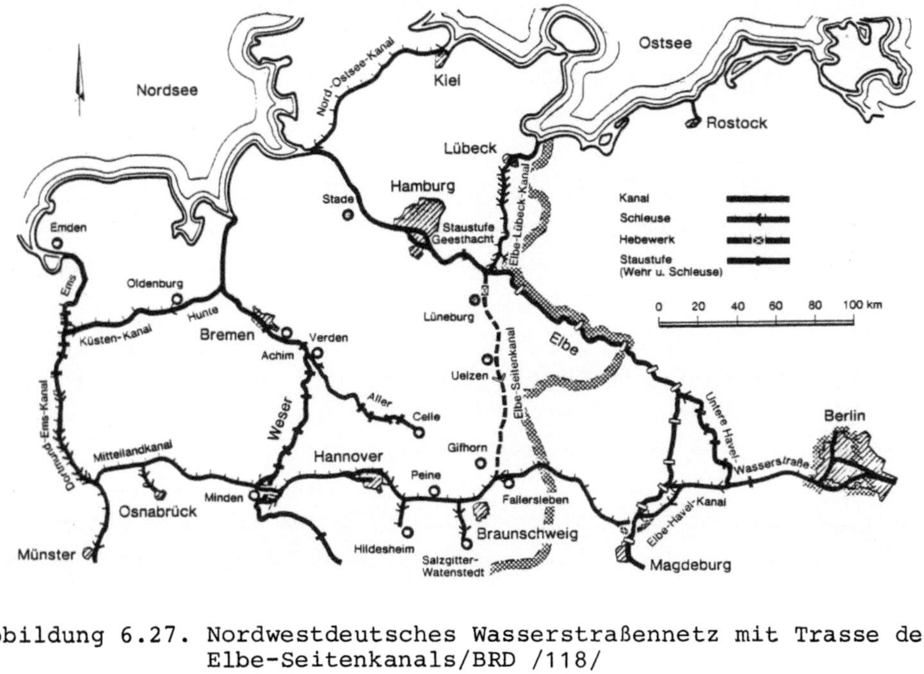

Abbildung 6.27. Nordwestdeutsches Wasserstraßennetz mit Trasse des Elbe-Seitenkanals/BRD /118/

Die Gesamtlänge des Elbe-Seitenkanals beträgt 115 km. Der Höhenunterschied zwischen dem Elbewasserstand (Normalstau der Staustufe Geesthacht) und dem Mittelland-Kanal von 61,0 m wird durch zwei Abstiegsbauwerke überwunden (Abb. 6.28.), das Schiffshebewerk Lüneburg mit H = 38,0 m Hubhöhe und die Sparschleuse Uelzen (H = 23,0 m).

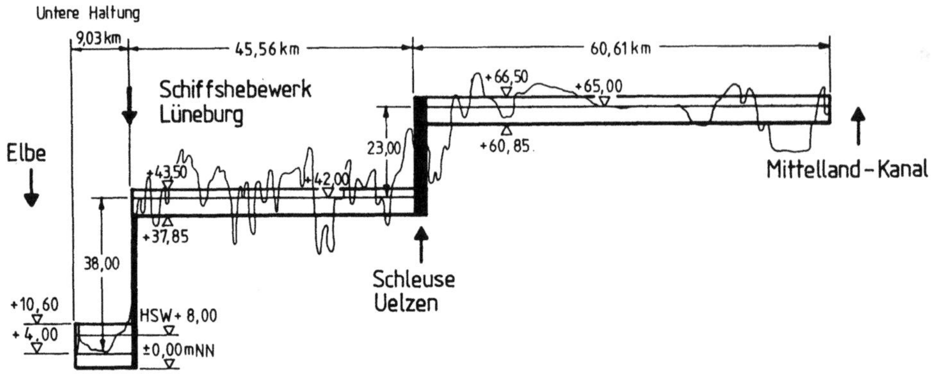

Abbildung 6.28. Längsschnitt des Elbe-Seitenkanals /119/

Entscheidend für die Wahl der beiden Abstiegsbauwerke war die Tatsache, daß der Elbe-Seitenkanal, abgesehen von gelegentlichen Hochwassereinleitungen, keine natürlichen Zuflüsse besitzt. Der gesamte Wasserbedarf für die Schleusungen an den beiden Gefällestufen muß demnach aus dem jeweiligen Unterwasser in die obere Haltung zurückgepumpt werden.

Als Abstiegsbauwerke kamen deshalb, um die Kosten für den laufenden Pumpbetrieb gering zu halten, Hebewerke oder Sparschleusen in Betracht.

Nach eingehenden Voruntersuchungen über die Leistungsfähigkeit und Kosten der verschiedenen möglichen Anlagen fiel die Wahl auf ein Doppelhebewerk mit Troglängen von je 100 m bei Lüneburg und eine Sparschleuse mit 190 m Kammerlänge bei Uelzen /117, 120/.

Einzelheiten über die konstruktive Ausbildung und den Betrieb des Schiffshebewerkes Lüneburg finden sich im Band "*Schiffshebewerke*" (Abschnitt 2.2) des Verfassers /1/.

Für das zweite Abstiegsbauwerk bei Uelzen wurden in gleicher Weise wie für das Schiffshebewerk Lüneburg im Rahmen eines Firmenwettbewerbes eine Reihe von Vergleichsvorschlägen eingeholt /121/. die sich auf ein Doppelhebewerk (Troglängen von je 100 m) und eine Doppelschleuse (Kammerlänge von 190 m) erstreckten. Die Wahl fiel dabei auf eine Sparschleuse mit drei Becken und 190 m Kammerlänge, wobei die Möglichkeit einer späteren Erweiterung der Anlage in eine Doppel-Sparschleuse von vornherein vorgesehen wurde.

6.11.1.2 Ausbildung der Schleuse

Die Sparschleuse Uelzen wurde als Schachtschleuse mit drei seitlich angeordneten, offenen Sparbecken gebaut. Sie besitzt eine Hubhöhe von 23,0 m, eine Kammerlänge zwischen den Toren von 190,0 m und eine lichte Kammerbreite von 12,0 m (Abb. 6.29.). Die Kammerabmessungen (nutzbare Kammerlänge = 185,0 m) wurden dabei so gewählt, daß ein Schubverband vom Typ "Europa II" (bestehend aus zwei Schubleichtern und einem Schubboot) mit einer Gesamtlänge von 183,6 m und einer Schubleichterbreite von 11,4 m unentkoppelt schleusen kann /122/.

Die Drempeltiefe der Schleuse beträgt 4,0 m, das Freibordmaß bei gefüllter Kammer 1,50 m. Damit ergibt sich eine Gesamthöhe der Kammerwände von 28,50 m über der Schleusensohle.

Unter der 1,0 m starken Kammersohle ist das Füll- und Entleerungssystem der Schleuse angeordnet. Es wurde in Anlehnung an das für die Ice Harbour Schleuse am Snake River/USA entwickelte System (Abb.2.90.) entworfen und von der Bundesanstalt für Wasserbau in Karlsruhe am Modell überprüft /125/.

Das Füll- und Entleerungssystem besteht aus zwei Längskanälen (Querschnitt = 2,0 m × 3,25 m), die sich zu einem *Grundkanal* (Querschnitt = 4,0 m × 3,0 m) mit einer zentral in Kammermitte angelegten *Druckkammer* (Querschnitt = 8,0 m × 3,5 m) vereinigen, und den in der Kammersohle etwa in den Viertelspunkten der Kammerlänge angeordneten *Füllbatterien*. Die Höhe des unter der Kammersohle liegenden Bauteiles beträgt insgesamt 8,0 m (Abb. 6.33.).

Die beiden unter der Kammersohle liegenden Längskanäle besitzen am Schleusenoberhaupt trichterförmige Einläufe. Sie münden am Unterhaupt in ein vertieftes Tosbecken mit einer 3,0 m hohen Endschwelle. Die Zufuhr des Füllwassers aus dem oberen Vorhafen sowie die Ableitung des Schleusenwassers in den unteren Vorhafen bei der Kammerentleerung wird über zwei am Ober- und Unterhaupt der Schleuse in den Längskanälen angeordnete Rollschütze gesteuert (Abb. 6.29.).

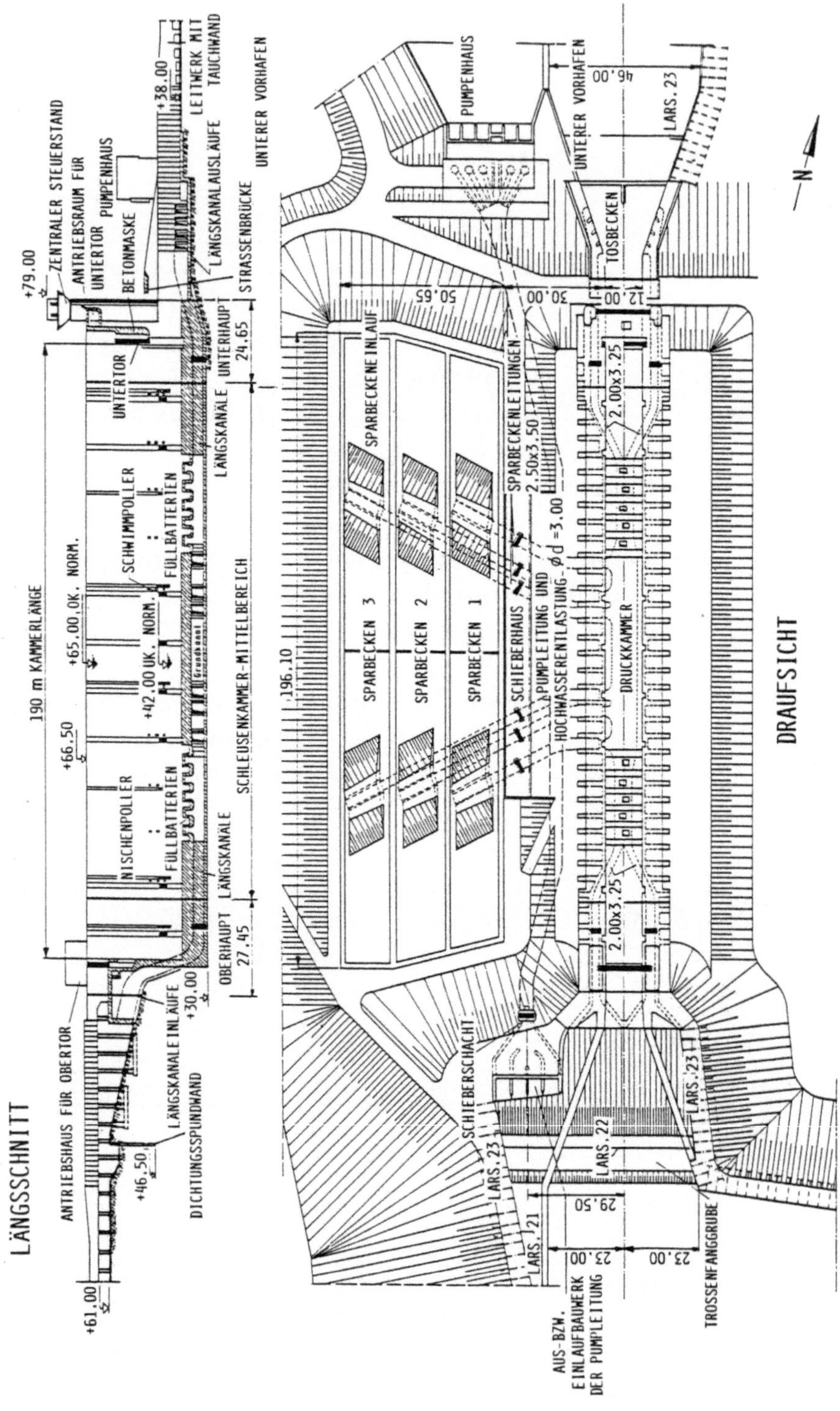

Abbildung 6.29. Sparschleuse Uelzen (Maße in m) /124/

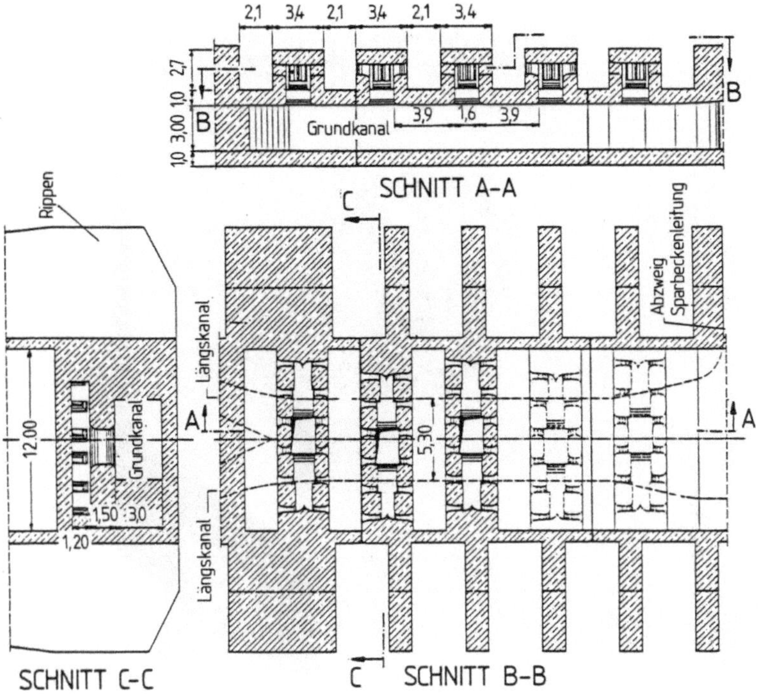

Abbildung 6.30. Ausbildung der Füllbatterien in der Kammersohle /123/ (Maße in m)

Die Einleitung des Füllwassers in die Kammer sowie die Wasserentnahme bei der Kammerentleerung erfolgen über die Füllbatterien. Jede dieser Batterien ist über fünf lotrechte Zuleitungen (Deckendurchbrüche von je 2,2 m × 1,6 m) mit dem darunterliegenden Grundkanal verbunden. Über sie gelangt das Füllwasser in horizontale, quer zur Schleusenachse verlaufende Füllkanäle.

Jeder dieser Füllkanäle besitzt 12 paarweise angeordnete Austrittsöffnungen (Stichkanäle), durch die das Füllwasser in grabenartige Tosbekken gelangt. Die Stichkanäle benachbarter Füllkanäle sind dabei im Grundriß versetzt angeordnet, um eine optimale Energieumsetzung des Füllwassers vor seinem Eintritt in die Schleusenkammer zu erreichen (Abb. 6.30.). Abbildung 6.31. zeigt das Prinzip einer Füllbatterie während der Kammerfüllung.

Die seitlich neben der Schleuse angeordneten drei Sparbecken sind durch jeweils zwei *Zulaufkanäle* mit einem Querschnitt von 2,5 m × 3,5 m mit der in Kammermitte unter der Schleusensohle liegenden Druckkammer verbunden. Jeder der 6 Zulaufkanäle besitzt ein Rollschütz als Verschlußorgan, über das der Wasseraustausch zwischen Kammer und Sparbekken geregelt wird. Die Steuerung der Schützbewegungen erfolgt in einem *Schieberhaus*, das von der Schleusenkammer abgesetzt neben dem untersten Sparbecken angeordnet ist (Abb. 6.29.).

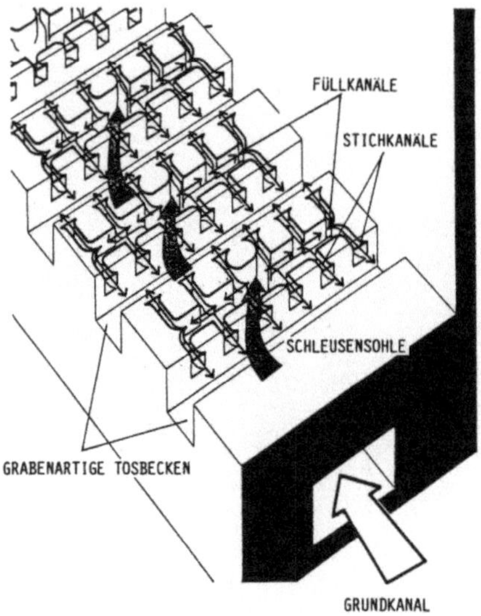

Abbildung 6.31. Perspektivische Teildarstellung einer Füllbatterie /124/

Jeder der drei Sparbecken besitzt zwei *Einläufe*, deren Ausbildung durch Modellversuche an der Bundesanstalt für Wasserbau in Karlsruhe bestimmt wurde (Abb. 6.32.). Um bei der Entleerung der Becken in die Kammer das Mitreißen von Luft zu vermeiden, mußten die Einlauföffnun-

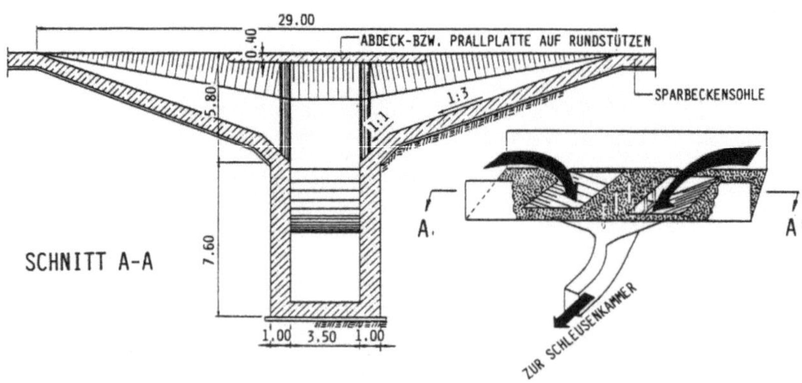

Abbildung 6.32. Ausbildung der Sparbeckeneinläufe /123/ (Maße in m)

gen um 5,80 m unter die Sparbeckensohle gelegt werden. Durch eine über dem jeweiligen Einlauf angeordnete, auf 6 Rundstützen gelagerte Abdeckplatte wird die horizontale Umlenkung der bei der Kammerentleerung in die Becken einströmenden Wassermengen gewährleistet, ohne daß es zur Bildung von hohen Schwallköpfen in den Becken kommt (Abb. 6.32.).

6.11.1.3 Konstruktion der Schleusenkammer

Die Schleusenkammer ist konstruktiv unterteilt in einen Mittelbereich und die beiden Häupter. Im Mittelbereich wird der Kammerquerschnitt durch einen symmetrischen, biegesteifen U-förmigen Rahmen mit 12,0 m lichter Weite gebildet. Die 0,75 m dicken Kammerwände sind als aufgelöste Konstruktion mit Tragrippen (Achsabstand = 5,0 m) von 1,50 m Stärke ausgebildet (Abb. 6.33.). Eine befahrbare Plattform von 5,55 m Breite kragt am oberen Ende der Kammerwände beidseitig aus.

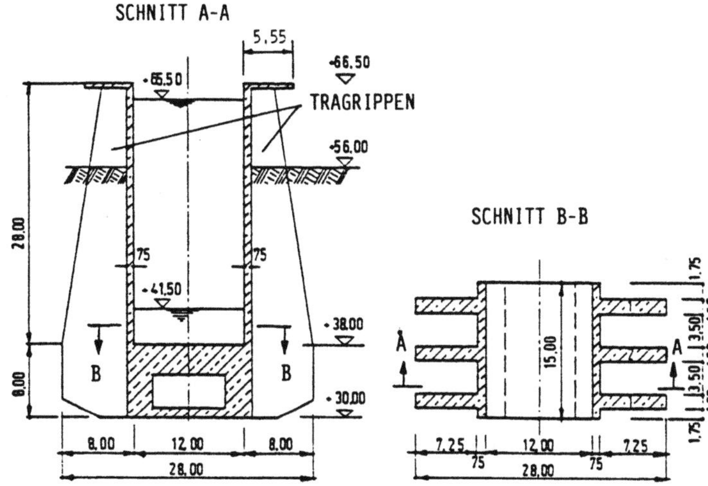

Abbildung 6.33. Querschnitt der Schleusenkammer mit Tragrippen /123/ (Maße in m)

In Längsrichtung sind die Kammerwände in 10 Blöcke von je 15 m Länge und einen Block von 10 m unterteilt. Die Kammerwände wurden dabei als dreistegige Plattenbalken mit großer statisch wirksamer Höhe der Rippen, die im Bereich der Sohle 8,0 m beträgt, bemessen (Abb. 6.33.).

Im Unterschied zur herkömmlichen Bauweise sind die Endabschnitte der Kammer mit den Schleusenhäuptern zu *biegesteifen Endblöcken* zusammengefaßt. Diese Konstruktion ermöglichte eine Verkürzung des Gesamtbauwerkes und eine günstigere Abtragung der in Längsrichtung auf die Schleuse wirkenden Erd- und Wasserdrücke /121, 123/.

Die Fugen zwischen den einzelnen Blöcken im Kammerbereich haben eine Breite von 2,0 cm, zwischen den Kammerendblöcken und den Häuptern von 4,0 cm. Die Dichtung der Fugen wird durch Vredestein-Neoprene-Bänder, die hohen Wasserdrücken standhalten und Bewegungen bis zu 5,0 cm zulassen, erreicht. Die Fugen zwischen der Kammer und den Häuptern erhielten auswechselbare Bänder (Abb. 6.34.).

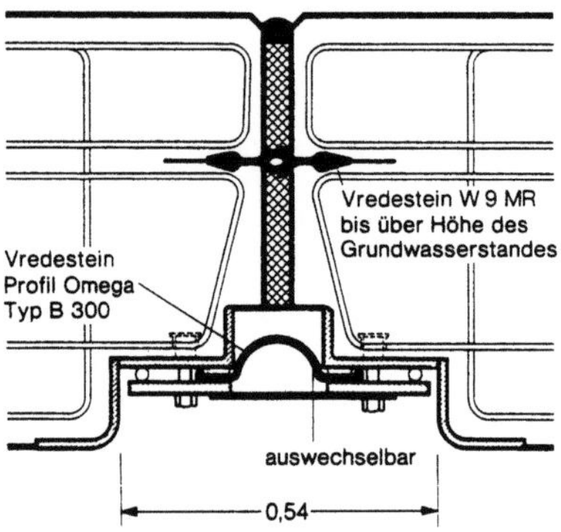

Abbildung 6.34. Fugenausbildung beim Übergang zwischen den Kammerendblöcken und Häuptern /119/ (Maße in m)

6.11.1.4 Lastannahmen

Die statische Berechnung der Schleuse wurde für die drei maßgebenden Lastfälle ausgeführt /123/:

Lastfall 1 (Normalbetrieb):	Oberwasser auf NN +65,0 m ± 0,5 m Unterwasser auf NN +42,0 m ± 0,5 m
Lastfall 2 (Extreme Wasserstände):	Oberwasser auf NN +66,0 m Unterwasser auf NN +41,5 m
Lastfall 3 (Reparaturzustand):	Kammer vollständig leer, mit gesunkenem, auf der Kammersohle aufsitzendem Schiff

Beim Lastfall 2 wurde neben den Kraftwirkungen aus Erd- und Wasserdurck noch mit den folgenden Lastannahmen gerechnet:

Schleusenkammer:	Eisdruck	= 10 kN/m (≈ 1 t/m)
	Schiffsstoß	= 100 kN auf 0,25 m^2 (≈ 40 t/m^2)
	Trossenzug	= 100 kN (≈ 10 t)
	Nischenpoller	= 50 kN (≈ 5 t)
	Schwimmpoller	= 100 kN (≈ 10 t)

Sparbecken:	Eisdruck	= 10 kN/m (≈ 1 t/m)
Leitwerke im Vorhafen:	Schiffsstoß	= 200 kN auf 0,25 m^2 (≈ 80 t/m^2)
	Trossenzug	= 200 kN (≈ 20 t)

Beim Lastfall 3 (leere Kammer) wurde eine gleichmäßig verteilte Last von 20 kN/m^2 (≈ 2 t/m^2) für ein auf der Kammersohle aufsitzendes Schiff angenommen.

Die Stoßschutzeinrichtungen vor dem Obertor und in der Kammer vor der Stirnwand am Unterhaupt wurden auf eine Stoßenergie von 1000 kNm (≈ 100 tm) bemessen /123/.

Die Kammerwände wurden als Trägerrost mit horizontal gespannten Platten zwischen den als Hauptträger wirkenden Rippen bemessen. Die Rippen wurden dabei wegen der hohen Biegesteifigkeit der Kammersohle in Höhe der Sohlenoberkante als voll eingespannt angenommen /122/.

6.11.1.5 Ausbildung der Schleusenhäupter

Das *Oberhaupt* der Schleuse besitzt eine Länge von 27,45 m (Abb. 6.29.). Es ist mit dem oberwasserseitigen Kammerabschnitt biegesteif verbunden. In ihm werden die beiden Längskanäle auf die Sohlenhöhe des Grundkanals heruntergeführt. Im tiefliegenden Teil der Längskanäle befinden sich die als *Rolltafelschütze* ausgebildeten Längskanalschütze (Abb.6.29.).

Das Oberhaupt dient zur Aufnahme des Obertores der Schleuse. Dieses ist als *Hubsenktor* mit Gegengewichtsausgleich ausgebildet. Zur Freigabe des Durchfahrtquerschnittes wird das Obertor in eine Nische heruntergefahren (Abb. 6.35.).

Zum Schutze des Obertores ist oberwasserseitig eine Stoßschutzeinrichtung eingebaut. Sie besteht aus einem quergespannten Seil (Durchmesser = 52 mm), das beidseitig an hydraulischen Bremszylindern befestigt ist. Diese sind in seitlich angeordneten, stählernen Armen geführt. Zur Freigabe der Durchfahrt werden die seitlichen Halterungsarme samt Fangseil mit gesonderten Hydraulikzylindern hochgefahren (Abb. 6.36.). Das Gesamtarbeitsvermögen des Stoßschutzsystems wurde auf 1000 kNm bemessen.

Oberhalb der Schleusenplattform befinden sich beidseitig neben der Schleuse die Antriebshäuser (Abb. 6.35.), in denen die Windwerke für das Obertor und die Hydraulikaggregate für den Antrieb der Stoßschutzanlage untergebracht sind.

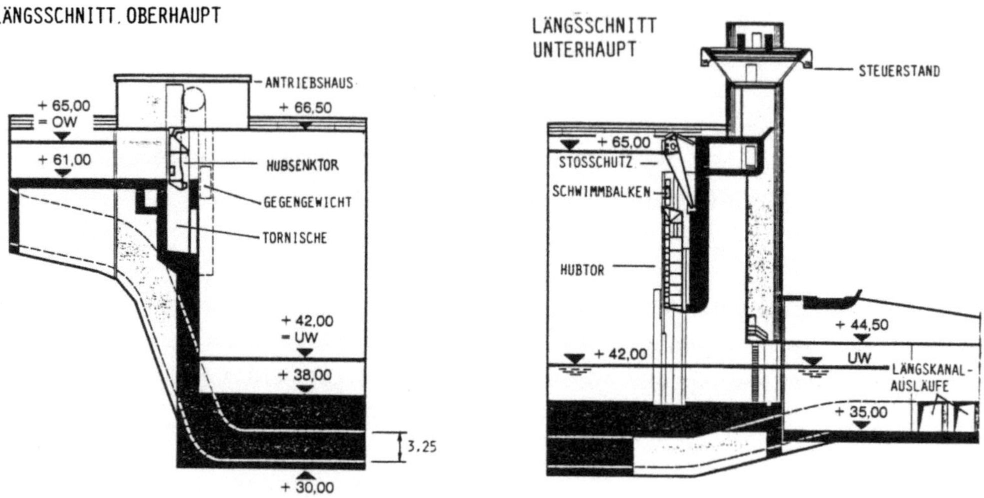

Abbildung 6.35. Ausbildung der Schleusenhäupter /119/

Abbildung 6.36. Stoßschutzanlage am Schleusenoberhaupt

Das *Unterhaupt* der Schleuse besitzt eine Länge von 24,65 m (Abb. 6.29.). In ihm befindet sich die quer zu den Schleusenwänden gespannte, 2,0 m starke Stahlbetonstirnwand (Maske), hinter der das als *Hubtor* ausgebildete Untertor der Schleuse zur Freigabe des Durchfahrtquerschnittes kammerseitig hochgefahren wird (Abb. 6.35.). Der Gewichtsausgleich erfolgt über beidseitig angeordnete Gegengewichte.

Im Unterhauptblock sind die als Rolltafelschütze ausgebildeten unterwasserseitigen Längskanalverschlüsse untergebracht.

Zum Schutze der Stahlbetonstirnwand gegen Schiffsstoß ist kammerseitig eine *Stoßschutzeinrichtung* vorgesehen. Diese besteht aus einem horizontalen, torsionssteifen stählernen Hohlkasten (mit kammerseitiger Holzverkleidung), der als Riegel eines Zweigelenkrahmens dient. Die Stiele des Rahmens sind dabei auf einem Absatz der Stirnwand in zwei Drehlagern gelagert (Abb. 6.35.).

Die Umwandlung der kinetischen Energie des Schiffsstoßes in Bremsarbeit erfolgt über zwei Stoßdämpfer, mit einem Gesamtarbeitsvermögen von 1000 kNm. Dieses reicht aus, um die kinetische Energie eines mit 1,0 m/s Geschwindigkeit auftreffenden Schiffes von 1800 t Bruttoschiffsgewicht in Bremsarbeit umzusetzen. Abbildung 6.37. zeigt das erstmals bei der Schleuse Uelzen angewandte Stoßschutzsystem.

Abbildung 6.37. Stoßschutzanlage (Stoßschutzschwinge) am Schleusenunterhaupt

Bei Talschleusungen wird ein mögliches Aufsetzen der Schiffe auf das Untertor durch einen über diesem angeordneten *Schwimmbalken* verhindert (Abb. 6.35.).

Im Bereich des Unterhauptes befindet sich über der Schleuse der *zentrale Steuerstand*. Von hier aus werden sämtliche Betriebsvorgänge im Schleusenbereich gesteuert. Im Normalfall laufen die Füll- und Entleerungsvorgänge programmgesteuert ab /124/. Neben dem normalen Füll- und Entleerungsprogramm werden auch sämtliche Programme, die den Ausfall einzelner Verschlußorgane berücksichtigen, vom Schaltpult des zentralen Steuerstandes gesteuert.

Bereiche, die vom Zentralsteuerstand nur unzureichend einsehbar sind, werden über Monitore überwacht. Die Lenkung des Schiffsverkehrs in den Vorhäfen und in der Schleuse erfolgt über eine Lautsprecheranlage. Abbildung 6.38. zeigt das Unterhaupt der Schleuse mit dem zentralen Steuerstand und dem Einlauf zur Pumpenstation (s. auch Abb. 6.42.).

Abbildung 6.38. Unterhaupt der Schleuse Uelzen mit zentralem Steuerstand und Einlauf zum Pumpwerk

6.11.1.6 Pumpenanlage

Zum Rückpumpen der bei den Schleusungen in die untere Kanalhaltung abgegebenen Verlustwassermengen (rd. 21.000 m^3 je Schleusungsvorgang) ist auf der Westseite der Schleusenanlage neben dem unteren Vorhafen ein Pumpwerk angeordnet. Es ist mit fünf Pumpen von je 5,6 m^3/s Förderleistung ausgerüstet, die das Wasser aus der unteren Haltung über eine Stahlbetonleitung von 3,0 m lichtem Durchmesser in die obere Haltung zurückpumpen /122/.

Diese Leitung dient auch als Leerschuß für die Hochwasserentlastung der oberen Haltung. Dabei können maximal bis zu 15,0 m^3/s über einen Bypaß im Pumpenhaus abgeführt werden. Die Regelung der Durchflußmengen erfolgt dabei über zwei Kegelstrahlschieber.

Das Auslaufbauwerk der zwischen der Schleusenkammer und dem unteren Sparbecken verlegten Pumpleitung befindet sich auf der Westseite des oberen Vorhafens (Abb. 6.29.).

6.11.1.7 Poller und Haltekreuze

In den Kammerwänden sind beidseitig in Nischen in gewissen Abständen *Schwimmpoller* untergebracht (Abb. 6.29.). Sie dienen dem Festmachen des Schiffes während des Schleusungsvorganges. Die auf eine Trossenkraft von 100 kN (≈ 10 t) ausgelegten Poller sitzen auf Schwimmkörpern, die in Nischen geführt werden. Der Auftrieb der Schwimmkörper ist so bemessen, daß sich die Poller in gleicher Höhe mit den Festmacherpollern der schleusenden Schiffe während des Füll- und Entleerungsvorganges der Kammer auf- und abbewegen. Dadurch ist ein Umlegen der Haltetrossen während der Schleusungen nicht mehr erforderlich. Abbildung 6.39. zeigt die Abmessungen und das Prinzip der verwendeten Schwimmpoller.

Neben den Schwimmpollern sind auf jeder Kammerseite im unteren Bereich elf Gruppen mit je drei übereinanderliegenden *Nischenpollern* angeordnet (Abb. 6.29.). Diese auf eine Zugkraft von 50 kN (≈ 5 t) ausgelegten, festen Haltekreuze dienen als Bremspoller für die von Unterwasser her in die Schleuse einfahrenden Schiffe.

In ähnlicher Weise dienen die auf der Schleusenplattform angeordneten Poller (Bemessung auf 100 kN Zugkraft) als Bremspoller für die von Oberwasser einfahrenden Schiffe (Abb. 6.40.).

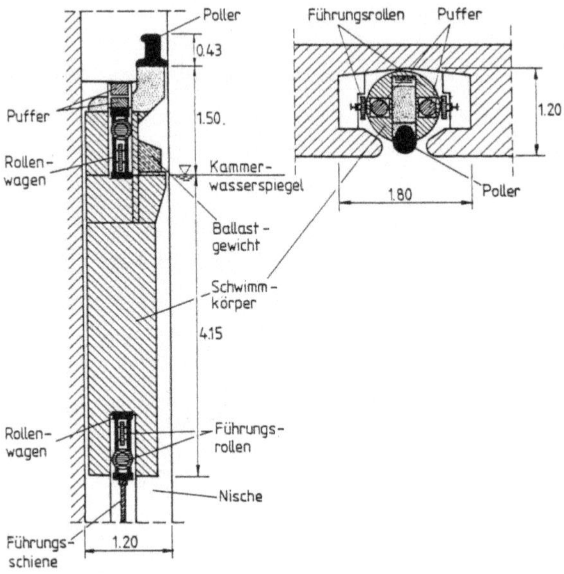

Abbildung 6.39. Ausbildung der Schwimmpoller der Schleuse Uelzen (Maße in m)

Abbildung 6.40. Steigleiter und Schwimmpoller an der Schleuse Uelzen

Über die Kammerlänge verteilt sind darüber hinaus beidseitig je sieben Steigleitern in den Kammerwänden eingebaut (Abb. 6.40.).

6.11.1.8 Ausbildung der Schleusenvorhäfen

Der obere und untere Vorhafen der Schleuse Uelzen sind so ausgelegt, daß entsprechend den Richtlinien für die Gestaltung der Schleusenvorhäfen der Binnenschiffahrtsstraßen Liegeplätze für zwei Schubverbände (2 × 183,6 m) bzw. vier 1350 t-Regelschiffe (4 × 80,0 m) vorhanden sind (Abb. 6.41.).

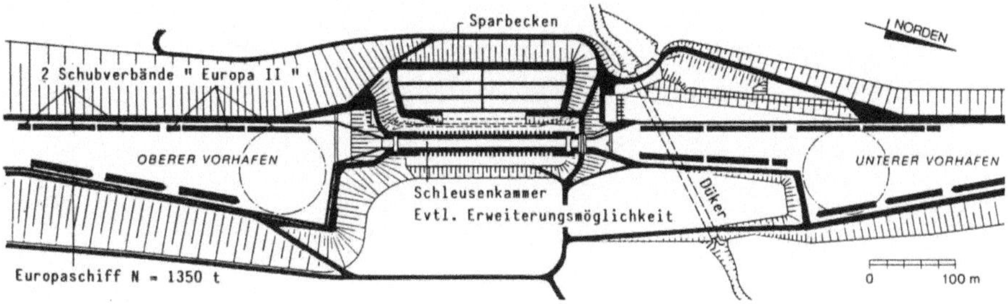

Abbildung 6.41. Ausbildung der Schleusenvorhäfen mit Erweiterungsmöglichkeit für die zweite Schleuse /119/

Abbildung 6.42. Blick auf den unteren Vorhafen der Sparschleuse Uelzen

Die Linienführung der Uferwände wurde in beiden Vorhäfen im Grundriß so gestaltet, daß eine spätere Erweiterung der Anlage durch den Bau einer zweiten Schleuse möglich ist. Hierdurch werden im derzeitigen Zustand zusätzliche Warte- und Nachtliegeplätze für die Schiffe geschaffen (Abb. 6.41.).

Die Ufereinfassungen bestehen aus verankerten Spundwänden. Die im Dammbereich liegende Sohle des oberen Vorhafens ist mit Asphaltbeton gedichtet.

Vor dem Einlauf zum Pumpenhaus im unteren Vorhafen wurde als vorhafenseitige Begrenzung ein durchbrochenes, 250 m langes Stahlbetonleitwerk angeordnet (Abb. 6.42.). Der Zufluß zum Pumpwerk erfolgt dabei durch unter dem Kanalwasserspiegel liegende Durchflußöffnungen im Leitwerk.

6.11.1.9 Füll- und Entleerungsvorgänge

Bei der *Kammerfüllung* wird das Wasser zunächst aus dem unteren Sparbecken in die Kammer geleitet. Hierzu werden die Schütze in den Zulaufkanälen mit einer konstanten Geschwindigkeit von $c_0 = 50{,}0$ mm/s aufgefahren und der Füllquerschnitt in $t_1 = 70$ s freigegeben. Die sekundliche Querschnittsfreigabe beträgt $n = 0{,}250$ m²/s. Nach 40 s werden die Schütze mit einer Geschwindigkeit von 100 mm/s wieder abgefahren, wobei die am Ende des Schließvorganges zwischen Becken- und Kammerwasserspiegel verbleibende Restdruckhöhe $\Delta h = 0{,}50$ m beträgt (Abb.6.43.).

Das Füllen der Kammer aus dem mittleren und daran anschließend aus dem oberen Sparbecken erfolgt in analoger Weise, wobei die Hub- und Senkgeschwindigkeiten der Sparbeckenschütze und damit auch die sekundlichen Querschnittsfreigaben mit fortschreitendem Füllvorgang von Bekken zu Becken zunehmen (Abb. 6.44.).

Die Restfüllung aus dem oberen Vorhafen erfolgt über die Längskanäle und die Füllbatterien, wobei diese bei der Zuleitung des Füllwassers vom Oberwasser her nicht gleichzeitig, sondern *nacheinander* anspringen (vgl. hierzu Abb. 6.2., Variante C).

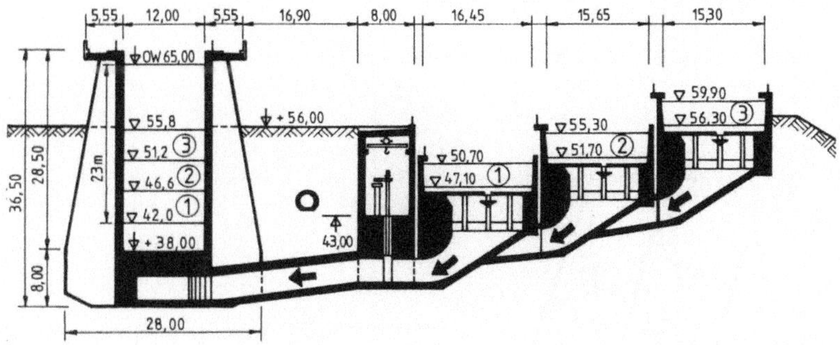

Abbildung 6.43. Füllen der Schleusenkammer (Maße in m)

Bei der Restfüllung aus dem oberen Vorhafen sollte die Entnahmewassermenge Q_{max} = 74,0 m³/s nicht überschreiten, um die Wasserspiegelbewegungen in der oberen Kanalhaltung in zulässigen Grenzen zu halten. Anhand von Modellversuchen in der Bundesanstalt für Wasserbau in Karlsruhe wurde deshalb ein besonderer Fahrplan für die Längskanalschütze mit unterschiedlichen Hubgeschwindigkeiten während des Öffnungsvorganges entwickelt, mit dem die vorgenannte Bedingung eingehalten werden kann. Abbildung 6.44. zeigt den Schützfahrplan für die Kammerfüllung sowie die Hubkurve des Kammerwasserspiegels und die Zuflußmengenkurven für die einzelnen Füllabschnitte.

Die Gesamtfüllzeit der Schleusenkammer beträgt T_{ges} = 12,9 min, die mittlere Steiggeschwindigkeit des Kammerwasserspiegels v_m = 1,78 m/min (Abb. 6.44.).

Um die Restausspiegelung zwischen dem Vorhafen- und Kammerwasserspiegel zu beschleunigen, kann das Obertor vor dem Ende des Füllvorganges etwas aufgefahren werden. Die Gesamtfüllzeit der Kammer kann dadurch um rd. 50 s auf rd. 12,0 min verkürzt werden. Die mittlere Steiggeschwindigkeit des Kammerwasserspiegels beträgt in diesem Falle v_m = 1,91 m/min /123/.

Bei der *Kammerentleerung* wird das Wasser zunächst aus der Kammer in das obere Sparbecken geleitet und daran anschließend in das mittlere und untere Becken (Abb. 6.45.). Die Restentleerung der Kammer erfolgt über die Längskanäle in den unteren Vorhafen.

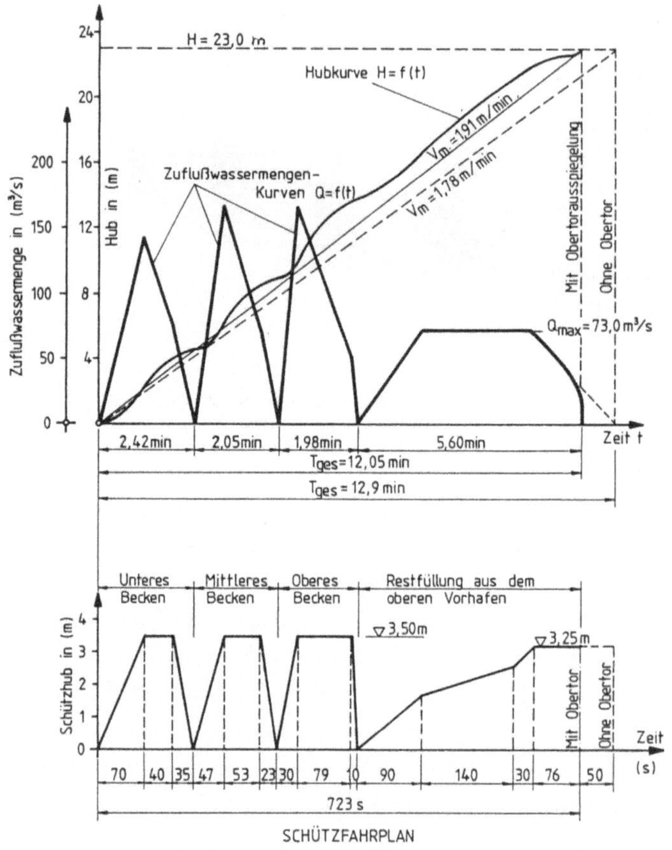

Abbildung 6.44. Schützfahrplan sowie Hub- und Zuflußmengenkurven für normale Kammerfüllung der Schleuse Uelzen /123/

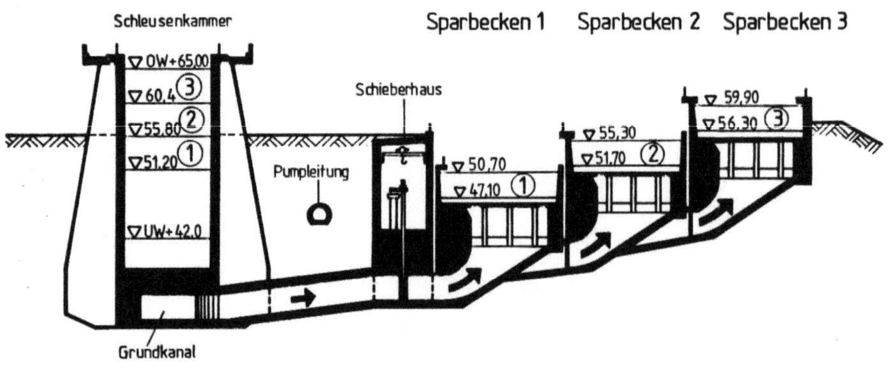

Abbildung 6.45. Entleeren der Schleusenkammer

Die Hubgeschwindigkeit der Sparbeckenschütze beträgt einheitlich c_o = 116,7 mm/s, ihre Senkgeschwindigkeit 350 mm/s. Die sekundliche Freigabe der Entleerungsquerschnitte in den Zulaufkanälen zu den Sparbecken ergibt sich damit zu n = 0,58 m²/s.

Die Bewegung der Längskanalschütze bei der Restentleerung der Kammer erfolgt in gleicher Weise wie bei der Restfüllung aus dem oberen Vorhafen.

Die Gesamtentleerungszeit der Schleusenkammer beträgt T_{ges} = 11,6 min, die mittlere Senkgeschwindigkeit des Kammerwasserspiegels $v_m \cong$ 2,00 m/min. Durch vorzeitiges Öffnen des Untertores kann die Entleerungszeit noch um rd. 50 s auf T_{ges} = 10,7 min verkürzt werden, womit sich für v_m = 2,14 m/min ergibt /123/.

Die hydraulischen Kennwerte für den Füll- und Entleerungsvorgang der Schleuse wurden in Tabelle 6.2. zusammengestellt. Die Aufstellung zeigt, daß bei den Sparbeckenfüllungen und -entleerungen der Schleuse Uelzen im Hinblick auf die mittleren Hub- und Senkgeschwindigkeiten des Kammerwasserspiegels mit 1,9 bis 2,45 m/min Werte erreicht werden,

Tabelle 6.2. Hydraulische Kennwerte für den Füll- und Entleerungsvorgang der Sparschleuse Uelzen

Hydraulischer Kennwert		Kammerfüllung (T_{ges} = 12,05 min*)				Kammerentleerung (T_{ges} = 10,70 min*)			
		Unteres Sparbecken	Mittleres Sparbecken	Oberes Sparbecken	Restfüllung	Unteres Sparbecken	Mittleres Sparbecken	Oberes Sparbecken	Restfüllung
h_0	(m)	8,70	8,70	8,70	-	8,70	8,70	8,70	-
h_B	(m)	3,60	3,60	3,60	-	3,60	3,60	3,60	-
z	(m)	4,60	4,60	4,60	-	4,60	4,60	4,60	-
Δh	(m)	0,50	0,50	0,50	-	0,50	0,50	0,50	-
$\varkappa = A_B/A$		1,278	1,278	1,278	-	1,278	1,278	1,278	-
a_1	(m^2)	17,5	17,5	17,5	13,0	17,5	17,5	17,5	13,0
c_0	(mm/s)	50,0	74,5	116,5	18,9 (1. Phase)	116,7	116,7	116,7	18,9 (1. Phase)
n	(m^2/s)	0,25	0,37	0,58	0,076	0,58	0,58	0,58	0,076
t_1	(s)	70,0	47,0	30,0	-	30,0	30,0	30,0	-
t_0	(s)	40,0	53,0	79,0	-	72,0	72,0	72,0	-
c_c	(mm/s)	100,0	152,0	350,0	-	350,0	350,0	350,0	-
t_c	(s)	35,0	23,0	10,0	-	10,0	10,0	10,0	-
T_s	(min)	2,42	2,05	1,98	-	1,87	1,87	1,87	-
μ_s		0,71	0,75	0,67	-	0,72	0,72	0,72	-
v_m	(m/min)	1,90	2,24	2,32	1,64*	2,45	2,45	2,45	1,80*
H_R	(m)	-	-	-	9,20	-	-	-	9,20
T_R	(min)	-	-	-	5,60*	-	-	-	5,09*

*) mit Restausspiegelung durch das Ober- bzw. Untertor

die den bei modernsten Kammerschleusen erreichbaren Geschwindigkeiten entsprechen.

Auch bei der Restfüllung und -entleerung der Kammer ließen sich in bezug auf die während des Schleusungsvorganges gemessenen Schiffskräfte noch größere Hub- und Senkgeschwindigkeiten des Kammerwasserspiegels erzielen. Hier lag die Begrenzung jedoch in der als zulässig erachteten maximalen Entnahme- und Rückgabewassermenge von $Q_{max} \leq 74{,}0\ m^3/s$.

Abschließend kann festgestellt werden, daß sich das Füll- und Entleerungssystem der Schleuse Uelzen seit Inbetriebnahme der Anlage im Jahre 1974 bestens bewährt hat. Die am Modell und in der Natur gemessenen Trossenkräfte der schleusenden Schiffe lagen bei etwa 25 % der zulässigen Werte /125/.

6.11.1.10 Wasserersparnis

Bei der Sparschleuse Uelzen sollte mit den drei Sparbecken eine Wasserersparnis von insgesamt 60,0 % erreicht werden.

Um bei einer vorgegebenen Restdruckhöhe zwischen dem jeweiligen Becken- und Kammerwasserspiegel von $\Delta h = 0{,}50$ m diese Wasserersparnis zu erreichen, mußten die Sparbeckenflächen $A_B = 1{,}278 \times A$ gewählt werden (Gleichung (6-23)).

Die entsprechenden Wasserspiegelhöhen in den Sparbecken sind aus Abbildung 6.43. bzw. Abb. 6.45. ersichtlich.

Bei gleich großer Becken- und Kammerfläche hätte bei $\Delta h = 0{,}50$ m die Wasserersparnis mit drei Becken nur 57,4 % betragen (Abb. 6.12.).

6.11.1.11 Leistungsfähigkeit der Schleuse

Die *theoretische* Verkehrsleistung der Schleuse Uelzen (in Mio t/Jahr) errechnet sich aus dem erforderlichen Zeitbedarf für eine Kreuzungsschleusung, der theoretisch zu befördernden Nutzlast je Schleusung und der Anzahl der Betriebsstunden pro Jahr (s. Abschnitt 7.1).

Der Zeitbedarf für eine *Kreuzungsschleusung* setzt sich dabei wie folgt zusammen:

Bergschleusung	Zeitbedarf für die Einfahrt der Schiffe (einschließlich Festmachen der Schiffe und Schließen des Untertores)	= 6,0 min
	Füllzeit der Kammer	= 12,9 min (12,0)*
	Zeitbedarf für die Ausfahrt der Schiffe (einschließlich Öffnen des Obertores)	= 6,0 min
Talschleusung	Zeitbedarf für die Einfahrt der Schiffe (einschließlich Festmachen der Schiffe und Schließen des Obertores)	= 6,0 min
	Entleerungszeit der Kammer	= 11,5 min (10,7)*
	Zeitbedarf für die Ausfahrt der Schiffe (einschließlich Öffnen des Untertores)	= 6,0 min
	Mittlerer Zeitbedarf für eine Kreuzungsschleusung	= 48,4 min (46,7)*

Bei voller Belegung der Kammer beträgt die theoretisch mögliche Nutzlast je Schleusung (Berg- oder Talschleusung) rd. 2700 Gütertonnen. Dies entspricht der Tragfähigkeit von zwei voll abgeladenen Europa-Schiffen. Bei Schubverbänden erhöht sich dieser Wert auf 3400 Gütertonnen je Schleusung.

Bei der Ermittlung der *theoretischen Tonnagekapazität* erschien es jedoch sinnvoller, von 2700 t Nutzlast je Schleusung auszugehen, da eine *ausschließliche* Belegung der Schleuse mit Schubverbänden bei der derzeitigen Zusammensetzung der Transporteinheiten auf den europäischen Wasserstraßen (Selbstfahrer verschiedener Ladungskapazität, Schubverbände und Sportboote) praktisch ausgeschlossen werden kann.

Bei 24-stündigem Betrieb an 365 Tagen pro Jahr ergibt sich die *theoretisch erreichbare Tonnagekapazität* der Schleuse Uelzen dann zu:

$$\frac{2 \times 2700}{48{,}4} \times 60 \times 24 \times 365 = 58{,}6 \text{ Mio t/Jahr.}$$

* Die Klammerwerte gelten bei zusätzlicher Restausspiegelung durch das Ober- bzw. Untertor.

Dies entspricht einer mittleren theoretischen Schleusungskapazität von 29,3 Mio t/Jahr bzw. einer theoretischen Verkehrsleistung von rd. 80.300 Gütertonnen pro Tag in jeder Richtung.

Bei der Berechnung der *praktischen Tonnagekapazität* der Schleuse ging man von maximal 330 Betriebstagen/Jahr aus, wobei die restlichen 35 Tage pro Jahr als Ausfallzeit für Reparaturen, Havarien und Behinderung durch Eisbildung angesetzt sind. Die Belegung der Kammer je Schleusung wird im Mittel mit rd. 1350 t Nutzlast, d.h. mit 50 % des theoretischen Wertes angenommen und die Unausgeglichenheit des Verkehrsflusses in beiden Richtungen sowie möglicher Stoßbetrieb durch einen Abminderungsfaktor von 0,8 berücksichtigt.

Mit diesen Annahmen ergibt sich bei 24-stündigem Betrieb eine praktische Tonnagekapazität für die Schleuse Uelzen von

$$0{,}8 \times \frac{2 \times 1350}{48{,}4} \times 60 \times 24 \times 330 = 21{,}4 \text{ Mio t/Jahr.}$$

Dies entspricht einer praktischen mittleren Schleusungskapazität von rd. 10,7 Mio t/Jahr bzw. einer mittleren Verkehrsleistung von rd. 32.400 Gütertonnen pro Tag in jeder Richtung. Die praktische Verkehrsleistung der Schleuse Uelzen liegt damit über der für 310 Betriebstage/ Jahr für die Abstiegsbauwerke des Elbe-Seitenkanals errechneten, mittleren Soll-Leistung von 27.000 t/Tag /1, 117/.

Zur Abdeckung der errechneten Tagesspitzenleistung von 43.000 Gütertonnen/Tag in beiden Richtungen reicht die praktische Verkehrsleistung der Schleuse Uelzen jedoch nicht aus. Beim Schiffshebewerk Lüneburg wird diese Spitzenleistung mit den zwei voneinander unabhängig arbeitenden Trögen (Troglänge = 100 m) erreicht /1,117/, während bei der Schleuse Uelzen dieses Verkehrsaufkommen nur durch eine *zweite Schleuse* abgedeckt werden kann.

Da der Gütertransport auf dem Elbe-Seitenkanal bis zum Jahre 1985 jedoch noch unter den der Planung zugrunde gelegten Werten lag, war eine Erweiterung der Schleusenanlage Uelzen durch den Bau einer Parallelschleuse bislang nicht erforderlich.

6.11.2 Die Sparschleusen des Main-Donau-Kanals

6.11.2.1 Trasse und Linienführung des Kanals

Der Main-Donau-Kanal (MDK) stellt das letzte noch fehlende Bindeglied zwischen dem westeuropäischen Binnenwasserstraßennetz und dem südosteuropäischen Raum dar. Er verbindet die Stromgebiete von Rhein und Donau (Abb. 6.46.). Planung und Bau des Schiffahrtskanals wird von der Rhein-Main-Donau AG, München aufgrund von Staatsverträgen mit dem Bund und dem Land Bayern durchgeführt. Mit dem Bau wurde im Jahre 1960 begonnen, mit der Fertigstellung des Kanals ist etwa 1992 zu rechnen.

Abbildung 6.46. Main-Donau-Kanal im europäischen Wasserstraßennetz /126/

Der Kanal zweigt bei Bamberg von der Wasserstraße des Mains ab und überwindet mit elf Schleusen einen Höhenunterschied von insgesamt 175,15 m bis zur Scheitelhaltung auf dem Fränkischen Jura. Von hier aus beträgt die Höhendifferenz bis zur Einmündung des Kanals in die Donau bei Kelheim insgesamt 67,80 m. Sie wird von fünf Schleusen unterschiedlicher Hubhöhe überwunden (Abb. 6.47.).

Die *Gesamtlänge* des Schiffahrtskanals zwischen Bamberg/Main und Kelheim/Donau beträgt 171,0 km. Er besteht aus der 1972 fertiggestellten *Nordstrecke* Bamberg-Nürnberg von 72 km Länge und der noch im Bau befindlichen *Südstrecke* Nürnberg-Kelheim von 99 km Länge. Im Nordabschnitt folgt die Kanaltrasse zunächst dem Tal der Regnitz (Nebenfluß des Mains), im Südabschnitt dem Lauf der Altmühl (Nebenfluß der Donau) und dem Tal der Sulz (Nebenfluß der Altmühl). Die restliche Kanalstrecke zwischen Hausen und Dietfurt ist als Stillwasserkanal aus-

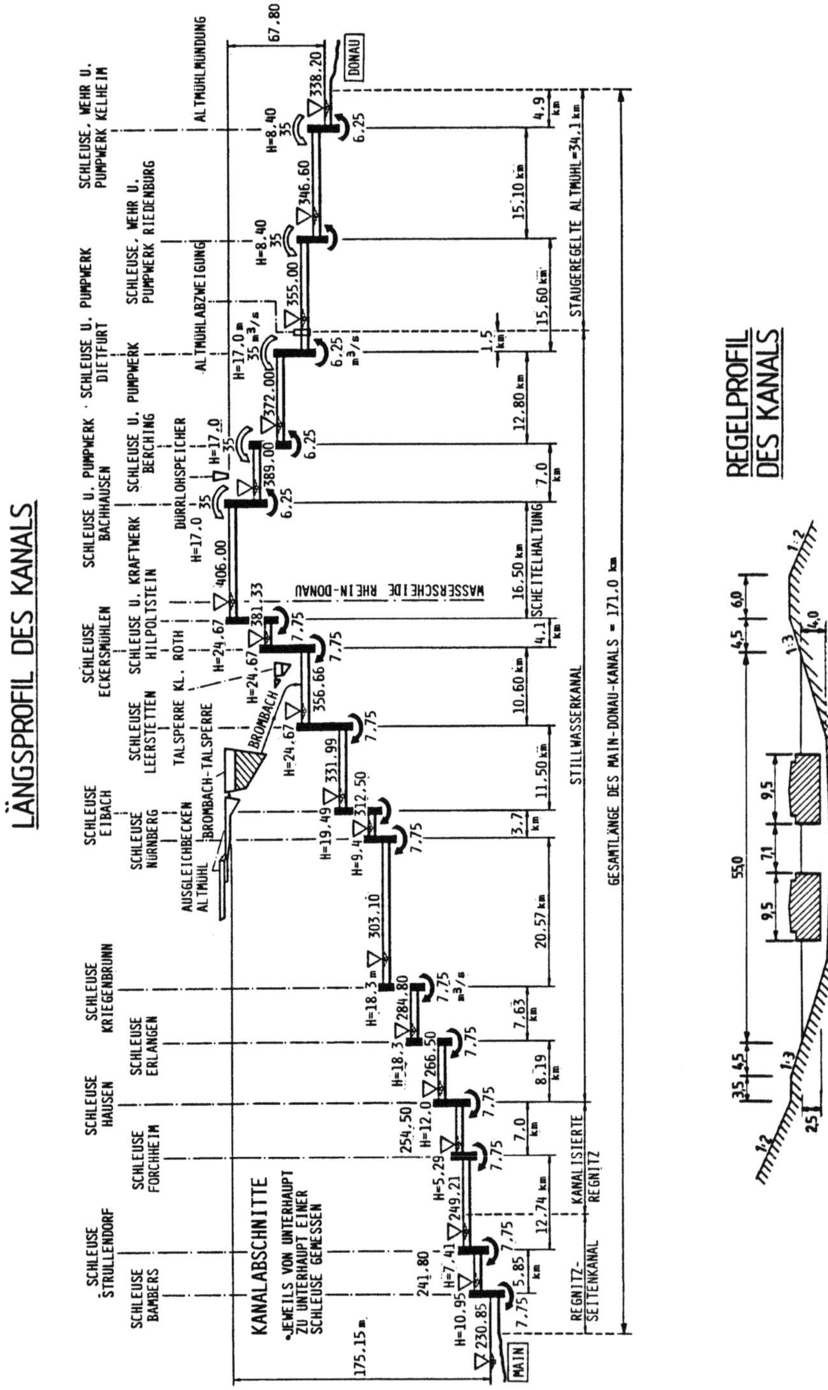

Abbildung 6.47. Längsprofil des Main-Donau-Kanals und Kanal-Regelquerschnitt /127/

gebaut, der keine nennenswerten natürlichen Zuflüsse hat. Zwischen Hilpoltstein und Bachhausen liegt die 16,5 km lange *Scheitelhaltung* (Abb. 6.47.).

Der Kanal zeigt in seinem Gesamtverlauf unterschiedliche Merkmale einer Binnenwasserstraße. Die Haltungen Bamberg und Strullendorf bilden einen *Seitenkanal* der Regnitz, während die Haltung Forchheim im Regnitztal und die Haltungen Riedenburg und Kelheim im Altmühltal *Flußstauhaltungen* darstellen. Letztere bestehen aus einem Wehr mit drei 15,0 m breiten Feldern, der Schleuse (ohne Sparbecken), einer zusätzlichen Bootsschleuse (20 m × 4 m) und einem Pump- bzw. Kraftwerk mit fünf Pump-Turbinen (Abb. 6.48.).

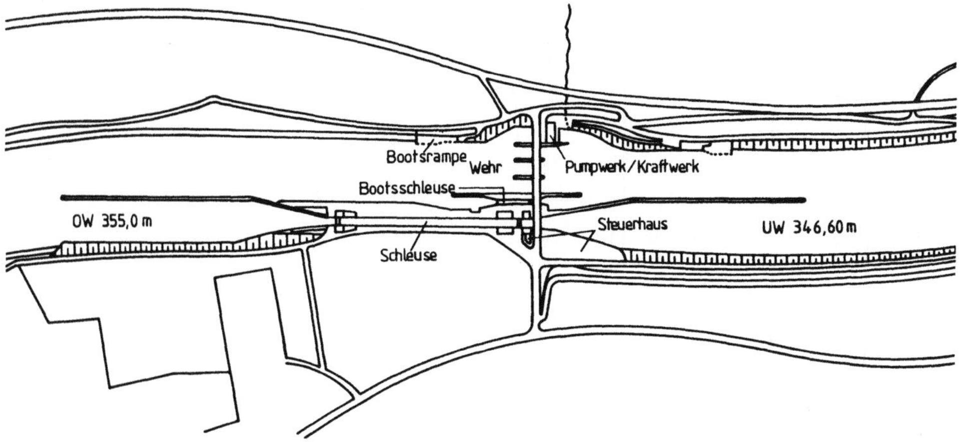

Abbildung 6.48. Grundriß der Staustufe Riedenburg an der Altmühl /127/

Beim Ausbau des Altmühlabschnittes wurden von der Rhein-Main-Donau AG vorbildliche Maßnahmen (Erhaltung von Stillwasserflächen und Feuchtgebieten, Bepflanzung der Kanalufer usw.) zur Eingliederung aller Baumaßnahmen in das Landschaftsbild sowie zur Erhaltung der landschaftlichen Reize des Altmühltales getroffen /127/.

6.11.2.2 Kanalquerschnitt und Schleusenabmessungen

Der gesamte Schiffahrtskanal ist für zweischiffigen Verkehr von voll abgeladenen Europaschiffen mit 1350 tdw (Ladungsgewicht) ausgebaut (Wasserstraßenklasse IV). Das Kanal-Regelprofil besitzt eine Wasserspiegelbreite von 55,0 m und eine Mindestwassertiefe von 4,0 m. Die Böschungsneigung beträgt 1:3 (Abb. 6.47.).

Die Schleusen besitzen eine Breite von B = 12,0 m und eine nutzbare Kammerlänge von 190 m. Die Gesamtlänge zwischen den Toren beträgt L ≅ 200 m. Diese Kammerabmessungen wurden gewählt, um Schubverbänden vom Typ "Europa II" mit einer Gesamtlänge von $L_S = 30\,m + 2 \times 76{,}8\,m = 183{,}6$ m und einer Breite von B_S = 11,4 m im unentkoppelten Zustand die Schleusung zu ermöglichen (s. Tabelle 6.1.).

Die lichte Durchfahrtshöhe bei Kreuzungsbauwerken und unter den Betonmasken der Schachtschleusen wurde für den Main-Donau-Kanal mit 6,0 m festgelegt, wobei aber im Einzelfall noch mögliche Wasserspiegelanhebungen infolge von Schwallerscheinungen, Windstau und Speichernutzung der Kanalhaltung berücksichtigt wurden.

6.11.2.3 Wasserwirtschaft des Kanals

Über die *Wasserwirtschaft* des Kanals wurden umfangreiche Voruntersuchungen ausgeführt /128/, wobei unter Berücksichtigung der natürlichen Zuflüsse und Speichermöglichkeiten in den Haltungen die Bau- und Betriebskosten (einschließlich der Abschreibung und Verzinsung) eines reinen Pumpbetriebes den Kosten für den Bau und Betrieb von Sparbecken gegenübergestellt wurden (s. Abschnitt 6.5). Dabei erwies sich das kombinierte System aus Sparschleusen und Pumpbetrieb als wirtschaftlich beste Lösung.

Die Schleusen des Main-Donau-Kanals wurden deshalb mit Ausnahme von drei Anlagen (Forchheim, Riedenburg und Kelheim) als *Sparschleusen* gebaut, wobei entsprechend der jeweiligen Hubhöhe und des natürlichen Wasserdargebotes in der Kanalhaltung eine unterschiedliche Anzahl von Sparbecken für die jeweilige Schleuse erforderlich wurde. Abbildung 6.47. zeigt den Längsschnitt des Main-Donau-Kanals mit den 15 Kanalhaltungen unterschiedlicher Länge und den insgesamt 16 Schleusen, deren Hubhöhen zwischen H = 5,29 m (Schleuse Forchheim) und H = 24,67 m (Schleusen Leerstetten, Eckersmühlen und Hilpoltstein) schwanken (s. Tabelle 6.1.).

Die Schleusenanlagen sind in der Regel mit einem *Pumpwerk* und einem zusätzlichen *Leerschuß* ausgestattet. Mit Hilfe der Pumpenanlagen wird das durch die Schleusungen verlorengegangene Wasser sowie auch das für wasserwirtschaftliche Belange in den höhergelegenen Haltungen benötigte Wasser ersetzt.

Im Endausbau des Kanals werden in der Scheitelhaltung bei Annahme eines 16-stündigen Pumpbetriebes insgesamt 35,0 m^3/s aus der Donau benötigt, wovon 3/5 auf wasserwirtschaftliche Belange und 2/5 auf die Schiffahrt (Verlustwassermengen bei den Schleusungen, einschließlich Verdunstung und Versickerung) entfallen /26, 129/.

Von der insgesamt aus der Donau geförderten Wassermenge werden rd.82 % in das Regnitz-Main-Gebiet als Schleusungswasser bzw. als Wirtschaftswasser über die neben den Pumpenanlagen angeordneten *Leerschüsse* abgeführt, während die restlichen rd. 18 % als Schleusungswasser über die Südrampe des Kanals wieder der Donau zugeführt werden (Abb. 6.47.).

In der 16,5 km langen Scheitelhaltung ist eine Speicherung von maximal 270.000 m^3 Wasser vorgesehen (Wasserspiegelschwankungen von +0,3 m).

Die Überleitung von *Wirtschaftswasser* aus der Altmühl und Donau in den Einzugsbereich von Regnitz und Main bietet die Möglichkeit zu einer großräumigen wasserwirtschaftlichen Entwicklung und Verbesserung im nordbayrischen Raum.

In Zeiten der Niedrigwasserführung der Donau wird nur das für den Schiffahrtsbetrieb benötigte Wasser der Donau entnommen. Die Wasseraufbesserung für das Regnitz-Main-Gebiet wird dann aus dem Speicherbecken der Brombach-Talsperre (Abb. 6.47.), in dem vorrangig Überschußwasser aus dem Einzugsbereich der oberen Altmühl gespeichert wird, sichergestellt.

Sofern die Wasserführung im Unterlauf der Altmühl den Wasserbedarf der Schleusen und die vorgesehene Überleitungswassermenge überschreitet, werden die Pumpturbinen der Staustufen Riedenburg und Kelheim zur Energieerzeugung eingesetzt.

In einer ersten Ausbauphase wurde der *Nordabschnitt* des Kanals zwischen Bamberg und Nürnberg (Abb. 6.47.) in den Jahren 1960 bis 1972 erstellt. Da bis zur endgültigen Fertigstellung des Kanals etwa im Jahre 1992 (2. Ausbauphase) eine Wasserzuleitung als Ersatz für das an die unteren Haltungen des Nordabschnittes abgegebene Schleusungswasser aus der Donau noch nicht möglich ist, mußten die Schleusen dieses Kanalabschnittes mit zusätzlichen Pumpwerken ausgerüstet werden, die nach der endgültigen Fertigstellung des Gesamtkanals zum großen Teil ihre Funktion verlieren.

6.11.2.4 Ausbildung der Pumpwerke und Leerschüsse

Auf der Nordrampe des Kanals zwischen Hausen und Nürnberg wurden die Pumpwerke mit zwei Aggregaten auf eine Förderleistung von 6,4 bzw. 5,2 m^3/s ausgelegt, während die Pumpwerke der Kanalstrecke zwischen Kelheim und Bachhausen je fünf Pumpaggregate mit einer Gesamtförderkapazität von 35,0 m^3/s besitzen (Abb. 6.47.).

Bei den unterhalb von Hausen gelegenen Kanalhaltungen von Bamberg, Strullendorf und Forchheim wird der Verlust an Schleusungswasser, einschließlich der Verdunstungs- und Versickerungsverluste, durch den natürlichen Zufluß aus der Regnitz weitgehend gedeckt, so daß hier keine Pumpwerke erforderlich wurden.

Die Stufen zwischen Eibach und Hilpoltstein (Scheitelhaltung) benötigen nur eine Pumpenfördermenge von 1,0 m^3/s als Ersatz für die Verluste an Schleusungswasser durch örtlichen Verkehr (einschließlich der Verluste an Verdunstung und Versickerung).

Die Pumpenanlage besteht bei allen in Betracht kommenden Gefällestufen aus dem eigentlichen *Pumpwerk*, das unterhalb des Unterhauptes auf der den Sparbecken abgewandten Seite neben der Schleusenkammer angeordnet ist, dem *Pumpkanal* und dem vor dem Oberhaupt befindlichen *Auslaufbauwerk* (Abb. 6.49.).

Als *Pumpen* werden Propeller- bzw. Halbaxialpumpen verwendet, deren Zulaufkammern nach Art eines Saugschlauches einer Wasserkraftanlage ausgebildet sind. Am oberen Ende jeder Pumpe befindet sich ein rechtwinkliger Krümmer, über den das Pumpwasser in eine Druckkammer geleitet wird, an die sich der Pumpkanal anschließt. Der Antriebsmotor mit senkrechter Welle ist mit der Pumpe durch eine elastische Kupplung verbunden /26/.

Als Verschlußorgane in den Pumpwasserleitungen dienen hydraulisch angetriebene *Drosselklappen*. Als Absperrorgane für Reparaturarbeiten sind zusätzliche *Keilschieber oder Absperrklappen* vorgesehen.

Der Pumpkanalquerschnitt ist jeweils so bemessen, daß im Normalbetrieb eine mittlere Strömungsgeschwindigkeit von 1,50 m/s nicht überschritten wird.

Die *Leerschüsse* sind in der Regel als Rohrleitungen ausgebildet und zusammen mit den Pumpen in einem gemeinsamen Bauwerk untergebracht. Sie sind in Verlängerung des Pumpkanals angeordent. Ihre Rohrdurchmesser richten sich nach der jeweils abzuführenden Wassermenge und liegen zwischen 0,8 m und 1,5 m.

An den Abstiegsbauwerken der Nordstrecke Bamberg-Nürnberg (Abb. 6.47.) sowie bei den auf der Südstrecke gelegenen Schleusen-Anlagen von Bachhausen, Berching und Dietfurt beträgt die maximal über den Leerschuß abzuführende Wassermenge zwischen 6,0 und 8,0 m^3/s (Tab. 6.3.). Der Leerschuß besteht hier aus einem Rohr von 0,8 bzw. 1,0 m Durchmesser mit einer Drosselklappe oder einem Lochblendenschieber als Absperrorgan.

An den oberen Stufen der Nordrampe (Eibach, Leerstetten, Eckersmühlen und Hilpoltstein) liegt die abzuführende Wassermenge zwischen 10,0 und 21,0 m^3/s (Tabelle 6.3.). Hier werden Rohre von 1,2 bis 1,5 m Durchmesser als Leerschuß verwendet, die mit regulierbaren Kegelstrahlschiebern ausgerüstet sind.

Tabelle 6.3. Pump- und Wirtschaftswassermengen der verschiedenen Gefällestufen des Main-Donau-Kanals

Name der Schleuse	Hubhöhe (m)	Anzahl der Sparbecken	$\kappa = A_B/A$	Wasserersparnis %	Verlustwassermenge m^3	Förderleistung der Pumpen m^3/s	Abfuhrleistung des Leerschusses m^3/s
Bamberg	10,95	3	1,0	58,36	11.294	-	-
Strullendorf	7,41	1	1,825	37,66	11.087	-	-
Forchheim	5,29	0	-	0	12.696	-	-
Hausen	12,00	2	1,0	48,75	15.031	6,4 (9,6)*	28,0
Erlangen	18,30	3	1,0	59,02	18.433	6,4 (9,6)*	8,0
Kriegenbrunn	18,30	3	1,0	59,02	18.433	6,4 (9,6)*	8,0
Nürnberg	9,40	1	1,0	32,27	15.598	5,2	8,0
Eibach	19,49	3	1,0	59,08	19.605	1,0	10,0
Leerstetten	24,67	3	1,0	59,27	24.698	1,0	15,0
Eckersmühlen	24,67	3	1,0	59,27	24.698	1,0	15,0
Hilpoltstein	24,67	3	1,0	59,27	24.698	1,0	21,0
Bachhausen	17,0	3	1,0	58,94	17.157	35,0	8,0
Berching	17,0	3	1,0	58,94	17.157	35,0	8,0
Dietfurt	17,0	3	1,0	58,94	17.157	35,0	8,0
Riedenburg	8,40	0	-	0	20.160	35,0	-
Kelheim	8,40	0	-	0	20.160	35,0	-

* Klammerwerte zeigen die vorgesehene Reservekapazität an

Eine Ausnahme bildet der Leerschuß an der Schleuse Hausen, über den bis zu 28,0 m^3/s abgeführt werden müssen. Hier wird als Verschlußorgan ein regulierbares Rollschütz verwendet.

Einen Überblick über die an den verschiedenen Stufen des Main-Donau-Kanals zu fördernden Pump- und Wirtschaftswassermengen gibt Tabelle 6.3.

Die Entnahme und Rückgabe der Pump- und Wirtschaftswassermengen kann im oberen und unteren Vorhafen der jeweiligen Schleuse *Querströmungen* verursachen, die den für die Schiffahrt als zulässig angesehenen Wert von 0,30 m/s überschreiten. Es mußten deshalb entsprechende Maßnahmen an den Ein- und Auslaufbauwerken durch Anordnung von Leitwerken bzw. durch Drosselung der sekundlichen Wassermengen getroffen werden, um die Querströmungen auf ein zulässiges Maß zu begrenzen.

6.11.2.5 Konstruktionsprinzip der Schleusen

Alle Schleusen des Main-Donau-Kanals besitzen eine einheitliche *Kammerlänge* zwischen den Toren von L ≅ 200 m (nutzbare Kammerlänge = 190m) und eine *Kammerbreite* von B = 12,0 m (s. Tabelle 6.1.). Damit ergibt sich eine Kammerfläche von A ≅ 2400 m^2.

Bei allen Sparschleusen wurden die *offenen Sparbecken* stufenförmig seitlich neben der Schleusenkammer angeordnet. Mit Ausnahme der Schleuse Strullendorf sind die Sparbeckenflächen gleich groß wie die Kammerfläche (A_B = A).

Bei der Schleuse Strullendorf (H = 7,41 m) wurde der Wasserverbrauch auf den der unterhalb liegenden Schleuse Bamberg (H = 10,95 m) abgestimmt. Dabei ergab sich die Anordnung von nur *einem* Sparbecken mit einer Beckenfläche von A_B = 1,825 × A als wirtschaftlichste Lösung. Die Anzahl der Sparbecken, die Wasserersparnis und die je Kreuzungsschleusung in die untere Haltung abgegebene Verlustwassermenge sind für die Schleusen des Main-Donau-Kanals aus Tabelle 6.3. ersichtlich.

Die Schleusen wurden, mit Ausnahme der Schleusen Strullendorf, Forchheim, Riedenburg und Kelheim, als *Schachtschleusen* gebaut. Als Obertor wurde einheitlich ein *Hubsenktor* vorgesehen, das auch für die Eisabfuhr eingesetzt werden kann. Als Untertor wurde, mit Ausnahme der Schleuse Forchheim, ein *Hubtor* angeordnet, das bei den Schachtschleusen kammerseitig an der Betonmaske anliegt (s. Abb. 2.112.).

Bei der Schleuse Buckenhofen (H = 5,29 m) wurde, um die sonst erforderlichen hohen Aufbauten am Unterhaupt zu vermeiden, ein *Hubdrehtor* als Untertor vorgesehen.

Im Ausgangsentwurf für die Schleusenkammern der Kanalstrecke Bamberg-Nürnberg waren Schwergewichtsmauern mit einer gelenkig angebundenen

Sohlplatte vorgesehen. Diese ursprüngliche Konzeption wurde dann aus Gründen der Wirtschaftlichkeit (geringere Baukosten) dahingehend geändert, daß durch eine biegesteife Einbindung der Sohlenplatte in die Kammerwände ein U-förmiger Trog entstand /131/. Die Gründungskonstruktion der sparbeckenseitigen Kammerwand wird dabei bis unter die zwischen Schleuse und unterem Sparbecken gelegene Maschinenhalle fortgesetzt, um die aus Betongewicht und Wasserdruck resultierenden Kräfte aufnehmen zu können (Abb. 2.30.i). An der den Sparbecken gegenüberliegenden Kammerwand wird der Wasserdruck bei gefüllter Kammer weitgehend durch den Erddruck ausgeglichen. Bei den Schleusen mit Hubhöhen > 18,0 m (Erlangen und Kriegenbrunn) wurden die Kammermauern über dem Maschinenhaus mit Betonrippen ausgesteift /26/.

Das statische Konzept der biegesteifen Trogausführung mit unmittelbar neben dem Maschinenhaus anschließenden unteren Sparbecken erwies sich trotz der asymmetrischen Belastung im späteren Betrieb bei den Schleusen mit Hubhöhen bis zu 12,0 m als einwandfrei.

Bei den höheren Sparschleusen Erlangen und Kriegenbrunn (H = 18,3 m) zeigten sich jedoch in zunehmendem Maße Undichtigkeiten am Anschluß der Sparbeckensohle an die Maschinenhauswand (Abb. 2.30.i), die zu Unterspülungen der unteren Sparbeckensohle und zum Aufweichen der Gründungssohle des Maschinenhauses führten. Darüber hinaus wurden weitere Undichtigkeiten im Bereich der Blockdehnungsfugen sowie Schrägrisse in der sparbeckenseitigen Rahmenecke der Trogkonstruktion festgestellt.

Durch entsprechende Gegenmaßnahmen (Ausbesserung der Dichtungen, Entlastungsbohrungen, Anbringen von Spannankern sowie Aufbringen von Ballastbeton zwischen und vor den Versteifungsrippen der sparbeckenseitigen Kammerwand) konnten die Schäden und deren Ursachen zwar weitgehend beseitigt werden, jedoch führten die an den Sparschleusen Erlangen und Kriegenbrunn gemachten Erfahrungen zu einer grundsätzlichen Änderung des Planungskonzeptes für die noch zu bauenden weiteren Sparschleusen zwischen Nürnberg und Dietfurt /131/.

Nach Zwischenlösungen für die zum Zeitpunkt der Schadensfeststellungen bereits im Bau befindlichen Sparschleusen Eibach (H = 19,5 m) und Leerstetten (H = 24,67 m) wurde das neue Konzept erstmalig bei den Sparschleusen Dietfurt und Eckersmühlen angewendet. Es sieht einen biegesteifen, symmetrischen Kammerquerschnitt vor, mit massiveren Kammermauern, bei dem die Maschinenhalle und die Sparbecken entsprechend weit von der

Schleuse abgerückt sind, so daß eine beidseitige Hinterfüllung der Kammermauern möglich ist (Abb. 2.30.k und Abb. 6.50.).

Im ursprünglichen Entwurf war die Schleusenkammer in Längsrichtung in 13 *Blockelemente* mit einer Regellänge von 12,3 m unterteilt. Im Bereich der Einmündung der Zulaufkanäle aus den Sparbecken betrug die Blocklänge 14,5 m /26/. In der neuen Konzeption beträgt die Regelblocklänge dagegen 18,0 m /132/.

Zwischen den Blockelementen sind *Dehnungsfugen* (Fugenbreite = 2,0 cm) angeordnet, die durch Fugenbänder gedichtet sind. In der neuen Konzeption sind die Blockfugen mit aufgeschraubten, auswechselbaren Fugendichtungen versehen (Abb. 6.51.) /131/.

Die *Kammersohle* wurde als Rahmenträger ausgebildet. Für die Bemessung der Grundlaufdecke wurde im Lastfall mit entleerter Kammer ein gesunkenes Schiff mit einer Flächenbelastung von 20 kN/m^2 (≈ 2 t/m^2) angesetzt. Die dynamische Belastung der Grundlaufdecke bei den Füll- und Entleerungsvorgängen wurde anhand von Modellversuchen im Theodor-Rehbock-Flußbaulaboratorium der Universität Karlsruhe bestimmt /130/. Dabei ergaben sich je nach Anfangsdruckhöhe zwischen Oberwasser- bzw. Becken- und Kammerwasserstand unterschiedliche, von der hydrostatischen Druckverteilung abweichende dynamische Druckspitzen. Diese erreichten bei den Schleusen mit 18,3 m Hubhöhe im Augenblick des maximalen Zuflusses aus den Sparbecken (Q_{max} = 88 m^3/s) örtliche Größtwerte von bis zu 60 kN/m^2 (≈ 6 t/m^2) und bei den Schleusen mit 24,67 m Hubhöhe (Q_{max} = 141 m^3/s, Abb. 6.21.) Werte von bis zu 270 kN/m^2 (≈ 27 t/m^2) /115, 130/.

Die *Schleusenhäupter* sind, anders als bei der Sparschleuse Uelzen (Abb. 6.35.), in jeweils drei Blockelemente unterteilt. Im kammerseitigen Block sind die Längskanalschütze nebst Notverschlüssen untergebracht, im mittleren Element befindet sich das Ober- bzw. Untertor der Schleuse und im haltungsseitigen Blockelement sind die Ein- und Auslaufbauwerke des Längskanalsystems angeordnet.

Die Längskanalschütze und die Verschlußorgane in den Sparbeckenzuläufen sind als *Rollschütze* mit ölhydraulischem Antrieb ausgebildet. Ober- und unterwasserseitig jedes Längskanalschützes befindet sich je ein Verschlußschacht, in den jeweils eine Schütztafel als *Notverschluß* eingesetzt werden kann.

Die Schütze in den Längskanälen sind als Trägerrost mit oberwasserseitigem Stauwandblech ausgebildet /26/. Die Sparbeckenschütze mußten wegen des von beiden Seiten möglichen Wasserüberdruckes *beidseitig kehrend* ausgebildet werden. Sie sind als Trägerrost mit sparbeckenseitiger Stauwand konzipiert. Die Laufrollen der Schütze bewegen sich zwischen zwei stählernen Laufschienen mit einem geringen Spiel von ≤ 2 mm. Dadurch war es möglich, für beide Belastungsrichtungen mit nur einer einseitig auf der Sparbeckenseite angeordneten Doppelnotendichtung der Schütze auszukommen /40/.

Bei Reparaturarbeiten an den Sparbeckenschützen wird das entsprechende Sparbecken leergepumpt und der Wasserdruck aus der Schleusenkammer durch einen kammerseitig neben dem jeweiligen Sparbeckenschütz einsetzbaren Notverschluß aufgenommen.

Zur Vermeidung von unzulässig großen Unterdrücken wurden unterwasserseitig hinter den Längskanalschützen und beidseitig an den Sparbeckenschützen *Belüftungsrohre* angeordnet.

6.11.2.6 Das Füll- und Entleerungssystem der Sparschleusen

Das Prinzip des Füll- und Entleerungssystems der Sparschleusen des Main-Donau-Kanals wurde im Theodor-Rehbock-Flußbaulaboratorium der Universität Karlsruhe in Zusammenarbeit mit der Rhein-Main-Donau AG, München, entwickelt und am Modell mit verschiedenen Hubhöhen und Sparbeckenanzahlen getestet (s. Abschnitt 6.2.). Am Beispiel der Schleuse Erlangen mit H = 18,3 m wurden zunächst in systematischen Untersuchungen die erforderlichen Abmessungen der Längskanal- und Sparbeckenkanäle, die hydraulisch günstigste Formgebung des Grundlaufsystems sowie auch die zulässigen Freigabegeschwindigkeiten der Füll- und Entleerungsquerschnitte bestimmt /133/.

In einer zweiten Versuchsserie wurde dann der Versuch unternommen, die Füll- und Entleerungszeiten der Schleusen mit H = 24,67 m Hubhöhe den für die Schleusen der ersten Ausbaustufe ermittelten Zeiten anzupassen. Hierzu waren gewisse bauliche Veränderungen (Querschnittsvergrößerung der Sparbeckenzuläufe von 2 × 6,5 m^2 auf 2 × 8,75 m^2 sowie Vergrößerung der Gesamtquerschnittsfläche aller Stichkanäle auf 112,6 m^2) gegenüber dem ursprünglichen Entwurf für die Schleusen der Kanalstrecke Bamberg-Nürnberg erforderlich /134, 136, 139/.

Um ein sicheres und optimal ruhiges Schleusen der Schiffe zu gewährleisten, war für alle Schleusen des Main-Donau-Kanals die Bedingung vorgegeben, daß die Schiffskräfte eines 1350 tdw-Regelschiffes in Kammerlängsrichtung 5,0 kN (≈0,5 t) nicht überschreiten sollten. Dieser Wert entspricht etwa 1/3500 des Bruttoschiffsgewichtes von G_S = 17.660 kN (≈ 1.766 t) und liegt demnach bei rd. 17 % der zulässigen Trossenkraft von $G_S/600$.

Abbildung 6.49 zeigt das Prinzip des Füll- und Entleerungssystems, wie es aufgrund der Modelluntersuchungen für die Schleuse Eckersmühlen (H = 24,67 m) entwickelt wurde /139/.

Es umfaßt die beidseitig neben der Kammer angeordneten Längskanäle, die mit den unter der Kammersohle liegenden Grundlauf- und Verteilersystemen etwa in den Viertelspunkten der Kammerlänge verbunden sind (Abb. 6.49.).

Der Wasseraustausch mit den Sparbecken erfolgt über zwei Zubringerkanäle (Querschnittsfläche = 2,5 m × 3,5 m) je Sparbecken, die in den Becken in trompetenförmigen Einlauftrichtern auslaufen und kammerseitig in die beiden Grundlaufsysteme münden.

Die Längskanäle (Querschnittsfläche = 2,0 m × 3,25 m) münden vor dem Obertor in trichterförmige Entnahmeöffnungen und enden am Unterhaupt beidseitig der Kammer in fächerförmigen Ausläufen (Abb. 6.49.).

Beide Grundlaufsysteme besitzen einen Mittelkanal, der die parallel zu den Kammerwänden angeordneten Seitenkanäle (Füllkanäle) mit lotrechten Stichkanälen speist. Jedes der beiden Grundlaufsysteme besitzt 192 Stichkanäle (Querschnitt = 0,45 m × 0,45 m), so daß insgesamt 384 Austrittsöffnungen über die Kammergrundfläche (je 192 Stichkanäle an jeder Kammerseite) verteilt sind.

Die Füllung und Entleerung der Schleusenkammer erfolgt zunächst mit Hilfe der Sparbecken, wobei jeweils eine *Restdruckhöhe* von $\Delta h = 0{,}15$ m zwischen dem Becken- und Kammerwasserspiegel verbleibt. Die Restfüllung der Kammer erfolgt über die Längskanäle aus dem oberen Vorhafen, die Restentleerung in den unteren Vorhafen.

Bei Ausfall eines Sparbeckenschützes wird das betroffene Sparbecken ganz stillgelegt, um eine unsymmetrische Wasserzufuhr bzw. -entnahme in der Schleusenkammer zu vermeiden (s. Abschnitt 6.10).

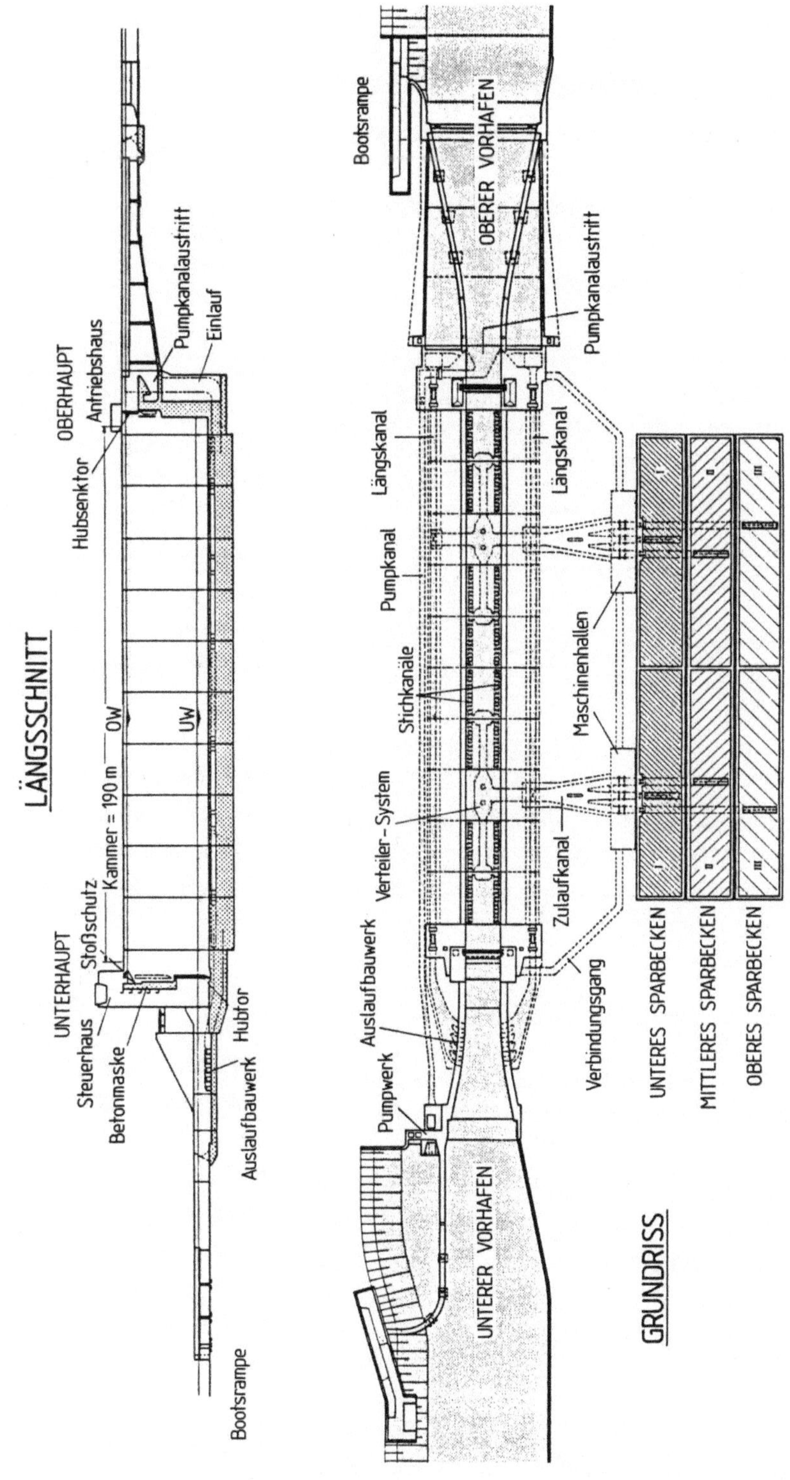

Abbildung 6.49. Sparschleuse Eckersmühlen am Main-Donau-Kanal /132/

6.11.2.7 Ausrüstung der Schleusen

Die Schleusen des Main-Donau-Kanals sind in der üblichen Weise mit Kanten- und Nischenpollern sowie Steigleitern ausgerüstet.

Kantenpoller sind an jedem zweiten Blockelement angeordnet. Ihr Abstand beträgt demnach 24,6 m bzw. 36,0 m. Sie sind auf eine Zugkraft von 100 kN (≈ 10 t) bemessen.

Nischenpoller sind in jedem Blockelement angeordnet. Ihr lotrechter Abstand beträgt 1,47 m. Sie sind ebenfalls auf eine Zugkraft von 100 kN (≈ 10 t) bemessen. Bei den Schleusen der Südstrecke wurden die Nischenpollerreihen auf einer Seite der Kammer durch *Schwimmpoller* ersetzt /26/.

Die Steigleitern wurden links neben jeder Nischenpollerreihe (neben dem Kantenpoller) angeordnet. Bei größeren Hubhöhen wurden die Leitern nur bis zu einer Höhe von 6,0 m über der Schleusensohle parallel zur Kammerwand angelegt (s. Abb. 2.45.) und dann um 90° gedreht in Nischen untergebracht /26/.

Am Unterhaupt der Schachtschleusen ist die Betonmaske gegen Schiffsstoß durch eine *Stoßschutzanlage* gesichert. Das gleiche gilt für das Untertor der Schleusen mit geringerer Hubhöhe. Bei den neueren Schleusen der Südstrecke wurden Stoßschutzanlagen mit einem Arbeitsvermögen von 1000 kNm (≈ 100 tm) verwendet.

6.11.2.8 Ausbildung der Vorhäfen

Die Schleusenvorhäfen besitzen eine Länge von 200 bzw. 300 m und eine Wasserspiegelbreite von 55,0 m.

Auf der Sparbeckenseite werden die Vorhäfen durch eine senkrechte Mauer begrenzt, die als Warteplatz für einfahrende Schiffe dient. Das gegenüberliegende Vorhafenufer ist als Böschung (Neigung 1:3) ausgebildet und mit Pollern versehen. Es dient als Liegeplatz für wartende Schiffe (Abb. 6.49.).

An der Mauerseite sind Kantenpoller zum Festmachen der Schiffe im Abstand von 25 m angeordnet. An der geböschten Vorhafenseite sind die Poller alle 30 m auf besonderen Betonfundamenten untergebracht /26/.

Die Schleuseneinfahrten sind beidseitig mit Leitwerken (Neigung 1:5 gegenüber der Schleusenachse) ausgestattet, wobei der Übergang zur Kammerwandflucht bei den Schleusen der Südstrecke bogenförmig ausgerundet wurde (Radius ∿ 150 m).

Am Oberhaupt der Schleusen besteht das Leitwerk aus einem winkelförmigen Stahlbetonbalken, der auf eingespannten Säulen ruht und um 1,0 m in das Oberwasser eintaucht (Abb. 6.49.).

Am Unterhaupt ist das Leitwerk auf beiden Seiten als massive Ufermauer gebaut, die auf der Sparbeckenseite an die Vorhafenmauer anschließt. Auf der gegenüberliegenden Seite wird das massive Leitwerk am Auslauf des Pumpwerkes in eine aufgeständerte Tauchwand übergeführt (Abb. 6.49.).

6.11.2.9 Leistungsfähigkeit der Schleusen

Bei den Schleusen der Kanalstrecke Bamberg-Nürnberg ergeben sich aufgrund der unterschiedlichen Hubhöhen und Sparbeckenanzahl Füll- und Entleerungszeiten der Schleusen zwischen 7,9 min und 16,2 min. Bei den Schleusen der Südstrecke ist dies nicht mehr der Fall. Hier wurden, um einen möglichst zügigen Verkehrsablauf zu ermöglichen, die Füll- und Entleerungszeiten der Schleusen so gewählt, daß sie 15,0 min nicht überschreiten (Tabelle 6.1.).

Die unterschiedlichen Schleusungszeiten bei den Schleusen der Nordstrecke können durch Anpassung der Fahrtgeschwindigkeiten der Schiffe auf den ungleich langen Kanalhaltungen teilweise ausgeglichen werden, so daß auch hier ein flüssiger Verkehrsablauf erreicht werden kann /115, 137/.

Maßgebend für die Leistungsfähigkeit einer Binnenwasserstraße ist die Schleusungskapazität ihrer langsamsten Schleuse. Bei den Schleusen des Main-Donau-Kanals sind dies die Schleusen *Erlangen* und *Kriegenbrunn* (H = 18,3 m) mit einer Füll- und Entleerungszeit von je 16,2 min bzw. 17,2 min /115/.

Bei Zugrundelegen dieser Zeiten ergibt sich der Mindestzeitbedarf für eine *Kreuzungsschleusung* zu rd. 62 min /137/ (s. Abschnitt 7). Bei Belegung der Schleusenkammer mit zwei voll abgeladenen Europaschiffen beträgt die theoretisch mögliche Transportkapazität je Schleusung (Berg- oder Talschleusung) 2700 Gütertonnen. Bei 24-stündigem Betrieb an 365 Tagen pro Jahr ergibt sich die *theoretisch erreichbare Tonnagekapazität* dann zu:

$$C_T = \frac{2 \times 2700}{62} \times 60 \times 24 \times 365 = 45{,}8 \text{ Mio t/Jahr.}$$

Die *praktische Tonnagekapazität* ergibt sich bei Annahme eines 16-stündigen Schleusungsbetriebes an 300 Tagen pro Jahr und einer durchschnittlichen Kammerbelegung mit rd. 1500 Gütertonnen je Schleusung zu C_P = 13,9 Mio t/Jahr /26/. Die praktische Leistungsfähigkeit der Schleuse erreicht damit nur rd. 30 % des theoretischen Wertes.

Sollte das Verkehrsaufkommen nach Inbetriebnahme des gesamten Kanals (etwa um 1992) diesen Wert erreichen oder überschreiten, so kann durch eine Verlängerung des täglichen Schleusungsbetriebes in gewissen Grenzen Abhilfe geschaffen werden. Andernfalls wird die Anlage von Parallelschleusen (spiegelbildlich zu den bestehenden Schleusen) erforderlich. Der hierfür erforderliche Platz ist bei allen Stufen des Main-Donau-Kanals bereits eingeplant.

6.11.2.10 Die Sparschleuse Eckersmühlen am Main-Donau-Kanal

6.11.2.10.1 Konstruktive Ausbildung der Schleuse

Die Sparschleuse Eckersmühlen besitzt wie die Schleusen Leerstetten und Hilpoltstein (Tabelle 6.1.) eine Hubhöhe von 24,67 m. Sie wurde als Schachtschleuse mit drei seitlich angeordneten Sparbecken ($A_B = A$) ausgebildet (Abb. 6.49.). Die Kammerbreite beträgt 12,0 m, die Gesamtlänge der Schleusenkammer 200,07 m (Nutzlänge = 190 m).

Bei der Schleuse Eckersmühlen wurden die an den Sparschleusen des Nordabschnittes gesammelten Erfahrungen erstmals voll in die Praxis umgesetzt. Sie gilt damit als Prototyp für die "neue Generation" von Sparschleusen auf der Südstrecke des Main-Donau-Kanals /131/. Die Maschinenhäuser für die Sparbeckenschütze wie auch die Sparbecken wurden von der Schleusenkammer abgerückt und nicht in das statische Konzept der Schleusenkammer mit einbezogen. Dadurch ergab sich ein *symmetrischer Kammerquerschnitt* mit biegesteifem Anschluß zwischen den Kammerwänden und dem 6,5 m starken Gründungskörper (Abb. 6.50., Querschnitt d. Schleuse).

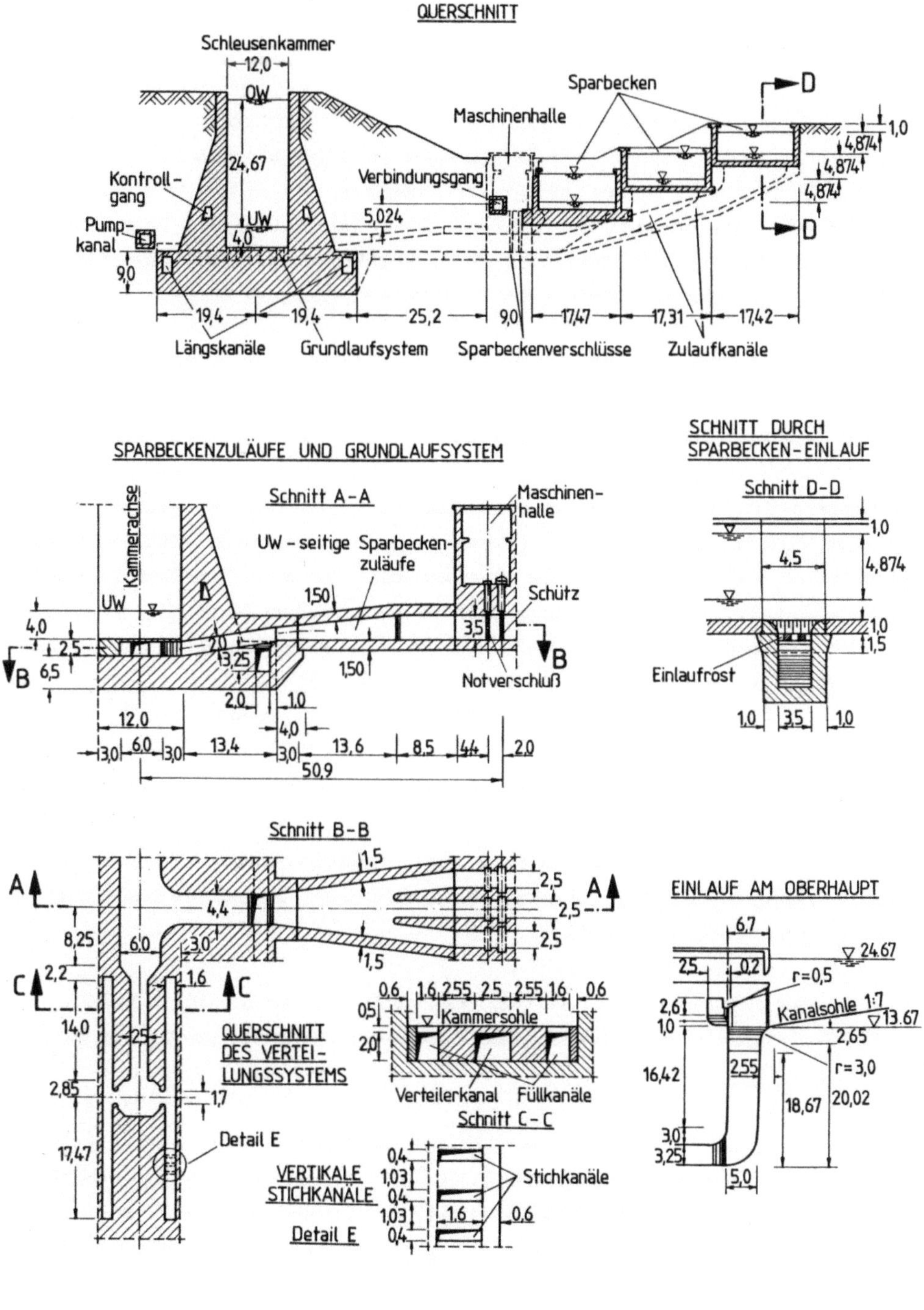

Abbildung 6.50. Sparschleuse Eckersmühlen, Main-Donau-Kanal/BRD (H = 24,67 m) (Maße in m) /132/

Das *Füll- und Entleerungssystem* der Schleuse entspricht im Prinzip der Variante B der Abbildung 6.2. Es besteht aus zwei Längskanälen (Querschnitt je 2,0 m × 3,25 m), die im Abstand von 10,4 m von der jeweiligen Kammerwand angeordnet sind (Abb. 6.50.) und zwei symmetrisch unter der Kammersohle angeordneten Verteilersystemen mit jeweils zentraler Druckkammer und parallel zu den Kammerwänden liegenden Füllbereichen (s. Abb. 6.6.). Der sparbeckenseitige Längskanal versorgt das unterwasserseitige Füllsystem und mündet von unten her in den Zulaufkanal aus den Sparbecken (Abb. 6.50., Schnitt A-A). Der gegenüberliegende Längskanal ist durch einen Zulaufkanal mit dem oberwasserseitigen Füllsystem der Schleuse verbunden (Abb. 6.49.).

Jedes der beiden *Verteilersysteme* besitzt insgesamt 8 Füllbereiche (Füllbatterien) mit jeweils 11 schlitzförmigen Stichkanälen (0,4 m × 1,6 m) (Abb. 6.50., Schnitt C-C und Detail E).

Der Wasseraustausch mit den Sparbecken erfolgt über jeweils zwei etwa in den Viertelspunkten der Kammerlänge angeordnete Zulaufkanäle (Querschnitt 2,5 m × 3,5 m) je Sparbecken. Vor der Einmündung in die Verteilersysteme unter der Kammersohle vereinigen sich die jeweils drei nebeneinanderliegenden Zulaufkanäle zu einem gemeinsamen Kanal (Querschnitt 2,0 m × 4,4 m) (Abb. 6.50., Schnitt B-B).

Das Füllsystem unter der Kammersohle ist dabei nicht in die Rahmenkonstruktion der Schleuse mit einbezogen.

Die beiden Längskanäle besitzen am Schleusenoberhaupt trichterförmige Einläufe (Abb. 6.50.) und münden am Unterhaupt in fächerförmig angelegte Ausläufe (Abb. 6.49.).

Jedes der drei *Sparbecken* besitzt zwei Einlaufroste (Abb. 6.50., Schnitt D-D) und in der Mitte eine Trennwand zur Dämpfung von Beckenschwingungen (Abb. 6.49.).

Die Kammer ist in 10 Blockelemente von je 18,0 m Länge unterteilt, an die sich die Häupter anschließen (Abb. 6.49.). Die Fugendichtung erfolgt durch auswechselbare Fugenbänder (Abb. 6.51.).

Das *Pumpwerk* liegt mit seinem Einlaufbauwerk an dem den Sparbecken gegenüberliegenden Ufer des unteren Vorhafens. Der Auslauf des Pumpkanals (Querschnitt 2,0 m × 2,0 m) befindet sich in der Mitte vor dem Schleusenoberhaupt (Abb. 6.49.).

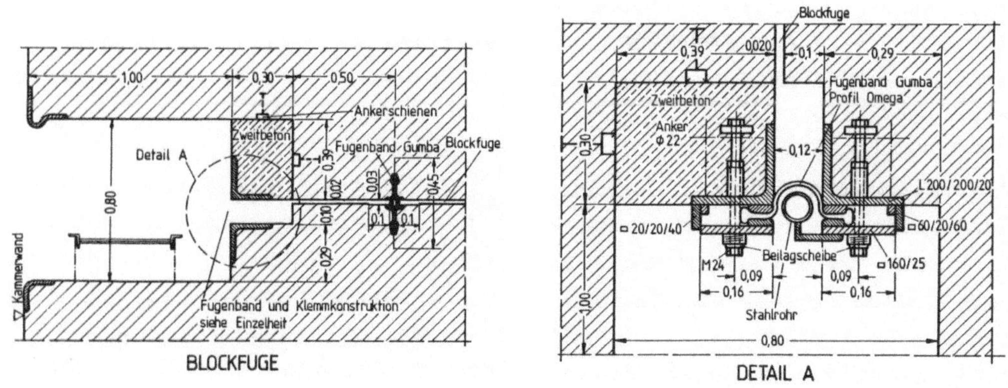

Abbildung 6.51. Auswechselbares Fugenband zur Dichtung der Blockelemente (Maße in mm)

Das *Obertor* der Schleuse Eckersmühlen wurde als Hubsenktor, das *Untertor* als Hubtor ausgebildet. Dieses legt sich kammerseitig an die Betonmaske des Unterhauptes an (s. Abb. 2.112.). Zum Schutz der Betonmaske gegen auffahrende Schiffe ist eine Stoßschutzschwinge (Arbeitsvermögen = 1000 kNm) angeordnet (Abb. 6.49.).

6.11.2.10.2 Füll- und Entleerungsvorgänge

Der Normalfall der Kammerfüllung sieht nacheinander eine Füllung aus den drei Sparbecken mit anschließender Restfüllung über die Längskanäle aus dem oberen Vorhafen vor. Als Verschlußorgane in den Zulaufkanälen der Sparbecken und in den Längskanälen sind *Rollschütze* vorgesehen.

Nach dem am Modell der Schleuse Eckersmühlen festgelegten *Schützfahrplan* (Abb. 6.52.) erfolgt die Freigabe der Sparbeckenschütze in t_1 = 40 s. Die sekundliche Freigabegeschwindigkeit der Füllquerschnitte in den beiden Zulaufkanälen beträgt dabei n = 0,438 m^2/s. Das Schließen der Sparbeckenschütze erfolgt in 14 s derart, daß am Ende des Schließvorganges noch eine Restdruckhöhe von Δh = 0,15 m zwischen Becken- und Kammerwasserspiegel verbleibt /139/.

Bei der Restfüllung sollte die maximale Entnahmewassermenge aus dem oberen Vorhafen wegen der Sunkerscheinungen Q_{max} = 70 m^3/s nicht überschreiten. Der Schützfahrplan sieht deshalb zunächst eine Freigabe der Längskanalquerschnitte mit n = 0,171 m^2/s bis zu einer Schützhubhöhe von 1,71 m vor. Im Anschluß daran werden die Längskanalschütze mit geringerer Hubgeschwindigkeit aufgefahren (Abb. 6.52.), damit die nach 20 s erreichte Grenzwassermenge von 70 m^3/s nicht überschritten wird /139/.

Die Füllzeit der Kammer beträgt T_{ges} = 15,2 min. Dies entspricht einer mittleren Steiggeschwindigkeit des Kammerwasserspiegels von v_m = 1,62 m/min während des Füllvorganges (s. Tabelle 6.1.). Der mittlere μ-Wert für die Füllung aus den Sparbecken beträgt dabei $\mu = 0{,}640$, für die Restfüllung aus dem oberen Vorhafen $\mu_R = 0{,}840$. Abbildung 6.52. zeigt den am Modell festgelegten Schützfahrplan für den *Normalfall der Kammerfüllung* und den dazugehörigen zeitlichen Verlauf des Zuflusses zur Schleuse /139/.

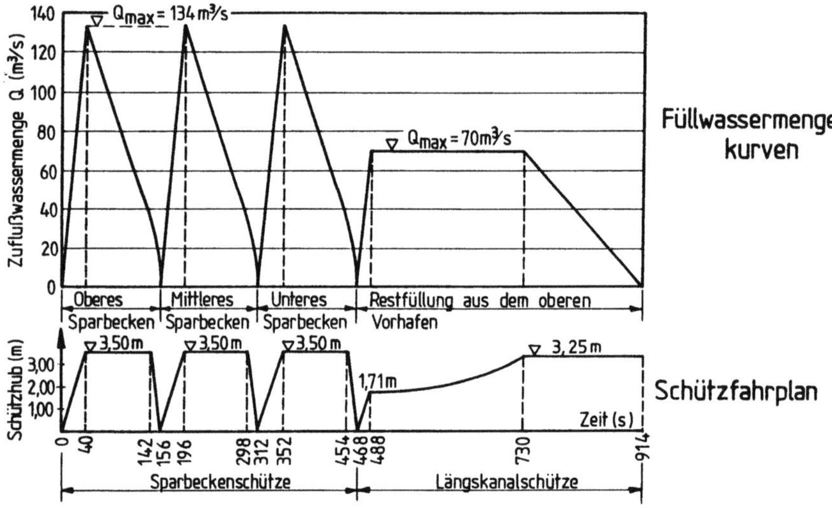

Abbildung 6.52. Schützfahrplan und Füllwassermengenkurven für den Normalfall der Kammerfüllung der Sparschleuse Eckersmühlen/Main-Donau-Kanal

Bei der *Kammerentleerung* werden die Schütze in den Sparbeckenzuläufen und Längskanälen mit den gleichen Geschwindigkeiten wie beim Füllvorgang bewegt. Die Gesamtentleerungszeit der Schleuse ist dabei jedoch um rd. 5 % länger (T_{ges} = 16,0 min) als die Füllzeit /139/.

Bei *Ausfall eines Sparbeckenschützes* wird das betroffene Sparbecken ganz stillgelegt und die zur Schleusenfüllung fehlende Wassermenge über die Längskanäle aus dem oberen Vorhafen zugeführt. Bei Ausfall *aller* drei Sparbecken erfolgt die Füllung der Schleuse nur über die

Längskanäle aus dem oberen Vorhafen. Abbildung 6.53. zeigt die am Modell ermittelten Schützfahrpläne für diese Sonderfälle der Kammerfüllung /139/.

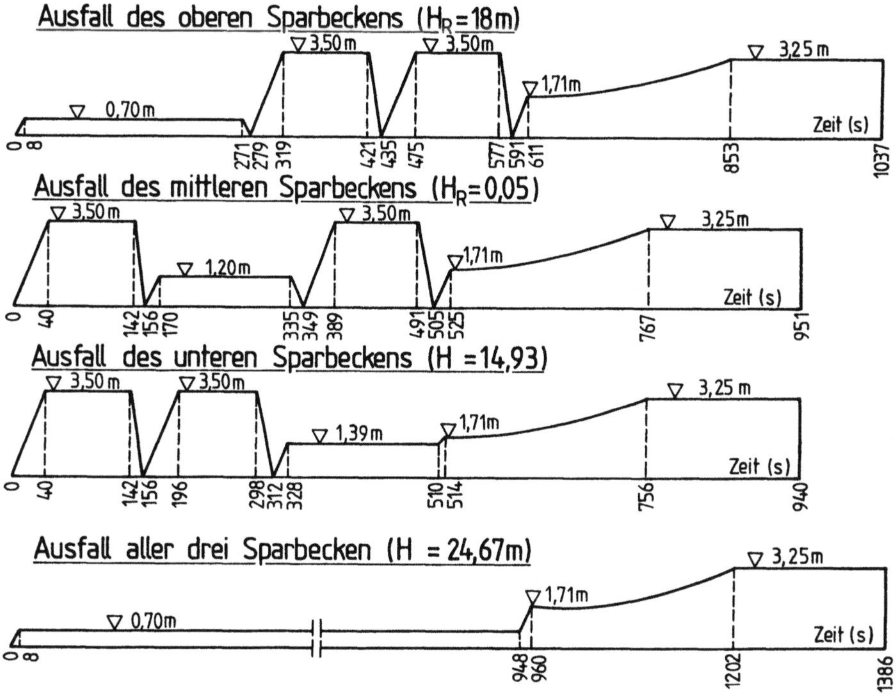

Abbildung 6.53. Fahrpläne für die Schützbewegungen bei den Füllvorgängen der Sparschleuse Eckersmühlen (Sonderfälle)

6.11.2.10.3 Wasserersparnis

Bei normaler Kammerfüllung und -entleerung beträgt die erzielbare Wasserersparnis bei der Schleuse Eckersmühlen mit drei Sparbecken ($m = 3$) und gleich großer Becken- und Kammerfläche ($\kappa = 1{,}0$) bei einer jeweils verbleibenden Restdruckhöhe von $\Delta h = 0{,}15$ m nach Gleichung (6-24) $E_W = 59{,}27$ %.

7 Leistungsfähigkeit von Schiffsschleusen

Unter der Leistungsfähigkeit einer Schleuse (Tonnagekapazität) ist die Summe der Ladungstonnen zu verstehen, die innerhalb einer bestimmten Zeit geschleust werden kann /143/. Um jahreszeitliche Schwankungen im Verkehrsaufkommen mit zu erfassen, ist als Zeitraum zweckmäßig das Jahr zu wählen.

Die Leistungsfähigkeit einer Schleusenanlage (Tonnagekapazität in Gütertonnen/Jahr) hängt von dem erforderlichen Zeitbedarf für eine Kreuzungsschleusung (Berg- und Talschleusung der Schiffe), dem durchschnittlichen Belegungsgrad der Kammer und der Auslastung der Schiffe sowie von der verfügbaren Anzahl der Schleusungsstunden pro Tag und der betriebsbereiten Tage der Anlage pro Jahr ab. Man unterscheidet zwischen der *theoretischen* und *praktischen Tonnagekapazität* der Schleuse.

Der Zeitbedarf für eine *Kreuzungsschleusung* hängt von der für das Ein- und Ausfahren der schleusenden Schiffe erforderlichen Zeit und von der Füll- und Entleerungszeit der Schleuse ab. Letztere wird im wesentlichen durch die Hubhöhe der Schleuse und die Art des Füll- und Entleerungssystems bestimmt.

Der durchschnittlich erreichbare *Belegungsgrad der Kammer* hängt von der Ausgeglichenheit des Verkehrsaufkommens auf der Wasserstraße in beiden Verkehrsrichtungen sowie von der Zusammensetzung der Transporteinheiten (Selbstfahrer, Schubverbände, Sportboote usw.) ab.

Ist das Verkehrsaufkommen in beiden Richtungen unterschiedlich, so werden *Richtungsschleusungen* erforderlich. Dabei wird nur die Berg- *oder* die Talschleusung mit einer Schiffsbelegung der Kammer durchgeführt, während die anschließende Schleusung *ohne* Schiffe als Leerschleusung erfolgt.

7.1 Theoretische und praktische Tonnagekapazität

Die *theoretische Tonnagekapazität* C_T (in Gütertonnen pro Jahr) ergibt sich bei voller Belegung der Kammer und 24-stündigem Betrieb an 360 Tagen pro Jahr zu /140/:

$$C_T = \frac{2\ N_{max}\ G_m}{T_c} \times 60 \times 24 \times 365\ , \qquad (7\text{-}1)$$

wobei N_{max} = maximale Anzahl der Schiffe je Schleusung (Berg- oder Talschleusung) bei *voller* Belegung der Kammer (-),

T_c = erforderliche Zeit für eine Kreuzungsschleusung (Berg- und Talschleusung) (min),

G_m = mittlere Ladekapazität der schleusenden Schiffe (tdw).

Die *mittlere Ladekapazität* der schleusenden Schiffe ergibt sich aus dem prozentualen Anteil der verschiedenen Schiffsklassen am gemischten Verkehr und ihrem jeweiligen Ladevermögen zu:

$$G_m = \sum_{i=1}^{i=n} P_i\ G_i\ , \qquad (7\text{-}2)$$

wobei P_i = prozentualer Anteil der Schiffe einer bestimmten Ladungsklasse i (%),

G_i = mittlere Ladekapazität der Schiffe der Klasse i (tdw).

Die *praktische Tonnagekapazität* C_P der Schleusenanlage (in Gütertonnen pro Jahr) ergibt sich bei Annahme eines 16-stündigen Betriebes an rd. 300 (bis 330) Tagen pro Jahr, wobei ein durchschnittlicher Belegungsgrad der Kammer je nach Verkehrsintensität, Zusammensetzung und Ausgewogenheit des Verkehrs auf der Wasserstraße von rd. 45 % bis 55 % der theoretisch erreichbaren Kammerbelegung anzusetzen ist /26, 117/. Für die praktische Tonnagekapazität ergibt sich damit:

$$C_P = \frac{2\ \bar{N}\ G_m}{T_c} \times 60 \times 16 \times 300\ , \qquad (7\text{-}3)$$

wobei $\bar{N}$ = $\eta_c\ N_{max}$ = mittlere Anzahl der Schiffe je Schleusung (Berg- oder Talschleusung) (-),

η_c = Abminderungsfaktor für die tatsächliche Kammerbelegung (= 0,45 bis 0,55) (-).

Mit den vorstehenden Annahmen ergibt sich ein Verhältnis zwischen der praktischen und theoretischen Tonnagekapazität einer Schleuse von $C_P/C_T \approx 0{,}25$ bis 0,30.

Dieser Wert deckt sich mit den Ergebnissen von Untersuchungen an europäischen und US-amerikanischen Schleusen /141, 142, 145/. Der globale Abminderungsfaktor η_c berücksichtigt dabei Schwankungen in der Größe und der Zusammensetzung der am Verkehr beteiligten Schiffe, ungleiche Schiffsankünfte für die Berg- und Talschleusung sowie unterschiedliche Schiffsabladungen und jahreszeitliche Schwankungen im Verkehrsaufkommen.

In einem detaillierteren Ansatz von G. MISTOL für die Bestimmung der praktischen Tonnagekapazität C_p werden auch der prozentuale Anteil der bergwärts und talwärts fahrenden Schiffe sowie die unterschiedlichen Zeiten für Kreuzungs- und Richtungsschleusungen berücksichtigt /144, 145/.

Die erforderliche Zeit T_c für eine *Kreuzungsschleusung* (Berg- und Talschleusung jeweils mit Schiffen in der Kammer) bei ausgewogenem Verkehr in beiden Richtungen ergibt sich zu:

$$T_c = 2\,(T_e + T_a + T_{ges}) \;, \tag{7-4}$$

wobei T_e = Zeit für das Einfahren der Schiffe in die Kammer und das Schließen des Schleusentores (min),

T_a = Zeit für das Öffnen des Schleusentores und für das Ausfahren der Schiffe aus der Kammer (min),

T_{ges} = Zeit für das Füllen bzw. Entleeren der Schleusenkammer (min).

Die erforderliche Zeit T_d für eine *Richtungsschleusung* (Berg- *oder* Talschleusung mit Schiffen in der Kammer sowie eine Leerschleusung ohne Schiffe) ergibt sich zu:

$$T_d = 2\,(T_{ges} + T_g) + T_e + T_a \;, \tag{7-5}$$

wobei T_g = erforderliche Zeit für das Öffnen bzw. Schließen des Schleusentores (min).

Die erforderliche Zeit für das Ein- bzw. Ausfahren der Schiffe hängt von der Art, Größe und Anzahl der jeweils schleusenden Schiffe ab. Auch hat die Weglänge zwischen Warteplatz und Schleuse einen gewissen Einfluß. Als *Mindestzeiten* sind hier für Selbstfahrer $T_e \approx T_a \geq 6{,}0$ min anzusetzen. Das Schließen bzw. Öffnen des Schleusentores erfolgt je nach Torart in rd. 2,0 bis 3,0 min.

Die Füll- und Entleerungszeit der Kammer wird im wesentlichen von der Hubhöhe der Schleuse und von der Art des Füll- und Entleerungssystems bestimmt.

7.2 Möglichkeiten und Grenzen für die Erhöhung der Leistungsfähigkeit einer Schleusenanlage

Eine Erhöhung der Tonnagekapazität einer Schleuse kann durch die *Steuerung des Verkehrsablaufes* auf den angrenzenden Haltungen sowie durch eine gewisse *Verkürzung der Schleusungszeiten* erreicht werden.

Da die Leistungsfähigkeit einer Wasserstraße (abgesehen von örtlichem Verkehr) in der Regel durch die Schleuse mit der geringsten Tonnagekapazität bestimmt wird, sollten sich die Bemühungen um eine Leistungssteigerung insbesondere auf diese erstrecken.

7.2.1 Steuerung des Verkehrsablaufes

Die Ankunftsverteilung der Schiffe an einer Schleuse ist bei nicht gesteuertem Verkehrsablauf als Zufallsprozeß anzusehen und kann demnach durch eine Poisson-Verteilung beschrieben werden /146, 147/, während die Aufeinanderfolge von Zeitlücken zwischen der Ankunft der Schiffe (Zeitlückenverteilung) sich durch eine Exponentialverteilung erfassen läßt /146, 148/.

Die Wartezeiten der Schiffe an den Schleusen lassen sich mit Hilfe der Warteschlangentheorie bestimmen, wobei die berechneten Rückstaulängen als Grundlage für die Bemessung der erforderlichen Liegeplätze in den Vorhäfen dienen /147, 149/.

Eine Verkürzung der Wartezeiten an den Schleusen kann durch die *Programmierung des Verkehrsablaufes* auf einer Wasserstraße erreicht werden /150/. Dabei wird der Schleusungsbetrieb benachbarter Schleusen (oder Hebewerke) so aufeinander abgestimmt, daß sich ein möglichst zügiger Verkehrsablauf auf der Wasserstraße ergibt.

Die Schiffe fahren dabei nach einem Fahrplan mit empfohlenen Regelgeschwindigkeiten in den einzelnen Haltungen, und die Schleusen arbeiten in einem bestimmten Takt, so daß Wartezeiten der Schiffe vermieden werden (Abb. 7.1.a).

Die von der Haltungslänge abhängige Fahrtzeit der Schiffe muß dabei jeweils entweder gleich groß wie die Schleusungszeit T_c der *langsamsten* Schleuse im Schiffahrtskanal sein oder einem ganzzahligen Vielfachen dieser Schleusungszeit entsprechen /137/. Wird diese Bedingung nicht eingehalten, so ergeben sich bei starkem Verkehr Stillstandszeiten bei den Schleusen und Wartezeiten für die Schiffe in den Vorhäfen (Abb. 7.1.b). Das Prinzip eines graphischen Schiffsfahrplanes wurde in Abbildung 7.1. für eine Wasserstraße mit drei unterschiedlich langen Haltungen dargestellt. Schleuse 2 ist dabei die für die Aufstellung des Fahrplanes maßgebende, langsamste Schleuse.

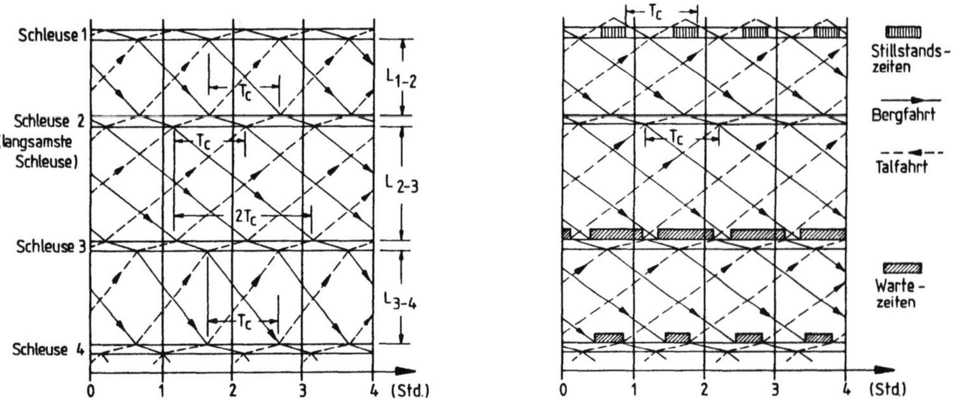

(a) Unterschiedliche Fahrtgeschwindigkeit in den Haltungen (Keine Stillstands- und Wartezeiten)

(b) Einheitliche Fahrtgeschwindigkeit in allen Haltungen (mit Stillstands- und Wartezeiten)

Abbildung 7.1. Schiffsfahrplan für einen programmierten Verkehrsablauf auf einer Wasserstraße

Fahrpläne dieser Art wurden u.a. für den Main-Donau-Kanal aufgestellt, um die optimale Leistungsfähigkeit der Wasserstraße zu ermitteln /129, 137/.

Optimale Verhältnisse ergeben sich, wenn die an der Schleuse eintreffenden Schiffe direkt in die geöffnete Kammer einfahren können ohne vorheriges Anlegen im Vorhafen (Steuerung der Schiffsankünfte). In diesem Falle entfällt das zeitraubende Ablegen und Verholen der Schiffe von den Warteplätzen im Vorhafen vor Einfahrt in die Schleuse (Abb. 7.1.a).

7.2.2 Möglichkeiten zur Verkürzung der Schleusungszeiten

Die erreichbare Füll- und Entleerungszeit einer Schleuse wird durch ihre Hubhöhe und die Art des gewählten Füll- und Entleerungssystems bestimmt. Da die zulässige sekundliche Freigabe der Füll- und Entleerungsquerschnitte vom jeweiligen System abhängt (s. Abschnitt 7.2.3), ist eine Verkürzung der Schleusungszeiten nur in engen Grenzen durch zusätzliche *Schützsteuerungsmaßnahmen* sowie auch durch eine *raschere Restausspiegelung* zwischen Vorhafen- und Kammerwasserstand zu erreichen.

Bei Kanalschleusen wird die maximale Entnahme- und Rückgabewassermenge je nach Vorhafenbreite in der Regel auf einen bestimmten Wert Q_{max} begrenzt, um die Schwall- und Sunkerscheinungen in den Vorhäfen nicht zu stark werden zu lassen. Um diesen Größtwert der Entnahme- bzw. Rückgabewassermenge möglichst über einen längeren Zeitraum ausnutzen zu können und damit die Füll- und Entleerungszeit der Schleuse zu verringern, kann der Öffnungsvorgang der Schütze nach Erreichen von Q_{max} entweder unterbrochen und zu einem späteren Zeitpunkt mit der gleichen sekundlichen Freigabegeschwindigkeit fortgesetzt werden (Abb. 7.2.a) oder mit einer geringeren, sich stetig steigernden sekundlichen Querschnittsfreigabe fortgesetzt werden (Abb. 7.2.b).

Durch diese beiden Maßnahmen kann bei Schleusen mit größeren Hubhöhen eine Verkürzung der Füll- und Entleerungszeit um bis zu 15 % erreicht werden.

Eine zweite Möglichkeit besteht darin, die vollständige Ausspiegelung der Wasserspiegel zwischen Schleusenkammer und Vorhafen nicht abzuwarten, sondern bei Erreichen einer bestimmten Ausspiegelungsdifferenz ΔH durch ein vorzeitiges Öffnen des Schleusenober- bzw. -untertores eine *raschere Restausspiegelung* zu erreichen (s. Abb. 6.44.). Diese Maßnahme kommt jedoch nur bei den Schleusen in Betracht, deren Tore nicht ohnehin zur Kammerfüllung bzw. -entleerung herangezogen werden.

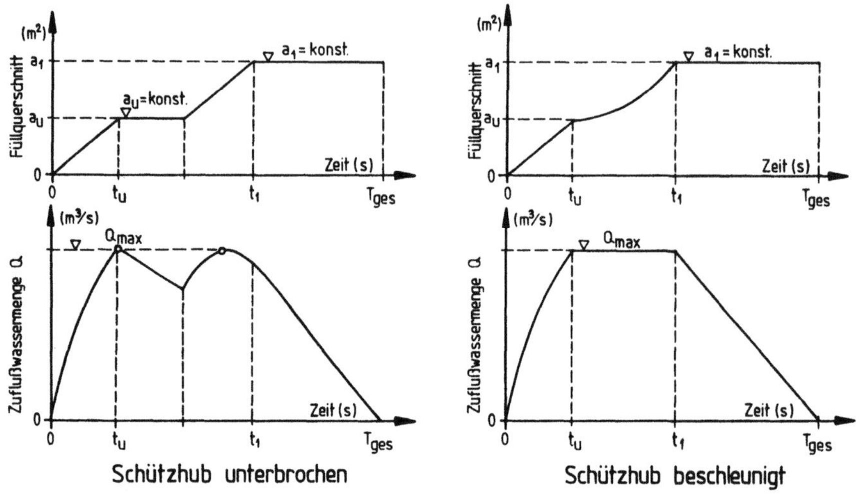

Abbildung 7.2. Zeitlicher Verlauf der sekundlichen Freigabe des Füllquerschnittes und der Zuflußwassermengenkurve /51/

Die mit einer Restausspiegelungshöhe von ΔH erreichbare Füll- bzw. Entleerungszeit der Kammer läßt sich (bei tiefliegendem Drempel) nach Gleichung (7-6) wie folgt bestimmen:

$$T_{ges} = \frac{2A\ (\sqrt{H_{ges}} - \sqrt{\Delta H})}{\mu\ \sqrt{2g}\ a_1} + \frac{t_1}{2}\ . \qquad (7\text{-}6)$$

Die gegenüber der normalen Füll- und Entleerungszeit der Schleuse ohne zusätzliche Restausspiegelung (Gleichung (4-54)) erzielbare Verkürzung kann bereits bei geringen Ausspiegelungsdifferenzen ($\Delta H \leq 0{,}2$m) bis zu rd. 10 % der normalen Füll- und Entleerungszeit ausmachen, wie sich für den Einzelfall leicht nachweisen läßt.

Bei *Sparschleusen* läßt sich eine Verkürzung der Gesamtfüllzeit der Schleuse sowohl durch eine Vergrößerung der Sparbeckenfläche ($A_B > A$) als auch durch eine unvollkommene Restausspiegelung zwischen Becken- und Kammerwasserstand ($\Delta h > 0$) erreichen.

Der erzielbare Zeitgewinn bei *unvollkommener Beckenausspiegelung* wirkt sich bereits je Becken bei geringen Ausspiegelungsdifferenzen ($\Delta h \leq 0{,}2$m) merkbar aus (s. Abb. 6.22.) und ist im Hinblick auf die Gesamtfüll- und -entleerungszeit der Schleuse mit zunehmender Beckenanzahl interessant (s. Abschnitt 6.8).

Die durch eine *Vergrößerung der Sparbecken*fläche erreichbare Füllzeitverkürzung je Becken ist wegen des größeren baulichen Aufwandes für die Sparbecken nur bis zu einer Sparbeckengröße von $A_B \leq 1{,}5$ A vertretbar. Eine Verkürzung der *Gesamt*füllzeit der Schleuse läßt sich dabei jedoch nur bei gleichzeitiger Anwendung einer unvollkommenen Beckenausspiegelung erzielen (s. Abschnitt 6.8).

7.2.3 Zulässige sekundliche Freigabe der Füll- und Entleerungsquerschnitte

Maßgebend für die Größe der auftretenden Trossenkräfte sind unter sonst gleichen Randbedingungen stets die Füllvorgänge. Es genügt deshalb, die zulässigen Grenzwerte für diese zu formulieren, da sie für die Entleerungsvorgänge analog übernommen werden können.

Für die zulässige sekundliche Freigabe der Füllquerschnitte (n in m^2/s) gelten nach den Ausführungen in Abschnitt 4 die in Tabelle 7.1. für die verschiedenen Füllarten zusammengestellten Grenzwerte.

Tabelle 7.1. Zulässige sekundliche Freigaben des Füllquerschnittes

Füllart der Kammer	Zulässige sekundliche Freigabe des Füllquerschnittes n (m^2/s)	
	Für Kammerbreite B (m)	Für B = 12 m
Füllung durch das Obertor mit hochliegendem Drempel	$n_{zul} \leq 0{,}00295\ B$ (Gleichung (4-38))	$n_{zul} \leq 0{,}035$
Füllung vom Oberhaupt her über Torumläufe oder durch das Obertor mit tiefliegendem Drempel	$n_{zul} \leq \frac{0{,}006\ B}{\sqrt{H_{ges}}}$ (Gleichung (4-55))	$n_{zul} \leq \frac{0{,}072}{\sqrt{H_{ges}}}$ (Gleichung (4-56))
Füllung über Längskanäle oder Grundläufe mit Stichkanälen	$n_{zul} \leq \frac{0{,}016\ B}{\sqrt{H_{ges}}}$ (Gleichung (4-60))	$n_{zul} \leq \frac{0{,}20}{\sqrt{H_{ges}}}$ (Gleichung (4-61))
Füllung über Zubringerkanäle mit Füllbatterien	$n_{zul} \leq \frac{0{,}10\ B}{\sqrt{H_{ges}}}$ (Gleichung (4-63))	$n_{zul} \leq \frac{1{,}20}{\sqrt{H_{ges}}}$ (Gleichung (4-64))
Füllung aus einem Sparbecken (bei hydraulisch ausgewogenem Verteilersystem in der Kammer)	$n_{zul} \leq \frac{0{,}10\ B}{\sqrt{h_0}}$	$n_{zul} \leq \frac{1{,}20}{\sqrt{h_0}}$

Bei hydraulisch voll ausgewogenen Systemen (Füllung über Zubringerkanäle mit Füllbatterien sowie bei der Füllung aus Sparbecken) gibt es praktisch keine Begrenzung für die zulässige sekundliche Freigabe der Füll- und Entleerungsquerschnitte, da die auftretenden Trossenkräfte im allgemeinen weit unter dem zulässigen Grenzwert bleiben. Die vorstehend angegebenen Gleichungen können deshalb für die beiden oben genannten Füllarten nur als *Richtwerte* angesehen werden.

7.2.4 Erreichbare mittlere Steiggeschwindigkeiten des Kammerwasserspiegels

Die *mittlere Steig- bzw. Senkgeschwindigkeit* des Kammerwasserspiegels ergibt sich aus der Schleusenhubhöhe H_{ges} und der Füll- bzw. Entleerungszeit T_{ges} der Kammer zu:

$$v_m = \frac{H_{ges}}{T_{ges}} \tag{7-7}$$

und die mittlere Zufluß- bzw. Rückgabewassermenge während des Füll- bzw. Entleerungsvorganges zu:

$$Q_m = \frac{A\, H_{ges}}{T_{ges}} \; . \tag{7-8}$$

Die Füllzeit T_{ges} für alle Arten der Kammerfüllung mit *tief*liegendem Drempel ergibt sich nach Gleichung (4-54) zu:

$$T_{ges} = \frac{2A\, \sqrt{H_{ges}}}{\mu\, \sqrt{2g}\, a_1} + \frac{t_1}{2} \; . \tag{7-9}$$

Mit $e = t_1/T_{ges}$ folgt:

$$T_{ges} = \frac{2A\, \sqrt{H_{ges}}}{\mu\, \sqrt{2g}\, a_1\, (1 - \frac{e}{2})} \tag{7-10}$$

und mit Gleichung (7-8) für die mittlere Zuflußwassermenge:

$$Q_m = \mu\, \sqrt{2g}\, a_1\, \sqrt{H_{ges}} \cdot (\frac{1}{2} - \frac{e}{4}) \; . \tag{7-11}$$

Für den maximalen Zufluß gilt bei $t_{max} < t_1$ (s. Gleichung (4-51)):

$$Q_{max} = \sqrt{\frac{16}{27}\, \mu\, \sqrt{2g}\, n\, A\, H_{ges}^{3/2}} \tag{7-12}$$

und mit $n = a_1/t_1$ und $t_1 = e\, T_{ges}$ folgt bei Verwendung von Gleichung (7-10):

$$Q_{max} = \sqrt{\frac{4}{27}\, (\frac{2}{e} - 1)}\; \mu\, \sqrt{2g}\, a_1\, \sqrt{H_{ges}} \; . \tag{7-13}$$

Für $t_{max} = t_1$ ergibt sich die maximale Zuflußwassermenge zur Schleuse nach Gleichung (4-52). Mit $t_1 = e\ T_{ges}$ und T_{ges} nach Gleichung (7-10) folgt:

$$Q_{max} = (1 - \frac{e}{2-e})\ \mu\ \sqrt{2g}\ a_1\ \sqrt{H_{ges}}\ . \qquad (7\text{-}14)$$

Bei vorgegebenen Kammerabmessungen, Hubhöhe und Füllquerschnitt liegt die erreichbare Füllzeit der Schleuse zwischen den Extremwerten:

$$T_{min} = \frac{2A\ \sqrt{H_{ges}}}{\mu\ \sqrt{2g}\ a_1} \qquad \text{für } t_1 = 0 \qquad (7\text{-}15)$$

und

$$T_{max} = \frac{4A\ \sqrt{H_{ges}}}{\mu\ \sqrt{2g}\ a_1} \qquad \text{für } t_1 = T_{ges}\ . \qquad (7\text{-}16)$$

Dies bedeutet, daß der in den Gleichungen (7-13) und (7-14) verwendete Verhältniswert e in den Grenzen $0 \leqq e \leqq 1$ liegt.

Bei Verwendung der Gleichungen (7-10), (7-12) und (7-13) läßt sich der Verhältniswert Q_{max}/Q_m als Funktion von $e = t_1/T_{ges}$ berechnen /99/:

Für $t_{max} < t_1$ ergibt sich dabei:

$$\frac{Q_{max}}{Q_m} = \frac{8\sqrt{3}}{9\sqrt{2e - e^2}} \qquad (7\text{-}17)$$

und für $t_{max} = t_1$ folgt:

$$\frac{Q_{max}}{Q_m} = \frac{8\ (1-e)}{(2-e)^2}\ . \qquad (7\text{-}18)$$

Bei plötzlicher Freigabe des Füllquerschnittes ist $t_1 = 0$ und $e = 0$, d.h. es ergibt sich nach Gleichung (7-18) für $Q_{max}/Q_m = 2{,}0$. Wird der Füllquerschnitt dagegen erst am Ende des Füllvorganges voll freigegeben, so ist $e = 1{,}0$ und es folgt nach Gleichung (7-17) für $Q_{max}/Q_m = 1{,}54$.

Zwischen diesen beiden Grenzwerten liegt der Verhältniswert Q_{max}/Q_m, wobei für $0 \leqq e \leqq 0{,}5$ die Gleichung (7-18) und für $0{,}5 \leqq e \leqq 1$ die Gleichung (7-17) maßgebend ist. Abbildung 7.3 zeigt den Verlauf der Funktion $Q_{max}/Q_m = f\ (t_1/T_{ges})$ und die für die jeweiligen Füllsysteme zutreffenden Anwendungsbereiche. Diese wurden durch Auswertung einer großen Anzahl von Zuflußmengenkurven für Schleusen mit verschiedenen Hubhöhen und unterschiedlichen Füllsystemen bestimmt /3, 151/.

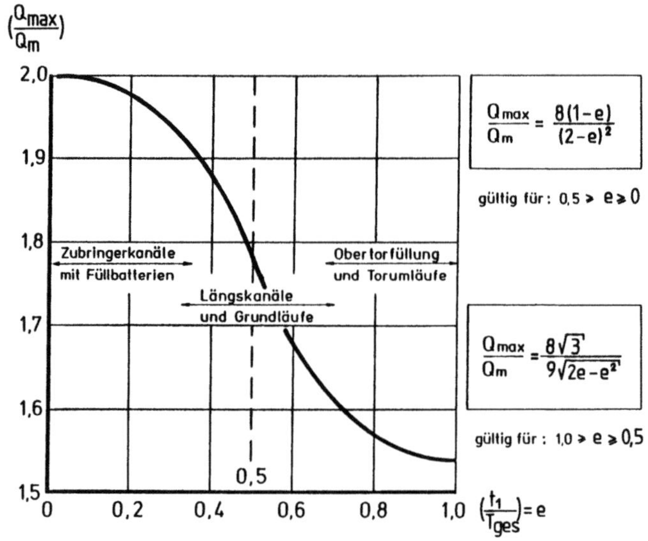

Abbildung 7.3. Verhältnis von maximalem zu mittlerem Zufluß während der Kammerfüllung mit tiefliegendem Drempel

Für die verschiedenen Füllsysteme gelten die in Tabelle 7.2. angegebenen Grenzen (Abb. 7.3.):

Tabelle 7.2. Grenzwerte verschiedener Füllsysteme

Füllsystem	Verhältnis der Zuflusswassermengen	$e = t_1/T_{ges}$
Füllung vom Oberhaupt her mit tiefliegendem Drempel	$1{,}53 \leq \frac{Q_{max}}{Q_m} \leq 1{,}65$	$0{,}70 \leq e \leq 1{,}0$
Füllung über Längskanäle oder Grundläufe mit Stichkanälen	$1{,}65 \leq \frac{Q_{max}}{Q_m} \leq 1{,}93$	$0{,}30 \leq e \leq 0{,}70$
Füllung über Zubringerkanäle und Füllbatterien	$1{,}93 \leq \frac{Q_{max}}{Q_m} \leq 2{,}0$	$0{,}10 \leq e \leq 0{,}30$

Die mittlere Steiggeschwindigkeit v_m des Kammerwasserspiegels während der Schleusenfüllung ergibt sich mit den vorstehenden Verhältniswerten und bei Verwendung von Gleichung (7-7) zu:

$$v_m = \frac{H_{ges}}{T_{ges}} = \frac{Q_m}{A} = \frac{Q_{max}}{f(e)\ A} . \tag{7-19}$$

Geht man von den für die verschiedenen Füllarten ermittelten zulässigen Querschnittsfreigaben n_{zul} (Tabelle 7.1.) aus, so ergeben sich bei Verwendung von Gleichung (7-12) bzw. (4-52) für die Größtwassermenge die mit den verschiedenen Füllsystemen erreichbaren mittleren Steiggeschwindigkeiten des Kammerwasserspiegels (in m/min), wie in Tabelle 7.3. dargestellt. (Als mittlerer μ-Wert wurde 0,70 angenommen.)

Tabelle 7.3. Erreichbare mittlere Steiggeschwindigkeiten des Kammerwasserspiegels (in m/min)

Füllsystem	Mittlere Steiggeschwindigkeit des Kammerwasserspiegels (m/min)	
	$t_{max} < t_1$	$t_{max} = t_1$
Füllung vom Oberhaupt her mit tiefliegendem Drempel	$v_m \leq 4{,}0 \sqrt{\frac{H_{ges}}{L}}$	$v_m \leq 3{,}4 \sqrt{\frac{H_{ges}}{L}}$
Füllung über Längskanäle oder Grundläufe mit Stichkanälen	$v_m \leq 5{,}4 \sqrt{\frac{H_{ges}}{L}}$	$v_m \leq 4{,}9 \sqrt{\frac{H_{ges}}{L}}$
Füllung über Zubringerkanäle und Füllbatterien	$v_m \leq 13{,}0 \sqrt{\frac{H_{ges}}{L}}$	$v_m \leq 10{,}0 \sqrt{\frac{H_{ges}}{L}}$

Die Gleichungen in Tabelle 7.3. geben die *erreichbaren* mittleren Steiggeschwindigkeiten des Kammerwasserspiegels an, bei denen die zulässigen Trossenkräfte während der Kammerfüllung noch nicht überschritten werden.

Bei den Schleusen mit hydraulisch ausgewogenen Füllsystemen (Füllung über Zubringerkanäle mit Füllbatterien) wird die obere Grenze der als möglich angesehenen mittleren Steiggeschwindigkeiten selbst bei den schnellsten Schleusen (Tabelle 1.1.) nur zu 60 bis 75 % erreicht (Donzère-Mondragon ∿ 75 %, Lower Granite ∿ 64 %, Geshouba Nr. 3 ∿ 60 %). Dies liegt insbesondere daran, daß die zulässigen Trossenkräfte bei den vorgenannten Schleusen keineswegs erreicht werden, so daß hier noch *Steigerungen* im Hinblick auf eine Verkürzung der Füll- und Entleerungszeiten möglich gewesen wären.

Bei hydraulisch voll ausgewogenen Füll- und Entleerungssystemen sind demnach mittlere Steig- und Senkgeschwindigkeiten des Kammerwasserspiegels von v_m = 5,0 bis 6,0 m/min in Zukunft bei modernen Schleusen durchaus denkbar.

Die Auswertung einer größeren Anzahl vorhandener Schleusen ergab für die verschiedenen Füllsysteme die folgenden mittleren Steiggeschwindigkeiten des Kammerwasserspiegels, die im praktischen Betrieb bislang erreicht wurden, ohne daß dabei allerdings die zulässigen Trossenkräfte in jedem Fall voll in Anspruch genommen wurden /3/:

Füllung vom Oberhaupt her (Torfüllung und Torumläufe):	$0{,}6\ \text{m/min} \leqq v_m \leqq 1{,}2\ \text{m/min}$
Füllung über Längskanäle bzw. Grundläufe mit Stichkanälen:	$1{,}2\ \text{m/min} \leqq v_m \leqq 1{,}8\ \text{m/min}$
Füllung über Zubringerkanäle mit Füllbatterien:	$2{,}0\ \text{m/min} \leqq v_m \leqq 3{,}5\ \text{m/min}$
Füllung aus Sparbecken mit Restfüllung aus der oberen Haltung:	$1{,}0\ \text{m/min} \leqq v_m \leqq 2{,}0\ \text{m/min}$

7.2.5 Bemessung des Füllquerschnittes

Die Bemessung des Füllquerschnittes (Schützquerschnitt) ist wichtig beim Entwurf jeder Schleuse, da bei Wahl eines zu geringen Füllquerschnittes die Füllzeit der Kammer unnötig verlängert wird (s. Gleichung (4-54)), andererseits aber bei Wahl eines zu großen Füllquerschnittes die Baukosten unnötig ansteigen. Es ist deshalb wichtig, den Füllquerschnitt wirtschaftlich und richtig zu bemessen.

Nach Gleichung (4-54) ergibt sich für die Kammerfüllung mit tiefliegendem Drempel der Füllquerschnitt zu:

$$a_1 = \frac{2A\sqrt{H_{ges}}}{\left(T_{ges} - \frac{t_1}{2}\right)\mu\sqrt{2g}} \; . \tag{7-20}$$

Mit $T_{ges} = t_1/e$ und $a_1 = n\,t_1$ folgt:

$$a_1 \leqq \sqrt{\frac{2\,n\,A\sqrt{H_{ges}}}{\left(\frac{1}{e} - \frac{1}{2}\right)\mu\sqrt{2g}}} \; . \tag{7-21}$$

Setzt man in Gleichung (7-21) für n und e die für die verschiedenen Füllsysteme zulässigen bzw. gültigen Grenzwerte nach Tabelle 7.1. und 7.2. ein, so ergibt sich nach Gleichung (7-21) die *erforderliche Größe des Füllquerschnittes* für die jeweilige Schleuse /3/.

Die Untersuchung einer größeren Anzahl in Betrieb befindlicher Schleusen mit verschiedenen Kammerabmessungen und unterschiedlichen Füllsystemen ergab die in Abbildung 7.4. dargestellte Abhängigkeit des gewählten Füllquerschnittes a_1 (in m^2) von den Hauptabmessungen der jeweiligen Schleuse.

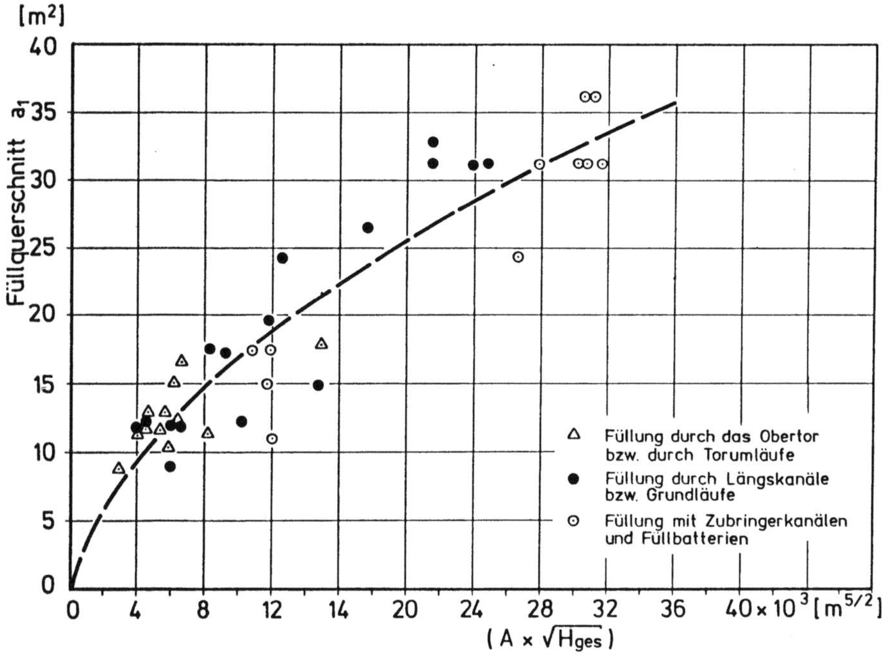

Abbildung 7.4. Füllquerschnitt in Betrieb befindlicher Schleusen in Abhängigkeit von den vorhandenen Schleusenabmessungen /3/

Die Gleichung der in Abbildung 7.4. dargestellten gestrichelten Kurve

$$a_1 \approx 0{,}175\sqrt{A\ \sqrt{H_{ges}}} \qquad (7\text{-}22)$$

kann dabei als erster Anhalt für die Wahl eines geeigneten Füllquerschnittes beim Entwurf einer neuen Schleuse dienen. Wie die Streuung der Werte zeigt, gibt Gleichung (7-22) jedoch sicherlich nicht das erreichbare Optimum entsprechend Gleichung (7-21) wieder.

Eine andere Auftragung für eine Reihe von Schleusen mit unterschiedlichen Hubhöhen, Kammerabmessungen und Füllsystemen ergab die in Abbildung 7.5. dargestellte Abhängigkeit zwischen den gewählten, dimensionslosen Parametern:

$$\frac{a_1}{B\ H_{ges}} \approx 0{,}0065\left(\frac{L^2}{B\ H_{ges}}\right)^{0{,}5} \quad . \tag{7-23}$$

Die Größe des Füllquerschnittes ergibt sich daraus zu:

$$a_1 = 0{,}0065\sqrt{A\ L\ H_{ges}} \quad . \tag{7-24}$$

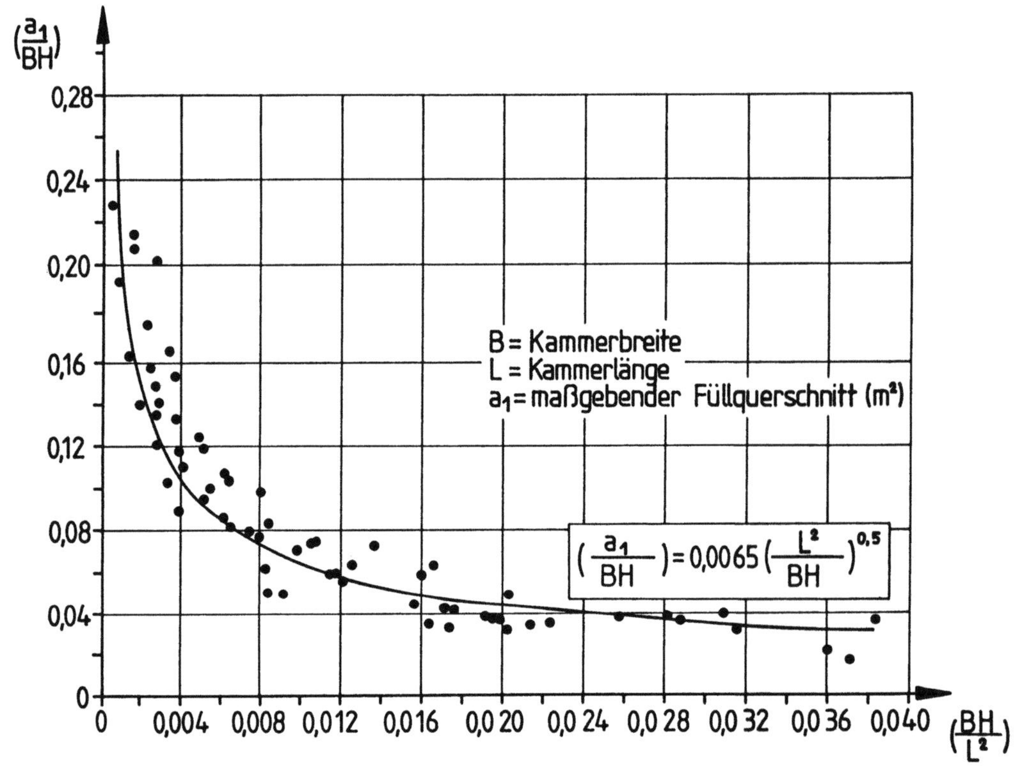

Abbildung 7.5. Zusammenhang zwischen Füllquerschnitt, Hubhöhe und Kammerabmessungen der Schleuse

Beim Entwurf einer Schleuse können die empirischen Ansätze nach den Gleichungen (7-22) und (7-24) für die Bemessung des erforderlichen Füllquerschnittes herangezogen werden. Die maximal noch vertretbare Füllquerschnittsgröße ergibt sich nach Gleichung (7-21) bei Verwendung der für das gewählte Füllsystem maßgebenden Grenzwerte (Tabelle 7.1. und 7.2.).

8 Verhältnisse in den Schleusenvorhäfen

Bei dynamisch ausgewogenen Füll- und Entleerungssystemen moderner Schleusen ist im Hinblick auf die Trossenbelastungen der schleusenden Schiffe eine rasche Freigabe der Füllquerschnitte möglich, wobei je nach Hubhöhe der Schleuse entsprechend große Spitzenwerte Q_{max} bei der Wasserentnahme bzw. -rückgabe auftreten können.

Bei *Flußschleusen* erfolgt die Wasserentnahme bei der Schleusenfüllung in der Regel *nicht* aus dem oberen Vorhafen, sondern aus der oberen Stauhaltung. Das gleiche gilt für die Kammerentleerung, bei der das Schleusenwasser in die untere Stauhaltung abgegeben wird. Die dabei auftretenden Schwall- und Sunkerscheinungen können für die Schiffahrt in den anschließenden Flußstrecken als vernachlässigbar und unbedeutend angesehen werden.

Anders verhält es sich bei *Kanalschleusen*, bei denen die Wasserentnahme für die Kammerfüllung aus dem oberen Schleusenvorhafen und die Wasserrückgabe bei der Kammerentleerung in den unteren Vorhafen erfolgen muß. Hier treten in den Vorhäfen und anschließenden Kanalstrekken *Schwall- und Sunkerscheinungen* auf, deren Auswirkungen auf den Wasserstand und die Schiffahrt die Einhaltung bestimmter Grenzwerte erforderlich macht /2/.

In erster Linie dürfen die *Trossenbelastungen* der in den Vorhäfen wartenden Schiffe keine unzulässigen Werte erreichen. Es ist deshalb eine Begrenzung der sekundlichen Zu- und Abnahme der Zufluß- und Rückgabewassermengen während der Füll- und Entleerungsvorgänge erforderlich.

Darüber hinaus darf in der Regel bei der Schleusenfüllung die maximale Entnahmewassermenge einen bestimmten, von der Wassertiefe im Vorhafen und der Vorhafenbreite abhängigen Wert nicht überschreiten, um die *Sunktiefe* im oberen Vorhafen nicht zu groß werden zu lassen.

Bei Doppelschleusen ist außerdem der *Einfluß von Querströmungen* auf die während der Füllung bzw. Entleerung der einen Schleuse in die zweite Schleuse einfahrenden oder in den Vorhäfen liegenden Schiffe zu untersuchen.

8.1 Schwall- und Sunkerscheinungen in den Vorhäfen

8.1.1 Entnahmesunk

Bei der Entnahme des Füllwassers aus dem oberen Vorhafen sinkt der Wasserspiegel zunächst unmittelbar an der Entnahmestelle (im allgemeinen vor dem Obertor) ab. Dadurch entsteht ein Wasserspiegelgefälle zwischen dem Ruhewasserspiegel im Vorhafen und dem des Entnahmequerschnittes, dessen Folge eine Fließbewegung in Richtung auf die Schleusenkammer ist. Das Wasserspiegelgefälle pflanzt sich dabei mit einer bestimmten Wellengeschwindigkeit w in entgegengesetzter Richtung fort. Diese läßt sich überschlägig wie folgt berechnen:

$$w \cong \sqrt{g\left(\frac{A_V}{B_V}\right)} \ , \qquad (8\text{-}1)$$

wobei A_V = Vorhafenquerschnitt (m^2),
B_V = mittlere Wasserspiegelbreite im Vorhafen (m).

Aus der Bedingung für die Volumengleichheit der in der Zeiteinheit Δt dem Vorhafen entnommenen und der Schleusenkammer zugeflossenen Wassermenge ΔQ folgt:

$$\Delta Q_i = z_i \, B_V \, w \ , \qquad (8\text{-}2)$$

wobei z_i = Wasserspiegelabsenkung (Sunktiefe) in der Zeit Δt_i (m).

Die *maximale* Wasserspiegelabsenkung an der Entnahmestelle tritt zum Zeitpunkt $t = t_{max}$ des größten Zuflusses Q_{max} zur Schleuse auf. Sie ergibt sich als Summe aller Teilabsenkungen z_i zu (Abb. 8.1.):

$$z_{max} = \sum_{i=1}^{i=n} z_i \cong \frac{Q_{max}}{w \, B_V} \ . \qquad (8\text{-}3)$$

Nach Erreichen der maximalen Zuflußwassermenge nimmt der sekundliche Zufluß zur Schleuse im weiteren Verlauf des Füllvorganges stetig bis auf Null ab (s. Abb. 4.5. und 4.7.). Dabei setzt das nicht mehr der Schleuse zugeführte, in Bewegung befindliche Wasser seine kinetische Energie in potentielle Energie um, wodurch der Wasserspiegel vor dem Obertor der Schleuse in dem Maße ansteigt, wie die Entnahmewassermenge abnimmt. Abbildung 8.1. zeigt das Profil einer Sunkwelle im Schleusenvorhafen am Ende des Füllvorganges. Dabei wurden für jedes Zeitintervall Δt_i die entsprechenden Teilsunk- bzw. -schwallwellen dargestellt /2, 3/.

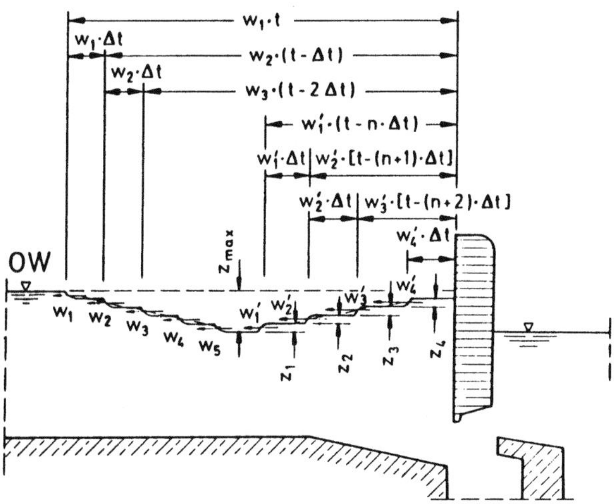

Abbildung 8.1. Ausbildung einer Sunkwelle im oberen Vorhafen

Die Neigung I_W der *Sunkwellenfront* ergibt sich bei Annahme eines unbegrenzt langen Vorhafens mit konstantem Querschnitt analog zu Gleichung (4-1) bei Verwendung von Gleichung (8-1) zu:

$$I_W \cong \frac{1}{B_V\, w^2} = \frac{1}{g\, A_V} \frac{dQ}{dt} \,. \tag{8-4}$$

Die Größe der sekundlichen Zunahme der Zuflußmenge läßt sich für die Füllung mit *hoch*liegendem Drempel nach Gleichung (4-5) bestimmen. Bei Füllung mit *tief*liegendem Drempel kann die maximale Zunahme der Zuflußmenge für t = O nach Gleichung (4-45) angesetzt werden.

Die Neigung I_W' des *Sunkwellenrückens* (Abb. 8.1.) ergibt sich bei Verwendung von Gleichung (4-49) zu:

$$I_W' = \frac{\mu^2\, a_1{}^2}{A_V\, A} \quad . \tag{8-5}$$

Unter der Voraussetzung eines unbegrenzt langen Vorhafens mit konstanter Breite und Wassertiefe würde sich das Sunkwellenprofil im oberen Vorhafen in erster Näherung als *affines Abbild der für die Schleusenfüllung maßgebenden Zuflußmengenkurve* (s. Abb. 3.15.) ergeben /2, 3/.

In der Regel ist jedoch die Vorhafenbreite B_V größer als die Wasserspiegelbreite B_K in der anschließenden Kanalstrecke (Abb. 2.71.). Im Bereich der Übergangsstrecke kommt es deshalb zu einer *Teilreflexion* der Sunkwelle /153/, wobei sich die reflektierten Sunkwellenanteile den nachfolgenden Wellenanteilen überlagern.

Insgesamt führt dabei die Teilreflexion der Sunkwelle im Bereich der Übergangsstrecke zu einer Vergrößerung der Neigung der Sunkwellenfront und des Wellenrückens auf der anschließenden *Kanalstrecke* sowie auch zu einer Vergrößerung der maximalen Sunktiefe. Die Zunahme der Sunkwellenneigungen läßt sich durch den folgenden Ansatz bestimmen /2/:

$$(I_W)_K = \sqrt[4]{\frac{A_V\ B_V}{A_K\ B_K}}\ (I_W)_V , \tag{8-6}$$

wobei $(I_W)_K$ = Sunkwellenneigung im Kanal ($^o/oo$),
$(I_W)_V$ = Sunkwellenneigung im Vorhafen ($^o/oo$),
A_K = Kanalquerschnitt (m^2),
B_K = Wasserspiegelbreite im Kanal (m).

Im *Vorhafen* tritt eine Verformung der Sunkwelle durch die Teilreflexion an der Übergangsstrecke und Überlagerung der reflektierten und am Schleusenobertor re-reflektierten Wellenanteile auf. Weiterhin hat die Erweiterung des Entnahmequerschnittes (Schleuseneinfahrt) auf die Vorhafenbreite insbesondere bei Doppelschleusen (sprunghafte Erweiterung am Ende des mittleren Leitwerkes auf die volle Vorhafenbreite, s. Abb. 2.71.) einen zusätzlichen Einfluß auf die Verformung der Sunkwelle.

Der Einfluß dieser komplexen Vorgänge auf die resultierenden Sunkwellenneigungen im Vorhafen wurden durch systematische Modellmessungen bestimmt /2/. Darüber hinaus wurden graphische und numerische Verfahren zur Bestimmung der resultierenden Sunkerscheinungen im Vorhafen und in den anschließenden Kanalstrecken entwickelt /154/ sowie einige Großversuche in der Natur ausgeführt /155, 169, 170, 171/.

Dabei ergab sich, daß durch die ineinandergreifenden Überlagerungs- und Reflexionserscheinungen im Vorhafen die Neigung der Sunkwellenfront gegenüber dem theoretischen Wert nach Gleichung (8-4) etwas vergrößert wird, während sich der Sunkwellenrücken gegenüber dem theoretischen Wert nach Gleichung (8-5) etwas verflacht /2/. Die bei der Kammerfüllung im Bereich der Schiffsliegeplätze im Vorhafen auftretende Neigung der Sunkwellenfront, die im allgemeinen für die maximale Trossenbelastung der wartenden Schiffe maßgebend ist, ergibt sich nach den Ergebnissen der vorgenannten Untersuchungen zu /2/:

$$(I_W)_V = \frac{\zeta}{g\,A_V}\,\frac{dQ}{dt} \tag{8-7}$$

wobei $\zeta = f(B/B_V)$ = Korrekturfaktor ($\zeta \approx 1{,}2$ für Einzelschleusen)
($\zeta \approx 1{,}1$ für Doppelschleusen).

8.1.2 Rückgabeschwall

Die bei der Wasserrückgabe infolge der Kammerentleerung im unteren Vorhafen auftretenden Schwallerscheinungen lassen sich in ähnlicher Weise bestimmen, wie die Sunkerscheinungen im oberen Vorhafen. Dabei gelten in erster Näherung die gleichen Ansätze für die Bestimmung der maximalen Schwallhöhe (Gleichung (8-3)) und der Wellenneigungen (Gleichungen (8-5) und (8-7)) wie bei den Sunkerscheinungen.

8.2 Trossenbelastungen von wartenden Schiffen

Die in den Vorhäfen liegenden und auf die Schleusung wartenden Schiffe werden im allgemeinen mit einer Bug- und einer Hecktrosse an den an den Liege- und Warteplätzen vorhandenen Dalben oder Pollern festgelegt.

Bei der Füllung und Entleerung der Schleusenkammer geraten die Schiffe unter den Einfluß der an ihnen vorbeilaufenden Schwall- bzw. Sunkwellen. Dabei müssen von den Haltetrossen entsprechende Kräfte aufgenommen werden, deren Größe im wesentlichen von den Neigungen der Schwall- bzw. Sunkwellen abhängt /2/.

Für die *maximal* auftretenden Trossenbelastungen ist dabei in nahezu allen Fällen die Neigung der Sunk- bzw. Schwallwellen*front* maßgebend, da die nachfolgenden Wellenrücken in der Regel eine geringere Neigung aufweisen.

Als zulässige Wellenneigung kann, ähnlich wie bei den Füll- und Entleerungsvorgängen in der Kammer, ein Grenzwert von $(I_W)_{zul} \leq 0{,}4\ ^o/oo$ angenommen werden, wenn die Sicherheit gegenüber der Trossenbruchlast entsprechend gleich groß gewählt wird.

Dabei ist zu beachten, daß es wegen der relativ großen Länge der Sunk- bzw. Schwallwellen ($l_{ges} \approx w\ T_{ges}$) sowohl beim Durchlaufen der Wellenfront als auch beim Passieren des Wellenrückens zu einer *vollen Auswirkung* der jeweiligen Neigungskraft F_W auf das an den Pollern vertäute Schiff kommt. Eine Entlastung der zunächst durch die Wellenfront beanspruchten Bugtrosse tritt erst ein, wenn das Schiff unter den Einfluß des entgegengesetzt gerichteten Wasserspiegelgefälles des nachfolgenden Wellenrückens gerät (Abb. 8.2.).

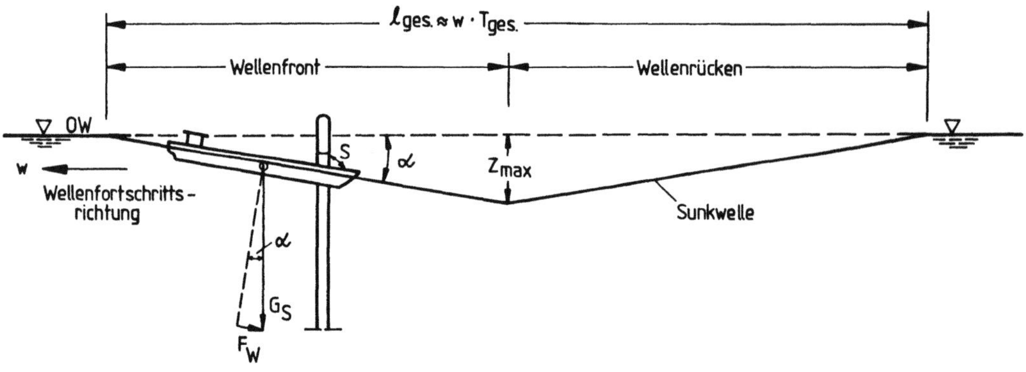

Abbildung 8.2. Wirkung einer Sunkwelle auf ein im Vorhafen liegendes Schiff

Die Einwirkdauer t_W der jeweiligen Neigungskraft ist dabei in jedem Fall wesentlich größer als die Eigenschwingperiode T_t des Systems Schiff-Trosse ($t_W/T_t >> 1$), so daß selbst bei vollständig *straff verlegten Haltetrossen* der annähernd doppelte Wert der wirkenden Neigungskraft als Trossenkraft zu erwarten ist (Abb. 3.16.).

Bei *vorhandenem Trossendurchhang* gelten die in Abbildung 3.17. für ein Europaschiff dargestellten Abhängigkeiten zwischen der Wasserspiegelneigung (= Wellenneigung), Trossenlänge und maximaler Trossenkraft.

8.3 Zulässige Zunahme der Füll- und Entleerungswassermenge

Bei Zugrundelegen einer zulässigen Wellenneigung von $(I_W)_{zul} \leqq 0{,}4\,^o/oo$ ergibt sich die zulässige Zunahme der Füllwassermenge während der Schleusenfüllung bei vorhandenem Vorhafenquerschnitt aus Gleichung (8-7) zu:

$$\left(\frac{dQ}{dt}\right)_{zul} \leqq \frac{(I_W)_{zul}\ g\ A_V}{\zeta} \approx 0{,}0034 \times A_V \ . \qquad (8\text{-}8)$$

Bei normaler Vorhafenausbildung mit einer Schleuse (Abb. 2.74.) und insbesondere bei Vorhäfen für Doppelschleusen (Abb. 2.75.) liegt der obige Grenzwert über den für die Kammerfüllung vom Oberhaupt her bzw. über Längskanäle oder Grundläufe zulässigen Werten (s. Gleichungen (4-36) und (4-59)). Bei hydraulisch ausgewogenen Füll- und Entleerungssystemen ist in der Regel jedoch der nach Gleichung (8-8) berechnete Wert für den Füll- und Entleerungsvorgang der Schleuse maßgebend. Eine Verkürzung der Schleusungszeiten ließe sich hier nur durch eine Vergrößerung des Vorhafenquerschnittes erreichen.

8.4 Erforderlicher Vorhafenquerschnitt

Wenn für eine Schleusenfüllung bzw. -entleerung der Verlauf der Zuflußwassermengenkurve vorgegeben ist, so kann der erforderliche Vorhafenquerschnitt $(A_V)_{erf}$ bei Vorgabe eines zulässigen Wasserspiegelgefälles im Vorhafen nach Gleichung (8-7) wie folgt bestimmt werden:

$$(A_V)_{erf} \geqq \frac{\zeta}{g\ (I_W)_{zul}} \left(\frac{dQ}{dt}\right)_{vorh} \approx 293{,}0 \times \left(\frac{dQ}{dt}\right)_{vorh} \ . \qquad (8\text{-}9)$$

8.5 Begrenzung der maximalen Entnahme- und Rückgabewassermenge

Bei der Schleusen*füllung* aus dem oberen Vorhafen ist eine Begrenzung der maximalen Entnahmewassermenge auf ein zulässiges Maß erforderlich, um die Wasserspiegelabsenkungen (Sunktiefen) in vertretbaren Grenzen zu halten.

Bei Zugrundelegen einer zulässigen Sunktiefe von $z_{max} \leq 0{,}20$ m ergibt sich bei den für Einzelschleusen üblichen Vorhafenbreiten und -wassertiefen (s. Abb. 2.74.) nach Gleichung (8-3) eine zulässige obere Grenze für die maximale Entnahmewassermenge von $Q_{max} \leq 70$ bis $80\ m^3/s$. Dieser Grenzwert wird bei den meisten Kanalschleusen im europäischen Wasserstraßennetz eingehalten (s. Abb. 6.44. und 6.52.).

Bei *Doppelschleusen* ist die Vorhafenbreite entsprechend größer (s. Abb. 2.75.), so daß eine entsprechend größere maximale Entnahmewassermenge zugelassen werden kann, ohne daß die Sunktiefe im Vorhafen $z_{max} \leq 0{,}20$ m übersteigt. Dabei muß allerdings sichergestellt sein, daß ein *gleichzeitiges Füllen* beider Schleusen nicht erfolgt, da sich in diesem Fall die jeweiligen Sunktiefen addieren würden.

Bei der Schleusen*entleerung* in den unteren Vorhafen wird die maximal zulässige Schwallhöhe im Vorhafen in der Regel ebenfalls auf $z_{max} \leq 0{,}20$ m begrenzt, weil andernfalls, insbesondere auf der anschließenden Kanalstrecke, die lichte Durchfahrtshöhe unter den Kreuzungsbauwerken zu stark erhöht werden muß.

Damit ergeben sich für die Kammerentleerung von Kanalschleusen die etwa gleichen Grenzwerte für die maximale Rückgabewassermenge wie bei den Kammerfüllungen.

Um eine Überschreitung des vorgegebenen Grenzwertes von Q_{max} zu vermeiden, muß entweder die sekundliche Freigabe des Füll- bzw. Entleerungsquerschnittes entsprechend langsam erfolgen, wobei die zulässige sekundliche Freigabegeschwindigkeit der Verschlußorgane jeweils mit Hilfe der Gleichungen (4-29), (5-51) oder (4-52) zu bestimmen ist, oder der Schützhub unterbrochen werden (s. Abschnitt 7.2.2 und Abb. 7.2.).

Bei *Flußschleusen* ist eine Begrenzung der maximalen Entnahme- und Rückgabewassermengen im allgemeinen nicht erforderlich, da die Wasserentnahme aus der oberen und die Wasserrückgabe in die untere Stauhaltung erfolgt. Es können deshalb hier die in Tabelle 7.1. angegebenen zulässigen Freigabegeschwindigkeiten der Füll- und Entleerungsquerschnitte voll ausgenutzt werden.

8.6 Querströmungen

Querströmungen üben auf die fahrenden Schiffe senkrecht zur Fahrtrichtung wirkende Strömungskräfte aus, die nur durch ein entsprechendes Gegensteuern des Schiffes ausgeglichen werden können. Letzteres ist jedoch nur wirksam, wenn das Schiff eine ausreichende Fahrtgeschwindigkeit besitzt.

Aus diesem Grunde sind Querströmungen im Einfahrtsbereich der Schleusen und Vorhäfen (bei Flußschleusen) für die mit geringer Geschwindigkeit *ein*fahrenden Schiffe besonders unerwünscht, da durch sie die Steuerfähigkeit der Schiffe stark behindert wird. Die aus den Schleusen bzw. Vorhäfen *aus*fahrenden Schiffe besitzen im allgemeinen bereits eine entsprechend große Fahrtgeschwindigkeit, so daß sie durch auftretende Querströmungen weniger in ihrem Fahrverhalten beeinträchtigt werden.

Besonders störend und unerwünscht sind Querströmungen und Walzenbewegungen, wie sie bei *Doppelschleusen* im Einfahrtsbereich der einen Schleuse auftreten können, wenn die zweite Schleuse gerade gefüllt bzw. entleert wird (Abb. 8.3.).

Hier kann durch ein verlängertes, teilweise durchbrochenes Leitwerk zwischen beiden Schleusen eine gewisse Abhilfe geschaffen werden. Im Einzelfall wird empfohlen, die Strömungsverhältnisse an einem hydraulischen Modell zu untersuchen.

Bei *Flußschleusen* können im Bereich der Einfahrten zu den Schleusenvorhäfen wegen der vorhandenen Strömung im Fluß gewisse Querströmungskomponenten auf die ein- und ausfahrenden Schiffe nicht vermieden werden. Die Vorhäfen sollten deshalb so angelegt werden, daß diese Querkomponenten möglichst gering sind. Sie sind im Einzelfall durch Einfahrtversuche an einem hydraulischen Modell zu überprüfen.

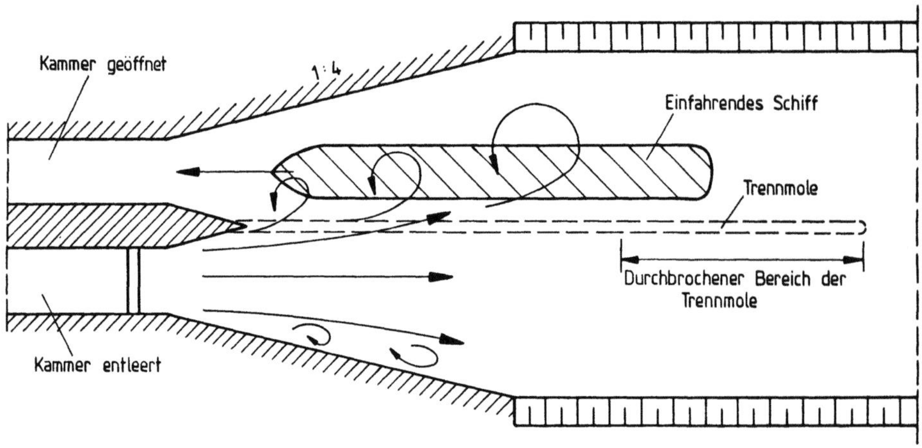

Abbildung 8.3. Querströmungen im Einfahrtsbereich einer Doppelschleuse

Die in den siebziger Jahren in der Bundesanstalt für Wasserbau/Karlsruhe über die Gestaltung von Vorhafeneinfahrten an Flußstaustufen des Mains, der Mosel und des Rheins ausgeführten Modelluntersuchungen ergaben, daß wirksame Verbesserungen im Hinblick auf die auf die Schiffe wirkenden Querströmungen durch eine teilweise durchbrochene Trennmole sowie auch durch eine entsprechende Linienführung und Abflachung des Flußufers erreicht werden können. Im UW-Bereich können durch eine Sohlenvertiefung unterhalb des Wehres (Verringerung der Strömungsgeschwindigkeiten) die Einfahrtsbedingungen zum unteren Schleusenvorhafen verbessert werden /191/.

Als *Richtwert* wurde bislang eine zulässige Querströmung von $v_q \leq 0{,}30$ m/s den Modellversuchen zugrunde gelegt. Es erscheint jedoch zweckmäßig, diesen Wert entsprechend der Größe und Abladung der Schiffe zu modifizieren /156/.

9 Hochwasserabteilung durch Fluß-Schleusen

9.1 Allgemeines

Zur Entlastung des Wehres ist man bei einigen Flußstaustufen dazu übergegangen, auch die Schleusen zur Hochwasserabfuhr mit heranzuziehen. Dies kommt insbesondere überall dort in Betracht, wo im Bereich von Stadtgebieten oder in engen Flußtälern mit steilen Ufern der erforderlichen Breitenausdehnung einer geplanten Flußstaustufe natürliche Grenzen gesetzt sind oder wo stärkere Eingriffe in schutzwürdige Landschaften vermieden werden sollen.

Die ersten *Mehrzweck-Schleusen* dieser Art wurden etwa Mitte des 19. Jahrhunderts in Frankreich an Schelde, Scarpe, Lys und Marne gebaut. Ihnen folgten um die Jahrhundertwende bei der Stauregelung des Ohio-Rivers weitere 46 Staustufen mit Schleusen in den USA sowie in Deutschland 1917 die Oderschleuse bei Breslau, 1926 die Saarschleuse Mettlach und 1942 die Spreeschleuse bei Berlin /87/.

Nach 1950 wurden in den USA bei Ausbau des Mississippi, Monongahela, Cumberland und Ohio-Rivers, in der UdSSR am Dnjepr, in der Bundesrepublik Deutschland beim Ausbau der Mosel und Elbe (Staustufe Geesthacht) sowie am Neckar, Main und an der Donau und Saar, in Frankreich an der Rhône und in Österreich an der Donau weitere Flußschleusen zur teilweisen Hochwasserabfuhr mit vorgesehen /87, 157/.

Grundsätzlich eignet sich jede in einer Flußstaustufe oder in einem Durchstich angeordnete Flußschleuse (Abb. 2.76.) zur Ableitung von Hochwasser, jedoch müssen hierfür einige bauliche und betriebliche Voraussetzungen erfüllt sein. Dabei ist es von untergeordneter Bedeutung, ob das Oberhaupt oder das Unterhaupt der Schleuse in Höhe der Wehrachse angeordnet ist oder ob die Schleuse, wie im Falle der Elbestaustufe Geesthacht, in einem Durchstich liegt /157/.

Wichtig sind die *Untergrundverhältnisse* im Bereich der Schleusenanlage und der Vorhäfen, da bei weichen und rolligen Böden die Gefahr einer Unterspülung des Bauwerkes und die der Erosion in den Vorhäfen besteht.

Um die Abflußleistung der Schleuse zu erhöhen, empfiehlt sich ein *Tieferlegen der oberen Vorhafensohle*. Dies bedingt eine besondere Art von Obertor für die Schleuse (Abb. 2.107.).

Eine Vertiefung der unteren Vorhafensohle verbessert die Abflußleistung der Schleuse nur unwesentlich, vermindert aber die Gefahr der Sohlenerosion bei der Hochwasserabfuhr.

9.2 Erreichbare Abflußleistung

Die Heranziehung einer Flußschleuse zur Hochwasserableitung bewirkt eine Verzweigung des HW-Abflusses, wobei je nach Lage von Wehr und Schleuse zueinander eine wechselseitige Beeinflussung der jeweiligen Abflußanteile in mehr oder weniger starkem Maße stattfindet.

Entscheidend für die erreichbare Abfuhrleistung der Schleuse sind neben der Kammerbreite und Höhenlage der oberen Vorhafensohle die Drempelhöhe am Oberhaupt der Schleuse und die beim Hochwasserabfluß vorhandene Wasserspiegeldifferenz zwischen den Enden der beiden Schleusenvorhäfen.

Darüber hinaus wird die Abflußleistung der Schleuse noch durch die An- und Abströmverhältnisse in den Vorhäfen, die Vorhafenbreiten, Anordnung und Höhe der Trennmolen sowie durch die Ausbildung des Einfahrtsbereiches zur Schleuse beeinflußt.

Der Hochwasserabfluß durch die Schleuse entspricht hydraulisch dem Durchfluß durch ein Rechteckgerinne, bei dem die Sohle in der Regel am oberen Drempel einen Absturz aufweist (Abb. 9.1.a und c).

Bei *großer* Wasserspiegeldifferenz zwischen Ober- und Unterwasser stellt sich die Grenztiefe (Übergang vom strömenden zum schießenden Abfluß) in der Regel am oberen Drempel der Schleuse ein (Abb. 9.1.a).

Bei durchgehender Kammersohle liegt der maßgebende Abflußquerschnitt am unteren Drempel im Bereich des Unterhauptes (Abb. 9.1.b).

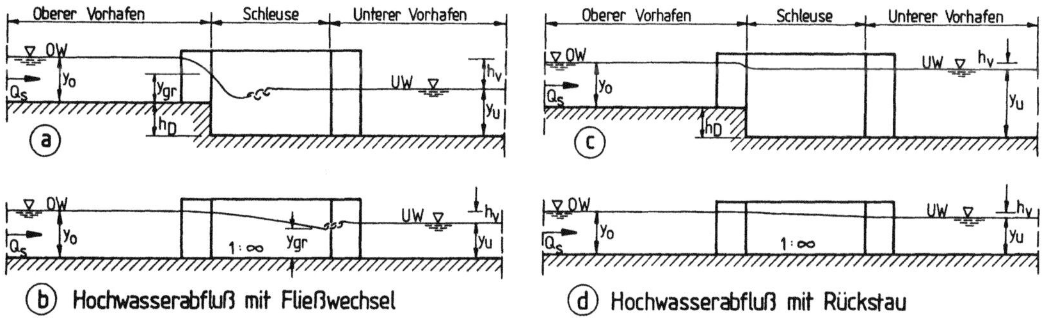

Abbildung 9.1. Abflußvarianten bei der Hochwasserableitung durch Flußschleusen /87/

Bei *geringer* Wasserspiegeldifferenz zwischen Ober- und Unterwasser staut das Unterwasser zurück und der Durchfluß bleibt im strömenden Bereich sowohl bei Schleusen mit Abfallboden am oberen Drempel (Abb. 9.1.c) als auch bei durchgehender Kammersohle (Abb. 9.1.d). Grundsätzlich ist dabei die Abfuhrleistung der Schleuse bei Abfluß mit Fließwechsel (Abb. 9.1.a und b) größer als bei rückgestautem Abfluß (Abb. 9.1.c und d).

Eine näherungsweise Berechnung der Abflußleistung einer Schleuse ist möglich. Dabei werden die Energieverluste der Zu- und Abströmung in den Vorhäfen zunächst vernachlässigt, da sie im Einzelfall schwer zu erfassen sind.

Bei *rückstaufreiem Durchfluß* ergibt sich die Durchflußmenge Q_s aus der Grenztiefe y_{gr} am maßgebenden Durchflußquerschnitt. Für diese gilt /160/:

$$y_{gr} = \sqrt[3]{\frac{Q_s^2}{B^2\, g}} \,. \qquad (9\text{-}1)$$

In Gleichung (9-1) sind Q_s und y_{gr} zunächst noch unbekannt. Mit Hilfe einer schrittweisen Wasserspiegelberechnung, die beim maßgebenden Durchflußquerschnitt beginnt und bis zum oberwasserseitigen Ende des oberen Vorhafens fortgesetzt wird, kann jedoch durch Variation von Q_s diejenige Grenzwassertiefe iterativ bestimmt werden, für die sich der maßgebende OW-Stand an der Einfahrt zum oberen Vorhafen ergibt /87, 160/.

Im Falle des *eingestauten Durchflusses* (ohne Fließwechsel) muß zunächst die Grenzwassertiefe am Ende des unteren Vorhafens bestimmt werden, bei deren Unterschreitung der Abfluß rückstaufrei wird. Mit Hilfe von schrittweisen Wasserspiegelberechnungen ausgehend vom maßgebenden UW-Stand wird dann iterativ durch Variation von Q_S derjenige Abfluß bestimmt, für den sich der maßgebende OW-Stand an der Einfahrt zum oberen Vorhafen ergibt /87, 161/.

In Abbildung 9.2. wurde die bei einer Flußschleuse maximal erreichbare Abflußleistung pro m Kammerbreite in Abhängigkeit von der Wasserspiegeldifferenz ΔH zwischen dem oberen und unteren Vorhafen dargestellt. Die erreichbare Abflußleistung (in m^3/s m) der Schleuse nimmt demnach mit zunehmender Höhe h_D des Abfallbodens am oberen Drempel stark ab. Außerdem ist ein geringer Einfluß der vorhandenen Schleusenbreite auf die Abfuhrleistung pro m Kammerbreite vorhanden (Einschnürungs- und Reibungsverluste).

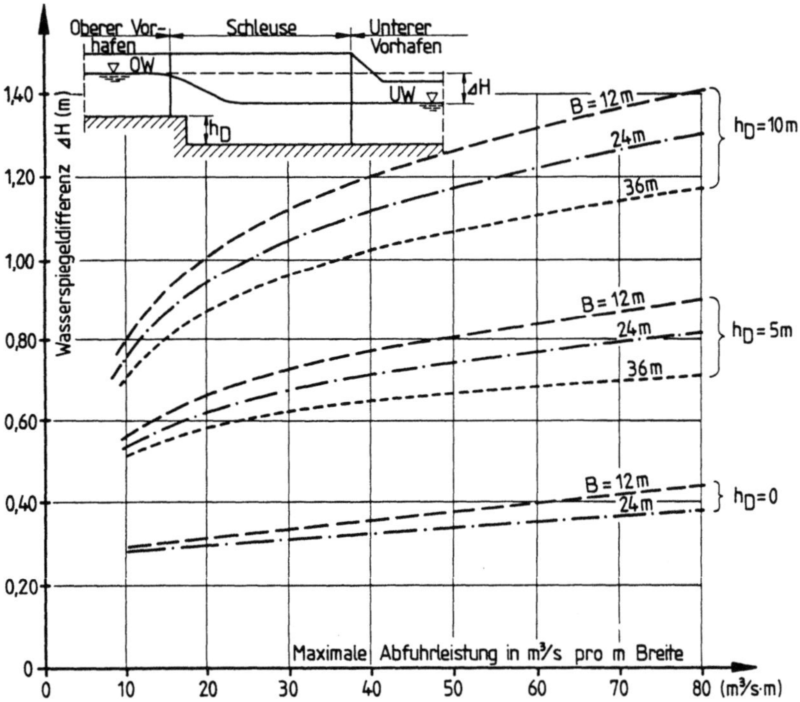

Abbildung 9.2. Maximal erreichbare Abflußleistung von Flußschleusen /87/

Das Diagramm der Abbildung 9.2. kann für eine überschlägige Abschätzung der mit einer Flußschleuse erzielbaren Hochwasser-Abflußleistung herangezogen werden. Eine *exakte* Erfassung aller für den HW-Abfluß maßgebenden Einflußgrößen (Anströmverhältnisse, Ablösungs- und Einschnürungseffekte, Rauhigkeitseinflüsse sowie unterschiedliche Strömungsverhältnisse bei verschiedenen Wasserständen) ist rechnerisch nur schwer möglich. Es wird deshalb empfohlen, im Einzelfall die erreichbare Hochwasserabfuhrleistung einer Flußschleuse mit Hilfe von Versuchen an einem hydraulischen Modell zu bestimmen.

9.3 Ausbildung der Schleusentore

Das für die HW-Abfuhr über die Schleuse maßgebende Verschlußorgan ist zweckmäßigerweise im *Oberhaupt* als Obertor anzuordnen. Falls dieses zur Kammerfüllung mit herangezogen werden soll, empfiehlt sich die Ausbildung als *zweiteiliges Hubsenktor* mit Strahlführungsmuschel am Unterschütz (Abb. 2.38.). Erfolgt die Füllung der Schleuse dagegen über Torumläufe, Grundläufe, Längskanäle oder Zubringerkanäle mit Füllbatterien, so sollte das Obertor in der Art eines *Wehrverschlusses* als Doppelhakenschütz ausgeführt werden (Abb. 2.107.).

Die letztere Torart bietet den Vorteil, daß bei Anheben des Unterschützes bzw. Absenken des Oberschützes auch Teilwassermengen abgeführt werden können. Außerdem eignet sich das Tor für die Geschwemmsel- und Eisabfuhr sowie zur Aufrechterhaltung der Schiffahrt während der Bauzeit der Stauanlage /157/. Aus diesen Gründen wurden z.B. alle Schleusen der österreichischen Donaustaustufen mit Kammerbreiten von 24,0 m mit tiefliegendem Drempel und zweiteiligen Obertoren ausgebildet. Die Mehrkosten für das Tieferlegen der oberen Vorhafensohle und für die größere Torhöhe am Oberhaupt der Schleusen konnten dabei ganz oder teilweise durch die Einsparung an erforderlicher Wehrbreite ausgeglichen werden /158, 159, 163/.

Stemmtore am Schleusenoberhaupt sind für die HW-Ableitung nicht geeignet. Sie kommen als Obertor bei hochwasserabführenden Schleusen nur dann in Betracht, wenn oberwasserseitig ein zusätzliches Tor zur Regulierung des Hochwasserabflusses angeordnet wird (Beispiel: Ohio-Schleusen/USA). In diesem Fall dient das zweite Tor auch als Sicherheitstor und kann als Notverschluß bei der Entleerung der Schleusenkammer zu Reparaturzwecken verwendet werden.

Am *Unterhaupt* von Flußschleusen, die zur Hochwasserentlastung des Wehres herangezogen werden, können als Verschlußorgane Hubtore oder Stemmtore verwendet werden. Vor Beginn der HW-Ableitung durch die Schleuse muß dabei sichergestellt werden, daß das Untertor vollständig geöffnet ist.

9.4 Steuerungs- und Sicherungsmaßnahmen bei der Hochwasserabteilung

Bei der Hochwasserableitung durch eine Flußschleuse müssen einige zusätzliche Steuerungs- und Sicherungsmaßnahmen getroffen werden, die bei normalem Schleusungsbetrieb nicht erforderlich sind.

Bei Verwendung eines zweiteiligen Hubsenktores (Doppelhakenschütz) als Schleusenobertor wird bei Freigabe des Durchflußquerschnittes zunächst das Unterschütz aufgefahren bis es seine obere Stellung hinter dem Oberschütz erreicht hat. Anschließend werden beide Schütze zusammen als Schützpaket bis in die oberste Torstellung weiter aufgefahren (Abb. 2.104. und 2.106.b).

Eine Absenkung des Oberschützes kommt bei normalem Schleusungsbetrieb bei der Freigabe des Einfahrtquerschnittes für die Schiffe sowie für die Geschwemmsel- und Eisabfuhr in Betracht.

Wird das Oberschütz für eine teilweise Hochwasserableitung durch die Schleuse abgesenkt, so muß für eine ausreichende Belüftung des Überfallstrahles gesorgt werden (Abb. 9.3.a). Diese ist bei Anheben des Unterschützes nicht erforderlich (Abb. 9.3.b), so daß dieser Betriebsstellung des Tores zur teilweisen HW-Ableitung in der Regel der Vorzug zu geben ist.

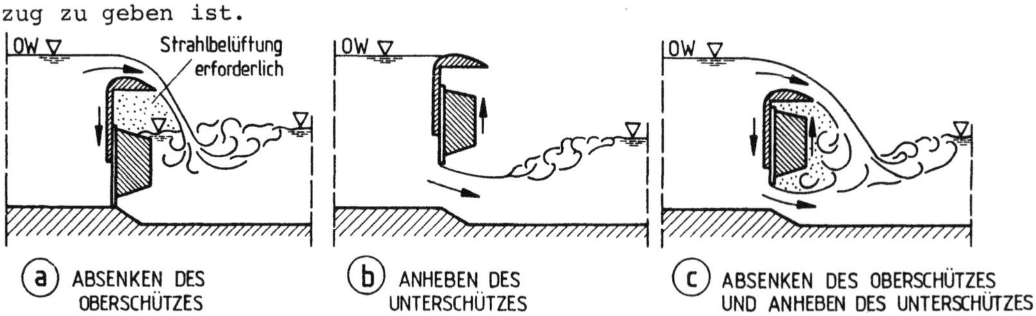

Abbildung 9.3. Mögliche Betriebsstellungen eines zweiteiligen Schleusenobertores (Doppelhakenschütz) bei tiefliegendem Drempel /29/

Eine teilweise Absenkung des Oberschützes bei gleichzeitigem Anheben des Unterschützes führt zu einer Umströmung des Schützpaketes (Abb. 9.3.c).

Diese letztgenannte Betriebsstellung des zweiteiligen Obertores ist bei der Hochwasserableitung jedoch *unbedingt zu vermeiden*, da in ihr das umströmte Schützpaket leicht zu Schwingungen angefacht werden kann. Darüber hinaus kommt es in dieser Betriebsstellung oft zu quasiharmonischen Pulsationserscheinungen im UW-Bereich des Obertores, die sich als Oberflächenwellen in der Schleusenkammer fortpflanzen /29,164/.

Beim Vorbeilaufen dieser Wellen an den geöffneten Stemmtorflügeln des Untertores (Abb. 9.4.) wird in der Regel die zwischen Nischenwand und Torflügel befindliche Wassermasse zu Schwingungen angeregt, die phasenverschoben gegenüber der Wasserspiegelbewegung in der Schleuse sind /165/.

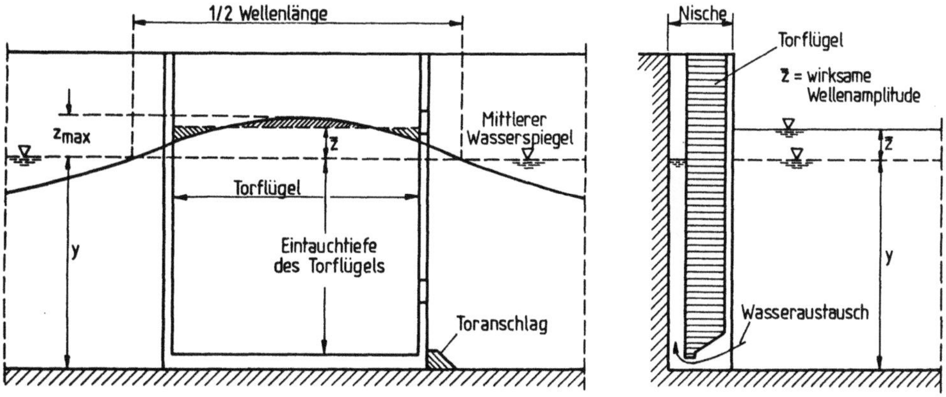

Abbildung 9.4. Wirkung einer Oberflächenwelle auf den geöffneten Stemmtorflügel /29/

Durch die momentane Wasserspiegeldifferenz am Torflügel wirken auf seinen eingetauchten Teil periodische Druckkräfte mit wechselnden Richtungen (Abb. 9.5.), die je nach Phasenverschiebung und Dämpfung der Wasserspiegelbewegung hinter dem Torflügel eine beachtliche Größe annehmen können /167/.

Bei der Südschleuse Jochenstein, Donau/BRD, deren einer Stemmtorflügel bei der ersten Hochwasserableitung durch die Schleuse während der Bauphase im Mai 1955 herausgerissen wurde (Abb. 9.6.b) konnten bei nachträglichen Modelluntersuchungen /166/ und späteren Berechnungen maximale Kräfte von bis zu 360 kN (≈36 t) auf den eingetauchten Torflügelteil ermittelt werden /29, 167/.

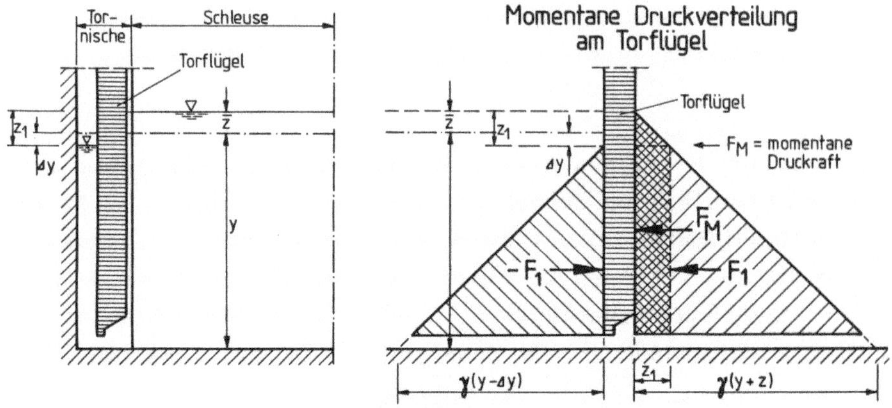

Abbildung 9.5. Momentane Druckkraft auf den Stemmtorflügel /29/

Im Falle der Südschleuse Jochenstein wurden die bei der Hochwasserableitung in der Schleuse auftretenden Oberflächenwellen durch die Umströmung des Prallbalkens am Schleusenoberhaupt (Abb. 2.38.) und die dabei auftretenden periodischen Ablösungserscheinungen verursacht. Die mittlere Höhe der Oberflächenwellen betrug rd. 0,50 m (Abb. 9.6.a), die mittlere Wellenperiode 2,7 s /29/.

Abbildung 9.6.a

Hochwasserabfluß durch die Südschleuse Jochenstein an der Donau im Mai 1955

Abbildung 9.6.b

Aus der Verankerung herausgerissener Stemmtorflügel am Unterhaupt der Schleuse /29/

Die an der Donauschleuse Jochenstein gemachten Erfahrungen führten bei den später gebauten österreichischen Donauschleusen zu einer neuen Konzeption im Hinblick auf die Ausbildung des Schleusenoberhauptes und -obertores. Die Verankerung der Stemmtorflügel am Unterhaupt der Schleuse wurde außerdem wesentlich stärker ausgeführt /157/.

Von der Staustufe Aschach an (Inbetriebnahme 1963) wurden die Schleusenobertore als Doppelhakenschütze ausgebildet und nicht mehr zur Kammerfüllung herangezogen (Abb. 2.107.). Darüber hinaus wurden die Stemmtorflügel am Unterhaupt der Schleusen im geöffneten Zustand in entsprechend starken Verankerungen in den Tornischen verriegelt, um der Gefahr eines Herausreißens durch wirkende Strömungs- und Druckkräfte zu begegnen (Abb. 9.7.).

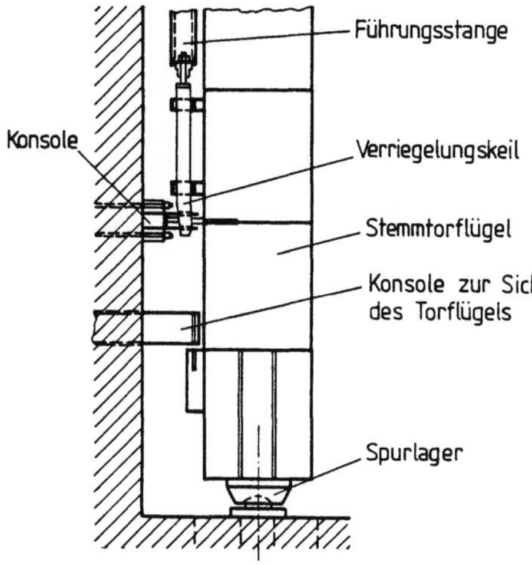

Abbildung 9.7. Prinzip der Stemmtorverriegelung bei der Hochwasserableitung durch die Donauschleusen /157/

Dabei werden Verriegelungskeile über einen Spindelantrieb mittels Führungsstangen in die in der Nischenwand verankerten Konsolen bis zum kraftschlüssigen Anschluß gedrückt. Eine weitere Sicherung der Torflügel gegen Abheben von der Kalotte des Spurlagers erfolgt durch seitliche Konsolen (Abb. 9.7.).

10 Berechnungsbeispiele

Im folgenden wird an drei Berechnungsbeispielen die Anwendung der in den vorstehenden Abschnitten abgeleiteten Gleichungen und Bemessungskriterien dargelegt. Dabei werden die Abmessungen der zu entwerfenden Schleusen (Kammerlänge und -breite) sowie die Hubhöhe als gegeben vorausgesetzt.

10.1 Entwurf einer Kanalschleuse

Gegeben sind:	Kammerlänge	L =	195,0 m,
	Kammerbreite	B =	12,0 m,
	Hubhöhe	H =	6,0 m.

Die Schleuse liegt an einer Kanalstrecke der Wasserstraßenklasse IV. Die Zusammensetzung der Verkehrseinheiten auf der geplanten Kanalstrecke ist gemischt (Schubverbände, Motorgüterschiffe bis zur Größe eines Europa-Schiffes und Sportboote). Der Verkehr in beiden Richtungen ist ausgeglichen.

Die gewählte Kammerlänge von L = 195,0 m (Nutzlänge = 185 m) reicht aus, um ein Entkoppeln der Schubverbände (Gesamtlänge = 183,6 m) zu vermeiden. Die Sicherheitsabstände von rd. 5,0 m bis zu den Schleusentoren sind so bemessen, daß kammerseitige Stoßschutzeinrichtungen vor dem Untertor und der Drempelwand am Schleusenoberhaupt angeordnet werden können.

10.1.1 Wahl des Füll- und Entleerungssystems

Bei der vorgegebenen Hubhöhe von H = 6,0 m kommt eine *Kammerfüllung* durch das Obertor oder über Torumläufe, u.U. auch noch über Längskanäle mit Stichkanälen, in Betracht.

Alle anderen Füllsysteme scheiden bei der vorhandenen, relativ geringen Hubhöhe der Schleuse aus Kostengründen aus, da die mit ihnen erreichbare Verkürzung der Füll- und Entleerungszeit den wesentlich größeren baulichen Aufwand nicht rechtfertigt.

Für die drei in Betracht kommenden Füllsysteme sind Kostenvergleiche anzustellen. Für die weitere Berechnung wird angenommen, daß sich die Kammerfüllung durch das Obertor als wirtschaftlichste Lösung ergibt.

Als *Obertor* kommt ein Stemmtor mit in den Torflügeln eingebauten Füllschützen, ein Hakentor (Abb. 2.31. und Abb. 2.110.), ein Drehtor (Abb. 2.35.) bzw. ein Drehsegmenttor (Abb. 2.37. und Abb. 2.111.) in Betracht. Ein Hubtor scheidet wegen der erforderlichen hohen Aufbauten am Oberhaupt aus, ebenso ein Hubsenk- oder Senktor wegen der erforderlichen Absenktiefe von rd. 4,5 m am Oberhaupt. Für den weiteren Berechnungsgang wird ein *Drehsegmenttor* als Obertor angenommen.

Als *Untertor* für die Schleuse kommt ein Stemmtor oder Hubtor in Betracht. Die *Kammerentleerung* erfolgt dann entweder über Entleerungsschütze in den Stemmtorflügeln oder durch Anheben des Hubtores. Für das Berechnungsbeispiel wird ein Hubtor als Untertor angenommen.

10.1.2 Berechnung des Füll- und Entleerungsvorganges

Die *Füllung* der Schleuse erfolgt mit *hochliegendem* Drempel (s. Abschnitt 4.1.1). Als mittlerer μ-Wert für den Füllvorgang wird $\mu = 0{,}65$ der Berechnung zugrunde gelegt.

Für die Berechnung der Füllphasen ist es wichtig, welcher der 3 möglichen Fälle für den Füllvorgang vorliegt (s. Abschnitt 4.1.1.1). Dabei wird angenommen, daß das Drehsegmenttor in der Schließstellung mit seiner Dichtung an der Drempelnase anliegt (Abb. 2.111.). Die Wassertiefe über dem vorderen Drempel beträgt $H_o = 4{,}0$ m.

Die zulässige Freigabegeschwindigkeit des Füllquerschnittes beträgt bei einer Kammerbreite von B = 12,0 m nach Tabelle 7.1. $n_{zul} \leq 0{,}035$ m²/s. Bei einem Stauwandradius des Tores von 4,10 m ergibt sich damit für die zulässige Drehgeschwindigkeit des Tores während des Füllvorganges eine Umfanggeschwindigkeit von 2,9 mm/s (≙ 2,43 Grad/min).

Die Größe des erforderlichen Füllquerschnittes ergibt sich nach Gleichung (7-24) zu $a_1 \cong 10{,}8\ m^2$. Da die Füllquerschnittbreite gleich der Kammerbreite ist, muß das Tor in der Füllstellung einen Öffnungsspalt von 0,90 m freigeben. Dies entspricht einer Tordrehung um 12,6°. Die für die Tordrehung benötigte Zeit beträgt $t_1 = 311\ s \approx 5{,}2$ min.

Bei Zugrundelegen der vorstehenden Werte ergibt sich mit dem schleusenspezifischen Kennwert (s. S. 203):

$$\frac{2A}{\mu\, a_1\, t_1}\ \frac{H_{ges} - H_o}{\sqrt{2g\, H_o}} = \frac{2 \times 195 \times 12}{0{,}65 \times 10{,}8 \times 311}\ \frac{6{,}0 - 4{,}0}{\sqrt{2 \times 9{,}81 \times 4{,}0}} = 0{,}484 < 1\,.$$

Es ist demnach für die Berechnung des Füllvorganges *Fall I* (s. Abschnitt 4.1.1.1.) maßgebend, d.h. der Kammerwasserspiegel erreicht die Drempeloberkante, bevor der Füllquerschnitt voll freigegeben ist. Die Berechnung der drei Füllphasen erfolgt nach den in Abschnitt 4.1.1.1. für Fall I angegebenen Gleichungen.

Die Füllzeit der Schleuse ergibt sich nach Gleichung (4-32) zu $T_{ges} = 8{,}86$ min. Die Berechnung der maximalen Zuflußwassermenge erfolgt, da $H < 2H_o$ ist, nach Gleichung (4-29). Es ergibt sich $Q_{max} = 46{,}7\ m^3/s$.

Der Verlauf der Hub- und Zuflußmengenkurve ist im Prinzip der gleiche, wie in Abbildung 4.5. für Fall I dargestellt.

Für die *Entleerung* der Schleuse durch das Untertor kann nach Tabelle 7.1. analog zu den Füllvorgängen eine zulässige Freigabegeschwindigkeit von $n_{zul} \leqq 0{,}035\ m^2/s$ angesetzt werden.

Für den Entleerungsquerschnitt ergibt sich nach Gleichung (7-24) $a_1 = 10{,}8\ m^2$. Das 12 m breite Tor wird demnach um 0,9 m aufgefahren, wobei die Hubgeschwindigkeit 2,9 mm/s beträgt. Als maßgebender μ-Wert für den Entleerungsvorgang wird $\mu = 0{,}60$ angenommen.

Die Entleerung der Schleuse erfolgt im hydraulischen Sinne mit *tiefliegendem* Drempel, d.h. es gelten die in Abschnitt 5.2 angegebenen Gleichungen für die zwei Entleerungsphasen.

Die Entleerungszeit der Schleuse ergibt sich nach Gleichung (4-54) zu $T_{ges} = 9{,}38$ min. Für die Berechnung der maximalen Entleerungswassermenge ist *Fall A* maßgebend, da nach Gleichung (4-50) $t_{max} = 286{,}6$ s $< t_1 = 311$ s ist. Demnach ergibt sich Q_{max} nach Gleichung (4-51) zu $Q_{max} = 43{,}5$ m³/s.

Der Verlauf der Senk- und Rückgabewassermengenkurve ergibt sich im Prinzip wie in Abbildung 5.2. für Fall A dargestellt.

10.1.3 Verhältnisse in den Vorhäfen

In den Schleusenvorhäfen ist zu prüfen, ob die zu erwartenden Schwall- und Sunkerscheinungen die zulässigen Werte überschreiten. Dabei wird eine gewählte Vorhafenbreite (= Wasserspiegelbreite) mit einem seitlichen Liegeplatz für Schubverbände von $B_V = 46{,}0$ m der weiteren Berechnung zugrunde gelegt. Der Querschnitt des oberen bzw. unteren Vorhafens ergibt sich bei einer angenommenen Wassertiefe von 4,0 m zu $A_V = 160$ m².

Die maximale Sunktiefe im oberen Vorhafen ergibt sich nach Gleichung (8-3) zu $z_{max} = 0{,}172$ m $< 0{,}20$ m. Für die maximale Schwallhöhe im unteren Vorhafen folgt $z_{max} = 0{,}16$ m + 0,20 m.

Der erforderliche Vorhafenquerschnitt im oberen und unteren Vorhafen ergibt sich nach Gleichung (8-9), wobei die sekundliche Zunahme der Zuflußwassermenge für die Kammer*füllung* nach Gleichung (4-5), für die Kammer*entleerung* nach Gleichung (4-45), für $t = 0$ zu berechnen ist.

Für die Kammerfüllung ergibt sich $dQ/dt = 0{,}20$ m³/s² nach Gleichung (4-5), so daß für den erforderlichen Vorhafenquerschnitt nach Gleichung (8-9) folgt: $(A_V)_{erf} = 59{,}0$ m² $< (A_V)_{vorh} = 160{,}0$ m².

Für die Kammerentleerung beträgt $(dQ/dt)_{max} = 0{,}228$ m³/s² nach Gleichung (4-45). Der erforderliche Querschnitt im unteren Vorhafen beträgt demnach $(A_V)_{erf} = 66{,}8$ m² $< (A_V)_{vorh} = 160{,}0$ m².

Die in den Vorhäfen zu erwartenden Schwall- und Sunkerscheinungen sind demnach für die wartenden Schiffe als zulässig anzusehen.

10.2 Entwurf einer Flußschleuse

Gegeben sind: Kammerlänge = 130 m,
Kammerbreite = 18 m,
Hubhöhe = 30 m.

Die Schleuse liegt an einer Flußstaustufe. Die Wasserentnahme für die Kammerfüllung erfolgt aus der oberen Stauhaltung seitlich vor dem Wehr, die Wasserrückgabe in die untere Stauhaltung in den UW-Bereich des Wehres.

10.2.1 Wahl des Füll- und Entleerungssystems

Bei der vorhandenen Hubhöhe der Schleuse kommt praktisch nur ein Füll- und Entleerungssystem mit Zubringerkanälen und Füllbatterien in Betracht. Es wird im vorliegenden Fall ein *hydraulisch voll ausgewogenes* System entsprechend Abbildung 4.14.A gewählt. Als Verschlußorgane in den Zubringerkanälen werden Rollschütze angeordnet.

Als *Obertor* der Schleuse wird ein Stemmtor, als *Untertor* ein Hubtor gewählt. Die Schleuse wird als Schachtschleuse (Abb. 2.2.) gebaut.

Der erforderliche Füll- und Entleerungsquerschnitt in den Zubringerkanälen (= Schützquerschnitt) ergibt sich nach Gleichung (7-24) zu $a_1 = 19{,}6\ m^2$. Gewählt wird ein Schützquerschnitt von $3{,}0\,m \times 3{,}30\,m = 9{,}9\,m^2$, so daß sich für $a_1 = 2 \times 9{,}9\ m^2 = 19{,}8\ m^2$ ergibt.

In den 8 Füllbereichen der Schleuse (s. Abb. 4.14.A) werden jeweils 11 Stichkanäle mit je $0{,}3\ m \times 1{,}0\ m = 0{,}3\ m^2$ Querschnittsfläche angeordnet, so daß sich $\Sigma a_s/a_1 = 26{,}4/19{,}8 = 1{,}33$ ergibt (vgl. Tab. 2.3.).

10.2.2 Berechnung des Füll- und Entleerungsvorganges

Die Füllung der Schleuse erfolgt hydraulisch mit tiefliegendem Drempel, so daß die Gleichungen in Abschnitt 4.1.2 für die Berechnung der zwei Füllphasen gelten.

Für die zulässige Öffnungsgeschwindigkeit der Füllschütze gilt der in Tabelle 7.1. angegebene Richtwert von $n_{zul} \leq 0{,}1\ B/\sqrt{H} = 0{,}33\ m^2/s$. Bei

Verwendung dieses Wertes ergibt sich eine zulässige Hubgeschwindigkeit der Schütze von 0,33/2 × 3 m = 0,055 m/s ≈ 55 mm/s.

Bei einer Schützhöhe von 3,30 m beträgt die erforderliche Zeit für die Freigabe der beiden Schützquerschnitte t_1 = 3300/55 = 60 s. Damit ergibt sich bei Annahme eines mittleren Zuflußbeiwertes von μ = 0,75 für die Füllzeit der Schleuse T_{ges} = 7,0 min (s. Gleichung (4-54)).

Die mittlere Steiggeschwindigkeit des Kammerwasserspiegels während des Füllvorganges beträgt dann v_m = 4,29 m/min. Obwohl dieser Wert außerordentlich hoch ist, läßt er sich doch durchaus mit einem hydraulisch voll ausgewogenen Füllsystem erreichen (s. S. 343).

Nach Gleichung (4-50) ergibt sich für t_{max} = 124,8 s > t_1 = 60 s. Die maximale Entnahmewassermenge tritt deshalb zum Zeitpunkt t_1 der vollen Öffnung des Füllquerschnittes auf. Nach Gleichung (4-52) ergibt sich Q_{max} = 332,5 m³/s.

Diese sehr hohe Spitzenentnahme ist sicherlich nur zulässig, wenn die Oberflächenbreite der oberen Haltung entsprechend groß ist, da andernfalls die Sunkerscheinungen zu stark werden. Entsprechend große Entnahmewassermengen sind aber bei einigen modernen Flußschleusen großer Hubhöhen am Columbia, Snake und Tennessee River sowie auch bei den Geshouba-Schleusen am Yangtze River durchaus zu verzeichnen (Lower Granite rd. 550 m³/s, Bay Springs rd. 540 m³/s, Geshouba Nr. 1 und 2 rd. 600 m³/s usw.).

Die Entleerung der Schleuse erfolgt analog wie die Kammerfüllung über die Entleerungskanäle. Der Schützquerschnitt beträgt a_1 = 2 × 9,9 m² = 19,8 m², die zulässige Querschnittsfreigabe bei der Kammerentleerung n_{zul} = 0,33 m²/s. Mit t_1 = 60 s und Annahme eines mittleren Abflußbeiwertes von μ = 0,65 ergibt sich die Entleerungszeit der Schleuse zu T_{ges} = 8,0 min (Gleichung (4-54)).

Die maximale Rückgabewassermenge ergibt sich nach Gleichung (4-52) zu Q_{max} = 291 m³/s. Da die Einleitung des Schleusenwassers in die untere Stauhaltung erfolgt, kann die auftretende Spitzenwassermenge als zulässig angesehen werden.

10.3 Entwurf einer Sparschleuse

Gegeben sind: Kammerlänge = 200 m,
Kammerbreite = 12 m,
Hubhöhe = 26 m.

Die Schleuse soll mit zwei Sparbecken ausgerüstet werden, wobei die Beckengröße gleich der Kammergröße gewählt wird ($A = A_B$).

10.3.1 Wahl des Füll- und Entleerungssystems

Die Schleuse wird als Schachtschleuse gebaut, wobei als *Obertor* ein Hubsenktor, als *Untertor* ein Hubtor gewählt wird.

Bei der vorhandenen Kammerlänge ist es zweckmäßig, je Sparbecken *zwei* Zulaufkanäle anzuordnen, die mit Rollschützen als Verschlußorgane versehen sind. Der erforderliche Querschnitt der Zulaufkanäle kann nach Gleichung (7-24) bestimmt werden, wenn für H_{ges} die zwischen Becken- und Kammerwasserspiegel vorhandene Anfangsdruckhöhe h_o eingesetzt wird. Diese ergibt sich nach Gleichung (6-8) zu h_o = 13,0 m.

Bei Verwendung dieses Wertes folgt für die erforderliche Querschnittsfläche der Zulaufkanäle a_1 = 16,24 m². Gewählt wird für jeden Zulaufkanal eine Querschnittsfläche (Schützquerschnitt) von 2,5m × 3,3m = 8,25 m², so daß die für die Berechnung der Sparbeckenfüllung und -entleerung maßgebende Querschnittsfläche a_1 = 2 × 8,25 m² = 16,5 m² beträgt.

Die Restfüllung der Schleuse aus dem oberen Vorhafen bzw. die Restentleerung in den unteren Vorhafen erfolgt über zwei Längskanäle, die in das Verteilersystem unter der Kammersohle einmünden. Das System der Verteilerkanäle kann dabei nach den in Abbildung 6.2. dargestellten Varianten B oder C angeordnet werden. Gewählt wird hier die Variante B mit 2 Verteilersystemen, in die die Längskanäle im oberen und unteren Viertelspunkt der Kammerlänge einmünden.

Für die Bemessung des Längskanalquerschnittes kann ebenfalls Gleichung (7-24) herangezogen werden, wobei anstelle von H die bei normaler Kammerfüllung verbleibende Restdruckhöhe H_R = 13,0 m (nach Gleichung (6-9)) einzusetzen ist. Damit folgt für den erforderlichen Querschnitt beider Längskanäle a_1 = 16,24 m². Gewählt wird für jeden Längskanal ein Querschnitt (Schützquerschnitt) von 2,5 m × 3,4 m = 8,5 m², so daß der für die Restfüllung bzw. -entleerung der Schleuse maßgebende Querschnitt a_1 = 17,0 m² beträgt.

Der Querschnitt wurde dabei etwas größer als erforderlich gewählt, weil bei nicht vollständiger Ausspiegelung der Sparbecken die Restdruckhöhe $H_R > 13{,}0$ m wird (s. Gleichung (6-11)).

Bei Wahl des Füllsystems nach Variante B (Abb. 6.2.) sind insgesamt 2 Verteilersysteme mit je 8 Füllbatterien unter der Kammersohle angeordnet. Jeder dieser Füllbereiche wird nach den Erfahrungen an den Sparschleusen am Main-Donau-Kanal (s. Schleuse Eckersmühlen, Abb. 6.49. und 6.50.) mit 11 schlitzförmigen Stichkanälen (0,4 m × 1,6 m) ausgestattet.

10.3.2 Berechnung des Füll- und Entleerungsvorganges

Für den Normalfall der *Kammerfüllung* aus zwei Sparbecken mit anschließender Füllung aus dem oberen Vorhafen gelten bei *vollkommener Beckenausspiegelung* ($\Delta h = 0$) die in Abschnitt 6.6.2.2 angegebenen Gleichungen.

Für die Füllung aus den Sparbecken kann nach Tabelle 7.1. eine zulässige Querschnittsfreigabe in den Zulaufkanälen von $n_{zul} \leq 0{,}33$ m²/s angesetzt werden (h_o = 13,0 m). Die zulässige Geschwindigkeit der Sparbeckenschütze ergibt sich damit zu 0,33/2 × 2,5 m = 0,066 m/s = 66,0 mm/s und die Öffnungszeit der Schütze zu t_1 = 3,3/0,066 = 50,0 s. Für die Füllzeit aus einem Sparbecken (Gleichung (6-56)) folgt dann T_S = 3,24 min, wobei μ = 0,70 angenommen wurde.

Für die Restfüllung aus dem oberen Vorhafen gilt nach Tabelle 7.1 eine zulässige Freigabegeschwindigkeit des Füllquerschnittes von $n_{zul} = 0{,}2/\sqrt{H_R} = 0{,}2/\sqrt{13} = 0{,}055$ m²/s. Die zulässige Schützgeschwindigkeit ist dann 0,055/2 × 2,5 = 0,011 m/s = 11,0 mm/s und die Öffnungszeit der Schütze t_1 = 3,4/0,011 = 309 s.

Die erforderliche Zeit für die Restfüllung ergibt sich nach Gleichung (6-58) zu T_R = 8,96 min (μ = 0,60 angenommen).

Für Gesamtfüllzeit der Schleuse gilt dan $T_{ges} = 2\,T_S + T_R = 15{,}4$ min.

Für die Berechnung der *Kammerentleerung* in die Sparbecken mit anschließender Restentleerung in den unteren Vorhafen gelten analog die gleichen Berechnungsansätze wie für den Füllvorgang.

Eine Verkürzung der Füll- und Entleerungszeit kann durch eine unvollkommene Beckenausspiegelung ($\Delta h > 0$) erreicht werden. In diesem Falle sind die entsprechenden Gleichungen aus Abschnitt 6.6.2.1 zu verwenden.

10.3.3 Verhältnisse in den Vorhäfen

Bei der folgenden Berechnung wird eine Vorhafenbreite (= Wasserspiegelbreite) von $B_V = 69{,}0$ m und eine Wassertiefe von 4,0 m angenommen.

Da nach Gleichung (4-50) $t_{max} = 281 < t_1 = 309$ s ist, errechnet sich die maximale Entnahmewassermenge bei der Restfüllung aus dem oberen Vorhafen nach Gleichung (4-51), wobei für H_{ges} der Wert von H_R einzusetzen ist. Bei Annahme von $\mu = 0{,}60$ ergibt sich dann $Q_{max} = 98{,}7$ m³/s.

Damit ergibt sich für die maximale Schwall- bzw. Sunktiefe in den Vorhäfen $z_{max} = 0{,}250$ m (Gleichung (8-3)). Dieser Wert kann noch als zulässig angesehen werden, so daß die gewählte Schützgeschwindigkeit beibehalten werden kann. Andernfalls müßte eine geringere Schützhubgeschwindigkeit gewählt werden bzw. der Schützhub unterbrochen werden (s. Abschnitt 7.2.2 und Abb. 6.52.).

Wegen der auftretenden Schwall- und Sunkneigungen ist zu prüfen, ob der vorhandene Vorhafenquerschnitt ausreichend bemessen ist. Nach Gleichung (8-9) ergibt sich für die Sunk- bzw. Schwallwellenfront $(A_V)_{erf} = 154{,}4$ m², wobei dQ/dt für t = 0 nach Gleichung (4-45) verwendet wurde. Für den Sunk- bzw. Schwallwellenrücken folgt nach Gleichung (8-9) bei Verwendung von Gleichung (4-49) $(A_V)_{erf} = 124{,}6$ m². Da in beiden Fällen $(A_V)_{vorh} = 228$ m² $> (A_V)_{erf}$ ist, ist nicht mit einer unzulässigen Trossenbeanspruchung der im Vorhafen wartenden Schiffe zu rechnen.

10.3.4 Ausfall einzelner Schütze oder Sparbecken

Die bei Ausfall einzelner Schütze oder Sparbecken einzuhaltenden Schützfahrpläne sind rechnerisch auch erfaßbar. Sie lassen sich aber besser mit Hilfe von Versuchen an einem hydraulischen Modell bestimmen (s. Abschnitt 6.10.4 und Abb. 6.53.).

11 Literaturverzeichnis

1. Partenscky, H.-W.: Verkehrswasserbau - Schiffshebewerke. Springer-Verlag, Berlin/Heidelberg/New York/Tokyo (1984), 1/227

2. Partenscky, H.-W.: Der Einfluß der Schleusenfüllungen auf den Wasserstand und die Schiffahrt in einer Kanalhaltung. 144. Arbeit aus dem Theodor-Rehbock-Flußbaulaboratorium, TH Karlsruhe (Dez. 1957), 1/79

3. Partenscky, H.-W.: Grenzen der Leistungsfähigkeit von Binnenschiffs-Schleusen. Jahrbuch der Hafenbautechnischen Gesellschaft. Springer-Verlag, Berlin/Heidelberg/New York/Tokyo, Bd. 39 (1982),77/93

4. Hinricher, R.: Zur geschichtlichen Entwicklung der Schleusenverschlüsse und der Füll- und Entleerungseinrichtungen an Schleusen. Zeitschr. f. Binnenschiffahrt und Wasserstraßen, Nr. 8 (1970), 282/288

5. Engelhard, F.: Kanal- und Schleusenbau. Berlin (1921)

6. Dehnert, H.: Schleusen und Hebewerke. Springer-Verlag, Berlin/Göttingen/Heidelberg (1954)

7. Eckoldt, M.: Die Entwicklung der Kammerschleuse. Wasserwirtschaft. Heft 7 u. 10 (1949/50), 255/260 u. 290/295

8. Teubert, O.: Die Binnenschiffahrt. Verlag Wilh. Ernst & Sohn, 2. Auflage, Berlin (1932)

9. Heydenreich, L.H., Dibner, B. und Reti, L.: Leonardo der Erfinder. Belser Verlag, Stuttgart (1981), 133/136

10. Zonca, V.: Novo Teatro di Machine et Edificii

11. Burkhardt, E.: Die hydraulische Entwicklung der Kammerschleuse. Die Bautechnik, 26. Jg., Heft 8 (1949), 230/236

12. Bundesverkehrsministerium, Bonn: Grundsätze für die lichten Durchfahrtshöhen und Durchfahrtsbreiten bei Brücken über Bundeswasserstraßen. Erlaß des BMV vom 22.6.1977, 1/4

13. US-Army Corps of Engineers: Soo-Locks, Sault Ste. Marie, Michigan. Informationsbroschüre des US-Army Corps of Engineers, Detroit District (1985)

14. US-Army Corps of Engineers: St. Marys Falls Canal, Sault Ste. Marie, Michigan. Bericht des US-Army Corps of Engineers, Detroit District (1977)

15. The Yangtze Valley Planning Office: A brief introduction of the Three-George Water Control Project on the Yangtze-River. Broschüre der VR China (1979)

16. Reichsverkehrsministerium, Berlin: Der Mittelland-Kanal. Festschrift zur Eröffnung des Mittelland-Kanals, Volk u. Reich-Verlag, Berlin (1938), 1/109

17. Clasmeier, H.D.: Neue Seeschleusen in Westeuropa, Ansätze zu Planung, Entwurf und Berechnung. Jahrbuch der HTG. Springer-Verlag, Berlin/Heidelberg/New York, Bd. 37 (1979/80), 267/321

18. Agatz, A.: Berechnung und konstruktive Gestaltung von Trockendocken und Seeschleusen. Jahrbuch der HTG. Springer-Verlag, Berlin/Göttingen/Heidelberg, Bd. 19 (1941/49), 58/88

19. Rümelin, B.: Binnenwasserstraßennetz in Mitteleuropa. Schiff und Hafen, 25. Jg., Heft 5 (1973), 431/437

20. Bundesverkehrsministerium, Bonn: Zuordnung von Schiffsgrößen zu Wasserstraßenklassen. Informationsblatt K 92 (1983)

21. Kubec, I.: Beitrag zur weiteren Entwicklung des Klassifikationssystems der Binnenwasserstraßen. Schiffahrt und Technik, 2. Jg., H.7 (1983), 19/23 und Heft 8 (1983), 5/15

22. Schäle, E.: Fahrdynamik und Betriebstechnik der Wasserfahrzeuge. Vorlesungsumdruck, Fachgebiet Schiffs- und Meerestechnik, Univ. Duisburg (1983)

23. Bundesminister für Verkehr, Bonn: Richtlinien für die Ausrüstung der Schleusen der Binnenschiffahrtsstraßen. Bonn, Erlaß vom 20.7.1976 sowie 1. Änderung vom 24. Oktober 1984

24. Preß, H.: Binnenwasserstraßen und Binnenhäfen. Verlag Wilh. Ernst & Sohn, Berlin (1956)

25. Geldmacher, H.: Neuere Erfahrungen beim Schleusenbau - Geschichte und Stand der Bauarbeiten am Main-Donau-Kanal. BMT 11, (Nov. 1977), 698/710

26. Kuhn, R.: Die Schleusen des Main-Donau-Kanals. Der Bauingenieur, Jg. 46, Heft 5 (1971), 163/182

27. Theodor-Rehbock-Flußbaulaboratorium: Diverse Versuchsberichte aus den Jahren 1948 bis 1960, T.H. Karlsruhe

28. Čabelka, J.: Racionalni konstrukce plavebnich kom or pro nase vodni cesty. (Reasonable Design of Lock Chamber Structures on Czechoslovakian Waterways). Water Management (vodni hospodarstvi), Vol. 34, Nr.5 (1984), 118/124

29. Partenscky, H.W.: Forces dynamiques agissant sur les portes des écluses lors de la dérivation des crues. Dissertation, Universität Toulouse/Frankreich (1964)

30. Lackner, E. (Hrsg.): Empfehlungen des Arbeitsausschusses Ufereinfassungen (EAU). Verlag W. Ernst & Sohn, 7. Auflage (1985)

31. DIN 19702: Standsicherheit von Wasserbauten (Oktober 1966)

32. DIN 19703: Richtlinien für die Ausrüstung von Binnenschiffsschleusen (Juni 1955)

33. Schroeter, P.: Die Wirksamkeit von Stoßschutzanlagen an Binnenschiffahrtsschleusen. Zeitschrift für Binnenschiffahrt und Wasserstraßen, Heft 6 (1974), 222/227

34. Horn, P.: Stoßschutzanlagen an Schleusen und Hebewerken. Mitt.d. Franzius-Instituts, Univ. Hannover, Heft 58 (1984), 257/354

35. Wagner, R.: Die Entwicklung und Erprobung neuartiger Stoßschutzanlagen für Schleusentore. Zeitschrift für Binnenschiffahrt und Wasserstraßen, Heft 9 (1979), 382/391

36. Welt, O., Sandmeyer, O. und Schmaußer, G.: Ölhydraulische Schiffsstoß-Schutzvorrichtung am Untertor der zweiten Schleuse Lauffen/ Neckar. Wasserwirtschaft, Jg. 53, Heft 1 (1963), 8/11

37. Selting, O.: Neuartiger Stoßschutz für Schleusentore. Zeitschrift für Binnenschiffahrt und Wasserstraßen, Heft 4 (1971), 124/130

38. Čabelka, J., Podzimek, J. und Zaruba, J.: Modern equipment of locks raising the traffic capacity and security of navigation on inland waterways in Czechoslovakia. 24. Intern. Navigation Congress, Section I-1, Leningrad (1977), 67 ff.

39. Wasser- und Schiffahrtsamt Koblenz: Erfahrungsbericht über den Betrieb und die Wirksamkeit der Stoßschutzanlagen an den Moselschleusen, Bericht vom Juni 1974, und Bericht über die Erprobung von Maßnahmen zur Verminderung der Seilabnutzung an den Stoßschutzanlagen der Moselschleusen. WSA Koblenz, (Sept. 1975)

40. MAN, Gustavsburg: Informationsbroschüren der Fa. MAN, Ginsheim-Gustavsburg, Abt. Stahlwasserbau (1984)

41. Staatliches Hafenamt Mannheim: Konstruktionsbeschreibung der Stoßschutzanlage mit Fangseil für die Hafenschleuse Mannheim (Nov. 1979)

42. Fa. Thyssen-Klönne: Unterlagen und Zeichnungen über ausgeführte Fangseil-Anlagen, Dortmund (1985)

43. Kozak, G.I.: Design of protective devices for navigation lock gates, employing hydraulic shock dampers. Hydrotechnical Construction, Nr. 11 (1979), 1100/1108

44. Louis Eylers, Hannover: Stoßschutzeinrichtung für Binnenschiffsschleusen. Informationsbroschüre der Fa. L. Eylers, Hannover (1980)

45. Michaelis, W.: Die Schiffsstoßschutzanlage der kleinen Schleuse Dörverden. Die Wasserschutzpolizei, Heft 1 (1978), 27/28

46. Kögel, U. und Kämmerer, K.-D.: Stoßschutzanlagen für die Unterhäupter der Schleuse Anderten. Bauingenieur, 55. Jg. (1980), 73/76

47. Bundesminister für Verkehr, Bonn: Richtlinien für die Gestaltung der Schleusenvorhäfen der Binnenschiffahrtsschleusen. BMV, Bonn, Erlaß vom 5. Okt. 1976

48. Boesten, H.: Die Fortführung des Moselausbaues für das Europaschiff von Thionville bis Nancy-Frouard. Zeitschrift für Binnenschiffahrt und Wasserstraßen, Heft 5 (1974), 179/183

49. Schäle, E.: Studien der Bergfahrt und Talfahrt eines großen Schubverbandes auf dem Main. 141. Mitt. der Versuchsanstalt für Binnenschiffahrt, Duisburg, 3. Folge (1971), 29/37

50. Tennessee Valley Authority/USA: Hydraulic model investigations of lock filling and emptying systems. Techn. Monograph Nr. 64, TVA, Knoxville/Tenn. (1953)

51. Bernhart, H.H.: Entwurfskriterien zur Schleusenplanung. Mitt. des Theodor-Rehbock-Flußbaulaboratorium, Univ. Karlsruhe, Heft 169, (1982), 1/223

52. Wössner, O.: Schleusenfüllung über Längskanäle mit Stichkanälen. Dissertation, Techn. Hochschule Karlsruhe (1957), 1/77

53. US Army, Corps of Engineers: Filling and emptying system, Jonesville Lock, Ouachita-Black River, Louisiana. Waterways Experiment Station, Vicksburg/USA, Techn. Report No. 2-678 (1965)

54. Elder, R.A., Price, J.T. und Engle, W.W.: Navigation locks: TVA's Multiport lock filling and emptying system. Proceedings of the ASCE, WW1 (1964), 31/46

55. Davis, J.P., Nelson, M.E. und Patton, R.E.: United States Development of Hydraulic and Structural Designs for Locks. XXI. PIANC-Kongreß, Section I-2, Stockholm (1965), 191/213

56. Pariset, E. und Gagnon, A.: High lift lock, some hydraulic problems and solutions. Proceedings of the ASCE, WW4 (1964), 55/75

57. Partenscky, H.W.: Schleusen und Hebewerke, Überblick und Ausblick. Mitt. des Franzius-Instituts, Univ. Hannover, Heft 59 (1984), 237/254

58. Wickert, G.: Der Rhône-Seitenkanal Donzère-Mondragon mit der höchsten Schleuse Europas. Handbuch für Hafen- und Umschlagstechnik, Bd. 2 (1955), 54/57

59. Graaf, R.: Le Rhône. XX. PIANC-Kongreß, Section I-2, Baltimore (1961), 80/94

60. Compagnie Nationale du Rhône: L'aménagement du Rhône. Informationsbroschüre, Lyon (1981), 1/64

61. Dumas, F.: Beitrag der französischen Delegation. XIX. PIANC-Kongreß, Section I-1, London (1957), 84/102

62. De Lattre, P.: Les ouvrages de navigation de la chute de Donzère-Mondragon sur le Rhône. L'écluse de Saint-Pierre. Travaux (1952), 179/190

63. Leclerc, R.: Méthodes de remplissage et de vidange. XXII. PIANC-Kongreß, Section I-3, Paris (1969), 115/122

64. Ables, J.H.: Filling and emptying system for Bay Springs Lock, Tennessee-Tombigbee Waterway, Miss. US Army Engineer Waterways Experiment Station, Vicksburg, Techn. Report H-78-19 (1978)

65. Richardson, G.C. und Webster, M.J.: Hydraulic Design of Columbia River Basin Navigation Locks. ASCE, Journal of the Waterways and Harbours Division, Vol. 84, No. WW4 (1958)

66. Wehrschütz, F.: Füll- und Entleerungssysteme von Schiffsschleusen mit großen Fallhöhen. Mitt. des Instituts für Wasserwirtschaft, Techn. Hochschule Graz, Heft 7 (1962)

67. Chanda, A.J. und Perkins, L.Z.: Filling and emptying system, John Day Lock, Columbia River. Hydraulic model investigation. U.S. Army Engineer Division North Pacific, Bonneville, Techn. Report Tr-98-1 (1974)

68. Perkins, L.Z. und Chanda, A.J.: Filling and emptying system, Little Goose Lock, Snake River, Wash. Hydraulic model investigation. U.S. Army Engineer Division North Pacific, Bonneville, Techn. Report no.115-1 (1975)

69. Perkins, L.Z.: Filling and emptying system, Ice Harbour Lock, Snake River, Wash. Hydraulic model investigation. U.S. Army Enigneer Division North Pacific, Bonneville, Techn. Report no. 32-1 (1973)

70. Richardson, G.C.: Filling system for Lower Granite Lock. Proceedings of ASCE, WW3, (1969), 275/289

71. De Almeida, C.E., Portugal, A.H.F. und Gelenscer, G.J.: Multipurpose Development in Sobradinho, São Francisco River, Brasil. XXIV. PIANC-Kongreß, Section I-4, Leningrad (1977), 33/49

72. Partenscky, H.W.: Report on the Navigation Lock of Sobradinho, Rio São Francisco, Brasil. Unveröffentl. Bericht für das Department of Navigable Ways, Rio de Janeiro (1972)

73. The Yangtze Valley Planning Office: The Geshouba Multi-Purpose Project. Broschüre der VR China, Wuhan (1982)

74. Partenscky, H.W.: Neue Entwicklungen beim Bau von Schiffshebewerken. Jahrbuch der Hafenbautechnischen Gesellschaft, 41. Bd., Springer-Verlag, Berlin/Heidelberg/New York/Tokyo, Bd. 41 (1985/1986)

75. Companhia Portuguesa de Electricidade, Lissabon: Carrapatelo, Régua und Valeira. Broschüre des portugiesischen Elektrizitätsministeriums, Lissabon (1977)

76. Brandao De Menezes, V., Pinto Da Silva, D. und Pinto De Magalhaes, A.: L'écluse de Carrapatelo sur le fleuve Douro. XXII. Intern. Schifffahrtskongreß, Section I-3, Paris (1969), 173/186

77. v.d. Laan, A. und Kolkman, P.A.: First high lift lock in Nigeria. XXI. Intern. Schiffahrtskongreß, Section I-2, Stockholm (1965), 139/152

78. Kooman, C., Kolkman, P.A., Stevelink, W. und Brolsma, J.U.: Lock design and traffic management as a means of increasing safety and efficiency of waterways. XXIV. Intern. Navigation Congress, Section I-1, Leningrad (1977), 139/161

79. Mosonyi, E.: Yacyreta-Schiffsschleuse. Unveröffentlichter Endbericht des Experten, Karlsruhe (1980)

80. Friedrich Krupp AG: Gates for Navigation Locks. Firmenprospekt der Friedr. Krupp AG, Maschinen- und Stahlbau, Rheinhausen (1984)

81. Richardson, G.C.: Navigation Locks: Navigation lock gates and valves. Proceedings of ASCE, WW 1 (1964), 79/102

82. Fa. Thyssen-Klönne: Firmenprospekte und Planunterlagen der Fa. Thyssen-Engineering, GmbH, Dortmund (1980)

83. Köhler, F.: Konstruktive Grundzüge und praktische Erfahrungen beim Bau und Betrieb von Stahlwasserbauten. Springer-Verlag, Berlin (1956), 1/134

84. Brown, F.R.: Navigation Locks: End filling and emptying systems for locks. Proceedings of ASCE, WW1 (1964), 61/77

85. Wickert, G. und Schmaußer, G.: Stahlbau. Theorie, konstruktive Lösungen, spezielle Probleme. Springer-Verlag, Berlin/Heidelberg/New York (1971), 1/582

86. Meyer A. und Rahm, R.: Die neuen Obertore des Main-Donau-Kanals. Der Stahlbau, Heft 7 (1979), 212/219

87. Linder, R.J.: Hochwasserentlastung von Staustufen durch Schiffsschleusen. Verlag Wilhelm Ernst & Sohn, Berlin (1966), 1/85

88. v. Egloffstein, B.: Der Beitrag des Stahlbaus zum Bau der Staustufe Jochenstein. Österreichische Wasserwirtschaft, Jg. 8, Heft 5/6 (1956), 187/197

89. Roehle, W., Adolf, E. und Hüpfl, R.: Die Donau als Wasserstraße. Donau-Strom, Verlag A.F. Koska, Wien/Berlin (1973), 214/223

90. Krupp-Industrietechnik: Firmenprospekte und Planunterlagen der Fa. Krupp-Industrietechnik, Duisburg (1984)

91. Weißgärber, K. und Spieker, F.: Schleusenverschlüsse der Donaukraftwerke - Vom mechanischen zum hydraulischen Antrieb. Donaustrom, Verlag A.F. Koska, Wien (1983), 371/376

92. Noistering, W.: Die Schleusenverschlüsse der Donaukraftwerke - Entwicklung moderner Stahlwasserbauten. Donaustrom, Verlag A.F. Koska, Wien (1983), 329/334

93. US-Army Corps of Engineers: Hydraulic Design: Navigation locks. Engineering Manual, Part CXVI, Chapter 4, US-Government Printing Office, Washington (1956), 1/52

94. Douma, J.H., Davis, J.P. und Nelson, M.E.: United States practice in lock design. XXII. Intern. Schiffahrtskongreß, Section SI-3, Paris (1969), 213/237

95. Wyss, F.: Eine zweite Großschiffahrtsschleuse beim Kraftwerk Birsfelden. Zeitschrift für Binnenschiffahrt u. Wasserstraßen, Heft 10 (1973), 404/416

96. Noell GmbH.: Firmenprospekte und Planunterlagen der Fa. Noell, Würzburg (1984)

97. Schroeter, P.: Neuere Entwicklungen beim Bau großer Schiebetore am Beispiel der Schleuse der 4. Hafeneinfahrt Wilhelmshaven. Die Bautechnik, Heft 10 (1965), 354/361

98. Williams, G., Dehousse, N.M., Dubois, V. und Seyvert, J.: Ecluses, vannes de sassement, portes. XXII. Intern. Schifffahrtskongreß, Section I-3, Paris (1969), 1/43

99. Wickert, G.: Ein Beitrag zum Problem der Schiffsschleusungen. Handbuch für Hafenbau und Umschlagstechnik, Bd. 2 (1955), 68/75

100. Germanischer Lloyd: Vorschriften für Klassifikation und Bau von stählernen Binnenschiffen. Selbstverlag, Hamburg (1977)

101. Wickert, G.: Größe und Abhängigkeit der Schiffskräfte bei Kammerfüllung durch das Obertor mit tiefliegendem Drempel. Dissertation, T.H. Karlsruhe (1951)

102. Winkel, R.: Die hydromechanischen Vorgänge beim Schleusen eines Schiffes. Die Bautechnik, Heft 33 (1923), 324/327

103. Partenscky, H.W.: Lock fillings and their effect on navigation. Proceedings VIII. JAHR-Congress, Paper no. 4-B, Montreal (1959)

104. Mosonyi, E. und Bakowies, F.: Modellversuche für Schiffsschleusen. Zeitschrift für Binnenschiffahrt u. Wasserstraßen, Nr. 11 (1975), 451/458

105. Mosonyi, E. und Muser, R.: Schiffsträgheitskraft als Indikator für die Güte von Schleusenfüllsystemen. Mitt. des Theodor-Rehbock-Flußbaulaboratorium, Univ. Karlsruhe, Heft 158 (1970), 123/164

106. Petrikat, K.: Modellversuche an Wehren, Tiefschützen, Schleusen und Hafenmolen. Mitteilungen der MAN-Versuchsanstalt, Gustavsburg (1955)

107. Bleines, W.: Die Schleusenfüllung als Schwingungsproblem. Dissertation, T.H. Karlsruhe (1943)

108. Muser, R.: Die Schleusenfüllung unter Berücksichtigung mittlerer und momentaner μ-Beiwerte. Jahrbuch der HTG. Springer-Verlag, Berlin/Heidelberg/New York, Bd. 33 (1972/73), 165/188

109. Partenscky, H.W.: Füll- und Entleerungsvorgänge bei Schleusen. Lehrstuhl für Verkehrswasserbau, Universität Hannover, Heft 1 (1975), 1/30

110. Wössner, O.: Das Füllen von Schleusen durch Längskanäle mit Stichkanälen. Die Wasserwirtschaft, 41. Jahrgang (1950/51), 268/271

111. Theodor-Rehbock-Flußbaulaboratorium: Kleine Schleuse Meppen-Teglingen. Untersuchung der Füll- und Entleerungsvorgänge und der Sunkerscheinungen in der oberen Haltung. Universität Karlsruhe, Versuchsbericht (1954)

112. Lejeune, P.: A propos de quelques écluses de navigation de 18 à 26 mètres de hauteur construites en France, ces dernières années. Proceedings of VIII. JAHR-Congress, Paper no 19-B, Montréal (1959), 1/18

113. Partenscky, H.W.: New aspects on the filling processes of navigation locks. Kongreßberichte des Intern. Kongresses über Schiffahrtsschleusen, Wroclaw/Polen (1984), 107/121

114. Theodor-Rehbock-Flußbaulaboratorium: Diverse Versuchsberichte für Modelluntersuchungen an Sparschleusen des Main-Donau-Kanals. Universität Karlsruhe (1957 bis 1980)

115. Muser, R.: Die Entwicklung der Sparschleusen des Main-Donau-Verbindungskanals mit besonderer Betrachtung der Sparschleuse Leerstetten. Mitt. des Theodor-Rehbock-Flußbaulaboratoriums, H. 162 (1974), 178/295

116. Theodor-Rehbock-Flußbaulaboratorium: Sparschleuse Leerstetten. Modellversuche. Versuchsbericht, Universität Karlsruhe (1969)

117. Büttner, H.: Die Abstiegsbauwerke des Elbe-Seitenkanals. Hansa 108, Nr. 23 (1971), 2305/2314

118. Wasser- und Schiffahrtsverwaltung, BRD: Elbe-Seitenkanal, Natur und Technik. Hans Christian-Verlag, Hamburg (1976), 1/134

119. Fa. Philipp Holzmann AG: Die Schleuse Uelzen. Technischer Bericht, Frankfurt (1975), 1/24

120. Illiger, J.: Der Elbe-Seitenkanal und seine Abstiegsbauwerke. Jahrbuch der Hafenbautechnischen Gesellschaft. Springer-Verlag, Berlin/Heidelberg/New York, Bd. 32 (1969/71), 38/52

121. Wachsmuth, W.: Die Abstiegsbauwerke des Elbe-Seitenkanals bei Lüneburg und Uelzen. Zeitschrift f. Binnenschiffahrt und Wasserstraßen, Nr. 12 (1975), 479/487

122. Schorn, E.: Schleuse Uelzen, konstruktive und ausführungstechnische Besonderheiten. Handbuch f. Hafenbau und Umschlagstechnik, Bd. 18 (1973), 137/142 sowie Hansa, 110. Jg., Nr. 3 (1973), 210/216

123. Donau, H., Knoblach, P., Nietsch, G.A. und Schmiedel, U.: Die Schleuse Uelzen, eine neuartige Sparschleuse mit hoher Leistungsfähigkeit. Bauingenieur, Bd. 52 (1977), 175/186

124. Wasser- und Schiffahrtsdirektion Mitte, Hannover: Schleuse Uelzen in Esterholz. Informationsbroschüre des WSA Uelzen (1978)

125. Bundesanstalt für Wasserbau: Untersuchungen für eine Sparschleuse großer Hubhöhe. Versuchsbericht W 191, Karlsruhe (1968)

126. Bundesminister für Verkehr, Bonn: Planunterlagen und Richtlinien, Abteilung Wasserstraßen, Bonn (1969)

127. Rhein-Main-Donau AG: Strecke Nürnberg-Kelheim. Broschüre, Selbstverlag der RMD-AG (1982)

128. Fuchs, H.: Wasserwirtschaftliche Probleme des Main-Donau-Kanals. Selbstverlag der Rhein-Main-Donau AG, München (1966)

129. Kuhn, R.: Die Überwindung der hohen Stufen des Main-Donau-Kanals. VDI-Berichte, Nr. 145 (1970), 51/59

130. Theodor-Rehbock-Flußbaulaboratorium: Kanalstrecke Bamberg-Nürnberg. Modelluntersuchungen an den Grundlaufdecken der Sparschleusen. Bericht 10, Universität Karlsruhe (1961)

131. Seidel, H.P.: Schäden an den Sparschleusen Erlangen und Kriegenbrunn. Reparaturmaßnahmen und Konsequenzen für den Bau weiterer Schleusen. Mitteilungen des Instituts für Wasserbau und Kulturtechnik, Heft 172, Universität Karlsruhe (1985), 163/181

132. Rhein-Main-Donau AG: Planunterlagen für die Schleuse Eckersmühlen (1984)

133. Theodor-Rehbock-Flußbaulaboratorium: Kanalstrecke Bamberg-Nürnberg. Modellversuche für die Sparschleuse Erlangen. Bericht 1 bis 3, Universität Karlsruhe (1959/1960/1961)

134. Mosonyi, E. und Muser, R.: Die Sparschleusen des Main-Donau-Verbindungskanals von Bamberg bis Kelheim. Hansa, 109. Jahrg. Nr.17 (1972), 1451/1457

135. Morgner, J.: Schiffahrtsschleusen mit großen Fallhöhen. Mitt. der Forschungsanstalt für Schiffahrt, Wasser- und Grundbau, H.11, Berlin (1964), 200/364

136. Muser, R.: Die Sparschleuse Leerstetten im Main-Donau-Verbindungskanal. Zeitschrift f. Binnenschiffahrt und Wasserstraßen, Nr. 12 (1972), 516/520

137. Seidel, H.P.: Die Teilstrecke Nürnberg-Kelheim des Main-Donau-Kanals. Jahrbuch der Hafenbautechnischen Gesellschaft. Springer-Verlag, Berlin/Heidelberg/New York, Bd. 32 (1969/71), 27/37

138. Rhein-Main-Donau AG: Planunterlagen des Wasser- und Schiffahrtsamtes Nürnberg für die Sparschleuse Eckersmühlen (1979)

139. Theodor-Rehbock-Flußbaulaboratorium: Sparschleuse Eckersmühlen. Modellversuche, Versuchsbericht, Universität Karlsruhe (1979)

140. Kooman, C. und De Bruijn, P.A.: Lock capacity and traffic resistance of locks. Rijkswaterstaat Communications, Nr. 22, The Hague (1975)

141. Bottoms, E.E.: Practical tonnage capacity of canalized waterways. ASCE, Journal of Waterways and Harbour Division, WW1 (1966), 33/45

142. Rouvé, G. und Wagner, K.: Schleusensysteme. VDI-Zeitschrift 119, Nr. 1/2 (1977), 72/78

143. Röhnisch, A.: Die Leistungsfähigkeit von Schleusen. Dissertation, Techn. Universität Berlin (1954)

144. Mistol, G.: Die Leistungsfähigkeit von Fluß- und Kanalschleusen. Die Bautechnik, Heft 16/17 (1932)

145. Seifert, H. und Röhnisch, A.: Grundlagen zur Ermittlung der Leistungsfähigkeit von Schleusen. Deutsche Berichte zum XVIII. Internationalen Schiffahrtskongreß, Abt. I/3, Bonn (1953), 135/173

146. Leutzbach, W. und Koehler, R.: Binnenwasserstraßenverkehr als Zufallsverteilung. Institut für Verkehrswesen, Universität Karlsruhe, Bericht Nr. 1 (1964)

147. Leutzbach, W. und Lenz, K.H.: Wartezeitverluste an Schleusen. Institut für Verkehrswesen, Universität Karlsruhe, Bericht Nr. 8, (1966)

148. Koehler, R.: Verkehrsablauf auf Binnenwassertraßen. Institut für Verkehrswesen, Universität Karlsruhe, Heft 3 (1968)

149. Lenz, K.H.: Ein Beitrag zur Anwendung der Theorie der Warteschlangen im Verkehrswesen. Forschungsarbeiten aus dem Straßenwesen, 66, Kirschbaum-Verlag, Bad Godesberg (1966)

150. Lentzbach, W.: Programmierung des Verkehrsablaufes auf Binnenwasserstraßen. Zeitschrift für Binnenschiffahrt, Heft 8 (1969)

151. Osterthun, M. und Schmieder, E.: Untersuchungen über Schleusen mit großen Hubhöhen. Studienarbeit, Franzius-Institut, Universität Hannover (1982)

152. Braun, H.G., Illiger, J. et.al.: Les écluses à bassins d'épargne pour grandes chutes du Canal Bamberg-Nürnberg. Internationaler Schiffahrtskongreß, Section I, Stockholm (1965), 16/36

153. Lamb, H.: Hydrodynamics. Dover-Publication, 6th Edition, New York (1945)

154. Partenscky, H.W.: Waves in navigation canals due to lock filling. Journal of ASCE, Waterways and Harbors Division, Paper no. 2422 (1960)

155. Theodor-Rehbock-Flußbaulaboratorium: Naturmessungen am Dortmund-Ems-Kanal. Bericht, Universität Karlsruhe (1957)

156. Schäle, E.: Untersuchung über die Wirkung erhöhter Querströmungen neben Wehr- und Einlaufbauwerken auf das fahrende Binnenschiff. Zeitschrift für Binnenschiffahrt und Wasserstraßen, Heft 12 (1983)

157. Roehle, W.: Heranziehung von Schleusen zur Hochwasserabfuhr. Besonderheiten der Verschlüsse, der Antriebe und der Füllsysteme österreichischer Schleusen. Beitrag zum XXII. Intern. Schiffahrtskongreß. Schriftenreihe des Österreichischen Kanal- und Schiffahrtsvereins, Linz (1969), 1/31

158. Roehle, W.: Der Stahlwasserbau an der österreichischen Donau. Rückblick und Ausschau. Österr. Zeitschrift für Elektrizitätswirtschaft, Jg. 22, Heft 4 (1969), 161/173

159. Roehle, W.: Problemlösungen im Stahlwasserbau. Der Stahlbau, Heft 9 (1983), 263/268

160. Böss, P.: Technische Hydromechanik. Taschenbuch für Bauingenieure, Bd. 2, Springer-Verlag, Berlin / Göttingen / Heidelberg (1955), 509/576

161. Musterle, T.: Abflußberechnungen bei Wehren mit breiter Krone mit Hilfe des Impulssatzes. Die Wasserwirtschaft (1930), 441/446

162. Krause, M. und Reuter, F.: Die Staustufe Geesthacht, Entwurf und Ausführung. Die Wasserwirtschaft, 53. Jg., Hefte 4, 7, 9, 10 und 11 (1963)

163. Roehle, W. und Fenz, R.: Hochwasserabfuhr bei großen Flußkraftwerken an der Donau. Kongreßberichte des 13. Talsperrenkongresses in New Delhi (1979), 72/82

164. Partenscky, H.W. und Champoux, R.: Recherches sur les ondes de surface se produisant dans le sillage d'un écran à mince paroi. Rapport S-3, Laboratoire d'hydraulique, Université Laval, Quebec/ Canada (1964)

165. Partenscky, H.W. und Mascolo, D.: Recherches sur l'amortissement d'une masse d'eau en mouvement oscillatoire dans une niche en communication avec un grand bassin. Rapport S-5, Laboratoire d'hydraulique, Université Laval, Quebec/Canada (1964)

166. Theodor-Rehbock-Flußbaulaboratorium: Donaukraftwerk Jochenstein. Modellversuche für das Untertor bei Hochwasserabfuhr. Versuchsbericht, Universität Karlsruhe (1956)

167. Partenscky, H.W.: Phénomènes d'oscillation observés aux vantaux ouverts d'une porte busquée. Proceedings of the JAHR-Congress, paper no. 3.13, London (1963)

168. Muxfeldt, H.: Der Ausbau des europäischen Binnenwasserstraßennetzes. Diplomarbeit, Franzius-Institut, Universität Hannover (1984), 1/224

169. Göbel, N.: Beitrag zur Hydromechanik von Schwall- und Sunkwellen. Dissertation, Univ. Karlsruhe (1984) sowie Mitt. des Instituts für Wasserbau und Kulturtechnik, Heft 171 (1984)

170. Muser, R. und Meder, G.: Schwall- und Sunkerscheinungen aus Schleusenbetrieb in Schiffahrtskanälen. Maßnahmen zur Sicherung des Schiffahrtsbetriebes. Mitt. des Theodor-Rehbock-Flußbaulaboratoriums, Univ. Karlsruhe, Heft 158 (1970), 165/190

171. Mosonyi, E.: Untersuchungen über Schwall und Sunk in der Haltung Hilpoltstein. Unveröffentlichter Bericht, Karlsruhe (1969)

172. Schacht, K.-U.: Ausrüstungselemente von Binnenschiffsschleusen. Diplomarbeit, Franzius-Institut, Universität Hannover (1986)

173. Müller, K.: Aufrüstung der Schleusen an Binnenwasserstraßen. Die Bautechnik, 29. Jg., Heft 1 (1952), 3/8

174. Partenscky, H.W.: Untersuchungen über die Bemessung von Stoßschutzeinrichtungen und Pollern an Binnenschiffsschleusen. Forschungsbericht, Franzius-Institut, Universität Hannover (1985)

175. Hager, M.: Maßliche, hydromechanische und nautische Grenzbedingungen der Wasserstraßen und Häfen. Fachausschuß für Binnenwasserstraßen und Häfen, Zeitschrift für Binnenschiffahrt und Wasserstraßen, diverse Jahrgänge ab 1981

176. Poppe, G.: Die Binnenschiffahrtsstraßen in den vergangenen 50 Jahren 1914 - 1964. Jahrbuch der Hafenbautechnischen Gesellschaft. Springer-Verlag, Berlin/Heidelberg/New York, Bd. 27/28 (1962/63)

177. Seifert, H.: Die Berliner und die mitteldeutschen Wasserstraßen. Jahrbuch der Hafenbautechnischen Gesellschaft. Springer-Verlag, Berlin/Heidelberg/New York, Bd. 29 (1964)

178. von Harlem, D.: Die Hinterlandsverbindungen der nordadriatischen Häfen. Jahrbuch der Hafenbautechnischen Gesellschaft. Springer-Verlag, Berlin/Heidelberg/New York/ Tokyo, Bd. 39 (1982)

179. Clasmeier, H.-D.: Der Columbia-Snake-River Inland Waterway. Jahrbuch der Hafenbautechnischen Gesellschaft. Springer-Verlag, Berlin/Heidelberg/New York/Tokyo, Bd. 39 (1982)

180. Kozák, M., Berény, T., v. Harlem, D., Spring, K., Pisecky, F., Hüpfl, R., Langthaler, C., Michlmayr, F., Paceijka, F. und Roehle, W.: Die Donau, eine europäische Wasserstraße. Jahrbuch der Hafenbautechnischen Gesellschaft. Springer-Verlag, Berlin/ Heidelberg/New York/Tokyo, Bd. 40 (1983/84), 219/288

181. Fekete, G.: Die Donau als Wasserstraße in Gegenwart und Zukunft, ihre Schiffahrt und die Tätigkeit der Donaukommission. Jahrbuch der Hafenbautechnischen Gesellschaft. Springer-Verlag, Berlin/ Heidelberg/New York, Bd. 35 (1975/76)

182. Roehle, W.: Der Ausbau der österreichischen Donau zur modernen Kraftwasserstraße. Jahrbuch der Hafenbautechnischen Gesellschaft. Springer-Verlag, Berlin/Heidelberg/New York, Bd. 35 (1975/76)

183. Roehle, W. und Fenz, R.: Der Ausbau der mittleren und unteren Donau - von Österreichs Ostgrenze zur Mündung. Jahrbuch der Hafenbautechnischen Gesellschaft. Springer-Verlag, Berlin/Heidelberg/New York, Bd. 35 (1975/76)

184. Tuttle, J.R.: Wasserstraßen im Mississippi-Gebiet - Verkehr, Verwaltung, Ausbau. Jahrbuch der Hafenbautechnischen Gesellschaft. Springer-Verlag, Berlin/Heidelberg/New York, Bd. 35 (1975/76)

185. Hager, M.: Probleme beim Ausbau natürlicher Wasserstraßen. Jahrbuch der Hafenbautechnischen Gesellschaft. Springer-Verlag, Berlin/Heidelberg/New York, Bd. 38 (1981)

186. Vendrov, S.L.: Einheitliches Tiefwassersystem der Binnenschiffahrtswege der Sowjetunion. Petermanns Geographische Mitteilungen, Bd. 108 (1964), 201/2o5

187. PIANC: Centenary of the Permanent International Association of Navigation Congress 1885 - 1985. Festschrift zum 100-jährigen Bestehen der Gesellschaft, Brüssel (1985)

188. Verein für Binnenschiffahrt und Wasserstraßen e.V.: Sammlung von Daten und Fakten zur Darstellung der Leistungsfähigkeit der Binnenschiffahrt und ihrer Bedeutung für die Verkehrswirtschaft. Zeitschrift für Binnenschiffahrt und Wasserstraßen, diverse Jahrgänge ab 1970

189. Gross, W. und Klimek, T.: Zwischen Beskiden und Ostsee. Jahrbuch der Schiffahrt, VEB Verlag für Verkehrswesen, Berlin (1971)

190. Myrrhe, L.: Nordamerikanische Wasserstraßen. Studienarbeit, Franzius-Institut, Universität Hannover (1984)

191. Dietz, J.W. und Pulina, B.: Verminderung der Querströmungen in den Zufahrten von Schleusenvorhäfen. Zeitschrift für Binnenschiffahrt und Wasserstraßen, Nr. 5 (1975), 147/159

192. Hâneu, S.: Canal Danube-Mer Noire; Synthèse des recherches hydrauliques. Institut de Recherches Hydrotechniques, Série Etudes et recherches d'hydraulique, Volume XXIX (1982)

193. Halfar, N.: Nordamerikanische Binnenschiffahrt. Zeitschrift für Binnenschiffahrt und Wasserstraßen, Heft 4 (1978), 115/119

194. Oelkers, W.: Die Rhôneschiffahrt und ihre speziellen Eigenheiten. Zeitschrift für Binnenschiffahrt und Wasserstraßen, Heft 8 (1978), 291/295

195. Jésel, M.A.: Hat die Rhein-Rhône-Verbindung noch einen Sinn?. Zeitschrift für Binnenschiffahrt und Wasserstraßen, Heft 7 (1978), 285/288

196. - Positive Bilanz für Rhein-Schelde-Verbindung. Zeitschrift für Binnenschiffahrt und Wasserstraßen, Heft 3 (1978), 104

197. - Französischer Nordkanal. Zeitschrift für Binnenschiffahrt und Wasserstraßen, Heft 5 (1966), 174

198. Gerisch, W. und Springer, P.: Intensiver Ausbau des ostfranzösischen Kanalnetzes. Zeitschrift für Binnenschiffahrt und Wasserstraßen, Heft 6 (1966), 210/214

199. - Der Ausbau der Limburger Kanäle in Belgien. Zeitschrift für Binnenschiffahrt und Wasserstraßen, Heft 8 (1984), 308

200. - Der Ausbau der Leie- und Beikanäle in Belgien. Zeitschrift für Binnenschiffahrt und Wasserstraßen, Heft 9 (1984), 366

201. - Der neue Weg zu den Binnenhäfen der Großen Seen in den USA. Zeitschrift für Binnenschiffahrt und Wasserstraßen, Heft 3 (1955), 78/80

202. - Neue Schleusenanlage bei Delfzijl. Zeitschrift für Binnenschiffahrt und Wasserstraßen, Heft 4 (1959), 130

203. Min Chaobing: Modernisierung der chinesischen Binnenschiffahrt. Zeitschrift für Binnenschiffahrt und Wasserstraßen, Heft 5 (1982), 168/171

204. - Stauwerk von Kanew. Zeitschrift für Binnenschiffahrt und Wasserstraßen, Heft 7 (1973), 286

205. - Bessere Nutzung von Chinas Wasserresourcen. Wasserwirtschaft, Heft 4 (1980), 169/170

206. Richter, J.: Das Verhältnis zwischen See- und Binnenschiffahrt und sein Einfluß auf die Gestaltung der Häfen in der historischen Entwicklung der nordwesteuropäischen Seehäfen. Jahrbuch der Hafenbautechnischen Gesellschaft. Springer-Verlag, Berlin/Göttingen/Heidelberg, Bd. 29 (1964/65)

207. Gorsew, W.J.: Maßnahmen zur Umgestaltung der Natur in China. Wasserwirtschaft, Heft 4 (1955), 107

208. - Der Ausbau des belgischen Wasserstraßennetzes. Wasserwirtschaft, Heft 7 (1956), 184

209. Giesecke, J.: Erste Ausbaustufe des Flußkraftwerkes Geshouba/VR China in Betrieb. Der Bauingenieur, 57. Jg. (1982), 150

210. Sun Zhong-zu: An introduction to the canalization project of the Liangjiang-River, VR China (unveröffentlichter Bericht)

211. Ministère des Travaux Publiques, Belgique: Le plan incliné de Ronquières. Administration de voies hydrauliques, Bruxelles (1967)

212. Semanov, N.A. und Vorkushevsky, V.I.: Krasnojarsk Ship Elevator. Proceedings XX. Intern. Navigation Congress, Report SI-2, Stockholm (1965), 12/15

213. Bodnev, M.: Ein neues Schiffshebewerk am Jenissej. Schiff und Hafen, 19, Heft 10 (1967), 732/734

214. O'Neil, W.A.: Long term planning considerations for the St. Lawrence Seaway. XXVI. Intern. Schiffahrtskontreß, Section I-1, Brüssel (1985), 49/53

215. De Almeida, C.E. et al.: Navigation locks of Tucurui. XXVI.Intern. Schiffahrtskongreß, Section I-2, Brüssel (1985), 53/70

216. van Opstal, Ir.H.: Entwicklung und Bedeutung des niederländischen Wasserstraßennetzes. Zeitschrift für Binnenschiffahrt und Wasserstraßen, Heft 10 (1970), 346/362

217. Ruscher, M.: Der Ausbau des französischen Wasserstraßennetzes. Zeitschrift für Binnenschiffahrt und Wasserstraßen, Heft 8 (1970), 273/281

218. de Bouard, S.: Rapport. XXVI. Internationaler Schiffahrtskongreß, Section I-1, Brüssel (1985), 91/122

12 Autorenverzeichnis

13 Verwendete Symbole und Abkürzungen

A	=	Kammerfläche	(m^2)
A_a	=	Jahresarbeit der Pumpenanlage	(kWh)
A_B	=	Sparbeckenfläche	(m^2)
A_K	=	Kanalquerschnitt	(m^2)
A_P	=	jährliche Abschreibung für die Pumpenanlage	(-)
A_S	=	jährliche Abschreibung für die Sparbeckenanlage	(-)
A_T	=	metallischer Querschnitt der Trosse	(cm^2)
A_V	=	Querschnittsfläche des Schleusenvorhafens	(m^2)
a	=	Lebensdauer (Nutzungsdauer) einer Anlage	
a_f	=	Querschnittsfläche eines Füllkanals	(m^2)
a_r	=	Füll- bzw. Entleerungsquerschnitt für die Restfüllung bzw. -entleerung der Schleuse	(m^2)
a_S	=	Sicherheitsabstand	(m)
a_s	=	Querschnittsfläche eines Stichkanals	(m^2)
a_{sf}	=	Summe der Stichkanalquerschnitte pro Füllkanal	(m^2)
a_t	=	momentaner Füllquerschnitt zur Zeit t	(m^2)
a_1	=	maßgebender Füllquerschnitt	(m^2)
a_D	=	Füllquerschnitt zum Zeitpunkt t_D	(m^2)
B	=	Kammerbreite	(m)
B_K	=	Wasserspiegelbreite im Schiffahrtskanal	(m)
B_S	=	Breite des Schiffes	(m)
B_V	=	mittlere Wasserspiegelbreite im Vorhafen	(m)
b	=	Gesamtbreite des Füllquerschnittes	(m)
b_f	=	Breite eines Fahrstreifens	(m)
b_L	=	Liegeplatzbreite	(m)

b_M = Breite der Mittelplattform zwischen zwei Schleusen (m)

b_T = Leitwandbreite im Vorhafen (m)

C_P = praktische Tonnagekapazität (Gütertonnen pro Jahr)

C_T = theoretische Tonnagekapazität (Gütertonnen pro Jahr)

C_1, C_2 = Integrationskonstanten (-)

c = Federkonstante (t/cm) bzw. (N/m)

c_o = Öffnungsgeschwindigkeit des Tores bzw. der Füll- oder Entleerungsschütze (m/s)

c_c = Schließgeschwindigkeit der Schütze in den Zulaufkanälen der Sparbecken (m/s)

E = Elastizitätsmodul der Haltetrosse (t/cm²) bzw. (N/mm²)

E_W = Wasserersparnis je Schleusung (%)

EAU = Empfehlungen des Arbeitsausschusses Ufereinfassungen

e = t_1/T_{ges} = Verhältnis der Öffnungszeit der Schütze zur Gesamtfüll- oder Entleerungszeit (-)

F = Stoßkraft des Schiffes (t) bzw. (kN)

F_H = resultierende Schiffskraft in der Horizontalebene (t) bzw. (kN)

F_L = Längskraft auf das Schiff (t) bzw. (kN)

F_{max} = maximale Bremskraft des Schiffes (t) bzw. (kN)

F_P = Bremskraft eines Zylinders (t) bzw. (kN)

F_Q = Querkraft auf das Schiff (t) bzw. (kN)

F_R = räumliche Schiffskraft (t) bzw. (kN)

F_S = Kraft auf den Schiffsbug (t) bzw. (kN)

F_W = Neigungskraft (t) bzw. (kN)

f = Durchhang der Trosse (m)

G_i = mittlere Ladekapazität der Schiffe der Klasse i (tdw)

G_m = mittlere Ladekapazität der schleusenden Schiffe (tdw)

G_N = Ladegewicht eines Schiffes (t) bzw. (kN)

G_S = Bruttoschiffsgewicht (Eigengewicht + Ladung) (t) bzw. (kN)

g	=	Erdbeschleunigung	(m/s^2)
H	=	Hubhöhe der Schleuse	(m)
H_{ges}	=	Gesamthubhöhe	(m)
H_{geod}	=	geodätische Förderhöhe der Pumpe	(m)
H_{man}	=	manometrische Förderhöhe der Pumpe	(m)
H_O	=	mittlerer Wasserspiegelanstieg pro Tag in einer Kanalhaltung infolge Pumpbetrieb	(m)
H_o	=	Anfangsdruckhöhe	(m)
H_R	=	Restdruckhöhe	(m)
H_S	=	Bordhöhe eines Schiffes	(m)
HSW	=	höchster Schiffahrtswasserstand	(mNN)
H_t	=	momentane Druckhöhe zur Zeit t	(m)
H_U	=	mittlere Wasserspiegelabsenkung pro Tag in einer Kanalhaltung infolge Schleusungsbetrieb	(m)
HW	=	Hochwasser	
H_1	=	Druckhöhe zum Zeitpunkt t_1 (volle Freigabe des Füll- bzw. Entleerungsquerschnittes)	(m)
ΔH	=	Restausspiegelungshöhe bzw. Wasserspiegeldifferenz	(m)
h_B	=	Schichtdicke der Austauschwassermenge in den Sparbecken	(m)
h_o	=	Anfangsdruckhöhe zwischen Becken- und Kammerwasserspiegel zu Beginn des Füll- bzw. Entleerungsvorganges	(m)
h_t	=	momentane Druckhöhe zwischen Becken- und Kammerwasserstand zur Zeit t	(m)
h_v	=	Energieverlusthöhe	(m)
Δh	=	Restdruckhöhe zwischen Becken- und Kammerwasserspiegel	(m)
h_1	=	Druckhöhe zwischen Sparbecken- und Kammerwasserstand zur Zeit $t = t_1$	(m)
h_2	=	Druckhöhe zwischen Sparbecken- und Kammerwasserstand bei Beginn des Schließvorganges der Schütze	(m)
h_D	=	Höhe des Abfallbodens am oberen Drempel	(m)
I_W	=	Wasserspiegelgefälle	($^o/oo$)
$(I_W)_V$	=	Neigung der Schwall- bzw. Sunkwellenfront im Vorhafen	($^o/oo$)

$(I_W)_{zul}$	=	zulässiges Wasserspiegelgefälle	(^{o}/oo)
K_e	=	Kenterpunkt bei Ebbe	(-)
K_f	=	Kenterpunkt bei Flut	(-)
K_{ges}	=	jährliche Gesamtaufwendungen	(-)
ΔK_1, ΔK_2 usw.	=	Baukosten für die Anlage von Sparbecken	(-)
k_1, k_2, k_3, k_4, k_5, k_6	=	schleusenspezifische Konstanten	(-)
kW	=	Kilowatt	
L	=	Gesamtlänge der Schleusenkammer	(m)
L_N	=	Nutzlänge der Schleusenkammer	(m)
L_S	=	Länge des Schiffes	(m)
ℓ	=	Sehnenlänge der Trosse	(m)
ℓ_o	=	Sehnenlänge der Trosse in der Ruhelage	(m)
$\Delta\ell$	=	Weg des Schiffes infolge Straffung der Haltetrosse	(m)
MH	=	Mittelhaupt	
m	=	Anzahl der Sparbecken	(-)
m_S	=	G_S/g = Masse des Schiffes	(ts^2/m) bzw. (kg)
$\bar{N}$	=	mittlere Anzahl der Schiffe je Schleusung	(-)
N_A	=	Arbeitsvermögen einer Stoßschutzanlage	(tm) bzw. (kNm)
N_{max}	=	maximale Anzahl der Schiffe je Schleusung bei voller Belegung der Kammer	(-)
N_P	=	installierte Pumpenleistung	(kW)
N_S	=	Antriebsleistung eines Schiffes	(kW)
NSW	=	niedrigster Schiffahrtswasserstand	(mNN)
N_z	=	Anzahl der Zulaufkanäle je Sparbecken	(-)
n	=	$c_o \cdot b$ = sekundliche Freigabe des Füllquerschnittes	(m^2/s)
n_{zul}	=	zulässige sekundliche Querschnittsfreigabe	(m^2/s)
n_s	=	Anzahl der Störelemente (= Verschlußorgane)	(-)
n_1	=	sekundliche Querschnittsfreigabe durch die Sparbeckenschütze in der ersten Füll- bzw. Entleerungsphase	(m^2/s)

n_3	=	sekundliche Querschnittsabnahme beim Schließen der Sparbeckenschütze	(m^2/s)
O_K	=	Wasseroberfläche einer Kanalhaltung	(m^2)
OH	=	Oberhaupt	(-)
OW	=	Oberwasser	(-)
P_B	=	mittlere Jahresbetriebskosten für die Pumpenstation	(-)
P_i	=	prozentualer Anteil der Schiffe einer bestimmten Ladungsklasse i	(%)
P_1, P_2	=	Pumpwassermengen	(m^3/s)
p	=	Zinsfuß	(%)
$p_1, p_2 \ldots p_i$	=	hydrostatischer Druck im Abschnitt 1, 2 bzw. i	(t/m^2) bzw. (N/m^2)
Q	=	Zu- bzw. Abflußwassermenge	(m^3/s)
Q_m	=	mittlere Zufluß- bzw. Rückgabewassermenge	(m^3/s)
Q_{max}	=	maximale Zufluß- bzw. Entleerungswassermenge	(m^3/s)
Q_P	=	Förderleistung der Pumpen	(m^3/s)
Q_s	=	Hochwasserabflußmenge durch eine Flußschleuse	(m^3/s)
Q_t	=	Zuflußwassermenge zum Zeitpunkt t	(m^3/s)
Q_1, Q_2	=	Verlustwassermengen beim Schleusungsbetrieb	(m^3/s)
dQ/dt	=	zeitliche Zunahme der Zu- bzw. Abflußwassermenge	(m^3/s^2)
q	=	Seilgewicht je lfm	(t/m) bzw. (kN/m)
R	=	jährlicher Abschreibungs- und Verzinsungssatz in % des Neuwertes	(-)
r	=	Verzinsungsfaktor	(-)
S	=	Seilkraft	(t) bzw. (kN)
S_H	=	Horizontalkomponente der Trossenkraft	(t) bzw. (kN)
S_O	=	Vorspannkraft in der Haltetrosse	(t) bzw. (kN)
S_{max}	=	maximale Trossenkraft im Augenblick der größten Dehnung	(t) bzw. (kN)
S_{stat}	=	statische Trossenkraft	(t) bzw. (kN)
S_{zul}	=	zulässige Trossenkraft	(t) bzw. (kN)
S_1, S_2	=	Kräfte in den Haltetrossen	(t) bzw. (kN)

s	=	Trossenlänge	(m)
Δs	=	Verlängerung der Trosse infolge Dehnung	(m)
$(\Delta s)_{max}$	=	maximale Dehnung der Trosse	(m)
T_a	=	erforderliche Zeit für das Öffnen des Tores und das Ausfahren der Schiffe aus der Schleuse	(min)
T_c	=	erforderliche Zeit für eine Kreuzungsschleusung (Berg- und Talschleusung)	(min)
T_d	=	erforderliche Zeit für eine Richtungsschleusung	(min)
T_e	=	erforderliche Zeit für das Einfahren der Schiffe in die Schleuse und das Schließen des Tores	(min)
T_g	=	erforderliche Zeit für das Öffnen bzw. Schließen des Schleusentores	(min)
T_{ges}	=	Gesamtfüll- bzw. -entleerungszeit der Schleuse	(s)
T_{max}	=	maximale Füll- bzw. Entleerungszeit	(s)
T_{min}	=	minimale Füll- bzw. Entleerungszeit	(s)
T_s	=	Füll- bzw. Entleerungszeit eines Sparbeckens	(s)
T_t	=	Eigenschwingperiode des Systems Schiff-Haltetrosse	(s)
T_R	=	Restfüllzeit	(s)
T_S	=	Tiefgang des Schiffes	(m)
t	=	Zeit	(s)
t_D	=	Zeitpunkt zu dem der Kammerwasserspiegel die Drempelhöhe erreicht	(s)
t_E	=	Dauer des Bremsvorganges	(s)
t_P	=	mögliche Schleusungszeit (Durchfahrtzeit)	(min)
t_R	=	Öffnungszeit der Schütze für die Restfüllung bzw. -entleerung der Schleuse	(s)
t_W	=	Zeit, die eine Schwallwelle benötigt, um ein Schiff der Länge L_S zu passieren	(s)
t_c	=	Schließzeit der Sparbeckenschütze	(s)
t_{max}	=	Zeitpunkt, zu dem Q_{max} auftritt	(s)
t_o	=	Zeit mit voll geöffnetem Füll- bzw. Entleerungsquerschnitt in den Sparbecken-Zulaufkanälen	(s)
t_p	=	Pumpstunden pro Tag	(Std/Tag)

t_s	=	Schleusungsstunden pro Tag	(Std./Tag)
t_1	=	Zeit für die Freigabe des Füll- bzw. Entleerungsquerschnittes	(s)
Δt_2	=	Zeitdauer der 2. Füllphase	(s)
Δt_3	=	Zeitdauer der 3. Füllphase	(s)
tdw	=	tons deadweight (Ladetonnen eines Schiffes)	
UH	=	Unterhaupt	
UW	=	Unterwasser	
V	=	$A \cdot H_{ges}$ = Füllwasservolumen der Schleuse	(m^3)
V_a	=	mittlerer Wasserverbrauch pro Jahr	(m^3/Jahr)
V_d	=	mittlerer Wasserverbrauch pro Tag	(m^3/Tag)
V_v	=	Verlustwassermenge je Schleusungsvorgang	(m^3)
V^*	=	Vergrößerungsfaktor	(-)
ΔV_S	=	verdrängtes Wasservolumen	(m^3)
v	=	Geschwindigkeit des Schiffes über Grund	(m/s)
v_e	=	Endgeschwindigkeit des Schiffes nach Straffung der Haltetrossen	(m/s)
v_m	=	mittlere Hub- bzw. Senkgeschwindigkeit des Kammerwasserspiegels	(m/s)
v_{max}	=	maximale Hub- bzw. Senkgeschwindigkeit des Kammerwasserspiegels	(m/s)
v_q	=	Querströmungskomponente	(m/s)
v_o	=	Anfangsgeschwindigkeit des Schiffes	(m/s)
v_1, v_2, v_i	=	Strömungsgeschwindigkeit im Abschnitt 1, 2 bzw. i	(m/s)
W_S	=	Schiffswiderstand	(t) bzw. (kN)
w, w_1, w_2	=	Fortpflanzungsgeschwindigkeit von Schwall- bzw. Sunkwellen	(m/s)
x	=	Weglänge	(m)
x_E	=	Bremsweg des Schiffes	(m)
x_{max}	=	maximale Trossendehnung	(m)
x_p	=	Kolbenhub eines Zylinders	(m)
$\dot{x}, \ddot{x}$	=	erste bzw. zweite Ableitung des Weges nach der Zeit	(m/s) bzw. (m/s^2)

y	=	mittlere Wassertiefe im Schleusenvorhafen	(m)
y_{gr}	=	Grenztiefe beim Abfluß durch eine Flußschleuse	(m)
y_o	=	Anfangswassertiefe in der Schleuse zu Beginn des Füllvorganges	(m)
Z	=	Anzahl der möglichen Kombinationen bei den Störfällen	(-)
Z_A	=	Ausrüstungsleitzahl	(-)
Z_s	=	Anzahl der Schleusungen (Berg- und Talschleusungen) pro Jahr	
z	=	Lamellenhöhe in der Schleuse des aus einem Sparbecken geförderten Wasservolumens	(m)
z_i	=	Wasserspiegelabsenkung in der Zeit Δt_i	(m)
z_{max}	=	maximale Sunktiefe bzw. Schwallhöhe im Vorhafen	(m)
α	=	Winkel oder Verhältniswert	(-)
β	=	Winkel zwischen Kammerachse und Haltetrosse	(-)
γ	=	spezifisches Gewicht des Wassers	(g/cm^3) bzw. (N/m^3)
δ	=	Sparbeckenfüllzeit-Faktor	(-)
δ_V	=	Völligkeitsgrad eines Schiffes	(-)
ε	=	$\Delta s/s$ = Dehnung der Trosse	(-)
ζ	=	Korrekturfaktor für den Einfluß der Vorhafenbreite	(-)
η_C	=	Abminderungsfaktor für die tatsächliche Kammerbelegung	(-)
η_E	=	Wirkungsgrad der elektrischen Anlage	(-)
η_{ges}	=	Gesamtwirkungsgrad der Pumpenanlage	(-)
η_M	=	Wirkungsgrad des Motors	(-)
η_P	=	Wirkungsgrad der Pumpe	(-)
θ	=	Neigungswinkel des Wasserspiegels gegenüber der Horizontalen	(-)
κ	=	A_B/A = Verhältnis der Sparbecken zur Kammerfläche	(-)
κ^*	=	t_P/t_S = Verhältnis der täglichen Pump- und schleusungsstunden	(-)
Λ	=	Modellmaßstabsfaktor	(-)
λ	=	Beiwert	(-)
μ	=	mittlerer Zu- bzw. Abflußbeiwert während des Füll- bzw. Entleerungsvorganges	(-)

μ_R	=	mittlerer Beiwert für die Restfüllung bzw. -entleerung der Schleusenkammer	(-)
ξ	=	Korrekturfaktor	(-)
ρ	=	γ/g = Dichte des Wassers	(gs^2/cm^4) bzw. (kg/m^3)
$\mathcal{S}$	=	Restfüllungsfaktor bei Sparschleusen	(-)
ψ	=	schleusenspezifischer Faktor bei Sparschleusen	(-)
Ω	=	Winkel der Schiffshaltetrosse gegenüber der Horizontalen	(-)
ω	=	Kreisfrequenz	(s^{-1})
ω_t	=	$2\pi/T_t$ = Eigenkreisfrequenz des Systems Schiff-Haltetrosse	(s^{-1})
ω_W	=	Kreisfrequenz des Gefällewechsels in der Schleusenkammer	(s^{-1})
ϕ	=	Durchmesser	(m)

BRD	=	Bundesrepublik Deutschland
DDR	=	Deutsche Demokratische Republik
UdSSR	=	Union der Sozialistischen Sowjetrepubliken

14 Maß-Systeme und Umrechnungsfaktoren

Im vorstehenden Text werden sowohl die Einheiten des Technischen Maßsystems mit den mechanischen Basisgrößen Länge in m, Zeit in s und Kraft in kg* oder t als auch die seit Juli 1970 gesetzlich vorgeschriebenen *SI-Einheiten* mit den Basisgrößen Länge in m, Zeit in s und Masse in kg verwendet. Die Einheiten des Internationalen Einheitensystems (SI-Einheiten) wurden dabei im Text jeweils in Klammern angegeben.

Die nachstehend aufgeführten Einheiten wurden verwendet:

Physikalische Größe	Technische Einheit	SI-Einheit	Umrechnung
Kraft	t	kN	1 t ≙ 9,81 kN
Gewicht	t	kN	1 t ≙ 9,81 kN
Auftrieb	t	kN	1 t ≙ 9,81 kN
Energie	tm	kN m	1 tm ≙ 9,81 kN m
Leistung	PS	kW	1 PS ≙ 0,736 kW
Druck	kg^*/cm^2 (at)	bar	1 kg^*/cm^2 ≙ 0,981 bar
Dichte	g^*s^2/cm^4	kg/m^3	1 g^*s^2/cm^4 ≙ $9{,}81 \times 10^5\ kg/m^3$
Wichte	g^*/cm^3	N/m^3	1 g^*/cm^3 ≙ $9{,}81 \times 10^3\ N/m^3$
Elastizitätsmodul	t/cm^2	kN/mm^2	1 t/cm^2 ≙ 0,0981 kN/mm^2
Geschwindigkeit	m/s	m/s	-
Beschleunigung	m/s^2	m/s^2	-

* g bzw. kg wird in der technischen Literatur noch häufig als Einheit der Kraft benutzt und entspricht dem später verwendeten pond (p) (1 kg = 10^3 g).

15 Sachverzeichnis

Angaben zum Autor

3. April 1926	geboren in Stettin/Pommern
1947	Facharbeiterprüfung als Maurer in Hannover
1948 - 1953	Studium des Bauingenieurwesens, TH Karlsruhe
1953 - 1958	Wissenschaftlicher Assistent am Theodor-Rehbock-Flußbau-Laboratorium, TH Karlsruhe
Juni 1957	Promotion zum Dr.-Ing., TH Karlsruhe
1958 - 1959	Fulbright-Stipendiat am Hydrodynamics Laboratory, M.I.T., Cambridge/USA
1959 - 1961	Oberingenieur am Theodor-Rehbock-Flußbau-Laboratorium, TH Karlsruhe
1961 - 1965	Professeur agrégé (Associate Professor) für angewandte Hydraulik an der Laval Universität in Québec/Kanada
Oktober 1964	Promotion zum Dr.phys. an der Universität Toulouse, Frankreich
1965 - 1971	Professeur titulaire (Full Professor) für Hydromechanik und Küsteningenieurwesen an der École Polytechnique der Universität von Montreal/Kanada
Mai 1971	Berufung als Ordinarius für Verkehrswasserbau und Küsteningenieurwesen an die Technische Universität Hannover. Gleichzeitig Ernennung zum Direktor des Franzius-Instituts für Wasserbau und Küsteningenieurwesen, TU Hannover
	Spezialgebiete in Lehre und Forschung:
	Verkehrswasserbau und Küsteningenieurwesen. Über 100 wissenschaftliche Veröffentlichungen und 250 technische Berichte.
	Umfangreiche Ingenieur- und Beratertätigkeit im In- und Ausland. Mitglied zahlreicher internationaler wissenschaftlicher Gesellschaften und Gremien.
	Ehrungen und Preise verschiedener ausländischer Universitäten und Akademien:
1959	Ernennung zum Mitglied der Society of the Sigma Xi, MIT-Chapter/USA
1967	Mitglied der New York Academy of Sciences/USA
1968	Verleihung der"Medaille de la Recherche et l'Invention", Paris
Seit 1981	Ordentliches Mitglied der "Braunschweigischen Wissenschaftlichen Gesellschaft",Klasse für Bauwissenschaften, Braunschweig/BRD
1985	Ernennung zum "Honorary Professor" durch die East China Technical University in Nanjing/VR China

FSC
www.fsc.org
MIX
Papier aus verantwortungsvollen Quellen
Paper from responsible sources
FSC® C105338

If you have any concerns about our products,
you can contact us on
ProductSafety@springernature.com

In case Publisher is established outside the EU,
the EU authorized representative is:
Springer Nature Customer Service Center GmbH
Europaplatz 3, 69115 Heidelberg, Germany

Printed by Libri Plureos GmbH
in Hamburg, Germany